전기철도공학개론

[저자 약력]
▷1973년 3월~1992년 3월   철도청 근무
▷1992년 4월~2003년 12월   고속철도건설공단 부장
▷2004년 1월~2011년 8월   철도시설공단 전기사업단장
▷2011년 9월~2013년 8월   SK건설 고문
▷2013년 1월~현재   ㈜한국이알이시 부회장
▷2013년 9월~현재   우송대학교 철도전기시스템학과 초빙교수

전기철도공학개론

2020년 3월 9일 초판 인쇄
2021년 3월 2일 개정1판 인쇄

저 자 : 이 근 원
발행인 : 김 복 순
발행처 : ㈜圖書出版 技多利
주 소 : 서울 성동구 성수이로 7길 7, 512호
         (성수동2가 서울숲한라시그마밸리2차)
전 화 : 02-497-1322~4
팩 스 : 02-497-1326
등 록 : 1975년 3월 31일 NO. 서울 제6-25호
이메일 : kidarico@hanmail.net
홈페이지 : http://www.kidari.co.kr

본서는 저작권법에 의하여 저작권에 관한 모든 권리를 보호받는 저작물입니다.
본서의 전부 또는 일부라도 무단으로 사용하여서는 안 되며
저작권에 관한 모든 권리를 침해하는 경우가 생겨서도 안 됩니다.
파본은 교환해 드립니다.

ISBN 978-89-7374-386-5   정가 38,000원

전기철도공학개론

이근원 지음

머리말

2019년 3월 "전기철도 변전설비공학"이라는 제목의 철도의 전철전력분야 중에서 일부인 변전설비 부분에 대한 교재를 발간하면서 각 분야별 전문적인 교재의 필요성을 거론한 바 있다.

그래서 이번에는 세 번째로 전기철도의 역사, 전기 외의 분야에서 사용하는 철도관련 용어나 전기분야에 있는 사람이 알아야 할 정도의 기본적인 기술내용, 그리고 전기분야 중에서 전철전력 분야 외의 분야에 대한 설명과 전철전력의 전차선, 배력, 송변전, 스카다 등의 각 분야에 대한 개론, 그리고 새롭게 대두되고 있는 경전철 등의 신기술, 전기분야에서 많이 대두되고 있는 전력전자의 개론 등을 포함하여 전기철도에 대한 전반적인 부분을 강의할 수 있는 내용들을 가지고 "전기철도공학개론"이라는 제목의 책을 "전기철도 설계"와 같이 발간하게 되었다.

이 내용들은 그동안 공단에 있으면서 정리해 두었던 내용과 전기철도의 전기분야를 모르는 사람들에게 설명하기 위한 설명자료, 해외철도에 대한 과거의 조사자료 및 일본에서 대학교재로 사용중인 "Power Electronics"라는 책 중에서 개론 부분을 번역한 내용 등을 엮어서 이 교재를 만들었다

보유한 자료들을 가지고 최대한 잘 정리해서 대학 교재로서 부끄럽지 않도록 쓰려고 노력은 했지만 일부 자료는 미비한 부분도 없지 않아서 지속적으로 보완해 나가야 할 것으로 보여진다. 또한 해외철도 부분은 시간이 지난 자료이어서 참고용으로 부록편에 기술하였다.

부족하지만 책으로 발간하려는 것은 이제 대학에서도 그저 형식적인 전기철도 분야의 강의가 아니라 보다 전문적이고 세분화된 강의가 필요하다고 생각되고, 그 강의를 위해 필요한 교재라고 생각이 되어 우선 부족하더라도 시작해보자는 뜻으로 편찬하게 되었다는 점을 말씀드리고 싶다.

앞으로 그동안 발간한 세 종류의 책에 대한 내용을 강의하면서 다시 살펴보고, 새로운 기술이나 해와 동향에 대한 자료들을 지속적으로 모아서 보완할 부분은 보완해 나가도록 할 것이다.

이 "전기철도공학 개론"은 기술적인 전문지식이 거의 없어도 이해할 수 있는 전기철도에 대한 공부를 하기 위한 입문서라고 생각하고 다른 대학이나 전기과가 아닌 다른 과에서도 전기철도에 대한 강의 자료로 활용할 수 있으리라 생각한다.

대학 교재라는 것이 보는 사람이 한정되어 있다 보니 출판사 입장에서는 어려움이 많으리라 생각이 든다. 그런 점에서 출판에 적극 호응해 주신 ㈜도서출판 기다리의 사장님과 편집위원들, 특히 이 교재를 만드는데 협조를 아끼지 않으신 ㈜이알이시의 김양수 상무님, 그리고 그동안 저에게 항상 응원해 주시는 우송대학교나 ㈜디투엔지니어링과 ㈜이알이시의 대표님과 회사 동료 여러분, 그리고 항상 나를 사랑해주는 우리 가족들에게 이 지면을 통해 다시 한번 "항상 사랑한다"는 말과 함께 고마움을 전하고 싶다.

2019년 12월

저자 **이 근 원**

목차

제1장 | 일반

1_ 철도의 정의 및 분류 ···15
　1.1 철도의 정의 ··15
　1.2 철도의 특징 ··16
　1.3 철도의 분류 ··16

2_ 철도의 역사 ···20
　2.1 일반철도 ··20
　2.2 전기철도 ··21
　2.3 고속철도 ··23
　2.4 차량의 발전 ··25

3_ 철도의 기술 ···26

4_ 철도의 정책 ···27
　4.1 철도시설의 투자 ··27
　4.2 우리나라 철도의 문제점(2000년 초 기준) ···27
　4.3 철도시설 투자부진 주요원인 ··28
　4.4 철도 투자확대를 요구하는 여건 변화 ··29
　4.5 철도의 역할증대 가능성 ··30
　4.6 외국의 철도투자 정책 동향 ···32
　4.7 국내의 철도투자 정책방향 ···32
　4.8 우리나라에서의 전철화 필요성 ··33
　4.9 전철화의 효과 ···33

목차

제2장 | 분야별 사용 용어 및 해설

1_ 일반 ···39
1.1 RAM(S) ··39
1.2 차량한계와 건축한계 ···43
1.3 열차운전속도 ···44
1.4 열차저항 ··45
1.5 견인력(인장력) ··48
1.6 제동력 ··50
1.7 열차의 운전선도와 운전방정식 및 소비전력 ··50

2_ 차량 ···53
2.1 동력 집중식과 분산식 ··53
2.2 차량과 열차 ···54
2.3 일반대차와 관절대차 ··55
2.4 전기차 ··56
2.5 제동 ···70

3_ 선로(Track, Roadway) ···72
3.1 궤간 ···72
3.2 궤도중심 간격 ··73
3.3 곡선 ···73
3.4 구배 ···74
3.5 캔트(Cant) ···75
3.6 슬랙(Slack) ··76
3.7 노반 ···77
3.8 궤도 ···77

제3장 | 전기철도에서의 전기설비

1_ 개요 ·····91
  1.1 전철전력설비(Power Supply System) ·····91
  1.2 정보통신설비(Communication and Information System) ·····92
  1.3 신호제어설비((Signal and Control System) ·····96

2_ 전철전력설비(Power Supply System) ·····101
  2.1 전기철도 전력설비의 특징 ·····101
  2.2 급전방식 ·····105
    2.2.1 방식선정 시 고려사항 ·····105
    2.2.2 전원의 종류에 따른 구분 ·····107
    2.2.3 급전회로 구성방법에 따른 구분 ·····109
    2.2.4 가선방식에 따른 구분 ·····119
    2.2.5 변전소 급전인출방법에 따른 구분 ·····121
  2.3 전차선로 조가방식 ·····121
  2.4 전차선로의 기계적인 특성 및 집전특성 ·····131
  2.5 전차선로 설비(Catenary System) ·····136
  2.6 변전설비(Substation System) ·····151
    2.6.1 전철변전소 ·····152
    2.6.2 급전 구분소(SP : Sectioning Post) ·····165
    2.6.3 보조급전구분소(SSP : Sub Sectioning Post) ·····166
    2.6.4 병렬급전소(PP : Parallel Post) ·····166
    2.6.5 전압강하 및 고조파보상설비(SVG : Static Var Generator) ·····167
    2.6.6 일반적인 전기지식 ·····168
  2.7 SCADA System 및 진단장치 ·····192
    2.7.1 원격제어시스템(SCADA System) ·····192

목차

2.7.2 원격진단장치 · 194
2.8 수(송)전선로(Transmittion Line) · 195
2.9 배전설비(Power Distribution System) · 196
 2.9.1 배전선로 · 197
 2.9.2 부속설비 · 200
2.10 전기철도에서 고속철도와 일반철도의 차이점 · 203
2.11 인터페이스 · 208

제4장 | 신교통시스템

1_ 개요 · 213
2_ 경전철 · 214
 2.1 정의 · 214
 2.2 발전 · 215
 2.3 경전철의 특징 · 216
 2.4 분야별 기대효과 · 217
 2.5 경전철의 종류 · 217
 2.6 도시교통시스템에 사용되고 있는 신기술 · 227
  2.6.1 자기부상 기술 · 227
  2.6.2 Linear Motor의 기술 · 233
  2.6.3 공기부상기술 · 236
  2.6.4 위치에너지 이용기술 · 237
  2.6.5 대차기술 · 237
  2.6.6 신호보안시스템 기술 · 240
  2.6.7 전력전자(Power Electronics) 기술 · 241

- 2.7 경전철의 종류별 개요 및 특징 ···290
  - 2.7.1 LRT 및 SLRT(Street Light Rail Transit : 노면전차) ···············290
  - 2.7.2 안내궤조식 철도(AGT : Automated Guideway Transit) ···········298
  - 2.7.3 모노레일(Monorail) 경량 전철 ··301
  - 2.7.4 LIM(Linear Induction Motor) 경량전철 ·······························304
  - 2.7.5 기타 방식의 경전철시스템 ···307

3_ 틸팅 차량 ···314
- 3.1 틸팅 기술 ···314
  - 3.1.1. 원리 ···314
  - 3.1.2. 틸팅차의 분류 ···315
- 3.2 해외의 틸팅열차 ···316
  - 3.2.1 일본(Series 281) ···316
  - 3.2.2 독일(Regio-Swinger 612) ···317
  - 3.2.3 영국 ··317
  - 3.2.4 이탈리아(ETR 460 Dissel ETR) ··318
  - 3.2.5 독일(ICE-T, ICT-VT) ···320
  - 3.2.6 스웨덴(X 2000/SJ) ···320
  - 3.2.7 미국(Acela) ··321
  - 3.2.8 스위스(Inter-city Neigezug(ICN)) ······································322
  - 3.2.9 포르투칼(Pendoluso/CP) ··322
  - 3.2.10 노르웨이(BM 71) ···323
  - 3.2.11 스페인(Alaris) ···323
  - 3.2.12 중국(DMU) ···324
  - 3.2.13 슬로베니아(Train SZ 310) ···324
  - 3.2.14 핀란드(S 220) ···325
  - 3.2.15 프랑스 ···325
- 3.3 국내의 틸팅열차 ···329

목차

참고 | 세계 각 국의 철도

1_ 철도기술시장 ···335
   1.1 개요 ··335
   1.2 철도시장 ··337

2_ 지역별 철도시장 ···343
   2.1 서유럽지역 ···343
   2.2 동유럽 지역 ···364
   2.3. 북미 지역 ···366
   2.4. 중남미 지역 ···368
   2.5 아시아 지역 ···369
   2.6 아프리카/중동 지역 ···395
   2.7 CIS(Commonwealth of Independent States : 독립국가연합 : 구소련12개국) 지역 ············396
   2.8 호주/태평양 연안 지역 ··397

제 1 장
일 반

전기철도를 처음 접하는 분들이 알아야 할 일반적인 내용들을 정리한 것이 전기철도공학 개론이다.
철도를 배우기 위해서는 관련되는 모든 분야에 대한 폭넓은 이해가 무엇보다 우선되어야 한다고 생각한다.
그래서 첫 장에서는 철도와 전기철도의 정의와 종류, 철도의 역사, 철도의 발전, 철도에 대한 국내외의 정책과 전철화의 효과 등 철도가 전기철도로 발전해 나가는 과정에 대한 설명으로 시작하였다. 이 장을 통해서 철도에 대한 특히 전기철도에 대한 정의와 필요성 등을 이해하는데 도움이 되기를 바란다.

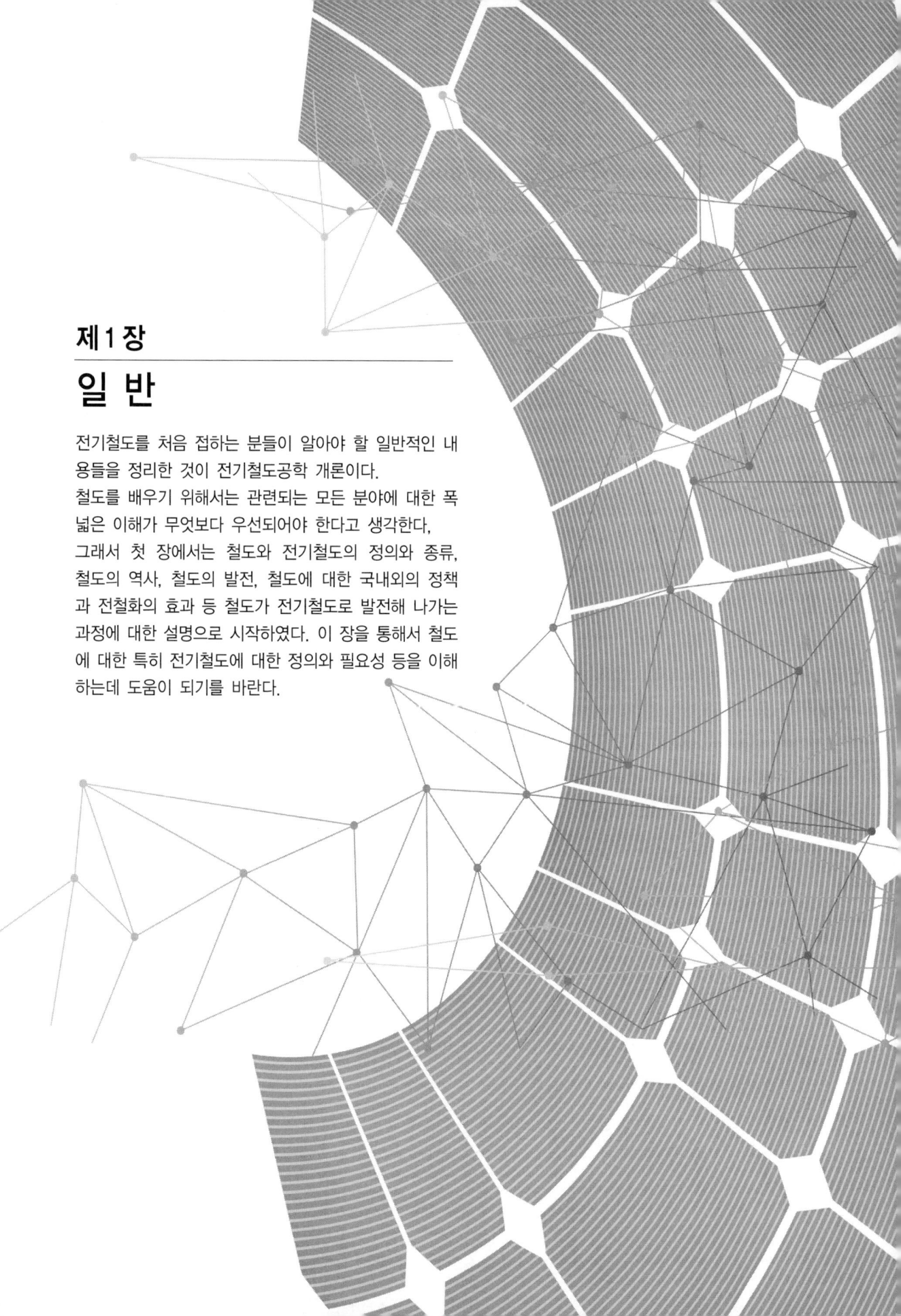

1. 철도의 정의 및 분류

1.1 철도의 정의

가. 법적인 정의

철도산업발전기본법(제1장 3조)에서는 "철도"라 함은 "여객 또는 화물을 운송하는데 필요한 철도시설과 철도차량 및 이와 관련된 운영 지원체계가 유기적으로 구성된 운송체계를 말한다." 라고 되어 있고, "철도시설"이라 함은 "선로, 역시설 및 철도운영을 위한 건축물, 보수기지, 차량정비기지 및 철도의 전철전력설비, 정보통신설비, 신호 및 열차제어설비와 철도 노선 간 또는 다른 교통수단과의 연계운영에 필요한 시설 그리고 시험 및 연구시설 및 교육훈련시설과 기타 건설 유지보수 및 운영을 위한 시설뿐 아니라 철도의 건설 및 유지보수에 사용되는 용지, 자재 장비까지 포함한다." 라고 되어 있어, 철도와 관련된 모든 시설 및 체계를 포함하는 것이라고 말할 수 있다.

즉, 법적으로 보면 철도는 궤도, 토목, 차량, 신호보안, 정거장, 전기, 통신, 운전, 위생설비 연계시설, 연구 교육시설까지 포함되는 많은 시설물이 종합된 시스템으로의 철도를 의미한다.

나. 공학적 정의

좁은 의미에서의 철도는 "레일 또는 Guideway에 유도되어 여객수송 및 화물 운송용의 차량을 운전하는 모든 설비"를 의미하며 이를 영국에서는 Railway, 미국에서는 Railroad라고 부른다. 또한 넓은 의미에서의 철도는 주로 탄광지대에서 사용되고 있는 강색철도나 케이블카, 노면철도, 모노레일, 경전철, 자기부상, 진공튜브열차 등의 신 교통시스템을 포함한 일정한 교통공간을 점유한 특정한 주행로(Runway) 위를 차량이 유도되어 여객이나 화물을 운송하는 모든 설비들을 철도라고 할 수 있다.

다. 철도의 목적

이러한 철도는 공익사업으로서 다량의 여객과 화물을 장거리에 안전, 신속, 정확하게 경제적으로 수송함으로써 공공의 편익을 제공하고, 국토의 개발과 산업발전을 도모하며 비상시에는 군수품 수송 등 국토방위에 중요한 역할을 담당하기도 한다. 이와 같이, 철도는 공공성의 측면과 사회적 측면도 있지만 영리 추구라는 기업적인 측면도 함께 가지고 있다.

그러므로 앞으로 철도는 국가 간의 연결, 지방 중핵도시 연결과 같은 간선철도를 고속수송이 가능한 체계로 발전시키고 위성도시와 대도시 간, 지방도시와 대도시근교의 통근, 비즈니스 수송확보는 신교통 시스템인 경전철이나 중전철인 지하철 등을 이용하고, 생산자와 소비자, 항공과 항만을 연결하는 대단위의 중장거리 화물수송을 극대화하며, 전국 철도망을 지역 간 격차해소에 중점을 두고 정비해 나가는 것이 이러한 철도의 목적을 달성할 수 있는 방법일 것이다.

1.2 철도의 특징

이러한 철도가 가지고 있는 특징을 살펴보면, 전용의 주행로 위를 주행하므로 교통사고 측면에서 보면, 타 교통수단에 비해 훨씬 사고율이 적어 안전성(Safety)이 높고 혼잡 등의 영향이 거의 없으며, 타 교통수단보다 주변 환경의 영향을 적게 받고 차량을 훨씬 고속으로 운행할 수 있으므로 신속성(Speediness)과 정확성(Correctness) 측면에서도 큰 장점이 있다.

이것은 우리나라의 고속철도가 승차율도 높고 정시율이 95% 이상이라는 점으로도 입증이 되고 있다. 또한 장거리 운행에 적합하고 공익성을 가지고 있어 운송비가 저렴하며, 항공기나 선박과 달리 도심에서 출발하여 도심에 도착하고 대기 시간이 적으며 시격이 짧아서 편리하게 이용할 수 있으며, 비행기나 선박에 비해서는 동요가 적고 공간이 비교적 넓어서 쾌적하며, 요즈음은 특히 전기를 이용하는 철도가 대부분이어서 공해가 없는 운송수단이라는 장점이 있지만, 소량의 사람이나 물건을 필요한 개소까지 직접 운송하는 데는 적합하지 않으므로 고급 소량 물품의 다양한 분산 집배수송에는 부적합하며, 집 앞에서 출발하여 목적지까지 직접 운송할 수 있는 자동차와 비교하면 기동성이 좀 떨어진다고 할 수 있다. 또한 프라이버시를 확보하여 시공간적으로 자유로운 여행을 하고자 하는 여행 목적을 만족시키기 위해 가족실, 침대칸 등을 운영하고 있으나, 자동차에 비하면 프라이버시 확보에는 한계가 있다는 단점도 있다.

1.3 철도의 분류

철도는 여러 가지 관점에서 분류가 가능하다.

가. 기술상의 분류

1) 동력에 의한 분류

차량의 운행에 사용되는 동력을 보면 세계 시장의 기술발전과 철도의 발전이 그 맥을 같이 하고 있음을 알 수 있다.

상업적인 철도를 보면 유럽 산업혁명의 기초가 된 증기기관이 발명되어 상용화되면서 철도에서도 1814년 영국의 조지 스티븐슨이 증기기관차를 발명하면서 증기기관철도가 발전하기 시작하였으며 약 10km/h의 속도로 운행하는 정도까지 발전하였다.

우리나라에도 일본에 의해 철도가 건설되면서 이 증기기관차가 도입되어졌다. 그 후 내연기관에 의한 자동차 산업이 발전하면서 철도도 역시 1894년 루돌프 디젤박사가 디젤기관차를 발명하면서 화석연료를 이용한 내연기관철도가 기존에 증기기관차가 가지고 있던 한계를 극복함으로써 더 빠르고 효율적이며 더 힘이 좋은 열차의 탄생을 가능케 하였다. 이로 인해 열차는 디젤기관차 시대를 맞게 되었고, 증기기관차는 역사의 저편으로 저물어 가는 계기가 되었다.

이 디젤기관차는 2차 세계대전 이후 많이 쓰이기 시작해서 오늘날에도 많은 나라에서 쓰이고 있다. 특히 전철화를 위해 전차선 건설이 비효율적인 나라나 지역에서는 아직도 디젤기관차가 인기를 누리고 있다.

그러나 화석연료의 한계성과 고속화에 따른 기관차의 경량화 및 환경보호 측면에서 차 내의 발전기를 생략할 수 있는 전기철도로 발전해 왔으며 지금은 거의 모든 국가들이 다 철도를 전기철도로 건설하고 있다.

2) 궤간에 의한 구분

두 레일 사이의 간격인 궤간은 1886년 스위스 베른 국제회의에서 제정한 4feet 8½inch(1435㎜)를 표준궤간으로 사용하고 있으며 이보다 크면 광궤, 작으면 협궤라고 구분하여 부른다.

대부분의 국가들이 표준궤를 사용하고 있으나 일부 국가의 일부 지역에서는 아직도 광궤와 협궤를 사용하고 있다.

3) 궤도 수에 의한 분류

철도의 수송량이 얼마나 되느냐에 따라 하나의 궤도를 상하선의 열차가 동일하게 이용해야 하는 단선철도와 상하선을 구분할 수 있도록 한 복선철도, 3선 이상의 궤도를 운행하는 복복선과 같은 다선철도로 구분할 수 있다.

4) 구동 및 지지방식에 의한 분류

① 점착철도 : 마찰력을 이용하는 것으로 거의 모든 철도가 점착 철도이며 이를 WOR (Wheel On Rail) 시스템이라고도 부른다.
② 강색철도 : 광산에서 로프를 이용해 석탄을 운반하는 철도
③ 가공철도 : 케이블카와 같이 공중에 로프를 설치하여 운행하는 철도
④ 치차철도 : 스위스의 알프스 지방에 많이 있는 철도로서 산악지대의 급경사를 톱니바퀴를 이용하여 운행하는 철도

⑤ 단궤철도(Monorail) : 하나의 궤도에 차량이 매달리거나 걸터앉은 형태로 운행하는 철도
⑥ 무궤도 철도 : 트로리 버스 등과 같이 궤도를 사용하지 않는 철도
⑦ 부상식 철도 : 공기나 자기에 의해 전용궤도 위를 부상해서 주행하는 철도

5) 시공기면의 위치에 의한 분류

철도가 설치되는 장소에 따라 개활지에 설치된 지표철도, 고가교에 설치된 고가철도와 지하 터널을 이용하여 설치하는 지하철도로 구분할 수 있다.

나. 법제, 경영상의 분류

1) 법제상의 분류

철도의 소유자가 누구인가에 따라 분류하면 국가가 소유하여 국가의 철도관련 법령(철도산업발전기본법, 철도사업법, 철도건설법 등)의 저촉을 받는 국유철도와 도시철도법에 적용을 받는 지방자치단체나 법인 등이 소유한 도시철도, 개인이나 기업이 소유한 회사 내에 건설된 공장선 등과 같은 전용철도, 그리고 노면전차, 트로리 버스와 같은 노면철도가 있다.

2) 경영상의 분류

수송의 중요도 측면에서 구분하면 철도 수송의 중심이 되는 간선철도와 그 보다는 중요도에서는 떨어지지만 수요가 많은 주요선 철도 그리고, 수송수요가 거의 없어 중요도가 낮은 지선철도로 구분할 수 있다.

수송대상을 기준으로 구분하면 여객과 화물을 동시에 수송하고 있는 일반철도와 여객만을 대상으로 한 여객전용, 화물만을 대상으로 하는 화물전용, 그리고 특수한 물자를 수송하기 위한 특수물자 수송 등으로 구분할 수 있다.

그리고, 수송의 목적이 무엇인가에 따라 도시 간 연결을 위한 도시철도와 도시고속철도, 새로운 지역을 개척하기 위해 건설한 개척철도, 그리고 관광이나 군사용, 광산용, 산림용 등의 특수한 목적의 철도로 구분할 수 있다.

3) 기타

부설지역에 따라 평지, 산악, 시가, 해안, 교외 등으로 구분할 수 있으며, 운전속도에 따라서도 일반적으로 200km/h 이하는 일반철도, 200km/h 이상은 고속철도라고 하며 고속철도 중에서 300km/h 이상은 초고속철도라고도 부른다.

※ 고속철도란 열차가 주요 구간을 시속 200킬로미터 이상으로 주행하는 철도로서 국토교통부장관이 그 노선을 지정·고시하는 철도(철도건설법 제2조 (정의) 2항)

우리나라에서는 선로의 건설과 보수에 있어서 수송량, 곡선반경과 열차 속도에 따라 선로의 등급을 정하고 그 등급에 해당하는 선로구조로 하여 경제적인 건설과 유지보수를 하도록

하고 있으며 철도건설규칙에서는 이를 고속선과 1~4급선으로 규정하고 있다. 그 기준을 보면
① 고속선 : 최고속도 350km/h이고, 허용곡선반경은 R=7000, 60kg 레일 사용
② 1급선 : 최고속도 200km/h이고, 허용곡선반경은 R=2000, 60kg 레일 사용
③ 2급선 : 최고속도 150km/h이고, 허용곡선반경은 R=1200, 60kg 레일 사용
④ 3급선 : 최고속도 120km/h이고, 허용곡선반경은 R=800, 50kg 레일 사용
⑤ 4급선 : 최고속도 70km/h이고, 허용곡선반경은 R=400, 50kg 레일 사용
하지만 이러한 구분도 점차 고속화되어가면서 3~4급선은 없어져 가는 추세이다.

다. 전기 철도의 종류

전기철도는 수송량, 운전거리, 운전속도, 교통기관으로서의 사명 등에 따라 대개 다음과 같이 분류가 가능하다.

1) 도시철도

① 시가철도 : 시내에서 타 교통수단과의 연계수송 등을 고려한 노면전차, 트로리버스 등이 있다.
② 도시고속철도 : 도심지와 도시 근교 간을 빠른 속도로 연결하는 교통수단으로서 지하철도와 모노레일, 경전철 등의 신 교통시스템을 들 수 있다.
③ 근교 및 통근철도 : 가감속 특성에 중점을 둔 중전철의 전기차를 들 수 있다.

2) 도시 간 철도

① 고속 여객열차 : 200km/h 이상의 속도로 운행되는 여객전용 철도
② 간선철도 : 200km/h 이하의 속도로서 장대편성 열차, 고속화물열차를 이용하여 도시 간 또는 고속철도 운행구간 이외의 구간의 여객 및 화물을 수송하기 위한 철도로서 고속철도와의 연계운행도 하는 경우가 많이 있다.

2 철도의 역사

2.1 일반철도

세계의 철도가 증기기관차에서 전기기관차로 발전해 가면서 세계 각국들이 철도를 친환경적인 최적의 교통수단으로 인식하면서 세계 각국은 교통수단으로서 철도의 전기철도화, 고속화가 최적이라는 인식을 가지고 투자를 증대해 가고 있다.

이러한 철도를 교통수단으로 이용하기 시작한 것은 프랑스가 1832년, 아이랜드는 1834년, 벨기에는 1835년, 캐나다는 1836년, 이태리는 1837년, 미국은 1839년, 멕시코는 1850년에 철도가 개통되어 세계 각국이 철도를 건설하기 시작하였다.

우리나라는 조선시대 말인 1882년 조미통상수호조약을 맺은 이후 조선의 사신들이 미국 보스톤에서 열린 만국박람회에 참석하고 철도의 필요성을 건의하였으며, 1889년(고종 26년)에는 이하영 주미대리공사가 기차의 모형을 소개하기도 하였다.

그 후 1895년 미국, 영국, 프랑스, 러시아, 일본이 철도부설을 제의하여 1896년 3월 29일 조선제국은 미국의 James. R. Morse에게 철도부설권을 특허하였으나, 자금난으로 지지부진하다가 1898년 5월 10일 일본의 경인철도 합작회사가 이를 인수하면서 조선에서 걷어 들인 자원들을 운반하고 대륙으로 진출하기 위한 운송수단으로서 사용하기 위해 본격적으로 철도를 건설하기 시작하여, 1899년 9월18일 제물포~노량진 간 33.2km의 경인선을 개통하고 기관차 4대, 객차 6량, 화차 28량으로 1일 4회 운행하였다. 그 후 1905년 1월에는 경부선 전 구간이 개통되었고, 1906년 4월에는 경의선이 개통되었다.

1905년 11월 18일 덕수궁 중명전에서 을사늑약이 체결되면서 철도건설이 더욱 힘을 받아서 1914년 1월에는 호남선, 1914년 8월에는 경원선이 개통되었다.

그 이후에는 경제적인 어려움으로 추가로 철도건설을 하지는 않고 기존에 건설된 철도를 UP-Grade해 나가는 형편이었다. 1967년 9월에는 그 동안 운행되던 증기 기관차 운행을 종료하고 모두 디젤기관차로 대체되었으며, 1969년 6월에는 경부선에서 새마을호가 서울~부산 간을 4시간 50분에 운행하는 기록을 세우기도 하였다.

그 이후에 제3공화국에 들어서 경제발전을 위해서 꼭 필요한 산업선의 석탄이나 시멘트 수송을 증대시키기 위한 방안을 검토하면서 디젤기관차로서의 속도상승이나 견인력 부족을 보완하기 위해서 외국의 차관을 받아서 전기철도의 건설을 시작하였으며 그 후 여객수송을 위한 고속철도로서도 전기철도를 도입하게 되었다.

2.2 전기철도

전기철도는 1835년 미국의 T. Davenport가 볼타전지를 이용한 전차 모형을 제작하여 일반 관람용으로 내놓은 것이 시초였으며 전기철도가 실용화 된 것은 1879년 베를린 공업박람회에서 제3궤도방식으로 직류 125V 3HP(2.2kW)의 2극 직류 전동기 구동형의 직류차로 3량의 객차를 견인하여 12km/h로 운전한 것이 시초였으며, 영업운전은 1881년 Siemens Halske社가 역시 제3궤도방식으로 Lichterfelde(리히텔 휄데)에 전기철도를 부설하여 일반 여객의 수송을 개시한 것이 시초이다. 이 후 제1차 세계대전이 끝난 후 세계 각국은 전철화에 대한 관심과 인식이 새로워지게 되고, 연료의 절약, 수력발전에 의한 전기이용, 철도경영의 개선이라는 관점에서 전면적인 전철화 계획을 세워 추진하기 시작하였으며, 이때 추진된 모든 전기철도는 직류방식이었다. 1951년 프랑스 국철이 처음으로 상용주파수 25kV 교류전철방식을 실용화하여 영업 운전을 개시함으로써 교류전기철도라는 새로운 장을 열었다.

가까운 일본의 경우에는 1890년 上野공원에 3차 국내기업박람회가 개최되었을 때 박람회장에 부설된 궤도에 전차를 주행시킨 것이 최초이다. 그 후 1895년 처음으로 동경시내에 전기철도 영업이 개시되었으며 일본 국철이 처음으로 전기운전을 시작한 것은 甲武철도를 매입한 1906년 10월의 중앙선 お茶の水~中野 간으로서 전철화방식은 직류 600V이었다.

그 후 수송량 증가에 따라서 1200V로 승압되어지고 1925년 12월에 橫兵~國府津 간을 1500V로 전철화 한 것을 계기로 직류전기철도의 전압은 1500V가 되어 지금에 이르고 있다.

1950년경부터는 수송량 증가에 따라 전기차도 출력이 커져 직류 1500V 방식으로는 한계가 있다고 생각되어 당시 프랑스 국철에서 시험 중이었던 상용주파수에 의한 교류전철화 방식의 연구를 일본에도 도입하여 1954년부터 1956년에 걸쳐서 仙山線에서 각종 시험을 시행하고 1957년에는 仙山線 仙台~作並 간 및 北陸本線 田村~敦賀 간에 상용주파수 20kV의 BT방식으로 영업운전이 개시되었다.

고속철도로서 1964년 동해도신간선이 BT급전방식에 의해 210km/h로 운행하기 시작하였고, 전기차의 용량증가로 인한 BT섹숀의 아-크 발생 대책과 유지보수의 어려움 등의 문제가 발생되어 AT급전방식이 개발되어 1970년 鹿兒島本線 八代~西鹿兒島 간의 전철화, 1972년 山陽신간선 新大阪~岡山간 전철화, 1982년 東北・上越신간선 大宮의 개업에 이 방식이 적용되었으며 그 후 교류전철화의 표준방식으로 자리잡게 되었다. 그리고 BT방식이었던 동해도신간선도 부하의 증대로 1986년부터 1991년까지 이 AT급전방식으로 변경되어졌다.

또한, 신간선에서 용지가 협소한 지역에 적용하는 급전방식으로 동축케이블 급전방식이 개발되어 1987년 동해도신간선 급전설비 갱신 및 1991년 동북신간선의 동경지구에서 본격적으로 채용되어졌다.

우리나라의 경우, 경인선이 개통되기 전 해인 1898년에 미국인 H. C. 콜브렌과 H. D. 보스트윅 이라는 두 사람이 청량리-서대문 간에 궤도를 부설하고 직류 600V 방식의 노면전차를 운행하기 시작하여, 1915년에는 부산, 1923년에는 평양에 노면전차가 개통되었다.

그러나 이들 노면전차는 1968년 11월 서울과 부산에서 도로교통상의 문제와 자동차의 발전에 밀려서 역사 속으로 사라지게 되었으며, 시내 노면전차가 아닌 간선철도의 전철화는 금강산 전기철도 일부개통인 철원~금화 간 28.8km가 먼저 DC 1500V 방식으로 1921년에 착공하여 1924년 8월 1일 개통되었고 남은 구간을 포함한 철원~내금강 전체 구간 116.6km는 1931년 7월 1일에 개통되었다.

그 후 경원선 복계~고산 간의 53.9km 구간은 DC 3000V 방식으로 1937년 계획을 확정하고 1939년 359만원의 예산으로 착공하여 영업운전을 시작하였다. 남쪽에서는 1943년 중앙선 단양~풍기 간을 DC 3000V 방식으로 착공하였으나, 6.25 전쟁으로 인해 중단되었다. 그 후 1960년대에 들어서면서 경제성장에 따른 산업물자의 수송수요 증가에 대비하기 위하여 1962년 9월 경인선 복선전철화의 기술조사를 시작으로 영동선 태백선과 수도권을 연결하는 산업선 전철화의 기술조사를 1967년 9월 시작하여, 1968년 5월 당시 박정희대통령의 산업선 전철화지시를 받아 1969년 9월 산업선 전철화를 시작하였으며, 1969년 12월에는 재원조달을 위해 50Hz 그룹과 차관협정을 맺었다. 이 재원으로 1971년 1월에는 태백선 제천~고한 간의 80.1km 착공하였으며, 1972년 6월 태백선 증산~고한 간의 10.7km에 시험선을 완성하고 1972년 3월에는 산업선용 전기기관차 56대를 도입하여 1973년 6월 20일 중앙선의 청량리~제천 간 156.2km 구간을 전철화 하여 개통하였다.

그 후 계속해서 1974년 6월 태백선 제천~고한 간 80.1km를 개통하였으며 1975년 12월 태백선 고한~백산, 영동선 철암~북평 간 85.8km 개통하여 중앙, 태백, 영동선 총연장 320.8km의 산업선전철 개통식을 거행하였다. 그 후 1977년 4월에는 태백선 예미~조동 간의 15.9km 복선전철도 완료하였다.

수도권 교통난 해소를 위한 수도권전철화는 1962년 경인선 기술조사를 바탕으로 일본의 자본과 기술을 받아들여 1970년 9월 수도권전철화(경인, 경부)의 측량에 착수하여 11월 영등포 구내를 시작으로 측량을 개시하여 1971년 4월 수도권 경인, 경부 구간의 전철화 사업을 착공하고, 1971년 12월 수도권전철화 재원으로 일본과 OECF 차관협정을 체결하고 외자 3000만불, 내자 1500만불을 받아 이 사업을 시작하게 되었다.

수도권은 당시 일본이 BT방식에서 AT방식으로 전환한 이후이므로 우리나라도 이 AT방식을 받아들여 일본 JART사의 도움을 받아 AT방식으로 시행하였다.

1974년 4월에는 수도권용 전동차가 청량리~양평 간에서 시운전을 시작하여 1974년 8월 15일

수도권 전철개통식을 거행하는 중 육영수 여사가 문세광에게 피살당하는 역사의 현장이 되기도 했다.

이처럼 우리나라가 BT와 AT방식이 모두 건설되고 운영되면서 전기철도에 대한 건설 및 유지보수에 대한 기준에 자재 규격 등을 제정하게 되었고, 두 방식을 비교검토하면서 기술력은 점차 향상되어 갔으며 이를 바탕으로 우리의 기술력으로 계속해서 영등포~수원 간 32.3km의 경부 복복선, 성북~의정부 간 13.1km, 중앙선 제천~영주 간의 64km, 안산선 금정~원곡 간 20km을 82년~88년 사이에 완공하였으며, 2003년에는 선능~수서 간 6.6km, 수원~병점 간 7.2km가 개통되고, 2004년에는 경부고속철도 1단계구간 238.6km, 기존선 활용구간 154.8km, 호남선 258.2km 그리고 분당선 오리~보정 간 2.6km를 준공하여 전철화가 총 연장 654.2km가 되어져, 철도 총연장 3382km의 20%에 해당하는 구간이 전철화 되게 되었으며, 그 후 2005년에도 경부선 병점~대전 간 112.9km, 동해~강릉 간 45.1km, 충북선 115km의 총 273km의 전철화가 이루어져서, 2005년말을 기준으로 49.6%인 1,680km가 전철화 되었고, 계속해서 2006년에도 경부선 옥천~신동 간 125.3km, 경원선 의정부~소요산 간 23.2km가 완료되었다.

이와 같이 주요 간선들이 거의 전철화가 되어지면서, 2017년 1월 기준 철도거리는 3978.9km, 전철거리는 2,978.9km(일반철도 2,215.9km, 고속철도 657.3km)로 전철화율은 72.2%에 달해, 전철화율면뿐 아니라 기술력 측면에서도 우리나라가 이제는 세계적으로 높은 수준에 올라와 있다고 해도 과언이 아니다.

2.3 고속철도

고속철도는 일반적으로 200km/h 이상의 속도로 운행되는 열차와 그 주변의 철도시설을 지칭하지만, 최근에는 200km/h 속도에는 조금 못 미치는 틸팅열차도 고속철도로 분류되어지고 있다.

세계 최초의 고속철도는 1964년 개업한 일본의 도카이도 신칸센(東海道 新幹線)으로 "초특급" 개념의 열차로서 0계 차량으로 최고속도 210km/h의 영업운전을 시작해 2002년에는 최고속도는 도카이도 구간이 275km/h, 산요구간이 285km/h로 운행되고 있습니다.

그 후 산요 신칸센(山陽 新幹線)은 도카이도에 비해 선형이 좋아 고속 운전이 가능하므로 히메지~하카타에서는 500계 '노조미(のぞみ)'가 최고 속도 300km/h로 운행되어지고 있다. 이러한 일본의 고속화에 자극을 받은 프랑스국철에서도 TGV-A가 1990년부터 300km/h로 영업운전을 시작하여, 세계에서 제일 많은 열차를 수출하는 고속철도 국가로 발전하였으며, 최근의 AGV열차는 350km/h로 운행하고 있다.

철저한 합리주위에 바탕을 두고 있는 독일의 고속철도는 선로용량이 부족한 곳에는 선로를 개량하여 새로 개발한 고속열차인 ICE열차를 운행하고 재래선에도 전철화 구간은 ICE 차량을 투입하여 서비스 지역을 확대해 나가는 방식으로 고속화를 추진하고 있으며, 1998년 6월 ICE1 차량의 바퀴가 프랑스의 TGV나 일본의 신간선 차량처럼 일체형 차륜이었으나 차륜에 의해서 발생하는 진동을 없애기 위해 1996년에 이를 개량하여 차륜을 외륜과 내륜으로 나누고 그 사이에 고무링을 삽입한 차륜을 객차 중 약 2/3정도의 차량에 사용하였으나, 이 차륜 중의 하나가 외륜이 깨져 커다란 사고가 나게 되었고, 그 후 1998년부터는 다시 모든 차량에 원래의 일체형 차륜을 사용하게 됨으로써 진동을 해결해 보려는 독일철도 기술자들의 노력은 수포로 돌아가고 진동문제는 아직 해결되지 않고 있다.

이처럼 독일은 고속 구간에서는 300km/h의 속도로 기존선 구간은 그 이하의 속도로 운행을 하고 있다.

중국도 2020년까지 200km/h 이상의 철도 12,000km를 4종 4횡으로 건설하겠다는 목표를 가지고 북경~상해 간 고속철도를 시작으로 고속철도 건설에 박차를 가하고 있으며, 현재는 최고 350km/h의 속도로 운행을 하고 있다.

이처럼 현재 고속철도를 운행 중인 국가는 일본, 프랑스, 독일, 영국, 이탈리아, 스페인, 한국, 벨기에, 덴마크, 스웨덴, 중국, 대만 등으로 많은 국가들이 고속철도를 운영 중에 있으며, 미국, 인도 등 많은 국가들이 고속철도를 건설하는 프로젝트를 진행 중에 있다.

또한, 철도는 노반, 궤도, 차량, 전차선 등 모든 시스템이 고속운행이 가능하도록 설치되어야 하므로 현재도 많은 나라들이 지속적으로 시스템과 차량의 개량에 힘을 쏟고 있으며, 프랑스의 TGV는 2007년 4월 3일 파리~스트라스부르그 신설선에서 달성한 574.8km/h가 WOR방식으로서는 최고 기록이다.

이러한 WOR(Wheel On Rail)방식의 마찰 한계를 극복하기 위한 새로운 철도시스템으로서 시작된 자기부상철도는 일본과 독일이 시험선을 건설하여 초고속열차에 대한 시험을 계속하고 있으며, 독일의 Transrapid 방식으로 건설된 중국의 푸동~상해 간에서는 400km/h로 세계에서 유일하게 자기부상식 철도가 운영되어 지고 있으며, 진공튜브열차 등 신기술을 적용한 초고속 철도의 개발도 많은 나라들이 추진 중에 있다.

우리나라는 경부 축의 물동량 해소를 위해 경부고속철도를 건설하기로 결정하고, 고속철도 보유국인 독일, 일본, 프랑스의 RFP를 받아 평가한 결과 기술이전 등에서 가장 높은 점수를 받은 프랑스 TGV기술을 선택하여 차량과 전차선, 신호시스템을 Core System으로 선정하여 도입하기로 하고, 경부고속철도 1단계 구간인 서울~대구 간을 이 TGV콘소시움을 통해 건설하였으며, 이를 바탕으로 2단계부터는 국내기술을 이용하여 건설하기 시작하여 호남고속철도까지 모두 국내 기술로 건설하였다.

2.4 차량의 발전

DC방식으로 시작한 전기철도는 가감속 특성이 가장 우수한 직류 직권전동기를 사용하는 차량으로 시작하여 요즈음은 브러쉬 사용 등 직류전동기의 단점을 보완하기 위해 전력전자(Power Electronics) 분야의 기술발전에 힘입어 유도전동기나 동기전동기를 이용하면서 속도제어에는 싸이리스터 방식에서 컨버터나 인버터를 이용한 PWM이나 VVVF방식을 사용하는 교류전동기를 사용하는 전기차로 발전해 가고 있으며, 발전제동에서 에너지 효율을 높이기 위해 회생제동 방식을 채택하는 형태로 발전해가면서 경량, 고점착, 유지보수성 때문에 현재 제작되는 전기차는 직류급전방식, 교류급전방식을 막론하고 거의 모두가 이러한 교류 전동기 방식을 사용하고 있다.

또한 속도 향상을 위해서 다판타그래프인 동력분산식을 사용하는 일본의 경우에는 도카이도 신간선의 16량 1편성 8개 판타그래프에서 이제는 2개의 판타그래프만을 사용하는 방식으로 변경하면서 헤비콤파운드에서 고장력 심플카테너리 방식으로 고속화를 추진하고 있으며, 400km/h 이상에서는 동력집중식으로는 동력장치의 증대로 인한 축 중의 증가를 감당할 수 없다고 판단하고 동력분산식으로 모든 나라들이 개발을 추진하고 있으며, 우리나라도 역시 400km/h급인 해무도 동력분산식으로 개발하여 시험을 하고 있는 중이다.

3 철도의 기술

고속철도 분야의 독자적 기술보유 국가인 일본, 프랑스, 독일이 선발주자로 세계시장을 주도하고 있으며, 최근 중국이 공격적인 R&D투자와 고속철도 건설 확대를 통해 세계에서 두 번째의 속도기록을 달성할 정도로 그 뒤를 이어 무서운 속도로 발전해 가고 있으며, 한국도 역시 국산화와 기술개발 등을 통해 세계 고속철도 시장의 점유를 위한 경쟁에 적극적으로 참여하고 있다.

또한, 속도향상에 따른 궤도의 하중부담을 최소화하기 위해 동력분산식의 채택 및 알미늄 차체, 복합재료 적용의 확대, 구성품 단일화 등의 차량 경량화로 축중을 감소시키는데 주력하고 있으며, 운영측면에서는 독일과 같이 기존선에도 고속철도를 투입하여 수익성 제고 및 승객서비스 향상에도 노력하고 있다.

차량의 고속화, 지능화, 승객의 편의성 및 안전성 향상, 운용비용 최소화 노력, 유지보수 비용 최소화, 운용 효율성 증대를 위한 표준모듈시스템 적용등과 신기술은 상업열차에 직접 적용하기 전에 시제차량 개발단계에서 시범적용하고 조건별 시험으로 검증, 보완 하는 방법으로 시행착오를 최소화하고 있으며, 새로운 고속철도 신선을 건설하지 않고 기존선에서 적용이 가능한 속도향상이 가능한 틸팅시스템 등의 새로운 시스템의 개발에도 많은 노력을 경주하고 있다.

우리나라의 경우에는 연구개발은 속도개선 위주의 차량시스템 개발에 치중되어 있으며, 친환경기술, 신호/통신, 인프라 및 운영효율 등의 분야에 대한 투자는 미흡한 형편이며, 고속종합검측시스템, 무선통신 기반의 신호시스템, 검수효율화, 신뢰성향상 기술개발 등에 대한 투자는 최근에서야 이루어지고 있는 실정이다.

또한, 한국형 고속철도 개발을 위해 G7 고속철도 기술개발 사업으로 최고속도 350km/h의 동력집중식 한국형 고속열차개발(HSR-350X)의 기술개발을 시작하여 그 연구결과를 바탕으로 주요핵심장치의 92% 정도를 국산화하고, 최고속도 421.4km/h로 운행시험을 완료한 국산 고속열차 KTX-산천을 개발 완료하여 운행 중에 있다.

또한, 최고속도 430km/h급 동력분산식 고속철도 "해무"도 개발 중이며, 속도향상을 위한 추진시스템 경량화 기술, KTX 주요장치인 ATC 등의 국산화 개발, 설계기술의 확보, 검수장비 국산화를 위한 정부 차원의 연구과제도 추진 중에 있다.

4 철도의 정책

4.1 철도시설의 투자

'70년대 이후 자동차 산업의 발달로 교통 투자가 도로 위주로 이루어지면서, 2010년까지 40년간 고속도로가 313km에서 2,923km로 9배 증가하는 동안에 철도시설은 3,022km에서 3,374km로 겨우 11% 증가하는데 그칠 정도로 아주 적었기 때문에 수송 분담률도 '76년보다 여객은 30%, 화물은 12% 정도 낮아지는 결과를 초래하게 되었다. 철도투자 비율도 전체 교통시설 투자 규모의 13~15%로, 도로 대비 20~25% 수준이었으며, 이를 해소하기 위해 국가기간 교통망 계획('00~'19)에서 철도시설을 1.6배 확충하는 것을 목표로 총 335조원 중에서 도로 55.5%, 철도 28.1%, 공항 4.2%, 항만 등에 12.2%를 투자하는 것으로 하여 철도투자를 늘리기 시작하였다.

4.2 우리나라 철도의 문제점(2000년 초 기준)

가. 부족한 시설규모

철도 수요는 '02년에는 '93년에 비해 36%의 큰 폭으로 증가하였으나, 철도연장은 3098km에서 31km인 1%만 증가한 거의 정체상태로서 이는 국토 전체면적 기준 43% 정도로 다른 OECD 국가보다 철도자산이 매우 열악한 상태였으며, 주요간선은 선로용량이 한계에 도달하고 노선별 선로용량 차이로 인해 효율적인 운행이 어려운 실정이었다.

나. 낮은 시설 수준

'02년 기준으로 보면 전철화 21.3%, 복선화 32.1% 등 현대화 수준이 낮아 효율적인 시설활용이 곤란할 정도이었으나, 이를 해소하기 위한 노력으로 현재는 전철화율이 70%를 넘어 세계적으로 뒤지지 않는 전철화된 국가로 탈바꿈하고 있지만, 아직도 낙후되고 노후된 시설로 성능 저하 및 사고 가능성이 상존하는 낮은 시설에 대한 속도향상과 개량 및 고속철도의 추가 건설 등이 지속적으로 필요한 수준이다.

다. 경부축 중심의 집중노선 구조

호남, 전라, 장항선이 서울~대전 구간을 같이 이용하는 우회 대체노선이 없는 형태이며, 서해안 및 중부내륙 거점도시 연결노선 미비 등 다양화된 국토공간 구조 변화에 부응할 수 없는 구조를 가지고 있어 중부내륙철도의 건설 등을 통해 이를 해소하고자 추진 중에 있다.

라. 산업활동 지원물류체계 미흡

선로 용량 한계로 화물열차의 추가 투입이 어려운 실정이며 항만, 산업단지, 화물터미널의 인입선 부족으로 연계 수송체계 구축이 어려워 고속철도의 건설을 통해 기존선에서의 화물 수송량을 늘리고 있으며, 인입선도 지속적으로 건설하고 있으나 아직도 완전히 해소되지는 않고 있다.

4.3 철도시설 투자부진 주요원인

가. 투자대상으로 불리한 사업기간 및 규모

철도는 특성상 사업규모가 크고 사업기간이 길며 이용자 평균거리도 50km 미만인 도로에 비해 철도는 약 200km 정도 되므로, 단거리 노선에서는 도로에 비해서 상대적으로 사업효과가 낮으므로, 정치권에서도 단기간에 사업효과가 나타나는 도로를 선호하고 있어 투자대상 측면에서 보면 도로에 비해 불리한 구조이다.

나. 자동차산업 발달에 따라 차량증가와 도로수요 급증

국민소득 향상과 양질의 도로가 증가하면서 접근성(Door to Door)이 유리한 자동차의 선호도 급증하여, '75년 약 20만대이던 것이 '04년에는 약 1,500만대로 70배가 성장하여 지속적인 도로의 추가 건설을 필요로 하고 있다.

다. 수송화물의 성격 변화

다품종 소량생산으로의 산업구조 변화와 정보통신 기술발전으로 소량화, 상시 수송 등으로 수송화물이 바뀌면서, 대량수송 위주의 철도는 입지가 좁아지고 Door to Door 서비스가 가능한 도로를 이용하는 화물수송 쪽으로 대체되어 가면서 철도의 수송 분담률은 감소해 가는 추세이다.

라. 불리한 투자평가 체계 및 투자 체계

현재 교통시설 투자는 500억 이상의 투자 사업인 경우에는 예비타당성조사를 거쳐야만 추할 수 있도록 되어 있으며, 이 예비타당성 조사의 항목에는 교통사고, 환경비용, 에너지절감 등 철도의 장점이 제대로 반영되어 있지 않고 단지 투자비용과 편익분석만을 통해 평가하게 되어 있으며, 도로와 철도의 교통수단 간 연계효과 등 종합적인 평가체계도 미흡한 실정이다.

또한, 철도는 여러 노선에 분산 투자가 이루어짐으로서 투자효과의 단시간 가시화가 어렵고, 구간별이나 단위 사업별로 사업이 추진될 수도 있어 동일 노선내에서도 시설수준의 차이가 발생할 수도 있다. 또한 서울~대전 간은 호남, 전라, 장항선이 공유하고 있어 해당 구간의 용량이 포화되는 현상과 같이 네트워크라는 특성을 고려하지 않고 투자하여 투자 효율성이 저하되는 경우도 발생되고 있다.

4.4 철도 투자확대를 요구하는 여건 변화

가. 국토축의 다변화와 고속철도 중심으로 국가 교통체계 변화

국토 균형발전을 위한 국가 균형발전 특별법에 따라서 서해안 축, 동해안 축, 남해안 축, 중부내륙 축 등 국토축의 다변화와 복합도시 건설, 공공기관 지방이전 및 지방 분권의 가속화에 따른 기간교통망 구축의 필요성이 제기되고 있으며, 경부고속철도 개통이후 간선철도가 고속철도 중심으로 전환되고 국토 공간구조 및 교통체계에 대한 변화가 가속되고 있다.

예를 들어, 전국 반나절 생활권 가능으로 업무 및 여가 공간이 확대되고, 지역별로 특화되어가고 있으며, 경부고속철도 개통 이후 서울~부산 간의 승용차 수송분담률은 승용차는 2.7% 감소하고 철도는 22.9% 증가하는 모습을 보이고 있다. ('03. 4~'04. 3 : 고속도로 4,061인/일(12.1%), 철도 12,739인/일(38%). '04. 4~'05. 3 : 고속도로 3,357인/일(9.4%), 철도 21,854인/일(60.9%)이었음)

나. 에너지 절감 요구 및 교토의정서 발효 대비

국제유가 상승, 석유 등 에너지자원 부족 심화 및 교토의정서('05. 2. 16)의 발효에 대비하여 환경을 고려한 교통체계 구축의 필요성이 제기되고 있다.

교토의정서를 보면 1차 감축대상국은 '08~'12년까지 배출량을 '90년에 대비하여 5.2%를 감축하도록 되어 있으며, 우리나라는 2차 감축 대상국('13~'17년)에 포함되어 있어 이산화탄소 배출을 지속적으로 절감해야 하는 형편이다. '02년도 국내의 대기오염 배출량은 3,282천 톤으로 이 중 40%인 1.310천 톤 정도가 도로에서 발생하는 정도로 교통에 의한 대기오염이 심각하므로, 이 도로교통을 철도로 대체하는 방법을 지속적으로 추진할 필요가 있다.

다. 남북한 교류 확대와 동북아 중심국가 대비

남북한 연결 교통망 확충, 특구 개발 및 동북아 철도망 구축 추진에 따라 '05년 말 경의선 및 동해선의 우리 측 구간은 공사가 완료되었으며, 북측은 궤도부설이 완료되었고, 러시아는 한반도 종단철도(TKR)와 시베리아 횡단철도(TSR)의 연결을 추진하고 있으며, 한반도가 아시아-유럽 대륙 연결의 관문 역할을 하기 위한 국제철도와의 상호 연결 및 통합 운영을 위한 국제철도 수송기반 구축의 필요성은 남북한 모두가 인식하고 있다.

2018년부터 시작된 남북 철도연결 사업의 논의가 활발해지면서 북측 철도현황에 대한 조사와 연결 사업은 남북의 화해무드를 타고 보다 빠르게 진행될 것으로 보인다.

일부 북한 철도에 대한 조사 결과를 보면 철도는 개량은 어렵고 모두 신선으로 건설해야 고속 운행이 가능한 것으로 조사되었으며, 전력 사정도 그다지 좋지 않은 것으로 되어있다.

4.5 철도의 역할증대 가능성

가. 수송 효율성이 우수하다

단위 사업비당 수송처리 규모는 철도가 도로보다 약 10% 정도 크다.

[단위 사업당 수송처리 규모('03년 기준)]

구 분	철도	고속 도로	비 고
1일 수송 규모	327,680(인/일)	195,197(인/일)	
km당 사업비	282억원	185억원	
단위사업비당 처리규모	1,161인/억원	1,055인/억원	

※ 철도는 복선전철, 고속도로는 왕복 4차선 기준

나. 중장거리 노선에 유리

1) 철도이용자의 평균 통행거리는 200km, 고속도로는 50km 정도이다

철도는 평균 통행거리가 고속철도 280km, 새마을 230km이고, 전체이용자 중 150km 이상 이용자가 전체의 78%인 반면에, 고속도로는 전체 이용차량의 90% 이상이 50km 미만의 단거리를 이용하고 있으며, 특히 소형차는 평균주행거리가 43km에 불과하다, 즉, 대부분의 도로통행 수요는 광역권에 집중(96.6%) 되어 있으며, 지역 간의 장거리는 3.4% 정도에 불과하다.

2) 거리에 따른 수송 분담률의 변화

장거리가 될수록 철도에 대한 수송 분담률이 상승한다.

  가) 서울~천안(97km) : 승용차 67%, 고속버스 9%, 철도 24%
  나) 서울~대전(167km) : 승용차 53%, 고속버스 12%, 철도 35%
  다) 서울~부산(444km) : 승용차 10%, 고속버스 4%, 철도 60%

다. 산업경쟁력 강화를 위한 국가 물류체계 효율화에 가장 적합하다

1) 국가 물류비 중에서 수송비가 가장 크고, 수송비 중에서는 도로화물 수송비가 가장 크다.

  가) 수송비 비중 : 65%('00) → 68%('01) → 73%('02)
  나) 부문별 수송비 비중 : 도로(자가용 포함) 96%, 철도 1%

2) 한국은 고비용, 저효율의 도로중심 물류수송 체계로 되어 있다.

가) '02년 국가 물류비는 약 87조원으로 '00~'02년간 연평균 8.3% 증가
나) GDP대비 물류비용 12.7%로 미국(9.5%), 일본(9.6%) 등 외국보다 높음
라. 수송부분 에너지 소비량이 국내 총에너지 소비량의 약 20% 정도로 높으며 그 중 도로가 약 3/4수준이나 철도는 1.7%로 철도의 에너지 효율성이 높다.

마. 친환경적이고 안전한 철도
1) 단위수송량 당 이산화탄소 배출량이 도로의 1/30로 친환경적이다.

구분	총배출량 (천TC)	총 수송량 (백만인-km+백만톤-km)	수송량 당 배출량
도로	18,987	85,984	22.08%
철도	284	38,590	0.74%

2) 대기오염물질에 따른 환경오염비용은 도로의 약 2.5% 수준이다.

[한국 환경정책평가연구원 '02년 자료 (단위 : 억원/년)]

구분	CO	HC	NOx	PM	SO_2	계
도로	59,952	9,949	29,483	13,755	626	113,310
철도	558	263	1,645	352	48	2,865

3) 안전성이 매우 우수하다.
교통사고 발생건수는 승용차의 1/215, 사망빈도는 1/3, 부상빈도는 1/100 수준이다.

구 분	도 로	철 도
연간 통행키로(백만)	671	73
연간사망자(부상자수)(인)	7,222(348,149)	265(360)
백만톤행키로당 사망자(부상자)수	10.7(518.8)	3.6(4.9)

바. 철도의 사회적비용 절감효과가 매우 크다.
'00년 육상교통부분의 대기오염, 소음, 사고 등으로 발생한 사회적 비용은 약 49.5조원으로 이 중 97.5%가 도로교통에서 발생하고 있다.

[한국 환경정책평가연구원 '02년 자료]

(단위 : 억원/년)

대기오염		온실가스		소음		토지이용		교통사고		혼잡비용	계	
도로	철도	도로	철도	도로	철도	도로	철도	도로	철도	도로	도로	철도
113,310	2,865	57,518	1,249	18,776	677	89,939	6,947	91,788	11	112,525	483,856	11,749

4.6 외국의 철도투자 정책 동향

'02. 5월 루마니아에서 열린 86차 유럽교통장관회의에서 "도로 위주로 노선이 강화되면 수십 년 내에 환경악화와 교통체증 등 수송시스템 전반에 걸쳐서 치명적인 재앙을 초래할 것"으로 경고하고 있어서, 유럽의 각 국들은 친환경적이고 에너지 효율성이 뛰어난 철도투자를 도로 투자액의 2배 이상이 되도록 도로에서 철도 중심으로 전환한 투자정책을 유지해 나가고 있다.

[EU 교통투자 정책('98~'05년)]

구분	철도(A)	도로(B)	A/B
투자규모(백만유로)	188,573	81,864	2.3

4.7 국내의 철도투자 정책방향

가. 속도 경쟁력 향상 제고
  1) 호남, 전라선 고속철도 추가건설 확충
  2) 주요 간선은 전철화, 복선화, 자동화 등 성능개선 추진(속도 180~200km/h)
  3) 고속열차와 일반열차 혼용구간 수송애로 해소를 위한 시설확충

나. 철도 접근성 제고
  1) 고속철도 접근노선 확충
  2) 철도역이 지역교통의 중심이 되도록 연계수송망 확충
    가) 환승설비 개선 지속추진
    나) 철도 미 연결 구간의 단계적 연결로 지역 간 교통시설 확보 수준 및 접근 시간 차이 해소
  3) 항만, 산업단지, 화물터미널 등으로의 철도인입선 투자확대
  4) 남북한 장거리 대량화물 수송을 위한 남북 단절 철도망 연결

다. 안전, 친환경, 쾌적한 철도를 위해 시설 개선 및 제도보완 강구
  1) 철도 건널목 사고 예방을 위해 건널목 입체화 등 안전관리 강화
  2) 지하역사, 터널 내 화재 등 재난대비 방재설비의 개량
  3) 노선 선정 및 건설과정에서 환경 피해를 최소화하기 위해 가칭 "친환경적 건설 지침" 마련

라. 투자 효율성 제고를 위해 투자의 선택과 집중
  1) 완공이 임박한 노선 및 수송 수요가 많은 간선 노선에 집중 투자하여 적기에 완공함으로써 사업비 절감 및 투자효율을 극대화
  2) 단기간 내 집중 투자로 완공할 수 있도록 "선 토지 보상 · 후 시공의 원칙 도입"

4.8 우리나라에서의 전철화 필요성

가. 기존 철도 주요간선의 수송능력 증가 및 물류비 절감

수송한계에 도달하는 기간은 복선화는 35년, 전철화는 약 20년으로 짧지만 견인력 및 속도 향상에 의한 기존 철도의 수송력 증강은 전철화(30억 원/km)가 복선화(약 300억/km)에 비해 사업비와 사업기간 단축 등으로 건설효과의 극대화가 가능하다.

나. 전기에너지는 국제 유가변동에 따른 유류 동력비보다 훨씬 경제적이다.

다. 친환경적인 대중교통수단 확보

전기철도는 매연이 없고 저 진동, 저 소음의 쾌적한 교통수단으로 대기오염은 철도를 기준으로 자동차는 8.3배, 해운은 3.3배로서 도쿄의정서 발효에 따른 환경 부담금 등 세계적인 환경보존 인식이 고조되고 있는 상황에서 최적의 친환경 교통수단이다.

라. 경부고속철도와 기존선의 통합운영 기반조성

기존선으로 고속철도의 서비스 지역을 확대하고 운영의 효율화를 기하기 위해서는 기존선 전철화가 선행되어야 한다.

마. 남북 및 대륙연계 철도망 구축을 위한 사전대비

1) 대륙연계 철도망의 대용량 물동량 수송은 견인력이 큰 전기기관차 투입이 필수적이다.
2) 대륙연계 교통의 여객 수송은 고속철도가 가장 적합한 수송시스템이다.

바. 운용효율 향상 및 수송서비스 개선에 유리하다.

전기기관차는 내구연한이 디젤의 2배이고 급유시설이 불필요하므로 회차율이 높으며, Maintenance Free로의 제작에 훨씬 유리하다.

사. 간선의 수송력 증강을 위한 시설확충 방안으로는 전철화가 가장 유리하다.

4.9 전철화의 효과

가. 수송능력 증강

곡선과 구배가 많은 선로구간과 역간 간격이 짧은 도시근교 철도는 전기차량이 가감속 특성이 우수하고 견인력이 커서 열차 운행속도가 향상되므로 선로용량의 증대 효과가 매우 크다. 예를 들면, 1,000톤 견인 시 10‰ 구배에서의 속도 는 전기차가 디젤차보다 약 1.4배 높으며 중앙선, 태백선, 영동선, 수도권의 전철화에 따른 효과를 분석해 보면 운행시간은 약 27분,

선로용량은 약 35% 정도 증가한 것으로 나타나고 있다.

나. 에너지이용 효율 증대

수송기관별 에너지 소비량은 아래와 같은 식으로 표현되며, 철도는 주행저항이 매우 적고 특히 전기철도에서는 차상에 동력발생장치가 불필요하므로, 경량화 및 대 출력화가 가능하여 육상 교통기관 중에서는 에너지효율이 가장 높다.

$$에너지 소비 원단위 = \frac{수송기관별 에너지 소비량(Kcal)}{수송기관별 수송량(인-Km)}$$

철도에서 년도 별, 차종 별 1km당 연료소비량을 산출해 보면 아래 표와 같다.

[1km당 연료소비량 (단위 : 경유 ℓ/km, 전기 kWh/km)]

구 분	'98	'99	'00	'01	'02	'03	'04	'05
디젤기관차	3.35	3.25	3.23	3.26	3.27	3.30	3.34	3.38
디젤동차	0.53	0.53	0.53	0.56	0.57	0.55	0.55	0.56
전기기관차	21.51	21.18	21.04	21.11	22.15	22.02	21.98	21.98
수도권전동차	3.37	3.38	3.50	3.44	3.41	3.38	3.38	3.52
통일호전동차	2.45	2.45	2.45	2.45	-	-	-	-

이를 기준으로 1km 당 동력 비를 계산해 보면 전기차(2,011원/km)가 디젤차(3,266원/km)의 약 63%인 것을 알 수 있으며, 이 비교 값은 km 당의 연료 소비량과 연료비, 전기료에 따라 항상 그 값이 달라질 수 있음도 알 수 있다.

다. 친환경적인 교통수단

전기기관차는 화석연료를 이용하지 않으므로 소음, 매연, 폐유처리 등 환경오염이 거의 없다.

라. 수송원가 경감으로 물류비 절감

1) 전기철도 수송의 경제성

가) 전기운전과 디젤운전

철도의 동력으로 사용되고 있는 내연기관과 전동기에 대해 에너지 사용효율을 비교해 보면 전기차 운전은 효율의 합계가 발전소 39%, 송전선이 97%, 변전소 98%, 전차선 95%, 기관차가 80%가 되어 약 28%가 되고, 디젤운전은 기관차 33%, 보상치차 85%, 콘버터 80%가 되어 약 22%로서 전기운전이 더 유리하다는 것을 알 수 있다. 또한, 이러한 경제성은 위에서 설명한 바와 같이 연료나 전력의 단가나 인건비 등에 따라서 다르지만, 일본 자료를 보면 1일 통과열차 횟수가 50~100회 경계로 해서 그 이상이 되면 전기운전이 유리하고 그 이하가 되면 디젤운전이 유리하다고 되어있다.

나) 교류운전과 직류운전

　　직류급전방식은 전기차 가격은 저렴하나 변전소 등의 지상설비 가격이 높으며 교류급전방식은 변전소 등의 지상설비 가격은 낮으나 차량가격이 높다. 또한, 터널구간에서는 전기차의 절연 측면에서 직류급전방식이 전압이 낮으므로 터널 단면적이 교류 급전방식보다 적으므로 운전밀도가 높은 구간이나 지하철은 직류급전방식이 유리하고 도시 간 수송이나 신간선 등의 장거리 간선에서는 교류급전방식이 유리하다.

2) 차량의 유지보수비가 저렴하다

　　디젤기관차보다 전기차량의 동력장치는 판타그래프 등 일부 소모품을 제외하고는 거의 Maintenance Free가 가능하고 수명도 2배 정도이며, 차량의 구조가 간단하여 검수인력 소요가 적으므로 유지보수비가 저렴해진다.

　　또한, 전기기관차는 급수 및 급유 없이 장거리 운전이 가능하고 회차율이 높아서 동일 수송량 처리에 적은 차량으로도 운용이 가능하며 열차 운행시간 단축으로 승무원의 생산성 향상 등 운용효율의 증대가 가능하다.

마. 서비스 개선 및 지역균형발전에 기여

　　전철화에 의해서 속도향상, 운행시간 단축, 선로용량 증대에 따른 고빈도 열차 운행 등이 가능해지므로 편리하고 쾌적한 교통수단으로서 수송 서비스를 개선할 수 있으며, 도시전철은 인구 및 경제활동의 분산, 도심도로의 혼잡도 완화, 지역주민의 교통편의 제공 등으로 도심에 집중된 도시기능을 외곽으로 적절히 분산 배치할 수 있어서 도시 전체가 균형되게 발전해 나갈 수가 있도록 하고 있으며, 간선전철은 인접도시 및 지역 간의 대량수송체계 구축으로 인적, 물적인 교류가 원활해져서 경제적 균형발전과 선별 조건에 따라서 다르기는 하지만 대개 5~20% 정도의 수송수요 유발로 영업 창출에 기여할 수 있도록 하며, 고속철도는 전국을 1일 생활권으로 만들어 줌으로서 각 지역도시의 특화가 가능해 지고 국민들의 생활 패턴이 대도시에서 중소도시로 주거지역이 변화되어 지역 간 균형발전에 더 큰 영향을 기여할 수 있도록 하고 있다.

제 2 장
분야별 사용 용어 및 해설

앞에서 설명한 바와 같이 철도는 종합 엔지니어링으로서 모든 학문을 포함하고 있기 때문에 전기분야의 전공자라고 하더라도, 전기뿐 아니라 노반, 궤도, 정보통신, 운영 등 다른 분야에서 사용하고 있는 용어를 이해하지 못하면 상호 인터페이스 측면에서 매우 어려움을 겪을 수밖에 없게 된다. 그래서 이 번 장에서는 전철전력, 신호제어, 정보통신 분야뿐만 아니라 노반, 궤도, 차량, 운영 및 새롭게 등장하는 용어 등에 대해서 설명하고자 한다. 철도 전반에 대한 이해의 범위를 넓히는 계기가 되기를 바라며 인터페이스에도 참고가 되기를 바란다.

1 일 반

종합 엔지니어링이라 불리는 철도에서는 관타 분야에 관련된 용어들까지 폭넓게 이해하는 것이 철도 엔지니어로서는 무엇보다 중요하다.

그래서 이 장에서는 전기분야가 아닌 타 분야에 대한 용어들을 정리해 보고자 한다.

1.1 RAM(S)

가. RAM(S)의 정의

RAMS 업무는 개발 장비의 최초 개발설계로부터 폐기 시까지 전체 Life-Cycle에 걸쳐서 수행되는 업무로서, 설계와 시험 및 운용 자료를 수집/분석하고 Database화하여 RAMS 요소별로 분석활동을 시행하며, 이를 이용하여 설계업무를 지원하거나, 이를 평가하여, 설계의 개선 및 대책방안을 도출하기도 하고, 군수(물자)지원요소를 분석(LSA)하는 등의 전체업무를 지원하는 체계공학 업무 중의 하나로서, 요즈음 대형 프로젝트나 신호시스템, 차량 등 중요한 장치 제작에서 많이 적용되고 있는 기술이다.

이 RAM(S)는 신뢰도(R : Reliability), 가용도(A : Availability), 성비도(M : Maintainability), 안정성(S : Safety)의 약자로서, 일반적으로는 RAM 또는 RAMS라고 부르지만, 여기에다 내구성(Durability)을 포함하여 RAMS-D라고 부르기도 한다.

1) 신뢰도(Reliability)

시스템 부품 등이 주어진 조건 하에서 규정된 기간 동안 의도한 기능(성능)을 고장 없이 수행할 확률을 나타내는 것으로서 아래의 3가지 척도로서 표시된다.

가) MKBF(Mean Kilometer Between Failure)

$$MKBF = \frac{총운용거리}{총결함 발생건수}$$

나) MTBF(Mean Time Between Failure)

$$MKBF = \frac{총운용시간}{총결함 발생건수}$$

다) 고장율 : 고장율 $= \dfrac{고장 횟수}{10^6}$

2) 정비도(Maintainability)

어떤 장비가 고장이 발생했을 때, 기술요원이 가용한 자원을 이용하여 주어진 시간에 주어진 성능을 원상 복귀시킬 수 있는 확률을 나타내는 것으로서, 정비를 용이하게 할 수 있는 정도를 말한다. 이러한 정비도는 설계 단계에서 고장 진단과 검출의 용이성, 고장난 부품의 교환 편의성 및 교환 후의 성능 및 기능 확인의 용이성 등을 어떻게 고려했느냐에 따라 결정된다.

척도로는 평균 수리시간(MTTR), 정비율, 평균 정비활동 시간, 평균 예방 정비시간 등이 사용 된다.

가) 평균 수리시간(MTTR : Mean Time To Repair)

$$MTTR = \frac{총정비 소요시간}{정비 건수}$$

나) 정비율 (MR : Maintenance Ratio)

3) 가용도(Ai : Availability)

어떤 주어진 시간 t에서 장비가 이용 가능한 확률을 나타내는 것으로, 작전 준비 태세(Operational Readiness)를 표시하는 것이기도 하다.

그 척도로는 아래와 같은 식이 사용된다.

$$Ai = \frac{MTBF(신뢰도)}{MTBF(신뢰도) + MTTR(정비도)}$$

4) 내구도(Durability)

어떤 아이템이 계획된 수명, 분해수리(Overhaul)시점, 또는 재생(Rebuild) 시점까지 고장 없이 성공적으로 생존할 확률을 나타내는 것으로 유효 수명의 척도가 된다. 척도로는 km, round, time, cycle 등이 사용된다.

5) 안전성(Safety)

어떤 시스템에 대해 제한된 조건(시설, 시간, 비용 등) 하에서 규정된 기간 동안 인원, 장비, 설비에서 발생할 수 있는 상해 및 손상을 최소화하기 위한 설계적인 보증을 의미하는 것으로서, 안전성을 정량화 한 것이 안전도로서, 이 안전도는 아래와 같은 식으로 표시할 수 있다.

$$안전도 = \frac{위험사고 건수}{운용기간(시간, 거리, 싸이클등)}$$

위 척도는 위에서 설명한 신뢰도의 척도와 동일하지만 고장(사고)에 대한 정의가 서로 다르다.

나. RAMS 및 안전성평가 업무의 목적

1) RAMS 업무의 목적
  가) 개발 장비의 RAMS 요소별 예측 및 평가
  나) 고장을 최소화하기 위한 설계 개선안 제시
  다) 가용능력의 극대화
    전투준비태세 예측, 수리용 부속 소요예측 기초자료 도출 및 군수 지원(정비)분석 기본 자료 도출을 통해 수명주기 비용을 최적화하고 가용 능력을 극대화한다.

2) 안전성 평가업무의 목적
  가) 시스템을 운용/지원하는 동안 사고 및 위험 요소의 최소화
  나) 잠재적인 위험요소 해소를 위한 설계지원
  다) 사고 및 위험을 최소화하기 위한 감시 및 통제 체계 개발
  라) 시스템 운용체계에서 발생 가능한 잠재적 위험 요소에 대한 대책 방안의 개발

다. RAMS 적용 효과

1) 수명주기 비용(LCC : Life Cycle Cost)의 절감에 대한 의사결정 용이
  아래 표에서 보듯이 RAMS를 시행하면 초기 비용은 상대적으로 증가하지만 유지보수나 운용비용 등이 적어져 전체적인 LCC는 감소하는 것을 알 수 있다

2) 장비의 성능향상 및 인명피해 방지
3) 원활한 군수지원
4) 의사결정상의 계량적 근거 제시

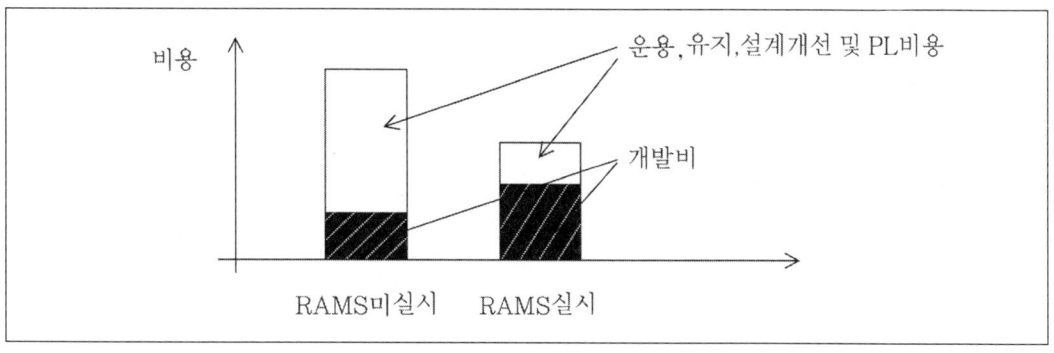

[RAMS 시행 여부와 비용의 관계]

5) 생산자입장에서 신뢰도의 최적화(Optimization of Reliability)가 가능

아래 그림에서 보듯이 비용과 신뢰도 곡선에서 최적의 R_0점을 찾아 최적화할 수 있다.

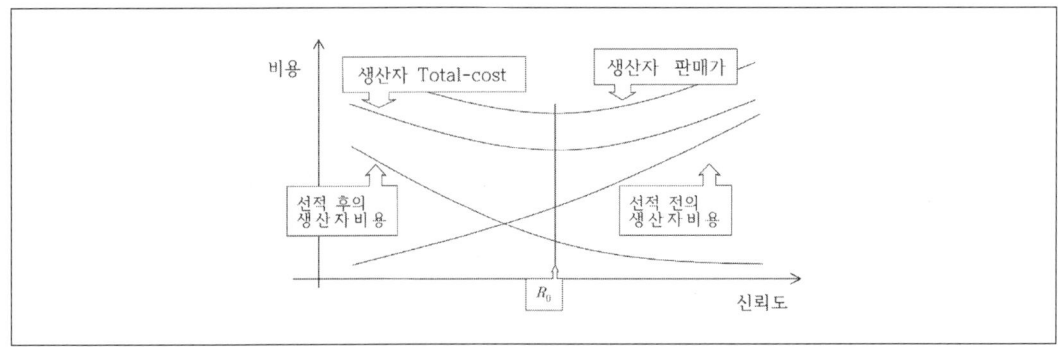

[비용과 신뢰도 곡선]

라. RAMS 업무의 역사

1930년 이전에는 영국과 미국의 항공분야에서 엔진 수와 고장율의 관계를 정성적으로 비교하는 방법을 이용하여 엔진 배치 수에 의한 임무 완수율을 산정하는데 사용되었으며, 1940년대에 들어서 정량적으로 신뢰도의 요소 값을 표현하는 방법이 도입되었다.

1950년대에는 미국 국방성 산하에 **AGREE**(전자장비 신뢰성 자문회)가 발족되어 장비의 설계, 생산, 배치 및 운용에 이르는 각 단계에서 수행하여야 되는 신뢰성에 관련된 업무를 9개로 나누어서 연구를 시작하였으며, 1959년에는 미국정부 산하에 **GIDEP**(Government Industry Data Exchange Program)가 발족되어 Data의 수집과 해석을 통한 정보의 경제적 이용을 도모할 수 있게 되었다.

1960년대에는 아폴로 인공위성 프로그램의 계획에 이 RAMS를 적용(MIL-STD-756)하여 신뢰도를 예측하였으며, RAM의 요소별 예측 기법(MIL-STD-690A, MIL-HDBK-217A, MIL-STD-753 등)을 개발하였다.

1970년대에는 신뢰성관련 업무를 시행하는 센터로서 미국에는 DoDRAC이, 일본에는 전자부품 신뢰성센터 등이 설립되어졌다.

1980년대에 들어서는 미국에서 R&M 2000 프로그램이 신뢰도, 정비도 향상을 통한 전투능력 향상 및 비용절감을 목적으로 실행되어졌으며, 한국에서는 K-1 전차를 개발하면서 최초로 RAM에 대한 개념연구를 시작하였다.

1990년대에 들어서면서부터는 품질경영과 품질보증 규격(ISO 9000)에서도 RAM-D의 요소 예측 및 분석기법을 적용한 품질보증 활동을 하도록 명시 하면서 일반화되기 시작했으며,

1990년대 후반에는 국내에서도 우주항공이나 철도차량분야 등의 민수장비에서도 RAMS 업무를 추진하기 시작하였다.

이를 시작으로 현재는 안전성이 중요한 요소가 되는 신호나 철도차량 및 전자제품 등의 중요설비에서는 품질보증 기초자료로 RAM에 의한 평가 결과를 요구하고 있다.

1.2 차량한계와 건축한계

가. 정의

1) 차량한계

차량 제작 시에 적용되는 한계로서 차량과 철도시설물의 접촉을 방지하기 위한 한계이다.

2) 건축한계

차량 한계 내로 제작된 차량이 안전하게 운행 가능하도록 설정한 공간으로서 이 한계 내에는 어떠한 구축물로 설치할 수 없도록 규정된 한계이다. 이러한 건축한계를 유지함으로써 차량의 입환이나 운행 중의 여객에 대한 안전을 확실하게 보장할 수 있게 된다.

또한, 곡선에서는 직육면체인 차량 운행으로 인한 치우침에 대응한 확폭 치수, 캔트에 의한 차량기울기, 스랙 등을 감안하여 직선구간보다 크게 해야 한다.

이 차량한계와 건축한계를 그림과 표로 표현하면 아래와 같다.

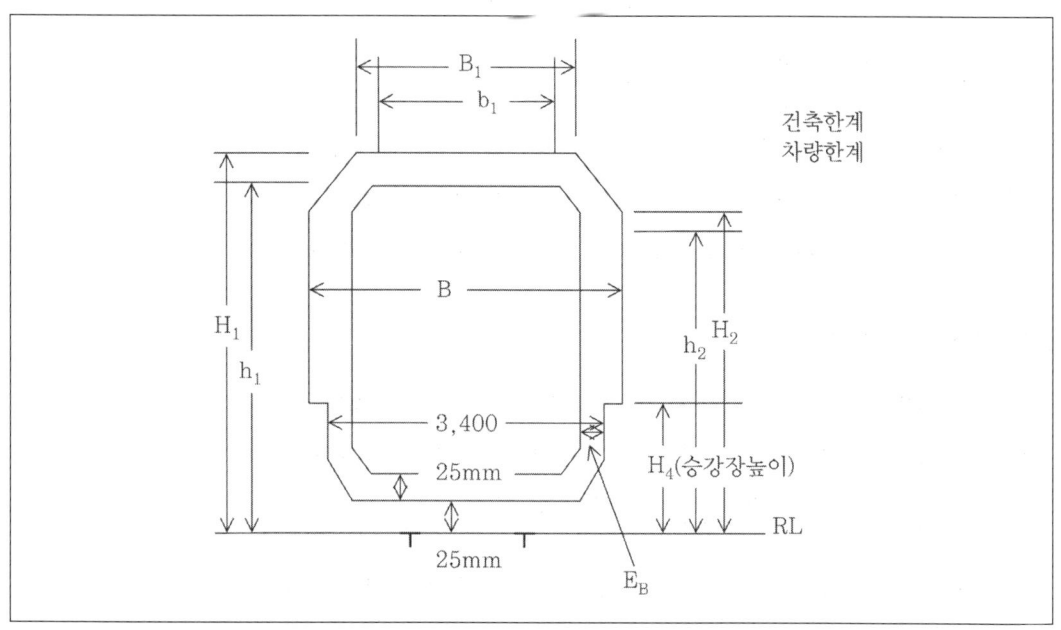

[차량 및 건축한계도]

구 분		폭(B)	상부 (H_1)	굴곡부 (H_2)	상부폭 (B_1)	H_4	E_B	곡선부 확폭	승강장 궤도 중심에서의 폭
철도	건축	4,200	5,150	4,020	3,000	1,200	75	$\dfrac{50,000}{R}$	1,675
	차량	3,200	4,500	3,600	1,960				1,600
지하철	건축	3,600	5,150	4,150	2,000	1,100	50	$\dfrac{24,000}{R}$	1,650
	차량	3,200	4,750	3,530	1,800				1,600

곡선부에서의 건축과 차량 한계를 계산하는 것을 예를 들어 보면, 곡선반경은 R＝800이고 캔트 값 C＝150이라고 하면

① 곡선부의 확폭 : $\dfrac{50,000}{R} = \dfrac{50000}{800} = 62.5\,(mm)$

② 전차선 높이에서의 차량 경사량 (전차선 편위 산정 시에도 사용)

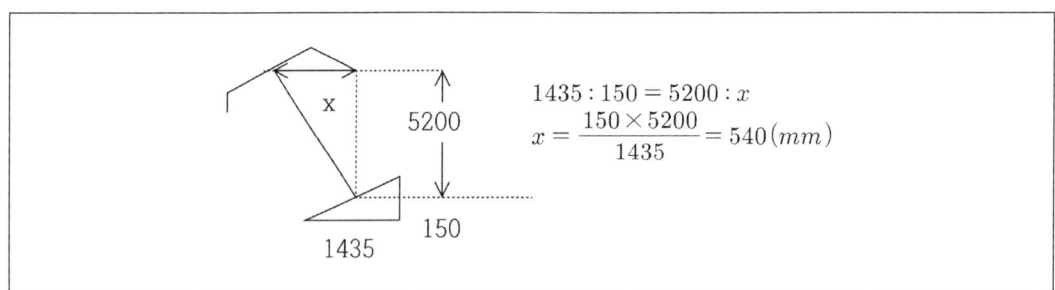

[캔트와 편위의 관계]

③ 슬랙 : $\dfrac{3,600}{R} = \dfrac{3600}{800} = 4.5\,(mm)$

④ 차량한계 ＝ 당초 한계 값 ＋ 차량 경사량 ＝ 1,960 ＋ 540 ＝ 2,240㎜

⑤ 건축한계 ＝ 당초 한계 값 ＋ 곡선부 확폭 ＋ 차량 경사량 ＋ 스랙
　　　　　 ＝ 3,000 ＋ 62.5 ＋ 540 ＋ 4.5 ＝ 3,607 ≒ 3,610㎜

1.3 열차운전속도

열차의 운전속도를 나타내는 용어는 아래와 같이 여러 가지가 사용된다.

1) 평균속도 : 정차시간을 제외한 순수한 열차의 주행 평균값이다.

$$평균속도 = \dfrac{영업\,km(주행거리)}{주행시간}(정차시간제외)$$

2) 표정속도 : 정차시간을 포함한 전체 거리에서의 열차 평균속도이다.

$$표정속도 = \dfrac{영업\,km(주행거리)}{주행시간 + 정차시간}$$

3) 최고속도 : 차량과 선로조건에서 허용되는 최고속도이다.
4) 균형속도 : 차량인장력과 열차저항이 균형을 이루어 열차가 등속운전을 할 때의 속도를 말한다.
5) 제한속도 : 여러 가지 조건에 따라 제한을 가한 속도
6) 설계속도 : 시설물 및 장비의 설계기준이 되는 속도

1.4 열차저항

열차가 출발하거나 운행 중인 경우 견인력에 대항하여 저항이 발생한다. 이것을 열차저항이라고 하며, 이 열차저항에는 차륜과 레일 간의 마찰저항, 차축과 축수 간의 마찰저항, 공기에 의한 저항, 구배를 오르기 위한 저항, 속도를 올리기 위한 저항 등이 있다.

1) 출발 저항

정차중인 열차가 출발할 때에 발생하는 저항을 출발저항이라 하며, 열차를 오래 정지해 두면 차축과 축수 간, 전기자 축과 축수 간 또는 치차에 급유해 주는 윤활유의 유막의 깨져 기동 시에 커다란 마찰저항이 발생하게 된다.

열차가 움직이기 시작하면 접촉면에 유막이 생겨 마찰저항은 속도에 대해 거의 직선적으로 급격히 감소하여 8km/h 정도의 속도에서 최소가 된다.

출발저항을 정확히 구하는 것은 어려우며, 일본 JR에서는 다음 식에 의해 구하고 있다.

$$R_s = r_s \times W (kg)$$

여기서 R_s : 전체 출발저항(kg), r_s : 중량당 출발저항(kg/t), W : 열차중량(ton)

예를 들어보면, 속도 0km/h(정지상태)에서의 출발저항 r_s은 객차열차 또는 전차열차인 경우에 축수가 평평한 것은 8kg/t, 원통형인 경우는 3kg/t이며, 화물인 경우에는 10kg/t이다.

2) 주행저항

주행저항은 차축과 축수 간의 마찰저항, 차축과 레일 간의 구름에 의한 마찰저항, 차량의 동요에 의해 생기는 각종 마찰저항 및 거의 속도의 제곱에 비례하는 공기저항 등에 의해 발생하는 저항으로 전체 주행저항은 다음 식으로 표시할 수 있다.

$$R_r = (a+bv)W + cv^2 \ (kg) \equiv r_r \times W \ (kg)$$

여기서 a, b, c : 정수, v : 속도(km/h), W : 차량중량(ton), r_r : 중량당 주행저항(kg/t)

일본 JR에서는 실험결과를 반영하여 각 열차에 대해 값을 정해 사용하고 있으며 그 값은 아래 표와 같다.

[주행저항 계수 예]

차량 종별		a	b	c	기사
전기기관차	역행	1.72	0.0084	0.0369	원통형축수
	타행	2.37	0.0073	0.0369	
전차 : 전동차역행		1.32	0.0164	0.0280+0.0078(n-1)	원통형축수
객차		1.24	0.0069	0.000313W	
화차		1.60	0	0.00077W	
신간선전차	100계	1.273	0.00501	0.0001381W	불빛구간
	200계	1.175	0.0154	0.0000901W	

3) 터널저항

열차가 터널 내에 진입하면 공기와의 마찰에 의해 저항이 커진다. 이것을 터널저항이라 부르며 일본 JR에서는 단선터널인 경우는 $R_t = 2W(kg)$값을, 복선터널인 경우는 $R_t = W(kg)$의 값을 사용하고 있다.

4) 구배저항

아래 그림과 같이 열차가 구배구간을 올라갈 때 중력에 의해 발생하는 저항을 구배저항이라 한다. 이 구배저항은 열차 중량과 구배의 경사에 비례하여 증가하며, 그 값은 다음과 같은 식으로 표현 된다.

$$R_g = 1,000\,W \times \sin\theta\ (kg)$$

여기서 W : 열차중량(kg), θ : 구배의 경사도(rad)

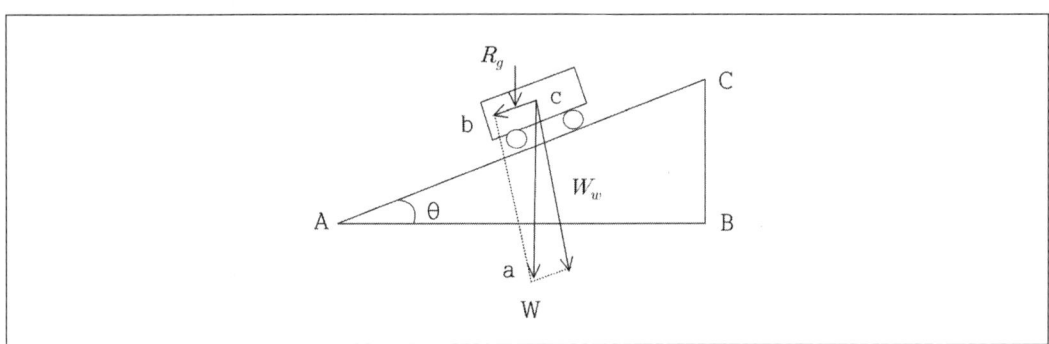

[구배와 저항]

구배의 경사각이 적은 경우에 구배를 n(‰)로 표시하면, 위 식은 다음과 같이 표시할 수 있다.

$$\frac{n}{1000} = \frac{BC}{AB} \fallingdotseq \frac{bc}{ac} = \frac{R_g}{1000\,W}$$ 가 되어, 위 구배저항은

$R_g = nW \equiv r_g W(kg)$가 된다.

여기서 R_g의 부호는 상구배가 (+), 하구배가 (−)이고 r_g는 중량당 구배저항(kg/t)이 된다.

5) 곡선저항

열차가 곡선 부분을 통과하는 경우 원심력에 대응하여 방향을 바꾸기 위해 외방 레일과 차륜 후렌지 사이의 마찰 및 곡선 내측레일이 외측레일보다 짧기 때문에 발생되는 내외차륜의 이동거리의 차이로 인해 만들어지는 마찰 등에 의해 저항이 발생하는데 이 저항을 곡선저항이라고 한다.

이 곡선저항을 표시하는 식은 대개 아래의 모리슨의 식을 사용하고 있다.

$$R_c = 1{,}000\mu W \frac{G_a + L}{2r}\ (kg)$$

여기서 μ : 차륜과 레일의 마찰계수, W : 열차중량(kg), G_a : 궤간(m)
L : 차량의 고정 축의 거리(m), r : 곡선반경(m)

전체 곡선저항의 간단한 실험식으로서는 다음과 같은 식이 있고, 일본 JR에서는 k=800을 사용하고 있다.

$$R_c = \frac{kW}{r} \equiv r_c W$$ 여기서 r_c는 중량당 곡선저항(kg/t)이다.

6) 가속저항

열차를 가속시키는 과정에서 발생되는 저항으로 주행저항 이외의 가속에 필요한 힘과 같고 방향은 반대이다.

차량이 식선부분에서 가속을 시키기 위해 필요한 힘은 운동방정식에 의해 다음 식으로 표시된다.
$$f_a = ma = \frac{1000W}{9.8}a = \frac{1000W}{9.8} \times \frac{1000A}{60 \times 60} = 28.35\, WA\ (kg)$$

여기서 m : 차량의 질량(kg), a : 가속도 m/s/s, W : 차량의 중량(ton), A : 가속도 (km/h/s)

차량을 가속시키는 경우 직선가속도 외에 회전부분의 회전가속도도 필요하므로, x를 관성계수라 하면 가속도저항은 다음 식으로 표시된다.

$$f_a = 28.35(1+x)WA\ (kg)$$

여기서 관성계수는 일본에서는 전기기관차는 0.15, 전동차는 0.10, 부수차는 0.05, 객화차는 0.05, 신간선 전차는 0.11의 값을 사용하고 있다.

가속도는 전동차의 중량 W(kg), 주행저항 R_r(kg)이라 할 때 견인력 F_d(kg)가 작용했다면 다음과 같은 식으로 표시할 수 있다.

$$A = \frac{F_d - R_r}{31W}\ (km/h/s)$$

1.5 견인력(인장력)

1) 지시견인력

동력차의 구조와 특성에 따른 견인력으로 기계 각 부분에서 발생되는 마찰로 인한 손실을 고려하지 않고 기계효율을 100%로 보았을 때의 견인력을 말하며 견인력 중에서 가장 큰 값을 가진다.

2) 동륜주(動輪周)견인력

주전동기의 토오크에 의해 동륜(動輪)과 레일 면 사이에서 발생되는 견인력으로 지시견인력에서 내부 손실을 제외한 견인력을 동륜주 견인력 F_d라 한다.

전동차가 전동기 1대 당 f_d(kg)의 주변견인력으로 속도 v_t(km/h)로 운전되고 있을 때 1초 사이에 발생하는 일량 P는

$$P = f_d \times v_t \times \frac{1,000}{3,600} \ (kg \cdot m/s)$$이며, 1(HP)=75(kg·m/s)=0.735(kW)이므로

$$P = f_d \times v_t \times \frac{10}{36} \times \frac{0.735}{75} = \frac{f_d \times v_t}{367} \ (kw)$$가 된다.

전동기의 개수를 N(개), 치차의 동력전달효율을 η_d라 하면, 전기차의 전기적 출력 $P_m (kw)$과 動輪周견인력 F_d의 관계는 다음 식으로 표시할 수 있다.

$$P_m = NP = \frac{F_d \times v_t}{367 \times \eta_t} N \ (kw)$$

즉, $F_d = \dfrac{367 P_m \times \eta_t}{v_t \times N}$ 가 되어 속도에 반비례하는 값이 된다.

또한, 전동기의 입력 $P_i (kw)$는 전동기의 효율을 η_m이라 하면 위 식에서

$$P_i = \frac{F_d \times v_t}{367 \times \eta_t \times \eta_m} N \ (kw)$$가 된다.

2) 인장봉 견인력

동력차가 객화차를 견인하고 주행하는 경우 동력차 후부의 연결기 부분에서 발휘되는 견인력을 인장봉견인력(F_e)이라고 한다.

주전동기의 토오크가 動輪의 주변에 나타나는 動輪周견인력 F_d에서 전동차나 전기기관차 자신의 열차저항을 뺀 유효견인력을 말하며, 견인력 중에서 가장 작은 견인력으로서 다음 식으로 표시된다.

$$F_e = F_d - RW \ (kg)$$

여기서 R : 전동차나 전기기관차의 열차저항(kg/t)
　　　　W : 전동차나 전기기관차의 총 중량 (ton)

인장봉 견인력이 열차저항보다 큰 경우에는 남은 견인력이 가속력이 되어 열차는 가속이 되며, 만일 두 값이 같게 되면 열차는 가속도 감속도 하지 않고 등속으로 운전하게 되며. 이 상태를 균형속도라고 한다.

3) 점착견인력

아래 그림과 같이 전기차의 견인력(인장력)은 주전동기의 전기자에서 발생하는 토오크가 동륜에 전달되고, 이 동륜과 레일의 마찰에 의해 전기차가 주행하게 된다. 이 동륜주와 레일면 간의 마찰력을 점착력(Adhesion)이라 한다.

점착력은 동륜주견인력이 커지면 증가하지만 일정 한도를 넘으면 공회전하게 되어 급격히 감소하게 된다 이와 같이 점착력에 제한을 받는 견인력을 점착견인력이라고 한다, 즉, 동륜이 공회전을 시작하기 직전의 최대 견인력을 점착견인력(F_0)이라고 하며 다음 식으로 나타낼 수 있다.

$$F_0 = 1,000 \mu W_d \ (kg)$$

여기서 μ : 점착계수, W_d : 점착중량(動輪上중량) (t)

[점착계수의 예]

레일의 상태	점착계수 μ	
	보통의 상태	모래를 뿌림
건조하여 청결	0.25~0.30	0.35~0.40
濕潤(젖어서 물기가 있음)	0.18~0.20	0.22~0.25
기름기를 가지고 있음	0.10	0.15
진눈개비	0.15	0.20
건조한 눈	0.10	0.15

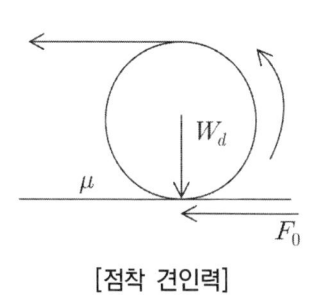

[점착 견인력]

일본에서는 점착계수를 레일의 상태에 따라 아래 표의 값을 사용하여 계산하기도 하고, JR에서는 다음과 같은 식을 이용하여 계산하고 실정에 따라 그 값을 조정하여 사용하기도 한다.

① 직류기관차 : $\mu = 0.265 \times \dfrac{1 + 0.403v}{1 + 0.522v}$

② 교류기관차 : $\mu = 0.326 \times \dfrac{1 + 0.279v}{1 + 0.367v}$

③ 전차 : $\mu = 0.245 \times \dfrac{1 + 0.05v}{1 + 0.10v}$ 여기서 v는 운전속도(km/h)이다.

1.6 제동력

제동력 B(kg)도 견인력과 마찬가지로 차륜에 작용하는 힘으로 표시한다.

제륜자(制輪子)의 압력을 P(kg)이라 하고 마찰계수를 f라 할 때 마찰 때문에 점착력이 제동력보다 크면($F_0 > B$이면) 점착견인력의 힘이 차륜에 작용함으로써 미끄러지게 된다. 그러므로 차륜과 레일의 점착계수를 μ, 점착중량(동륜 상 중량)을 W_d라 하면 점착력은 위에서 설명한 바와 같이 $F_0 = 1,000 \mu W_d \, (kg)$가 한도가 되고, 이 때의 최대 제동력도 $F_B = 1,000 \mu W_d \, (kg)$의 식으로 표시할 수 있다.

1.7 열차의 운전선도와 운전방정식 및 소비전력

가. 운전선도

운전선도는 열차의 운전 상태를 나타내는 것으로서 속도-시간곡선, 속도-거리 곡선, 시간-거리곡선이 사용되고 있다.

아래 그림은 속도-거리곡선의 한 예이다.

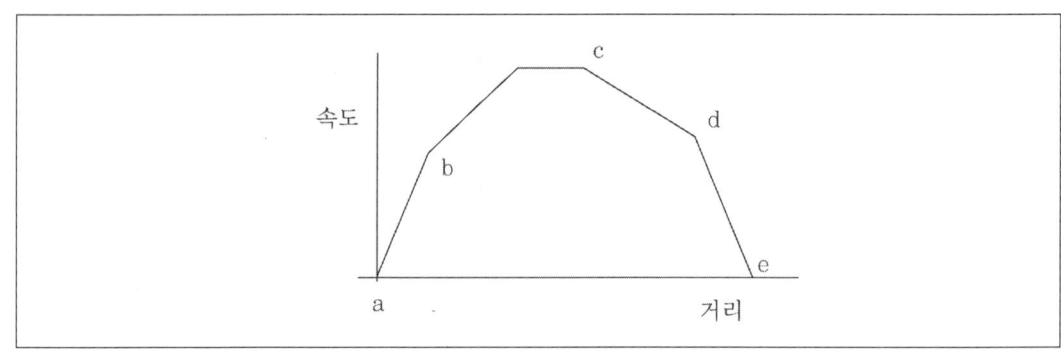

[속도-거리곡선 예]

1) 시동(가속)부분(a → b) : 정지해 있던 열차가 저항제어, 직병렬제어 및 계자제어 등 주전 동기의 속도제어 장치에 의해에 의해 가속하는 부분
2) 자유주행부분(b → c) : 주전동기의 특성에 따라서 역행하는 부분
   ① 특성가속 : 가속도가 점차 감소하는 부분
   ② 균형속도 : 가속도가 0이 되어 일정한 속도로 역행하는 부분
3) 타행부분 (c → d) : 동력의 공급이 끊어져 속도가 점차 감소하는 부분
4) 제동부분 (d → e) : 제동이 작용하여 속도가 급격히 저하하여 정지하는 부분

나. 구동전동기의 속도-견인특성

기동 시에 직류전동기는 계자제어 등을 하지만, 유도전동기의 경우에는 자속량이 전압 V에 비례하고 주파수 f에 반비례 하므로 V/f 一定제어 영역에서는 자속량은 최대가 되며 그 이상의 주파수에서는 전압을 일정하게 하기 위해 자속량을 감소해 간다.

이러한 전동기의 속도-견인 특성을 그래프로 표시하면 아래 그림과 같이 된다.

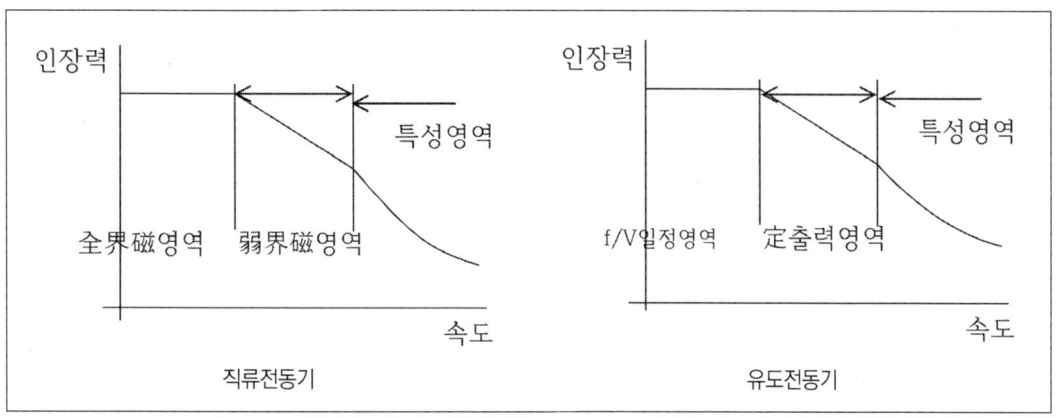

[속도-견인 특성]

다. 열차의 운동방정식

열차를 질량으로 간주하여 그 운동을 뉴우톤의 운동방정식으로 나타내면 다음과 같은 식이 된다.

$$F_d = F_a + F_B + (R_s + R_r \pm R_g + R_c)\ (kg)$$

여기서 F_d : 견인력(인장력)(kg), F_a : 가속도저항(kg)
R_B : 제동력(kg), R_s : 출발저항(kg), R_r : 주행저항(kg)
R_g : 구배저항(kg), R_c : 곡선저항(kg)

이 운동방정식을 속도-거리곡선에 대응하여 표시하면 다음과 같이 된다.

1) 가속부분

① 견인력 : $F_d = F_a + R_r \pm R_g + R_c\ (kg)$

② 가속도 : $A = \dfrac{F_d - R_r \pm R_g - R_c}{28.35(1+x)W}$

여기서 x : 관성계수, W : 열차중량(ton)

2) 균형속도부분 : $F_d = R_r \pm R_g + R_c\ (kg)$

3) 타행부분

① 감속도 : $D = \dfrac{R_r \pm R_g + R_c}{28.35(1+x)W}$

4) 제동부분

① 制動度 : $D = \dfrac{F_B + R_r \pm R_g + R_c}{28.35(1+x)W}$

② 감속도 : $F_D = F_B + R_r \pm R_g + R_c \ (kg)$

라. 열차의 전력소비

열차의 전류-시간곡선으로부터 열차의 운전전력은 다음 식으로 나타낸다.

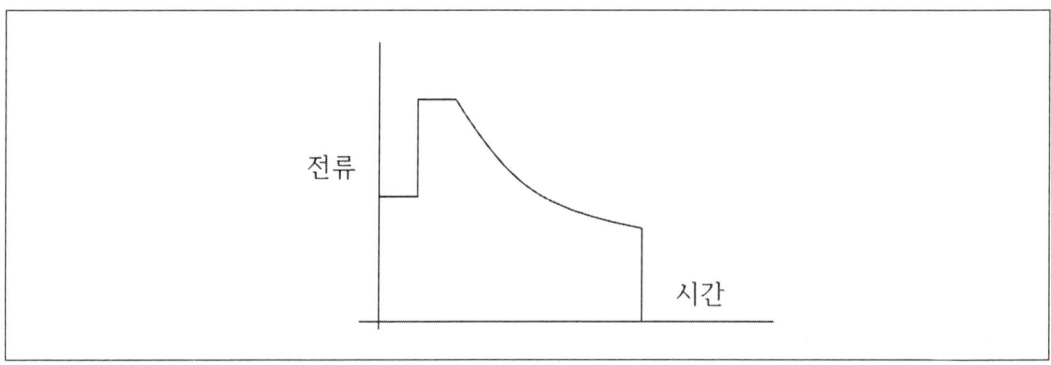

[전류-시간곡선]

$$P_w \fallingdotseq \sum \dfrac{I_{n1} + I_{n2}}{2} \times \dfrac{t_{n2} - t_{n1}}{3{,}600} \times \dfrac{E}{1{,}000} \ (kwh)$$

여기서 E : 전차선전압(V), I_n : 시동하고 t_n초 후의 전기차 전류(A)

일반적으로 이 열차의 소비전력은 열차가 일정 구간을 주행한 경우 열차중량 1000t당 1km 주행하는데 소요되는 전력소비량으로 나타내며, 이를 전력소비율(kWh/(1000t-km)이라고 한다.

2 차량

2.1 동력 집중식과 분산식

차량을 운행하기 위한 동력을 어떤 방법으로 배치하여 사용하느냐 하는 것으로서 다음과 같은 두 가지 방법이 사용되고 있다.

가. 정의

1) 동력집중식

동력을 차량의 일부 위치에 집중 배치하여 견인하는 방식으로, 동력을 가지고 있는 동력차(기관차)와 단순히 끌려가는 형태인 트레일러로 구성되어진다. 견인력이 부족한 경우에는 기관차를 중련하거나 트레일러가 동력을 가지고 있는 동력객차와 같은 것을 추가할 수도 있다.

이 방식에서의 트레일러는 객차나 화차 또는 두 가지를 혼합하여 사용할 수도 있어, 트레일러의 편성이 매우 자유롭다는 점이 가장 큰 특징이다.

Push-Pull 형식의 새마을과 TGV 방식, ICE 방식 등이 이에 해당된다.

2) 동력분산식

동력을 차량에 분산 배치하여 견인하는 방식으로, 필요한 견인력에 따라 일부 또는 전 차량에 동력을 분산하고 있는 방식으로서 국내의 전동차나 일본 신간선, 지하철의 전동차 및 고정편성 EMU 등이 이에 해당된다.

나. 방식별 장점

동력 집중식과 동력 분산식은 각각의 장점과 단점을 갖고 있기 때문에 단순한 비교로 우수성을 결정하는 것은 매우 어렵다.

그러나 동력 집중식은 편성이 자유롭다는 측면에서 동력 분산식은 축 중이 가볍다는 측면에서 아주 큰 장점을 가지고 있어 필요에 따라 선택적으로 사용하고 있다. 또한, 속도가 300km/h를 초과하는 경우 고속영역에서는 점착력의 한계 및 궤도 유지보수비의 증가 등이 수반되어지므로 최근의 초고속 철도의 동력 방식은 속도 상승과 견인력 증가에 따라 축중을 줄이는 것이 큰 이슈가 되면서 그동안의 동력 집중식에서 동력 분산식으로 옮겨가고 있는 추세이다.

1) 동력집중식의 장점
   가) 동력이 기관차에 집중되어 있으므로 견인되어지는 트레일러는 객차이던 화차이던 관계가 없으므로 여객 및 화물전용뿐 아니라 여객과 화물을 혼용해서 편성해도 문제가 없다.
   나) 동력장치의 집약화로 고속열차의 제작 비용 절감이 가능하다. 즉 편성 당의 가격을 저렴하게 할 수 있다.
   다) 차량의 보수비용 절감이 가능하다.
   라) 객실이 동력장치부터 떨어져 있기 때문에 진동 소음이 적다.
   마) 축중은 크지만, 열차 총 중량이 가볍다.
   바) 주행저항과 에너지의 소모가 낮다.
   사) 판타그래프의 개수가 하나이므로 전차선의 기계적 마모가 적어 유지보수 주기가 길어진다.

2) 동력분산식의 장점
   가) 열차의 중량이 전 열차에 걸쳐서 분산되어 있어서 에너지 효율성이 좋으며, 동력집중식보다 가감속이 빠르므로 정차역이 많은 경우에 유리하다.
   나) 점착성능이 높아 가속성 및 제동성능이 양호하다.
   다) 축 중과 스프링 질량이 적어져서 궤도 유지보수비의 감소 및 환경이나 진동측면에서 집중식보다 유리하다.
   라) 동력장치는 대차에 직접 장착하는 방식으로도 충분하다.
   마) 선로구간의 조건과 운전조건에 따라 MT비를 자유롭게 변경할 수 있어 경제적이다.
   바) 모두가 객차이므로 열차 길이 당 좌석수가 증가한다.
   사) 장치가 다중계로 되어 있어 고장이 발생했을 경우에도 큰 영향을 받지 않는다.
   아) 많은 전동기를 제동 시에 사용할 수 있기 때문에 기계 제동에 의한 소음이나 마모를 최소화할 수 있다.
   자) 대개의 동력 분산식 열차는 양 끝에 운전대가 있으므로, 기관차와 객차 편성처럼 기관차를 반대로 붙일 필요가 없다.

2.2 차량과 열차

가. 차량

철도산업발전기본법 제3조 제4호에서는 철도차량이란 "선로를 운행할 목적으로 제작된 동력차·객차·화차 및 특수차(제설차, 궤도시험차, 전기시험차, 사고구원차 그 밖에 특별한 구조 또는 설비를 갖춘 철도차량을 말한다)를 말한다"라고 되어 있으며, 차량 그 자체를 의미한다고 할 수 있다.

나. 열차

철도산업발전기본법 제3조 제4호에서 "선로를 운행할 목적으로 철도운영자가 차량을 편성하고 열차번호를 부여한 철도차량을 말한다"라고 되어 있으며, 차량이 운행을 위해 번호를 부여받는 순간 열차가 된다고 할 수 있다.

2.3 일반대차와 관절대차

가. 일반대차

일반적인 철도차량은 아래의 우측 그림과 같이 바퀴가 장착되어 차체를 얹고 달리는 대차가 차량마다 2대가 설치되어 있다. 이를 일반대차라고 부르며, 이러한 대차는 차량마다 설치되어 있으므로 차량을 쉽게 연결하거나 분리할 수 있다는 장점이 있으나 반대로 쉽게 연결부가 끊어질 수도 있어 탈선이 용이하다는 단점도 있다.

대부분의 차량이 이 일반대차를 사용하고 있다.

나. 관절대차

아래 좌측 그림과 같이 차량과 차량 사이에 대차를 1개만 설치하여 두 차량을 견고하게 연결하는 방식의 대차를 관절대차라고 하며, 이 방식은 차량이 서로 이 관절대차를 통해 인체의 관절처럼 연결되어 있으므로, 두 차량이 떨어지지 않아서 탈선의 위험이 적다는 장점이 있는 반면에 두 차량을 자유롭게 연결하거나 분리할 수가 없어 편성이 자유롭지 못하다는 단점도 있다.

프랑스나 우리나라의 KTX 차량의 경우는 이 관절대차를 사용하고 있다. 이러한 관절대차는 대차 수가 반이 되므로 차량의 중량을 줄일 수 있으며, 구름저항이나 진동도 감소되는 등 주행성능을 향상시킬 수도 있다.

아래 그림에서 관절대차의 각 구성품은 다음과 같다.

① 고정링
② 이동 링
③과 ⑤ 샌드위치 블록
④ 피봇(이동 링의 센터 핀과 대차에 있는 구멍으로 연결)

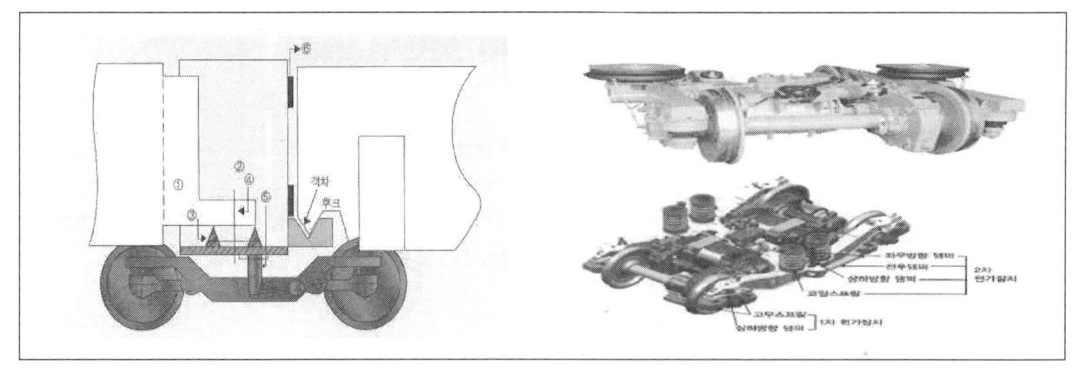

[관절대차의 구성]   [일반대차의 구성]

2.4 전기차

전기차는 전차선을 통해 공급되어지는 전기를 전기차로 받아들이는 집전장치와 차량을 움직이기 위해 전기에너지를 기계에너지로 바꾸어 열차를 구동시키는 전동기 등의 구동장치, 그리고 각 요소 및 장치에 알맞은 전력으로 변환시키거나 전동기의 속도제어 등을 하기 위한 전력변환장치 등으로 이루어져 있다.

직류전기차 주회로는 반도체 전력변환장치와 주 전동기로 구성되어지며, 교류용전기차는 여기에 주변압기가 더 첨가되어진다.

이러한 전동기, 변압기, 전력변환장치의 세 종류의 기기가 대표적인 전기기기들이라는 점을 감안하면 전기차는 주요한 전기기기의 종합체라고 할 수 있을 것이다.

가. 전원방식

교류와 직류방식이 있으며, 고속운전 차량은 소요 동력이 커서 급전전력량이 많게 되므로 교류 25kV 방식을 사용하게 된다.

이러한 교류방식은 다음과 같은 장점이 있어, 요즈음은 대개 교류 25kV 방식이 많이 사용되고 있다.

1) 고전압의 이용이 가능하고 집전장치가 소형 경량으로 추종성이 좋아서 고속에 적합하다.
2) 전류가 적어 사고전류의 선택차단이 용이하며, 변압기 전환 탭으로 다 전원 시스템의 차량 제작이 용이하다.
3) 점착성능이 우수하고 소형으로 견인력이 크다.
4) 인버터나 컨버터를 이용하여 여러 가지 방식으로 정밀한 속도제어가 가능하다.

이와 같은 교류는 25kV 방식 외에 일본 신간선의 30kV와 재래선의 20kV, 15kV, 11kV의 전압이 사용되고 있으며, 직류는 1.5kV, 3kV 방식이 사용되고 있다. 또한 유럽과 같이 여러 나라를 연계하여 운행하거나 우리나라의 수도권 일부구간과 같이 교류와 직류구간을 함께 운행하는 차량은 교직 겸용으로 제작하여 어느 곳이라도 다닐 수 있도록 하고도 있으나, 이 경우는 기관차의 구성이 복잡해진다는 단점이 있다.

나. 집전장치

차량에 동력을 전달하기 위한 집전은 전차선과 판타그래프의 접촉에 의해서 이루어지며, 이 집전장치는 아래와 같은 현상 때문에 전기차의 속도한계와도 직접적인 관계가 있다.

① 이선현상에 의한 아-크 발생
② 고속에서의 판타그래프 진동현상에 의한 전차선의 진동
③ 300km/h 이상의 속도에서는 주행 장치보다도 집전계의 공진에 의한 파손이 더 큰 문제가 되고 있다

또한, 집전장치가 이선 없이 양호한 집전을 유지하기 위해서 이러한 집전용 판타그래프가 구비해야할 조건들을 다음과 같다.

① 집전판과 전차선의 접촉점에서 적은 유효질량을 가질 것
② 작용위치 범위 내에서는 충분하고 일정한 접촉력을 가지며, 작용 부품간의 상호작용이 적을 것
③ 공기저항을 적게 하고 소음이 적을 것
④ 이선율이 적을 것
⑤ 열차 당 판타그래프 수를 최소화하고 충분한 거리를 유지할 것
⑥ 집전판은 충분한 집전용량(최고속도의 120%에서 집전 상 문제가 없는)을 가지고 있어야 하며 마모율도 작아야 한다.

1) 집전속도

가선을 질량이 없는 현이라고 가정하면 상하 방향의 스프링으로 가정할 수 있으므로 집전체 고유진동수 f는 아래 식으로 표시할 수 있다.

$$f = \frac{1}{2\pi}\sqrt{\frac{k+M}{m}}$$

k : 스프링상수, M : 복원스프링상수
m : 집전체의 질량

여기서 k는 실제 가선에서는 지지물의 바로 밑에서는 크고, 지지물의 중간에서는 작으므로 그 평균을 k', 부동율을 ε, 지지물 간격을 S라 하면 가선과 판타그래프가 공진하는 속도 V_c와 이선을 시작하는 속도 V_r은 아래 식으로 표현할 수 있다.

$$V_c = \frac{S}{2\pi}\sqrt{\frac{k'}{M+m}}, \quad M: \text{프레임의 조립체상당질량}$$
$$V_r = \frac{V_c}{\sqrt{1+\varepsilon}}$$

위 식에서 보듯이, 고속에서도 이선하지 않는 집전시스템을 제작하기 위해서는 부동율 ε을 적게 한 가선과 질량이 작은 집전체, 등가질량이 작은 프레임의 조합체로 판타그래프를 만들어야 한다.

또한 이선율은 이선을 하면서 주행한 거리나 시간을 전체 주행한 거리나 시간으로 나눈 값으로 표시할 수 있으며, 이 값은 집전시스템의 양부 판정에 중요한 값이 되고, 그 값은 적을수록 좋다.

그러나, 이선하면서 운행한다고 하는 판단 기준이 정확하지 않고 각 나라마다 다르므로 과연 몇 ms의 이선까지를 이선으로 취급할 것이냐에 따라 이 이선율은 달라질 수 있기 때문에, 이 기준을 적절히 선정하는 것이 중요하다. 대개는 수십 ms정도의 소이선은 이선으로 취급하지 않고 있다.

또한, 판타그래프에 작용하는 외력은 압상력 × 마찰계수로 표시할 수 있으며, 이선 시 발생하는 아크방전으로 전차선과 판타 집전판에는 전기적인 마모가 발생하며, 아크로 인한 전자파는 통신유도 장애의 원인이 되기도 한다. 또한, 전차선의 진동을 줄일 수 있는 방안으로 등가질량을 갖도록 하고 가능한 가선의 장력을 크게 하여 파동전파속도를 높여 주게 되며, 이 파동전파 속도의 약 70~80% 정도를 그 가선시스템의 최고 운행속도로 하고 있다. 이러한 파동전파속도는 아래의 식과 같이 장력에 비례하고 전차선의 질량에 반비례하는 식으로 계산되어지므로 동일한 질량으로 고장력에 견딜 수 있는 전차선을 개발하는 것이 속도향상의 주요한 과제 중 하나라고 할 수 있다. 그래서 많은 나라들이 합금 등의 방식을 통해 이러한 전차선 소재의 개발에 많은 노력을 경주하고 있다.

$$C = \sqrt{\frac{T}{\rho}} \quad T: \text{전차선 장력}(N), \rho: \text{단위길이의 질량}(kg/m)$$

2) 구조

전기차 집전장치의 상부구조는 아래 그림에서 보듯이 KTX와 전동차를 보아도 차량의 종류에 따라 약간씩 그 형태가 다르기는 하지만 대개가 주습동판, 보조 습동판 및 가이드 혼으로 구성되어져 있으며, 이선 없이 전기를 집전하기 위해서는 주습동판 범위 내에서 전차선이 움직이도록 이도를 조정해 주어야 하고, 어떠한 경우라도 습동판을 벗어나지 않도록 해야 한다.

또한, 습동판은 전차선보다는 교체가 용이하므로 전차선보다 마모 특성이 양호한 재질이어야 하며 전기도 잘 통해야 하므로 탄소재질의 습동판을 많이 사용하고 있으며 저속 대전류의 경우에는 습동판에 동판을 사용하기도 한다.

그리고 집전판의 형태도 가능한 주행 중 공기저항을 가장 적게 받을 수 있도록 그 형태를 날렵한 형태로 만들고 있다.

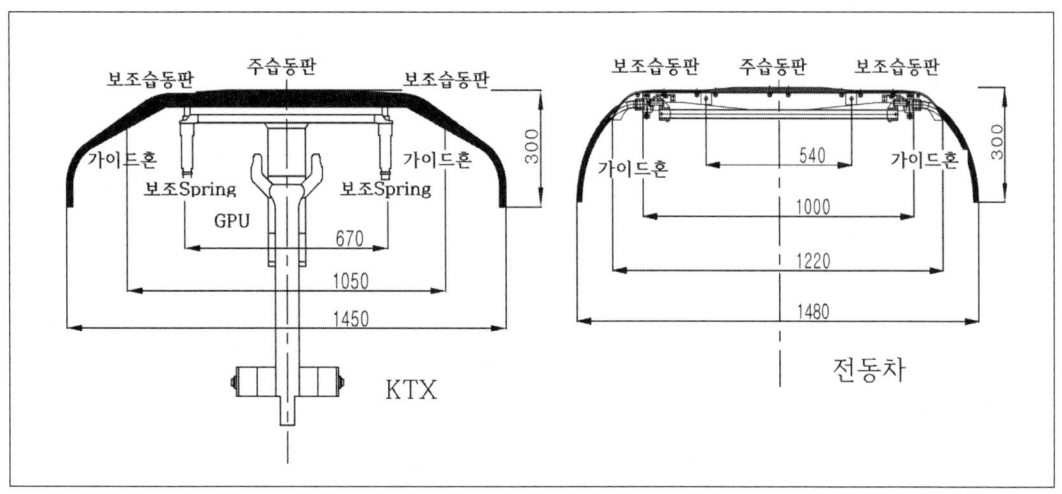

[전기차 판타그래프의 형태]

다. 주 전동기(구동장치)

1) 일반

전기차에 사용되는 전동기는 성능이나 구조 유지보수 측면에서 다음과 같은 조건을 갖추이야 한다.

가) 성능상의 요구조건

① 기동 시나 구배를 주행할 경우 강력한 토오크를 낼 수 있을 것
② 넓은 범위의 속도제어가 용이할 것
③ 평탄한 선에서 고속이 될 수 있을 것
④ 전동기가 병렬운전이 되는 경우에는 부하의 불평형이 적을 것
⑤ 전원전압의 급변에 견딜 수 있을 것

나) 구조상 요구조건

① 소형 경량일 것
② 대차에 장착되어지므로 방수 및 방진성(防塵性)이 있을 것
③ 내진성(耐振性)을 가질 것

다) 보수상의 요구조건

① 점검이나 탈부착에 편리할 것

② 고장이 적을 것

③ 보수하기 쉬울 것

성능상의 조건을 만족하는 전동기로서 차량용에는 가장 가감속 특성이 우수한 직류 직권전동기가 오랫동안 사용되어 왔다. 그러나 최근에는 전력전자의 발전에 따라 인버터에 의해 삼상 유도전동기나 동기전동기를 제어하는 방식으로 가감속 특성을 더 좋게 할 수 있는 기술들이 생겨나면 서 그동안 주로 사용되던 직류전동기 대신 교류전동기들이 구동장치로서 주류를 이루게 되었다. 이에 따라 주 전동기에서 브러쉬와 정류자가 자취를 감추게 되어 소형 경량화가 가능하고, 보수가 간편해 졌으며, 정류에 관련된 고장이 없어졌다라고 하는 장점이 생긴 반면에 전력전자 회로에 의한 고조파 발생 문제가 크게 대두되는 등 구동장치 역시 많은 변화가 이루어지게 되었다.

2) **직류전동기**

가) 직류기의 여자방식

직류전동기의 여자방식은 그림과 같이 3가지 종류가 있으나, 기동토오크가 크고 전압 급변 시의 과도특성도 좋아서 오랫동안 직권식을 사용해 왔었다.

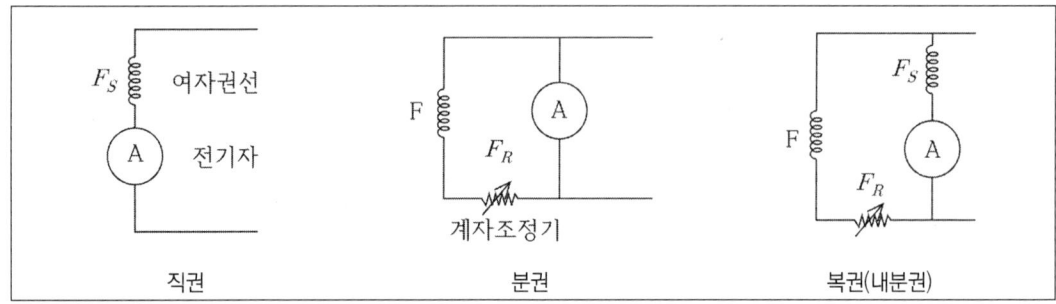

[직류기의 여자방식]

그러나, 일본의 사설철도에서는 비교적 저가이고 어느 정도 전력회생이 가능한 계자 쵸파방식이 한 때 널리 사용되었으며, 이 때의 모터는 복권식을 사용하기도 하였다.

나) 직류직권전동기의 특성

직류전동기의 토오크는 플레밍법칙에 의해 아래 식으로 표시될 수 있다.

$\tau = K_1 \times I_a \times \Phi \ (Nm)$ τ : 토오크(Nm)
K_1 : 정수, I_a : 전기자전류(A), Φ : 매극 유효자속 (Wb)

자속은 계자전류에 의해 만들어지므로 위 식은 아래 식으로 바꿔 쓸 수가 있다

$\tau = K_2 \times I_a \times I_f \ (Nm)$ K_2 : 정수, I_f : 계자전류(A)

직권전동기에서는 $I_a = I_f$ 이므로 위 식은 $\tau = K_2 \times I_a^2 \ (Nm)$ 가 된다.

따라서, 기동 시에는 일정한 가속력으로 가속하게 되므로 전류를 일정하게 하는 것이 좋다.

또한, 전동기의 단자전압을 V(V)라 하면,

$$V = E_c + I_a R \ (v) \quad E_c : 역기전력, R : 권선의 저항$$ 이 되고

이는 $I_a = \dfrac{V - E_c}{R}$ 이 된다.

또한, 역기전력은 $E_c = K_1 \times n \times \Phi \quad n : 회전수(rpm)$ 이 되므로 속도에 비례하여 증가한다. 여기서 속도가 증가해도 전류를 일정하게 유지하려면 단자전압을 속도 증가에 따라 상승시키면 되는 것을 알 수 있다.

열차를 일정한 가속도로 가속을 하기 위해서는 τ 가 일정해야 하고 이를 위해서는 전류가 일정해야 하므로 이처럼 단자전압을 속도의 증가에 대응하여 상승시키면 전류가 일정해져서 토오크가 일정해진다.

이러한 제어방식에는 저항제어, 직병렬제어, 전기자 쵸파제어 등이 있다.

또한, 교류급전회로에서 사용되는 직류 전기차에는 주전동기에 흐르는 전류가 정류된 전류이므로 맥류가 흐르게 되어 아래와 같은 문제가 발생하기도 한다.

① 자기회로(철심)에 왜형파 전류가 흘러 발열의 원인이 된다.
② 변압기 기전력이 발생되어 정류를 악화시킨다.
③ 전기자 토오크가 맥동한다. ($\tau = K_2 \times I_a^2$ 이므로)
④ 도체 내의 왜형파 전류에 의한 동손이 증가하여 효율이 저하된다.

이를 방지하기 위해서는 평활리액터를 삽입하는 등의 대책이 사용되고 있으며, 이 맥류율을 일본의 경우 재래선이 20~30%, 신간선은 50% 정도를 한도로 정하여 사용하고 있다.

3) 교류전동기

가) 개 요

교류전동기를 사용하면 전동기는 소형 경량이 되는 등 여러 가지 장점이 있으나 넓은 속도영역에서 사용되는 차량용 주 전동기에서는 주파수나 전압의 제어가 꼭 필요하지만, 이러한 기술이 발전되지 않아서 그동안은 직류전동기가 많이 사용되어 왔다. 그러나 최근 대용량 반도체 기술 및 Micro Processor에 의한 제어기술의 발전으로 가변속 구동의 교류전동기가 사용되기 시작했고 전기철도에서도 교류전동기를 VVVF(가변전압 가변주파수)제어를 하는 것이 가능해졌다. 차량용 교류 Drive System으로는 인버터는 전압형과 전류형이, 전동기는 유도기와 동기기의 두 가지 시스템을 선정할 수 있었다.

동력 분산식을 사용하고 있는 일본에서는 주회로가 심플해질 수 있다는 점에서 전압형

인버터를 채용하였고 보수의 용이성 면에서 유도전동기를 사용하고 있으며 유럽이나 고속철도에서는 동기전동기도 많이 사용되어지고 있다.

나) 유도전동기

유도전동기의 구조는 회전 계자를 만드는 고정자 권선과 도체에 유도 전류가 흘러 회전토오트가 생기는 회전자로 구성되어 있어 회전자와 고정자의 전기적인 접촉이 없다.

고정자에는 3상 교류에 의해 회전계자가 만들어 지고 이 회전자계에 의해 유도전류가 발생되면 이 전류와 자극 사이에서 플레밍의 왼손법칙에 의해 아래 수식과 같은 토오크가 발생되어 회전자를 자극 방향으로 회전시킨다.

또한, 계자의 주파수와 회전자의 회전속도 간에는 약간의 차이(Slip)가 있고 이것에 의해 회전자와 계자 간에 상대적인 운동이 만들어진다.

$$\tau = K_1 \times (\frac{V}{f})^2 \times f_s \qquad I = K_2 \times (\frac{V}{f}) \times f_s$$

τ : 토오크, I : 전류, V : 전압, f : 인버터 주파수
f_s : Slip주파수 K_1, K_2 : 정수 이고
$f - f_r = f_s$ 이며
f_r 은 회전자의 회전주파수로서 속도에 비례하여 변한다

차량용 유도전동기에서는 보통 Slip이 매우 적은(수%) 영역에서 사용된다. 이러한 유도전동기의 장단점으로는 아래와 같은 것들을 들 수 있다.

① 손쉽게 전원을 얻을 수 있다.
② 구조가 간단하고 튼튼하다.
③ 가격이 저렴하다.
④ 취급이 간편하고 운전이 용이하다.
⑤ 정속도 전동기로 부하변동에 따른 속도변동 적응이 용이하다.
⑥ 역률이 나쁘다.

또한, 유도전동기의 종류에는 농형과 권선형이 있고, 농형은 보통농형과 특수 농형(2중농형, 심구형)으로 구분할 수 있다.

유도전동기의 특성곡선은 아래 좌측의 그림과 같다.

아래 우측의 토오크 곡선에서 보면 전동기의 발생 Torque T가 부하 Torque T_L보다 크면 $T - T_L$에 의해 가속이 되어 $T = T_L$인 P점에서 양 토오크가 균형이 되며, 이 점에서 가속을 멈추고 안정적으로 운전하게 된다.

동기속도보다는 약간 적은 속도에서 운전되고, 부하변동에 의해 아주 적게 변동이 되므로 거의 일정한 속도로 운전이 가능하다.

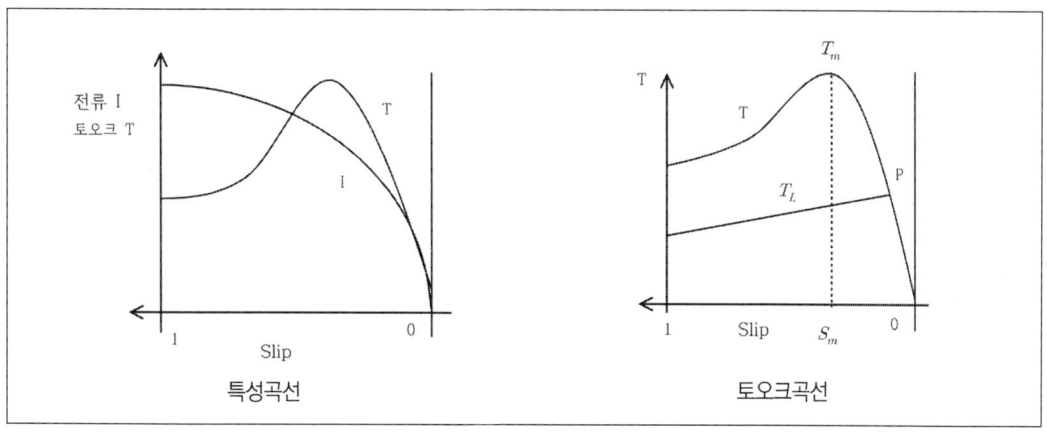

[유도전동기 특성곡선]

　기동방법으로는 정격전압을 인가하여 기동하는 직입기동 방법이 가장 간단하지만 기동전류가 정격전류의 5~7배 정도이고, 기동 토오크는 정격 토오크의 약 1~2배로 커서 소 용량에서만 사용이 가능하다.

　이 커다란 기동전류를 $\frac{1}{3}$로 줄이기 위해 Y 결선으로 기동하고 △결선으로 운전하는 방식의 Y-△ 기동방법과 기동 보상기를 사용하는 방법도 사용이 되고 있다.

다) 동기전동기

　고정자 3상 권선에 3상 교류 전류를 흘려주면 고정자는 시계 방향으로 회전하는 회전 자기장을 발생시킨다. 회진 자기장의 속도가 동기속도에 도달할 때 회전자에 시계 방향으로 회전하는 기동 토크를 가하면 회전자는 동기속도로 운전하는 전동기로 운전하게 된다.

　이러한 원리를 이용한 동기전동기는 아래와 같은 장단점이 있다.

　a) 장점
　　① 속도가 일정하다.(동기속도 Ns로 운전)
　　② 역률 조정이 가능하다.
　　③ 효율이 좋다.
　　④ 공극이 크고 기계적으로 튼튼하다.
　　⑤ 토오크가 전압에 비례하므로 공급전압에 따른 토오크의 변화가 적다.

　b) 단점
　　① 기동 토오크가 작다.
　　② 속도 제어가 어렵다.
　　③ 직류 여자가 필요하여 가격이 고가이다.
　　④ 난조가 일어나기 쉽다.

라. 전동기의 속도제어

전기차의 속도제어 방식은 역사적 변천에 따라 여러 가지가 있으며, 특히 전력전자에 의한 속도제어 기술발전에 따라 다양한 방식들이 사용되고 있다.

가선전압과 주 전동기의 종류에 따라 분류하면 아래 표와 같다.

[가선전압과 주 전동기의 종류]

구 분	직류전기차	교류전기차
직류전동기	- 저항제어 - 직병렬제어 - 약 계자제어 - 전기자 쵸파제어 - 계자 쵸파제어 - 계자첨가 여자제어	- Tap 제어 - 다이오드정류기+저항제어 - 싸이리스타 위상제어
교류전동기	- 인버터 제어	- 싸이리스타 위상제어+인버터제어 - PWM콘버터제어+인버터제어

1) 직류전기차 속도제어

가) 저항제어

주전동기와 직렬로 저항을 접속하고 그 저항 값을 속도 상승과 함께 적게 하여 주 전동기에 가해지는 전압을 상승시키는 방법이다

나) 직병렬제어

짝수 개의 주 전동기를 보유하는 경우, 이것을 직렬과 병렬로 접속하는 것에 의해 주 전동기의 단자전압을 변환시켜 제어하는 방식으로 저항제어와 공용하면 저항손실을 경감시킬 수 있다.

아래 그림과 같이 8대(전기차 2량분)의 주 전동기를 기동 시에는 전부 직렬로 연결하고, 일정속도에 이르면 4S 2P로 접속을 변경하는 방법이 대표적인 예이다.

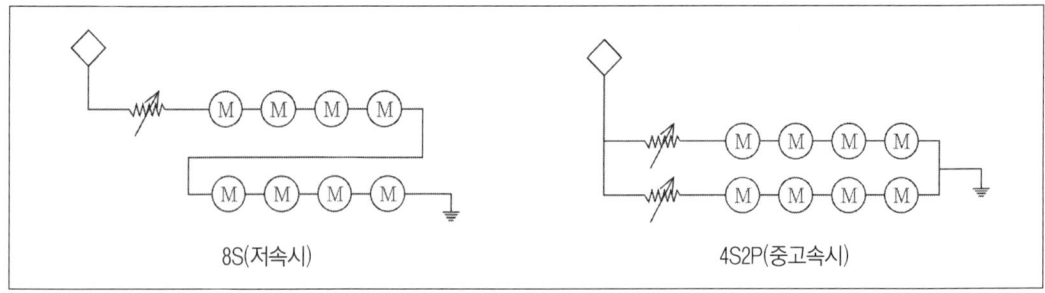

[전동기의 직병렬제어]

다) 약계자 제어

주전동기의 계자자속을 약하게 하여 보다 큰 토오크를 얻는 방법으로, 계자의 자속을 약하게 하면 $E_c = K_1 \times n \times \Phi$에 의해 역기전력이 적어지고, $V = E_c + I_a R$에서 전압이 일정하려면 적어진 역기전력만큼 전기자 전류가 커져야 한다. 이 전기자전류의 증가비율이 계자의 감소비율보다 크게 되면 $\tau = K_2 \times I_a \times I_f$에 의해 토오크를 증가시키는 원리이다.

이것은 위 식에서 계자가 조금만 적어져도 역기전력이 많이 적어지는 속도 n가 클 때 즉, 저항제어, 직병렬제어가 종료된 고속도 영역에서 많이 사용되어 진다.

그러나, 정류상의 문제 때문에 약하게 하는 데는 한계가 있다는 문제점이 있다.

라) 전기자 쵸파제어

전기자의 전압제어를 저항제어와 같은 손실이 없도록 하는 방법으로 대용량 사이리스타의 개발에 의해 1970년대에 실용화되었다.

그 동작원리는 아래 그림에서

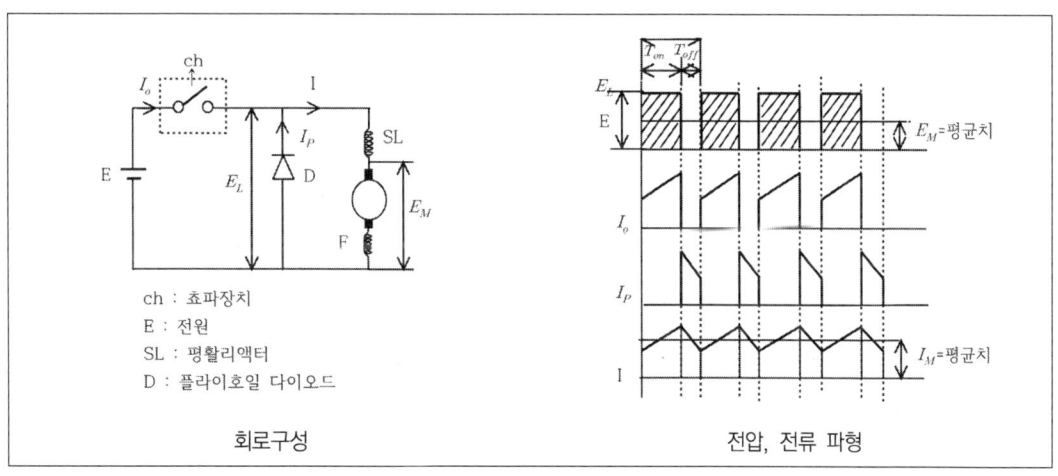

[쵸파제어의 원리]

전기차가 역행을 할 때 쵸파장치 ch를 닫으면 부하전압은 $E_L = E$가 되어 전원에서 공급되는 전류 I_o는 회로의 시정수에 따라서 증가한다. 어느 시점에서 ch를 열면 I_o는 0이 되어 전동기의 전류는 다이오드 D를 통과하여 환류하며, 그 때의 시정수에 따라서 감쇄해 간다. 여기서 다시 ch를 닫으면 전류는 다시 증가한다.

이와 같이 쵸파장치의 On. Off로 전류를 가감하여 속도를 제어하는 방식으로 전원측, 부하측의 전압, 전류의 평균치를 각각 E, I_{oM}, E_M, I_M이라 하면, 위 파형에서 평균전압은 On한 시간을 전체시간으로 나눈 값이 되어 아래 식과 같이 되므로, T_{on}, T_{off}를 변화시킴으로서 부하전압을 연속적으로 변환시키는 것이 가능해진다.

$$E \times I_{oM} = E_M \times I_M$$
$$I_{oM} = \frac{E_M}{E} \times I_M = \frac{T_{on}}{T_{on} + T_{off}} \times I_M$$
$$E_M = \frac{T_{on}}{T_{on} + T_{off}} \times E$$

이 초파제어장치의 핵심부인 반도체 스위치에는 싸이리스터를 이용하고 있으며, 이 사이리스타는 일단 도통하면 자기 자신의 힘으로는 이것을 차단할 수 없으므로 보조회로에 의해서 도통 중인 싸이리스터에 역전류를 흘려서 소호하게 된다. 이 보조회로를 轉流회로라고 부른다.

최근에는 전류(轉流)회로가 불필요한 자기소호형 GTO싸이리스터도 많이 사용하고 있다. 초파제어방식으로는 $\frac{T_{on}}{T}$ 의 변환하는 방법에 따라 다음 3가지가 있으나 전기철도에서는 고조파전류에 의한 신호용 궤도회로의 오동작을 방지한다는 측면에서 정주파수 가변 T_{on} 방식을 일반적으로 사용하고 있다. 또한, 회생제동 시에는 아래 그림과 같이 초파에 의해 단락되어진 자기여자 발전기로서 전력회생을 한다.

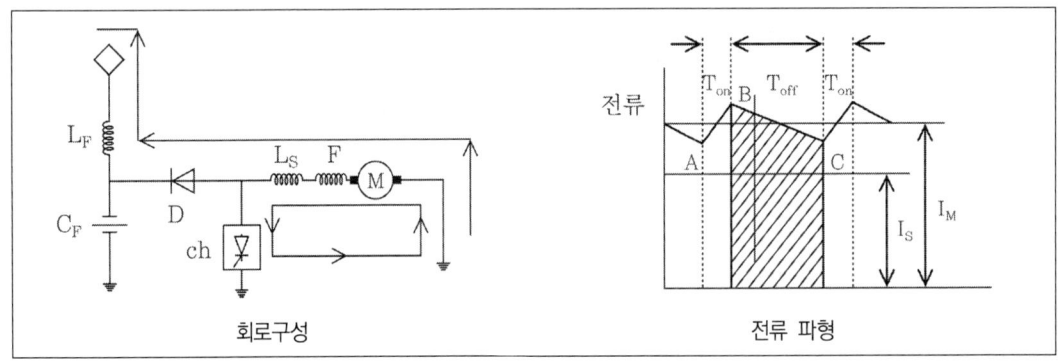

[회생제동의 원리(전기자초파)]

위 우측 그림에서 초파 ch가 On되면 전동기의 전류는 전동기 하단의 사각형 그림과 같이 리액터 L_S를 통해 흐르며 우측의 전류 파형 그림에서 보면 전류가 A→B로 가는 형태로 증가한다.

초파가 Off되면 좌측그림 가장 위쪽 선과 같이 전류가 다이오드D를 통해 전차선으로 흐르고 이 대의 전류 파형은 B→C로 가는 형태로 감쇄한다.

이 On/Off 동작의 반복에 의해 전동기 전류의 평균치는 일정하게 유지되고 전차선에는 전류 파형 그림에서 보듯이 빗금 친 부분만큼 회생이 발생되어진다.

초파가 On인 상태에서의 판타 점의 전압은 주 전동기의 단자전압에 리액터의 양단에 발생하는 전압을 더한 것이 되어 판타 점 전압을 가선전압보다 높게 하는 것이 가능하고 전류를 전기차에서 가선으로 흘리는 것이 가능하다.

전동기의 평균전류를 I_M 이라 하면 I_S 는

$$I_S = \frac{T_{off}}{T_{on} + T_{off}} \times I_M$$ 이 된다.

전동기 단자전압 E_M 은 전차선 전압을 E 라하면

$$E_M = \frac{T_{off}}{T_{on} + T_{off}} \times E$$ 가 된다.

따라서, $E_M < E$ 가 되므로 전동기의 유기전압이 가선전압 보다도 낮은 영역에서 회생이 가능하여 정지 직전까지 제동이 유효하다.

최근에는 이러한 회생제동을 채택한 제어방식이 가장 많이 사용되고 있다.

마) 계자 초파제어

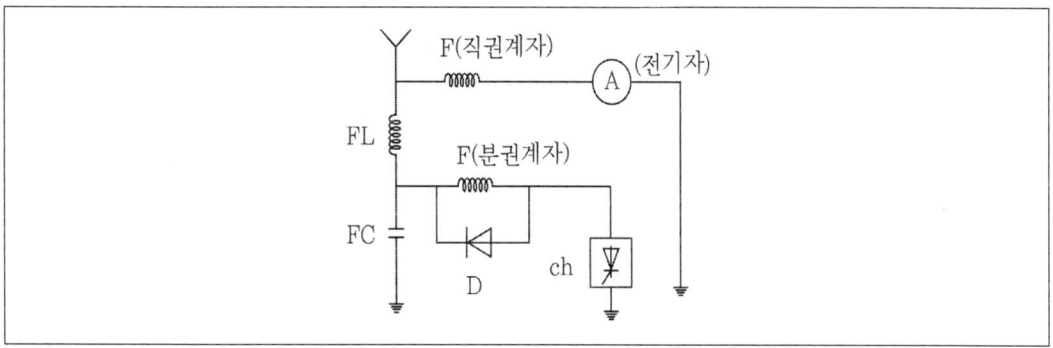

[계자 초파제어]

위 그림과 같이 직류전동기의 계자를 전기자에 직렬인 직렬계자와 분권 계자를 설치하고 분권계자를 초파 제어하는 방식이다.

그림에서 분권계자를 강하게 하면 전기자 전류가 正에서 負로 바뀌어서 가선으로 전류가 흘러 나가도록 되어 있다.

이 방법은 종래의 저항제어에 소용량의 계자제어장치를 추가하는 것에 의해 전류용량과 휠터가 적어지게 되므로 전기자 초파에 비해 경제성이 높고, 경량화가 가능하며, 역행, 회생의 절환이 불필요하여 계자 제어의 범위가 넓고 연속적이어서 제어성이 양호한 회생 속도 영역이 넓어진다.

그러나 분권계자의 약계자율에 한계가 있으므로, 저속도 영역에서는 발생 전압을 가선전압

까지 상승시키는 것이 불가능하게 되어 회생 불능이 되고, 저항 제어차의 약계자 段만을 초파화 한 것이므로 역행 시의 저항 손실은 그 손실만큼은 줄어들지 않는다.

인버터제어가 등장할 때까지는 일본 민간철도 회사의 통근전차에 널리 사용 되어졌었다. 그 외에도 계자첨가 여자제어방식 및 직류복권전동기를 사용하여 전기자는 GTO사이리스타를 이용한 고주파 초파제어를 하고, 분권계자권선은 계자초파로 제어하는 4상한 초파제어방식 등이 사용되어지고 있다.

2) 교류전기차 제어

가) Tap 제어

아래 그림과 같이 주변압기 권선에 탭을 설치하고 속도에 대응하여 이것을 절환 함으로써 전압을 변화시키는 방식이다.

탭을 주변압기 1차 측에 설치하는 고압 Tap 제어 방식과 2차 측에 설치하는 저압 탭 제어 방식이 있다.

나) 인버터제어방식(PWM제어방식)

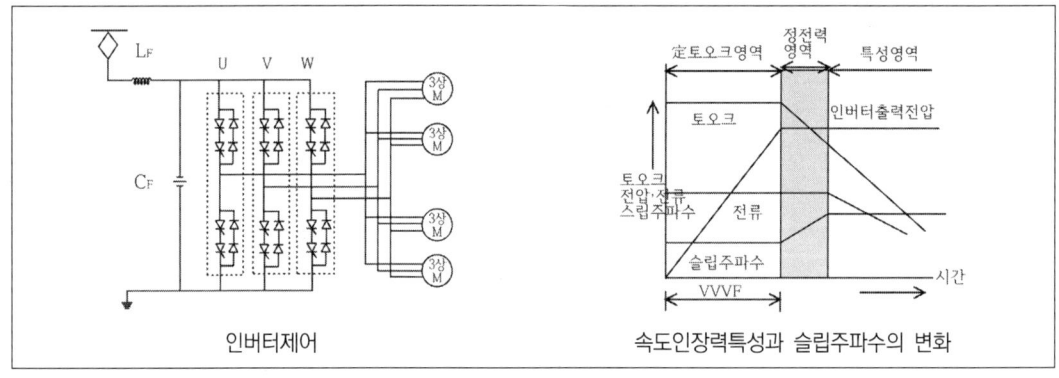

[인버터제어방식]

인버터로서 교류 전동기를 제어하는 방식으로 요즈음 대부분의 차량은 이 방식을 사용하고 있다. 주 회로는 위 좌측 그림과 같고 차량에 필요한 속도 인장력특성과 그것을 얻기 위해 전압과 스립 주파수를 변화시키는 형태는 위의 우측 그림과 같다.

이 때 전압과 주파수를 변화시키기 위한 인버터의 스위칭 방법으로서 펄스폭 변조(PWM) 제어 방법이 이용되어지고 있다.

그 원리는 아래 그림과 같으며 스위칭 타이밍을 변화시킴으로서 출력 전압의 크기나 주파수를 연속적으로 변화시키는 것이 가능한 것을 알 수 있다.

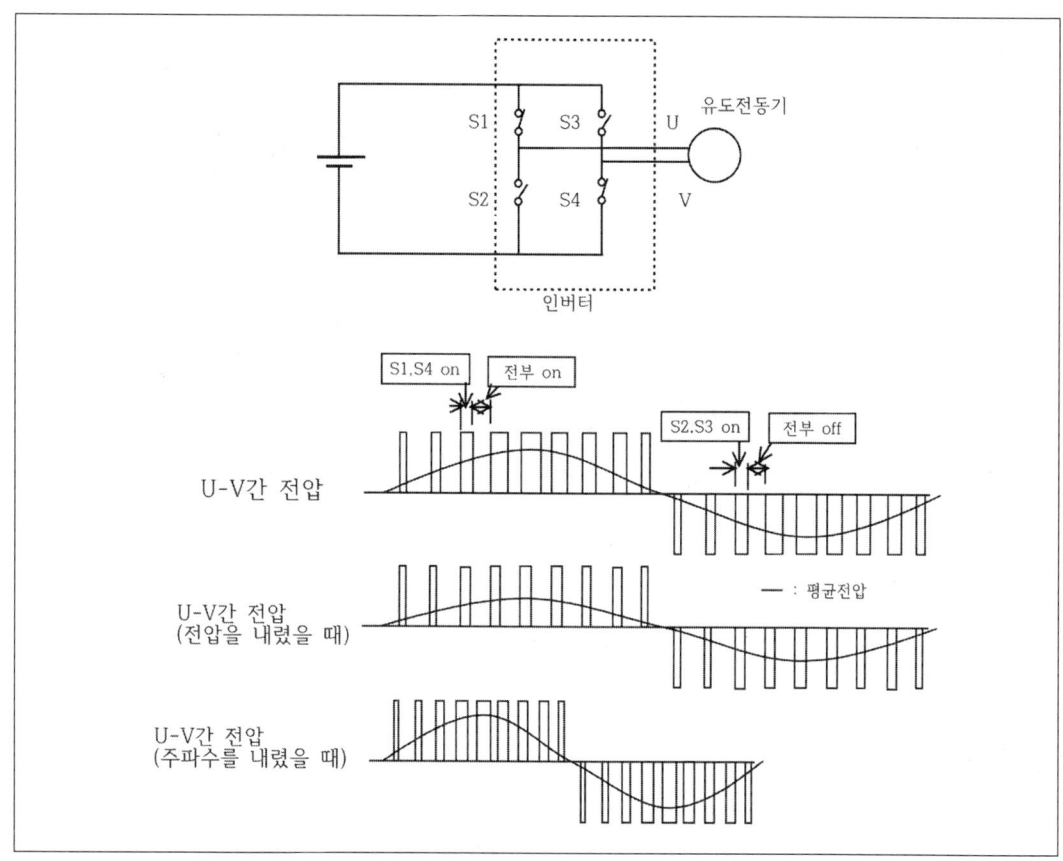

[PWM제어에 의한 전압과 주파수 제어]

주 소자에는 GTO 싸이리스터가 사용되었으며, 이 경우 스위칭 주파수의 한도는 50Hz 정도가 된다. 전류 파형을 보다 정현파에 가깝게 하기 위해서는 스위칭 주파수를 높일 필요가 있어 이 목적으로 IGBT를 사용하는 것도 있다.

이 경우의 스위칭 주파수는 kHz 레벨로 향상되며 이 IGBT는 내전압이 낮으므로 직렬접속으로 사용한다.

아래 그림에서 3레벨의 경우는 출력 전의 레벨이 많으므로 전류파형이 정현파에 더 가깝게 하는 것이 가능하며, 발생하는 소음의 주파수도 높게 되어 가청주파수 영역을 넘게 되므로 차내 소음저감의 효과도 있다.

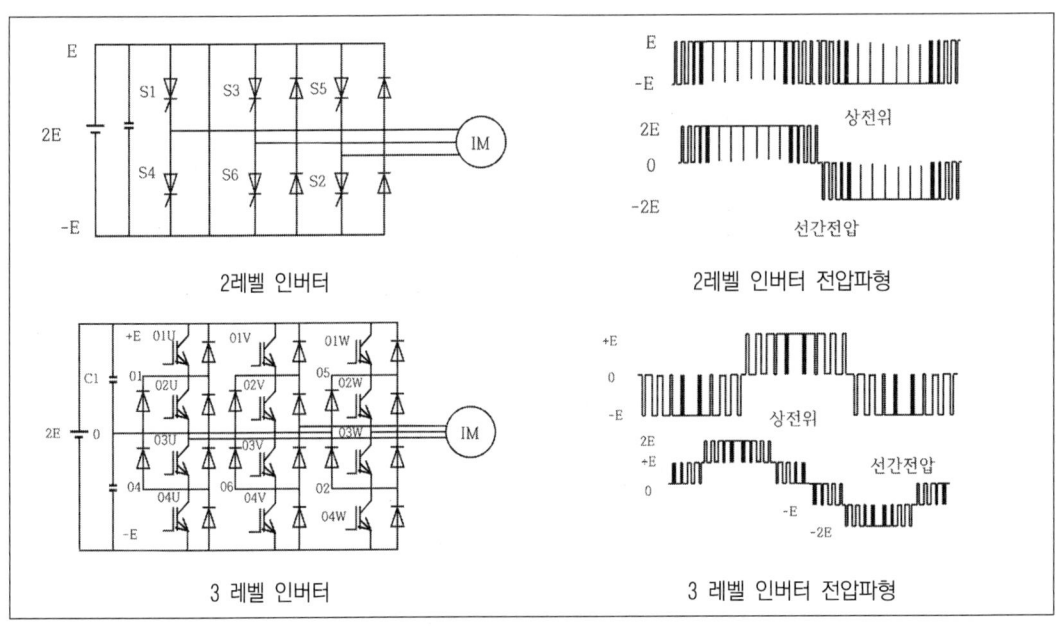

[인버터 제어방식]

2.5 제동

움직이고 있는 차량을 감속하거나 정지시키는 장치를 제동장치(Breaking System)라고 부르며, 이 제동장치는 크게 기계적 제동과 전기적 제동으로 나눌 수 있다.

가. 기계적 제동

1) 기계적 디스크 제동

일반적으로 자동차 등에서 가장 많이 사용되고 있는 제동방법으로서, 대개 디스크제동(Disc Breaking)이라고 부르는 것이다. 이것은 차륜 안 차축에 디스크를 설치하고 여기에 유압으로 제동을 위한 브레이크 패드를 디스크와 접촉시킴으로서 접촉력에 의해 제동을 시키는 방법이다.

2) 와전류 디스크제동

철도차량에서는 차륜 안 차축에 전자석을 수반한 금속제 디스크를 설치하고, 제동 시에는 전자석으로부터 회전 자기장을 발생시켜서 여기서 발생되는 와 전류와 자기장이 플레밍의 왼손 법칙에 의해 전자력을 발생시키게 되는데, 이 힘의 방향을 차륜의 회전을 방해하는 방향으로 향하게 하여 감속하게 하는 방법을 사용하고 있다.

이것의 장점은 모터를 탑재하지 않은 차량에도 탑재가 가능하고, 비접촉식 제동이므로 브레이크 디스크를 소모하지 않고 브레이크 패드도 불필요하며, 다른 전동차의 발전제동·회생제동과 제동력의 균형화가 쉬운 것 등을 들 수 있다. 반면에 강력하고 큰 전자석이 필요해

중량이 교류 모터(농형 3상 유도전동기) 보다도 무거워져 차량 전체 중량 증가(특히 스프링하 질량의 증가)로 이어지며, 그리고 회생제동과는 반대로 전력을 소비하기 때문에 에너지 절약 측면에서는 단점이 있다. 그래서 요즈음에는 차량에는 경량화를 위해 부수차에 와전류식 디스크 제동을 탑재하지 않고 전동차에 새로운 회생제동 제어방식을 추가해 회생제동의 제동력을 올림으로써 제동력을 확보하고 있다.

나. 전기적 제동

1) 발전제동(Dynamic breaking)

발전제동이란 전기 동력으로 구동되는 차량이나 기기류의 브레이크 방식의 일종으로서 철도 차량이나 산업 기기에 넓게 이용되고 있다.

전기모터로의 급전을 멈추어 통상적인 구동을 중지하고 차량의 차륜(모터의 부하측)의 회전을 반대로 모터에 입력하는 형태로 전달하는 것으로, 이렇게 되면 모터가 발전기로서 작동된다. 이 때 발생되는 전력을 소모하지 않으면 제동력을 얻을 수 없으므로 이를 저항기에 흐르게 하여 열로 소비시킴으로써 모터에 회전저항을 일으키게 하고 제동력을 얻는 방법으로 제동력의 성능은 저항기의 용량에 따라 변한다.

발전된 전기를 열로 소비하므로 에너지 이용측면에서 비효율적이라는 단점이 있지만 회생 브레이크보다 회로 구성이 단순하여 열차 수가 적은 구간은 회생 브레이크를 사용하는 것보다 자기 차 단독으로 안정된 제동력을 얻을 수 있는 발전 브레이크가 더 효율적인 경우도 있다.

2) 회생제동(Regeneration Breaking)

저항기의 용량에 의해서 제동 능력이 제한되고 에너지를 열로 변환해 버리게 되는 것은 에너지 절약 측면에서 유리하다고 보기 힘들어, 이를 개선하기 위해 1980년대 이후에는 전동차용으로서 가선 전압보다 높은 전압의 전기를 발생시키고 가선을 통해서 다른 역행 중인 차량이나 변전소의 다른 부하에 보내서 소비하게 함으로써 발전제동용의 저항기보다 훨씬 큰 부하를 얻어냄으로써 보다 강력한 제동력을 확보하는 것으로서, 브레이크 에너지를 다른 차량의 주행 에너지로서 재이용할 수 있어 에너지 절약에 있어서도 유리하다.

또한 DC 구간에서는 부하전류가 크고 에너지를 콘덴서에 쉽게 저장하고 인출하는 것이 가능하므로 이러한 변전소에 회생 브레이크가 발생한 전력을 흡수하는 회생전력 흡수장치 또는 에너지 저장장치(EMS : Energy Management System)를 설치하여 운영하기도 한다.

그러나 AC구간에서는 부하전류가 적고 에너지의 저장과 인출에는 AC/DC의 변환이 필요하므로 축전지와 같은 EMS 대신 Fly-Wheel 등의 EMS장치를 설치하는 것도 연구하고 있다.

3 선로(Track, Roadway)

아래 그림에서 보듯이, 철도차량을 주행시키기 위해 필요한 하부설비들로서 레일, 침목, 도상 및 노반이 있는데 이를 총칭하여 선로라고 한다.

또한, 이 선로 중에서 상부 구조인 레일, 침목 및 도상을 총칭하여 궤도(Track, Permanent Railway)라 하고, 하부구조인 토공의 깎기 또는 돋기로 구성된 노반과 이와 연결되는 터널, 교량 등을 총칭하여 노반(Railbed)이라고 한다.

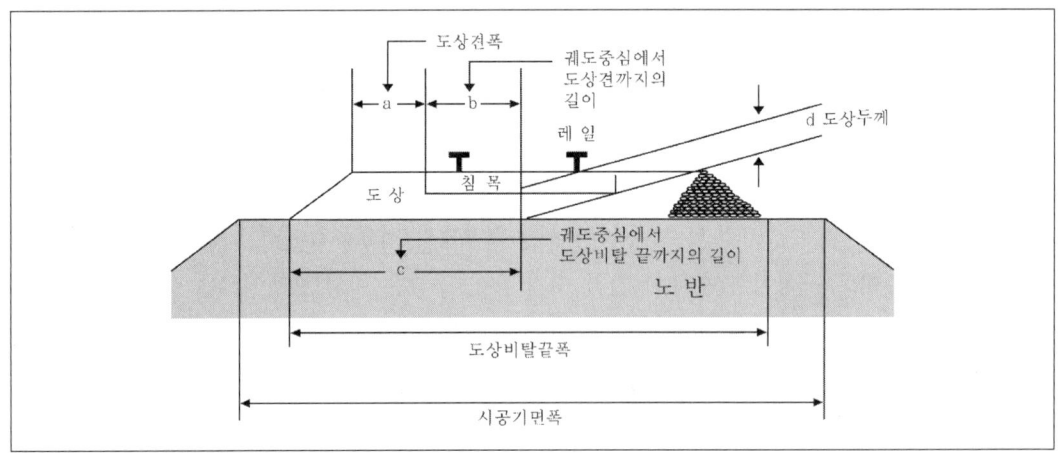

[노반의 형태]

3.1 궤간

아래 우측그림과 같이 레일 상부면에서 16㎜ 아래쪽(신간선. 지하철은 14㎜) 지점에서 상대편 레일두부 내측의 동일지점 간의 거리, 즉 레일 두부 간의 최단거리를 궤간이라고 하며, 이 간격이 1435㎜(4feet 8½inch)인 것을 표준궤, 표준궤보다 적은 1067㎜(3feet 6inch)를 협궤, 표준궤보다 큰 1524㎜ 및 1676㎜를 광궤라고 부른다.

이 표준궤간은 1886년 스위스 베른 국제회의에서 4feet 8½inch로 제정되었으며, 이를 MKS단위로 환산한 것이 현재의 1435㎜이다.

대부분의 국가들이 표준궤를 사용하고 있으며, 소련 등의 일부 국가들이 광궤를 사용하고, 일본의 일부 등 아주 소수지역에서만 협궤를 사용하고 있다.

예를 들면, 광궤철도는 1524㎜를 사용하고 있는 러시아와 핀란드, 1600㎜인 아일랜드, 1676㎜

인 에스파니아, 포루투칼, 인도, 파키스탄 등이 있으며, 협궤철도는 일본의 JR 일부에서 1067㎜를 동경지하철에서 1371㎜를 사용하고 있고, 우리나라에서도 '95년 12월 폐선 된 수인선에서 762㎜인 협궤가 사용되었었다.

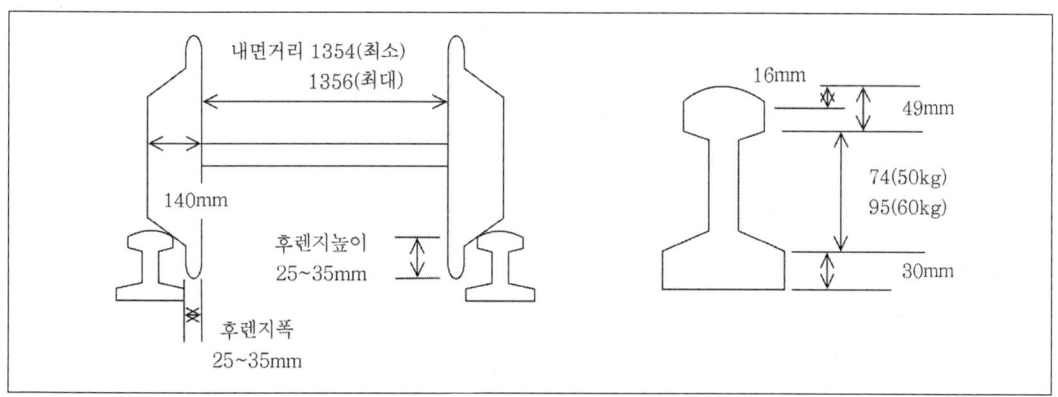

[레일과 차량의 바퀴 형태]

3.2 궤도중심 간격

2선 이상의 궤도가 병행할 경우 두 궤도의 사이의 중심 간격은 열차의 교행, 승객이나 승무원의 안전 및 차량의 입환과 정비를 위해 충분히 확보할 필요가 있다.

그러나, 이 궤도중심 간격이 크면 그 만큼 노반의 폭이 커지므로 용지비, 건설비가 증가하게 되기 때문에 아래와 같은 조건을 고려하여 간격을 결정하도록 하고 있다.

특히, 경부고속철도와 같이 요즈음에는 선로 양쪽으로 케이블 트로프를 설치하는 형태도 있어 이들 모든 구조물들을 모두 고려하여 노반 폭을 결정하여야 한다.

1) 정거장의 2선 병설시 4m 이상(고속철도는 5m)으로 확보
2) 3선 이상 시는 신호기 설치 등을 고려하여 두 궤도중 하나는 4.5m 이상 확보
3) 정거장내에서 병행 시에는 4.5m 이상 확보
4) 양쪽 궤도 사이에 전철주, 신호기, 급수주 등의 설치가 필요한 경우는 필요량만큼 추가하여 확보
5) 곡선에서는 차량의 편기량만큼 확대하여 확보

3.3 곡선

선로는 운전속도 향상이나 곡선저항, 선로보수 측면에서 보면 직선으로 건설하는 것이 바람직하지만 지형의 변화 등으로 곡선부를 피할 수 없으며, 이 곡선 반경의 크기는 건설비나 개량

비에 큰 영향을 줄 뿐 아니라, 고속운전 시에는 빈번한 가감속 등으로 승차감에도 악영향을 주고 운전의 장애요소로도 작용한다. 그러므로 곡선을 통과 할 때의 원심력 등을 고려하여 열차의 속도에 따라 적합한 곡선반경의 크기를 규정하고 있다.

또한, 역구내에서는 곡선이 커지면 차량의 기울기가 커져 프래트홈에 열차가 접촉할 우려가 있으므로 별도로 최소 곡선반경을 정하고 있다.

이 곡선의 크기는 곡선반경 R과 곡선의 중심각도 θ로 나타내며, 곡선의 종류로는 다음과 같은 것들이 있다.

가. 평면곡선 : 평면상에서 만들어지는 곡선이다.
1) 원(단)곡선(Simple Curve) : 동일한 곡선반경으로 이루어진 곡선
2) 완화곡선 : 열차가 직선에서 곡선 또는 그 반대의 경우에 곡율의 급격한 변화로 인해서 차량이 요동하는 것을 방지하기 위해 그 사이에 원래의 곡선보다 곡율반경이 큰 곡선을 삽입하여 곡율 변화를 완화시키기 위한 곡선으로 곡선과 직선이 만나는 개소에는 반드시 완화곡선을 삽입해야 한다.
3) 복심곡선 : 반경이 다르고 중심방향이 같은 곡선
4) 반향곡선 : 곡선방향이 반대방향으로 연이은 곡선

나. 종단곡선(종곡선)
레일 길이방향으로 부설하는 곡선으로 구배 변환점에 설치하여 열차가 반등하지 않도록 하는 곡선이다.

3.4 구배

노반이 기울어진 정도 즉 기울기를 구배라고 하며 수평거리 1000에 대한 고저 차를 나타내는 ‰(퍼밀리)로 그 값을 표시한다.

이러한 구배가 많을수록 차량은 연속적인 가·감속을 해야 하므로 에너지 비용이 증가한다. 그러나 선로의 주변 환경에 따라 구배를 두지 않고는 건설이 어려운 경우가 많아 철도에서는 열차의 속도에 따라 허용하는 구배의 값을 정하고 있다.

구배에는 다음과 같은 종류의 구배가 있다
1) 최급구배 : 열차운전 구간중 물매가 가장 심한 구배
2) 제한구배 : 기관차 견인정수를 제한하는 구배
3) 타력구배 : 제한구배보다 커도 연장이 짧으면 타력으로 통과 가능한 구배

4) 표준구배 : 역산 임의지점 1km 중 가장 심한 구배
5) 가상구배 : 열차운전 시분에 적용(차량운전포함 환산구배)

3.5 캔트(Cant)

열차가 곡선부를 통과할 때는 차량에 작용하는 원심력으로 인해서 외측 레일에는 과도한 부하가 생기는 반면에, 내측 레일에는 하중이 감소되어 불안정하게 되고 열차 속도가 커지면 차량이 외측 방향으로 탈출할 우려가 있어, 이를 방지하기 위해서 곡선부분에서 내측 레일을 기준으로 외측레일을 높게 하는 것을 캔트라 하며 그 값은 다음과 같은 식으로 계산한다.

$$F(원심력) = m(질량) \times \frac{V^2(물체의\ 원주\ 운동속도)}{R(원의\ 반지름)}$$
$$w(물체의\ 중량) = m(질량) \times g(중력가속도) \quad 이므로$$

원심력 F는 $F = m\frac{V^2}{R} = \frac{w}{g} \times \frac{V^2}{R}$ 이 된다
여기에서 속도는, $V(m/s), m(kg), R(m)$ 이다

아래 그림에서 보면

$$\tan\theta = \frac{F}{w} = \frac{C}{G} 가\ 되므로$$

$$C = \frac{F}{w}G = \frac{1}{w} \times \frac{w}{g} \times \frac{V^2}{R} \times G = \frac{GV^2}{gR}$$

C의 단위는 m 이고 레일간격 G는 $G = 1435 + 65(레일의\ 폭) = 1.5(m)$
가 되고 C의 단위를 (mm)로 V를 (km/h)로 고치면

$$C = \frac{GV^2}{gR} = \frac{1.5 \times (\frac{1000}{3600})^2 V^2}{9.8 \times R} \times 1000(mm) = 11.81\frac{V^2}{R}(mm) 가\ 된다$$

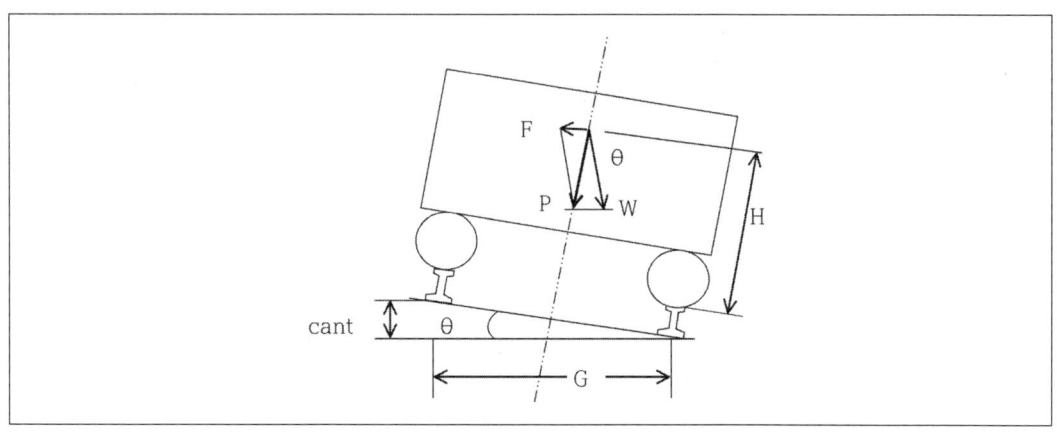

[캔트의 정의]

캔트 값은 위 식을 이용해서 계산하지만, 너무 크면 저속에서 반대 방향으로 힘이 작용하여 문제가 발생될 수 있으므로 현지 사정에 따라 가감하여 사용한다.

3.6 슬랙(Slack)

철도 차량은 아래 그림과 같이 2~3개의 차축을 대차에 견고히 고정시킨 축거로서 구성되어 있다.

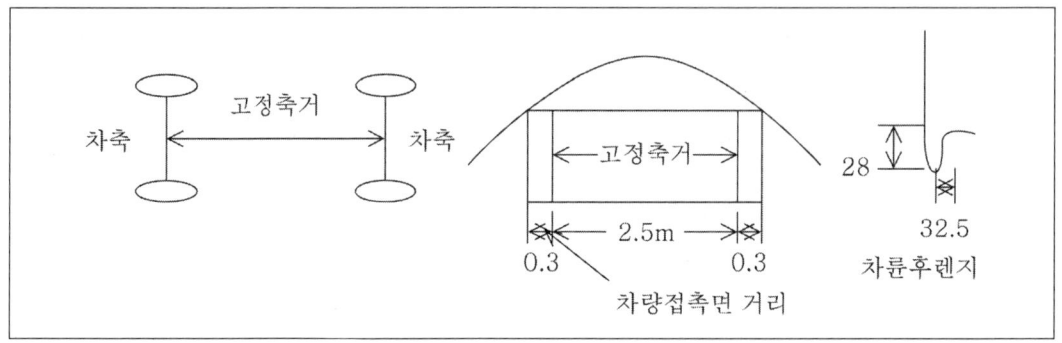

[차량의 축거와 후렌지]

이 고정축거(차축 간의 거리 중에서 가장 긴 것)가 곡선을 통과 할 때 앞 뒤의 차축은 위치 이동이 불가능하며, 차륜에는 후렌지가 달려있어 곡선을 원활하게 통과하지 못하도록 방해하는 작용을 하므로 알력이 발생하게 된다. 이를 방지하기 위해서곡선부의 내측 레일 쪽의 궤간을 확대하는 것을 스랙이라고 하며, 일반 국철에서는 고정축거의 길이가 4.75m이고 지하철은 2.5m이며, 고정축거 L인 차량이 곡선반경 R을 통과할 때 필요한 간격은 $S = \dfrac{L^2}{8R}$ 이므로 각각 아래 값으로 계산하여 사용한다.

국철인 경우는 $L = 4.75 + (0.3 \times 2 : 차륜의 길이) = 5.35(m)$

$$S = \frac{L^2}{8R} = \frac{5.35^2 \div 8}{R} = \frac{3.5778}{R} \Rightarrow \frac{3600}{R}(mm)$$

실제 $S = \dfrac{3600}{R} - S_1 (0 \sim 15mm : 조정치)$

지하철인 경우는 $L = 2.5 + 0.6 = 3.1(m)$

$$S = \frac{L^2}{8R} = \frac{3.1^2 \div 8}{R} = \frac{1.2015}{R}(m) \Rightarrow \frac{1250}{R}(mm)$$

실제 $S = \dfrac{1250}{R} - S_1 (0 \sim 4mm : 조정치)$

또한, 슬랙의 최대한도 30㎜(지하철 25㎜)를 초과하면 후렌지가 마모된 경우에는 열차가 탈선될 우려가 있어 국철은 궤간과 차륜 후렌지 간 여유 (11㎜) + 차량 좌우 진동에 대한 여유(6 ㎜) + 궤간 축소 허용치(-2㎜) = 15㎜의 값 이내에서, 지하철의 경우는 축거의 길이가 짧아서 차량 좌우 진동에 대한 여유(6㎜) + 궤간축소 허용치(-2㎜) = 4㎜의 값 이내에서 적절한 값으로 조정하여 사용하고 있다.

3.7 노반

성토를 하거나 산을 깎아서 만드는 토공개소의 노반은 차량운행에 따른 축중으로 인해 침하가 발생하지 않도록 강도를 유지해야 하며, 장마 등으로 노반이 유실되지 않도록 배수설비에 만전을 기해야 한다.

그러기 위해서는 성토개소의 경우에는 다짐을 잘 하는 것이 중요하므로 일정한 높이 마다 철저하게 다짐을 하도록 규정하고 있으며, 외국의 경우에는 다짐을 하고도 일정기간 동안의 자연 침하를 거쳐서 노반이 안정된 후에 궤도공사를 추진하도록 하는 경우도 있다.

또한, 고속철도와 같이 우수 침투에 의한 노반의 약화를 방지할 필요가 있는 경우에는 아주 잘 개 부순 자갈 등을 이용하여 강도를 강화시킨 강화노반을 구축하기도 한다.

이렇게 만들어진 노반을 전기설비 등 후속설비에서 다시 파고 시공을 함으로써 노반의 강도가 줄어드는 것을 방지하기 위해서는 시공 순서나 공법 상의 인터페이스에도 각별한 주의가 필요하다. 그래서 접지, 노반하부의 선로횡단시설, 터널 내 H형강, 케이블 트로프 및 핸드홀 등은 토목 관련 전기설비로 분류하여 토목공사를 시행할 때 동시에 시행될 수 있도록 토목과 전기분야가 상호 협조하여 건설하고 있다.

또한, 토공구간의 전주기초도 필요한 부분만을 장비를 사용하여 천공하고, 그 공간을 콘크리트를 사용하여 메우는 방법을 사용하여 불필요한 터파기나 다짐이 제대로 이루어지지 않은 개소가 발생하지 않도록 하고 있다.

3.8 궤도

레일과 그 부속품, 침목 및 도상(Ballast)을 총칭하여 궤도(Track)라고 한다.

가. 레일(rail)

레일은 열차 하중을 침목과 도상에 전달하여 주행저항이 적어지고 안전운행이 가능하도록 하는 기능을 가진 것으로서, 표준 길이(정척레일)는 25m이고, 정척레일보다 긴 25~200m인 레일은 장척레일, 정척레일 8개 이상을 용접하여 만든 200m 이상은 장대레일(고속철도에서는 테르밋용접으로 200m의 장대레일을 제작), 정척레일보다 짧은 5~25m의 레일은 단척레일이라고 한다.

또한, 단위길이(m) 당 중량에 따라 60kg/m, 50kg/m, 40kg/m, 30kg/m 레일이 속도에 따라서 사용되고 있으며 200km/h 이상에서는 60kg/m 레일을 사용하고 있어 우리나라의 대부분은 60kg 레일이다. 또한, 레일은 수직력, 횡압력(측면), 축방향력(길이 방향)이 동적으로 작용하므로 이에 견딜 수 있어야 한다. 그래서 재질은 철에 탄소 외에 규소, 망간, 인, 유황 등을 추가하여 제작되고 있으며, 탄소함유량에 따라 그 성질이 많이 차이가 나게 된다.

레일의 온도에 따른 신축을 처리하기 위해 이음매부에 두는 간격을 유간이라 하며, 그 간격은 온도변화 범위, 레일의 선팽창계수, 레일 길이에 따른 레일의 신축량을 $e = L \cdot \beta \cdot \Delta t$, β : 선팽착계수, Δt = 최대온도 – 최소온도 식에 의해 계산하여 결정한다.

그리고, 이 레일을 침목위의 소정의 위치에 고정시켜서 레일의 상하 좌우, 종 방향의 하중, 작용력, 회전력, 충격, 진동 등으로부터 레일이 받는 힘을 차단하는 역할을 하는 것을 레일 체결장치(Rail Fastening Device)라고 부르며, 못, 스프링 등의 여러가지 형태의 것이 사용되고 있다.

이러한 레일이 구비해야 할 조건은 다음과 같다.
① 열차 충격하중에 견디는 재료로 구성될 것
② 열차하중을 시공기면 이외의 노반에 균등히 전달할 수 있을 것
③ 열차의 동요, 진동이 적고 승차감 좋게 주행가능 할 것
④ 유지보수가 용이할 것
⑤ 궤도의 틀림이 적고 열화진행이 완만할 것 등이다

나. 침목(sleeper)

레일을 소정의 위치에 고정시키고, 레일을 통해 전달되는 하중을 도상에 넓게 분포시키는 역할을 하는 것으로서, 사용되는 장소에 따라 보통침목, 분기침목, 교량침목으로 구분하고, 만드는 재질에 따라서는 목침목, PC침목으로 구분할 수 있다.

이러한 침목이 갖추어야 할 조건은 다음과 같다.
① 레일과의 견고한 체결에 적당하고 열차하중을 지지할 수 있을 것
② 강인하고 내충격성, 완충성이 있을 것
③ 아랫부분 면적이 넓고 도상 다지기 작업이 편리할 것
④ 도상저항(침목의 종, 횡 이동에 대한 저항)이 클 것
⑤ 재료구입이 용이하고 가격이 저렴할 것
⑥ 취급이 간편하고 내구연한이 길 것

1) 목침목

초기에 많이 사용되어졌던 나무로 된 침목은 수명을 연장시키기 위해 방부처리를 하여 사용한다. 이 방부처리에는 크레오소트 50%에 중유 50%를 혼합한 기름을 사용하며, 나무는 6개월~1년간 야적하여 완전히 건조시킨 후에 Bethell법, Lowry법, Rueping법, Boulton법 등으로 가압 주유하여 방부처리를 하며, 주약 이전에 침목 표면에 자상을 내어 주입효과를 높이고, 레일을 고정하기 위한 레일 못의 위치에 예비천공을 하여 그 주변의 주입도를 높이는 방법을 사용한다. 이러한 목 침목의 장단점은 다음과 같다.

가) 장점
① 레일의 체결이 용이하고 가공이 편리하다.
② 탄성이 풍부해 완충성이 크다.
③ 보수와 교환작업이 용이하다.
④ 전기 절연도가 높다.(요즈음은 PC도 절연파이프 사용 절연)

나) 단점
① 자연부식으로 내구 년 한이 비교적 짧다.
② 하중에 의한 기계적 손상을 받기 쉽다.
③ 증기기관차의 경우 화상과 손상의 우려가 있다.
④ 충해를 받기 쉬우며 주약하여 사용해야 한다.
⑤ 갈라지기 쉽다.

2) 콘크리트 침목

콘크리트를 타설하여 형태를 만들어 낸 침목으로서 제조방법에 따라서 RC(Reinforce Concrete : 철근콘크리트)와 PC(Prestress Concrete) 침목이 있다.

PC 침목은 Prestress의 시행 시기에 따라 프리텐션 방식과 포스트텐션 방식이 있으며, Pretension 방식은 침목 틀(Abutment)에 PC 강선을 병력(병렬로 힘을 가함)으로 소정의 인장력을 준 상태에서 콘크리트를 넣고 경화한 후에 콘크리트 외측의 강선을 절단하여 PC 강선과 콘크리트와의 부착력에 의해 침목에 작용압축응력을 견디도록 하는 방법으로서 우리나라에서 많이 사용하고 있다.

Post-tension 방식은 PC 강선이 콘크리트에 부착되지 않도록 한 후 콘크리트를 경화시키고 PC강 봉에 인장력을 주는 방법으로서, PC강 봉 끝 부분에 정착장치가 필요하며, 압축응력을 시행한 후에 PC강 봉과 콘크리트 사이의 틈새에는 시멘트 페이스트를 주입시켜 부착력이 작용토록 한다.

이 중에서 우리가 많이 사용하는 PC 침목의 특징과 부설 시의 주의 사항은 다음과 같다.

가) 특징
① 설계하중에 대해 완전히 균열을 방지시킬 수 있으며, 최대하중으로 균열이 발생해도 PC 탄성한계 내에서는 실용상 지장이 없다.
② RC 침목보다 단면이 적어 자중이 적고 재료절약이 가능하다.
③ 수입 목 침목에 비해 가격에 큰 차이가 없다.
④ 목 침목보다 중량이 커서 안전도가 높다.

나) PC 침목 부설 시의 유의사항
① 콘크리트가 파손되거나 응력 이완이 일어나지 않도록 주의하고 특히 1m 이상 높이에서 떨어뜨리지 말 것.
② PC침목 부설 시에는 목침목과 혼용해서는 안되며, PC 침목만을 몰아서 부설해야 한다.
③ 급 곡선용으로 특별히 제작하지 않은 PC 침목은 R=600m 이상의 곡선에만 부설해야 하며, 만일 600R 미만의 곡선에 부설 시에는 침목의 횡 저항력 강화에 유의해야 하고, 특히 도상 보강을 해야 한다.
④ PC 침목 운송 시에는 반드시 상당한 크기의 목재 받침목을 사용하여 손상, 편압, 이상 응력 등의 발생을 방지할 필요가 있다.

다) 콘크리트 침목의 장단점
콘크리트 침목의 장단점은 아래와 같다.

  a) 장점
① 부식의 염려가 없고 내구연한이 길다.
② 자중이 커서 안정력이 높으므로 궤도틀림이 적다.
③ 기상(氣象)작용에 대한 저항력이 크다.
④ 보수비가 적어 경제적이다.

  b) 단점
① 중량이 무거워 취급이 곤란하고 부분 파손이 발생되기 쉽다.
② 레일체결이 복잡하고 균열발생 염려가 크다.
③ 충격력에 약하고 탄성이 부족하다.
④ 전기절연성이 목침목보다 부족하다. 그래서 경부고속철도와 같이 가청 주파수수(AF)방식의 궤도회로를 사용하는 경우에는, 그 절연성 확보가 매우 중요하므로 제작 전 철근의 절연 등에 대해 신호분야와의 협의가 꼭 필요하다.
⑤ 인력 다지기를 할 때 침목에 대한 손상이 우려 된다.

3) 침목의 치수(길이×폭×두께 mm)

침목은 사용 장소와 재료에 따라 다음과 같은 치수를 사용하고 있다.

가) 목 침목

① 보통 침목 : 2500×240×150

② 이음매 침목 : 2500×300×150

③ 분기 침목 : 2800(3100, 34000, 3700, 4000, 4300, 4600)×240×150

④ 교량 침목 : 3000×230×230

나) PC 침목

2400×283×190의 크기를 주로 사용하고 있으며, 설계조건은 다음과 같다.

① 레일압력 : 9,000(kg/cm²)

② PC 강선 : φ2.9mm×2 연선 ×20개

③ 초기인장력 : 40,000±600(kg)

④ 유효인장력 : 32,000(kg)

다) RC 침목(Reinforce Concrete Tie)

RC 침목은 2,516×223×145의 크기를 주로 사용하며 탄성 부족으로 소음과 충격이 커서 별도의 방진설비가 필요하다는 단점이 있다.

다. 도상

도상은 레일 및 침목으로부터 전달되는 열차하중을 넓게 분산시켜 노반에 전달하고 침목을 종이나 횡 방향으로 움직이지 않도록 소정의 위치에 고정시키는 역할을 하는 것으로서 그 재료로는 깬 자갈과 콘크리트를 사용한다.

1) 역할 및 요구조건

① 레일 및 침목으로부터 전달되는 하중을 널리 노반에 전달한다.

② 침목을 탄성적으로 지지하고 충격력을 완화하여 선로의 파괴를 경감시키고 승차감을 향상시킨다.

③ 침목을 소정 위치에 고정시키기 위해 경질이며 수평마찰력(도상저항)이 커야한다.

④ 궤도 틀림정정 및 침목갱환작업이 용이하고 재료공급이 용이하여 경제적이어야 한다.

2) 도상재료의 구비조건

① 경질로서 충격과 마찰에 강할 것.

② 단위중량이 크고 모서리각이 풍부하고 입자간 마찰력이 클 것.

③ 입도가 적정하고 도상작업이 용이할 것.

④ 점토 및 불순물의 혼입률이 적고 배수가 양호할 것.
⑤ 동상 및 풍화에 강하고 잡초 육성을 방지할 것.
⑥ 대량생산이 가능하고 값이 쌀 것.

3) 도상재료의 종류

자갈도상은 화강암, 안산암 등을 분쇄하여 직경이 10~70㎜ 정도인 것을 사용하며, 자연형태의 친 자갈 및 막 자갈을 사용하기도 한다.

또한, Slag나 석탄재는 조달이 곤란하며 능각이 너무 커서 손상이 크므로 제철소 등과 같이 특수한 일부 개소에서만 사용한다.

4) 도상두께의 결정 요인

① 열차하중의 크기, 속도, 통과 톤 수, 등급에 따라 다르다.
② 침목 하면에서 시공기면까지는 15~30cm가 적당하다.
③ 도상자갈의 구배는 열차진동과 안식각을 고려하여 1:1.0~1:2 정도로 한다.
④ 다지기작업, 보수작업, 궤도강도 등을 고려하여 결정한다.
⑤ 침목의 형상, 치수, 침목 간격, 도상재료의 하중분산성, 노반의 지지력 등을 고려하여 결정한다.

5) 보조도상

수송량이 큰 선로에서는 도상의 두께를 크게 하여 노반의 지지력 확보와 도상의 압력을 노반에 균등하게 분포시키기 위해서, 또는 연안노반, 습지 등에서 배수를 충분히 하게 하기 위해 도상 하부에 두께 20~30㎜의 두께로 콘크리트를 치거나, 자갈, 석탄재, 호박돌 등을 포설하는 경우가 있다. 이러한 하부 층을 보조도상, 상부 층을 상층 도상이라 하며, 이 같은 구성법을 2층 도상 구성 방법이라고 한다.

6) 콘크리트 도상

보수작업이 불편한 지하철도와 장대터널, 건널목 등에 주로 사용되어 왔으며, 초기 투자비는 많지만 콘크리트 도상이 유지보수비를 감안하면 자갈도상보다 더 경제적일 수도 있다. 그래서, 궤도의 잦은 유지보수 없이도 양호한 승차감을 얻을 수 있는 등 그 효과가 자갈도상에 비해 월등하고 보수주기를 연장하고 고강도 도상으로 하기가 쉽다는 측면에서 요즈음에는 도시철도 및 고속철도에서 많이 채용되어지고 있다.

또한, 자갈도상이 터널, 교량등과 자주 접하는 구조물의 경우에는 어프로치 블럭 구간의 설치가 잦아져서 시공에 어려움이 발생하므로 콘크리트궤도를 사용하는 경우가 많이 있다.

이러한 콘크리트 도상의 장단점은 다음과 같다.

가) 장점
 ① 도상 다짐이 불필요하여 보수 노력이 경감된다.
 ② 배수가 양호해 동상이 없고 잡초발생이 없다.
 ③ 도상의 진동과 차량 동요가 적어 승객 안정성과 승차감이 양호하다.
 ④ 궤도의 세척과 청소가 용이하다.
 ⑤ 궤도틀림의 진행이 적다.
 ⑥ 궤도의 횡방향 안전성의 개선(도상의 고강도 확보)이 가능하다.
 ⑦ 궤도의 강도가 향상되어 장대구간으로 확대가 가능하다.
 ⑧ 자갈도상에 비해 두께가 낮아 구조물 규모를 줄일 수 있다.
 ⑨ 차량 탈선 시에 궤도의 피해를 줄일 수 있다.
 ⑩ 역구내의 청결유지 및 환경개선이 가능하다.

나) 단점
 ① 궤도의 탄성이 적어 소음과 충격이 크다.
 ② 시공기간이 길어 건설비가 높다.
 ③ 레일이 파상 마모될 우려가 있다.
 ④ 레일 이음매부의 손상, 침목갱환, 도상 파손 시에 수선이 곤란하다.
 ⑤ 장래 선로변경에 대한 융통성이 없다.
 ⑥ 수명이 다했을 경우 막대한 갱환비용이 소요된다.
 ⑦ 탄성부족으로 소음과 충격이 커서 별도의 방진설비가 필요하다.

다) 시공 순서
 일반적인 경우는 다음과 같은 순서에 의해 시공한다.

 기준점 측량 → 궤도장비 반입 → 레일반입 → 레일을 가스용접으로 장대레일 제작 → 장대레일 운반 배열 → 침목운반 배열 → 궤광 조립 → 거푸집 설치 → 선형 조정 → 궤도검측(시공측량) → 콘크리트 타설 → 선형 최종점검 → 테르밋 용접 → 뒷정리

 경부고속철도의 경우에는 AF궤도회로를 사용하는 신호와의 인터페이스 등을 고려하여 다음과 같은 순서로 시행하였다.

 기준점 측량 → 하부층 거푸집 및 철근조립 → 철근 절연(신호와의 간섭배제) → 임피던스 측정 → 콘크리트 타설 → 침목 배열 → 임시궤광 조립 → 상부층 거푸집 및 철근조립 → 철근 절연(신호와의 간섭배제) → 임피던스 측정 → 상부층 콘크리트 타설 → 장대레일 운반(25m 정척 10개를 공장에서 용접하여 250m의 장대레일을 만들고 장물차를 이용하여 운반) → 레일 체결 → 현장 용접(테르밋용접) → 측정 및 연마 → 뒷정리

라. 분기기(Turn-Out)

열차 또는 차량을 한 궤도에서 다른 궤도로 전환시키기 위하여 궤도 상에 설치한 설비를 선로전환기, 전철기 또는 분기기라 하며, 아래 그림과 같이 첨단(Tongue-Rail)부 그리고 포인트(Point)부라고 불리는 제일 끝 부분과 크로싱(Crossing or Frog)부, 리드(Lead)부로 구성이 되어 있다.

또한, 주요 부재로는 분기기의 첨단부인 텅레일과 크로싱 및 가드레일이 있다.

한편, 이 첨단부를 움직이기 위한 동력장치와 연결부들을 분기기와 구분하여 선로전환기 또는 전철기(Point Machine)라고 부르기도 한다.

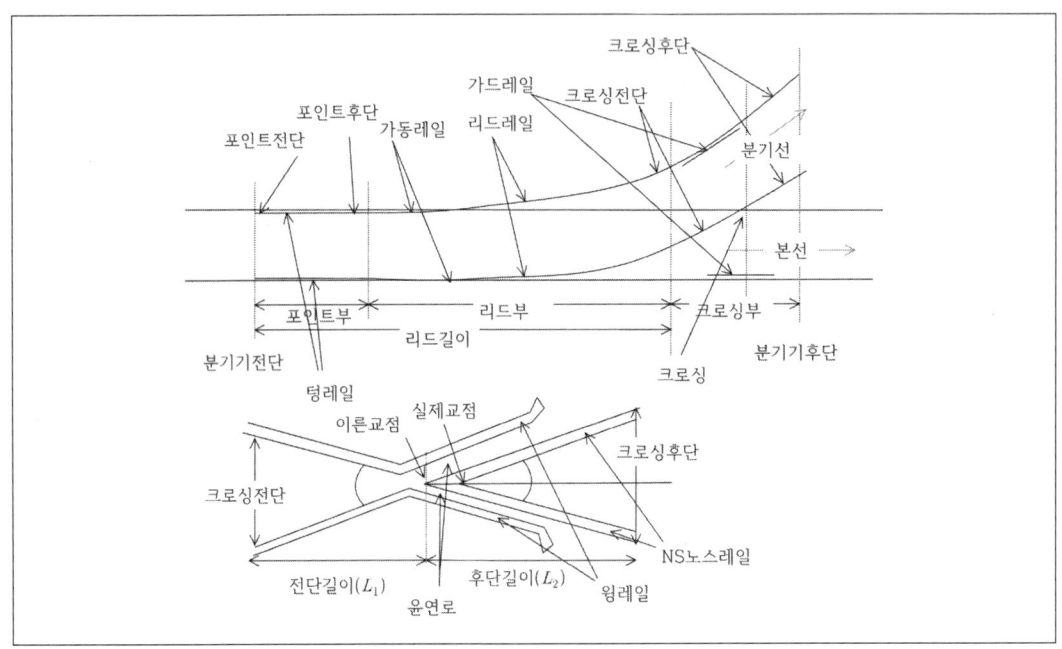

[분기기의 각 부분 명칭]

1) 분기기에서 사용되는 용어

가) 대향 : 열차가 분기기를 통과할 때 포인트에서 크로싱 방향 즉 분기기 전단에서 후단으로 진입할 때이며 속도가 제한되기도 한다.

나) 배향 : 열차가 분기기를 통과할 때 크로싱에서 포인트 방향으로 진입할 때이며 대항보다는 안전하고 위험도가 적어서 허용 운전속도가 높다.

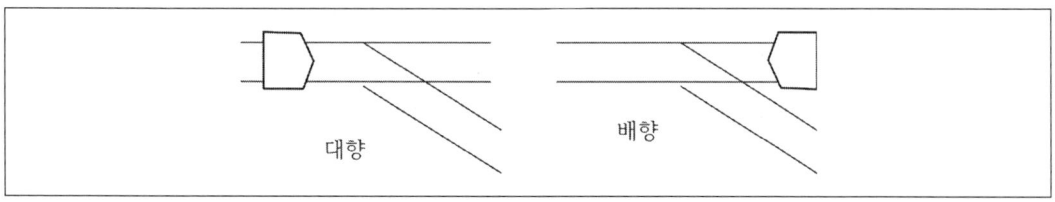

[대항과 배향]

다) 정위 : 항시 개통되어 있는 방향
라) 반위 : 반대로 개통되어 있는 방향
마) 직선텅레일 ; 열차가 진입할 때 기본레일과 텅레일 사이에 입사각이 형성되어 있는 텅레일
바) 곡선텅레일 ; 기본레일과 텅레일 사이에 입사각이 없어서 열차진동의 감소 효과가 있다.
사) 분기기 전단 : 분기기의 포인트 앞부분
아) 분기기 후단 : 분기기의 포인트 뒷부분
자) 이선진입 : 열차 또는 차량이 진입할 정당한 선로로 가지 않고, 장애나 기타 조건으로 다른 방향의 선로로 진입하는 것.
차) 백 게이지 : 크로싱 노스 레일과 주 레일 내측에 부설되어 있는 가드레일과의 거리 (1390~1396㎜)를 말한다.
아) 가드레일 : 차량이 대항분기를 통과할 때 크로싱의 결선부에서 차륜의 후렌지가 다른 방향으로 진입하거나, 크로싱 노스의 단부를 손상시키는 것을 방지하며, 분기 결선부를 차량이 통과할 때 탈선을 방지하고, 차륜을 안전하게 유도하기 위하여 반대 측의 주 레일에 부설하는 레일을 말한다.

2) 분기기의 종류

가) 배선에 의한 종류
① 편개(片開)분기기 : 가장 일반적인 기본형으로 직선에서 적당한 각도로 좌우 어느 한 쪽으로 분기되는 분기기
② 분개(전분)분기기 : 배선에 의한 분기기 중에서 구내의 배선 상 좌우 임의의 각도로 분기 각을 서로 다르게 하는 것(4 또는 3:7 등의 임의 각도로 분기)
③ 양개분기기 : 직선 궤도로부터 좌우로 같은 각도로 분기하는 것
④ 곡선분기기 : 기준선이 곡선인 개소에 설치되는 분기기
  Ⓐ 내방분기기 : 곡선궤도에서 분기기를 곡선 내측으로 분기시킨 것
  Ⓑ 외방분기기 : 곡선궤도에서 분기기를 곡선 외측으로 분기시킨 것

⑤ 복분기기 : 하나의 궤도에서 2개 이상의 궤도로 분기한 것
⑥ 3지 분기기 : 직선 기준선을 중심으로 동일 개소에서 좌우 대칭 3선으로 분기시킨 것으로 회차를 하는 조차장 등에서 많이 사용된다.
⑦ 시서스분기(SCO : Scissors Crossing Over) : 가위 모양의 분기기
⑧ 좌(左) 분기기 : 분기기 전단에서 봤을 때 기본선에서 좌측으로 굴곡된 분기기

나) 교차에 의한 종류
① 다이아몬드 크로싱 : 두 선로가 평면 교차하는 개소에 사용하는 크로싱으로 직각 또는 사각으로 교차한다.
② 한쪽 건늠 교차(Single Slip Switch) : 다이아몬드 크로싱 내에서 좌 또는 우측의 한쪽으로만 건넘선을 한 것으로 이 건넘선을 이용하여 다른 궤도로 진입할 수 있게 되어 있다.
③ 양쪽 건늠 교차(Double Slip Switch) : 2개의 사각 다이아몬드 크로싱을 사용하여 다이아몬드 크로싱에서 좌, 우측 양쪽으로 건넘선을 설치하여 어느 쪽 궤도로나 진입할 수 있도록 한 것.

다) 특수용 분기기
① 승월 분기기 : 분기선이 본선에 비하여 중요하지 않거나 사용 횟수가 적은 경우에 기본선에는 텅레일 크로싱이 없고 보통 주행레일로 구성된 편개 분기기로 분기선 외측의 차륜은 결선이 없는 주행 레일위로 넘어가게 되어 있다
② 천이분기기 : 승월 분기기와 비슷하나 분기선을 배향 통과시키지 않는 것
③ 탈선분기기 : 단선구간에서 신호기를 오인하는 경우 운전보안 상 중요한 사고가 예측되는 경우에 고의로 탈선시켜 대향 열차 또는 구내 진입 시에 유치 열차와의 충돌을 방지하기 위해 사용하는 분기기
④ 간트레트 궤도(Gantlet Track) : 복선 중의 일부 짧은 구간에서 한쪽 선로가 공사 등으로 장애가 있을 때 사용하는 것으로 포인트 없이 2선으로 크로싱과 연결선으로 되어 있는 특수선

라) 구조상의 분류
① 수동식 : 가동하는 첨단선로와 연결된 손잡이가 있어 이것을 손으로 돌리면 전환이 되는 형태로서 화살꼬리날개를 세워둔 형태의 표지전철기와 역기의 반쪽을 넘기는 형태의 추병 전철기가 있으며 자주 사용하지 않는 측선 등에서만 사용한다.
② 동력식 : 전철기를 동작시키는 동력으로 공기압을 이용하는 전공식과 전동기의 힘을 이용하는 전기식이 있으며, 한 장소에서 일괄조작이 가능하므로 능률적이고 안전도가 높아서 현재는 대부분의 역에서 사용되고 있다.

마) 형태에 따른 분류

분기기의 대표적인 형태는 일반 분기기와 노즈 가동 분기기 이렇게 두 가지의 종류가 있다. 이 두 분기기의 장단점을 정리해 보면 아래 표와 같다.

[일반 분기기와 노즈 가동 분기기의 장단점]

항 목	일반 분기기	노즈 가동 분기기 (경부고속선 시공구간 기준)
가격	저렴하다	비싸다
승차감	나쁘다(충격발생)	좋다(충격이 없음)
유지보수	비교적 간단하다	비교적 복잡하고 까다롭다
차량통과 시 소음	크다	거의 들리지 않는다
차량통과 속도	약 30~45km/h	약 170km/h
시공된 장소	일반철도 구간 일반철도 고속화 구간	KTX 전용 고속선

분기기의 길이는 종류에 따라 다르나 대개 일반이 75m, 고속선 기준 가동분기기가 240m 정도이며, 다른 고속화 구간은 이보다 짧은 경우도 있다.

노즈 가동분기기는 노즈를 같이 좌우로 가동시켜 노즈의 끝을 윙레일(날개레일)의 양측 면에 밀착시킴으로서 결선부분을 없애 원활한 차량이동을 가능하게 만든 분기기로서, 예를 들면 직진으로 진로가 개통되면 노즈(코)가 좌측으로 붙어 있지만, 만약 우측방향으로 진로가 개통 되어있다면, 노즈 부분이 우측으로 붙게 된다. 이처럼 노즈 가동 분기기는 위에 일반 분기기와는 다르게 처음부터 끝까지 끊긴 곳 없이 하나로 이어지게 되어 있어 승차감 향상과 통과 속도를 향상시킨 것으로 고속용으로 많이 사용되고 있다.

3) 분기기의 번호

분기되는 크로싱의 번호는 그 분기기의 크기를 표시하는 것으로서, 아래 그림과 같이 분기 크로싱의 횡거와 종거의 비율(번호 $= \dfrac{X}{Y}$)에 따른다.

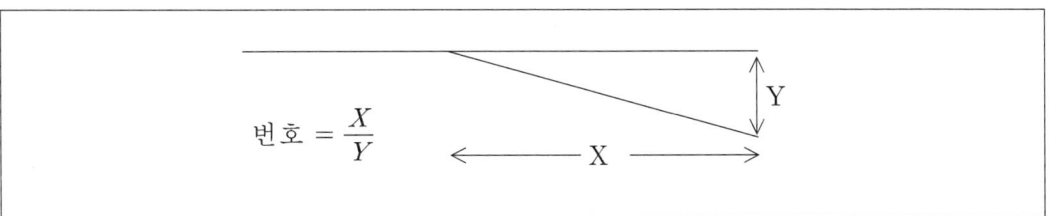

[분기기 번호]

제 3장
전기철도에서의 전기설비

앞 장에서 전기분야 이외의 분야를 설명했으니 이 장에서는 철도에서 전기설비라고 하는 전철전력, 신호제어, 정보통신설비에 대한 설명을 하고자 한다.

각 설비별로 어떠한 설비를 가지고 있으며 내용은 무엇인지에 대해서 과거에 가지고 있던 그림이 포함된 설명자료를 이용하여 좀 더 상세히 설명하고자 한다.

# 개요

전기철도에서 전기설비라고 하면 대개 전철전력(Power Supply) 분야와 정보통신(Communication and Information) 분야 그리고 신호제어(Signal) 분야를 총칭하는 것으로 이 설비들은 전기철도의 안전운행을 위한 중요한 핵심기술로 자리매김하고 있다. 또한, 이 설비들은 독립적인 기술 분야이기도 하지만 상호 보완적이기도 하다.

예를 들면, 전철전력분야의 각종 센서나 SCADA System, 보호계전기들은 전자공학 특히 전력전자의 발전에 따라 더 Compact하고 유지보수성이 좋으며 사전 보수가 가능한 시스템으로 발전해 가고 있으며, 정보통신의 무선통신분야는 신호분야에서도 무선통신을 기반으로 한 신호시스템이 거의 모든 국가에서 새로운 신호시스템으로 자리매김해 가고 있어 이 세 분야의 기술은 상호 보완적으로 발전해 가고 있다.

또한, 전차선설비와 신호설비, 궤도설비는 타 분야에는 없는 철도만의 고유한 기술영역이므로 대개 이 세 분야를 "철도의 꽃"이라고 부르기도 하며, 철도 선진국들의 기술적인 노하우가 집적된 설비이기도 하다. 이들 각 분야에 대한 용어와 내용을 좀 더 상세히 살펴보기로 하자.

1.1 전철전력설비(Power Supply System)

전철전력설비는 전기철도의 동력원이 되는 전기를 전기 차에 공급하는 것과 그 외에 열차운행에 필요한 부대전력을 공급해주는 설비들을 지칭하는 것으로서 첫 번째 구성요소인 전차선로설비(Catenary System)는 전기차에 있는 판타그래프를 통해 전력을 공급해 주기위해 선로 변을 따라 건설되어져 있는 설비들을 총칭하는 것으로서 다른 부하설비에는 없는 철도만이 가지고 있는 고유한 전력공급 설비인 동시에 이처럼 운행되는 차량에 전기를 끊임없이 안정적으로 공급하는 기술은 각 나라만의 전기철도 핵심기술로 자리매김하고 있다.

그 외에, 전력을 생산 판매하는 한국전력으로부터 전기를 공급받아 전기철도에 적합한 전압으로 변성하여 공급하기 위한 송변전(Substation and Transmission) 설비, 그리고 차량 이외의 전기철도 운행에 필요한 역사 및 각종 기계실, 터널 조명 등의 부하에 전력을 공급하기 위한 배전(Power Distribution) 설비, 그리고 이 모든 전기설비들을 한 곳에서 제어하고 관리하기 위한 원격제어설비(SCADA System)라는 3개의 설비를 포함하여 총 4가지 종류의 설비종류의 설비로 이루어져 있다.

그 개요와 용어에 대한 설명은 뒤에서 차례대로 설명하겠다.

1.2 정보통신설비(Communication and Information System)

유선과 무선통신설비, 역 통신설비를 총괄하여 정보통신설비라고 한다.

가. 유선통신설비

장거리 철도통신의 전화, 전산 및 제어회선 등에 양질의 통신회선을 제공하기 위한 동케이블 및 광케이블과 관로(외관, 내관) 등의 설비를 칭하는 통신선로와 전송 매체인 광 또는 동 케이블에서 전기나 광으로 된 신호를 받아 음성, 데이터 등 적절한 신호로 변환하여 사람 또는 각종 장비에 DATA를 제공하기 위한 설비로서 음성 및 데이터 등을 고속·고품질의 초고속 통신에 필요한 신호로 변환하여 단말장치에 제공해 주기 위한 전송설비와 철도수송업무의 원활한 수행을 위해 설치한 자가 전기통신설비로 전화 통화, FAX 및 DATA를 교환하기 위한 설비 및 회선교환방식을 이용하여 통화시간 동안 일정한 통화를 국선과 내선 간 또는 상호 간에 할당하여 Line으로 연결된 가입자 간에 신속하고 정확한 음성교환을 제공하기 위한 사설교환설비(PBX : Private Branch Exchange)인 자동전화교환설비 등 인체의 신경망과도 같은 것이 이 유선통신설비이며 그 계통도는 아래 그림과 같다.

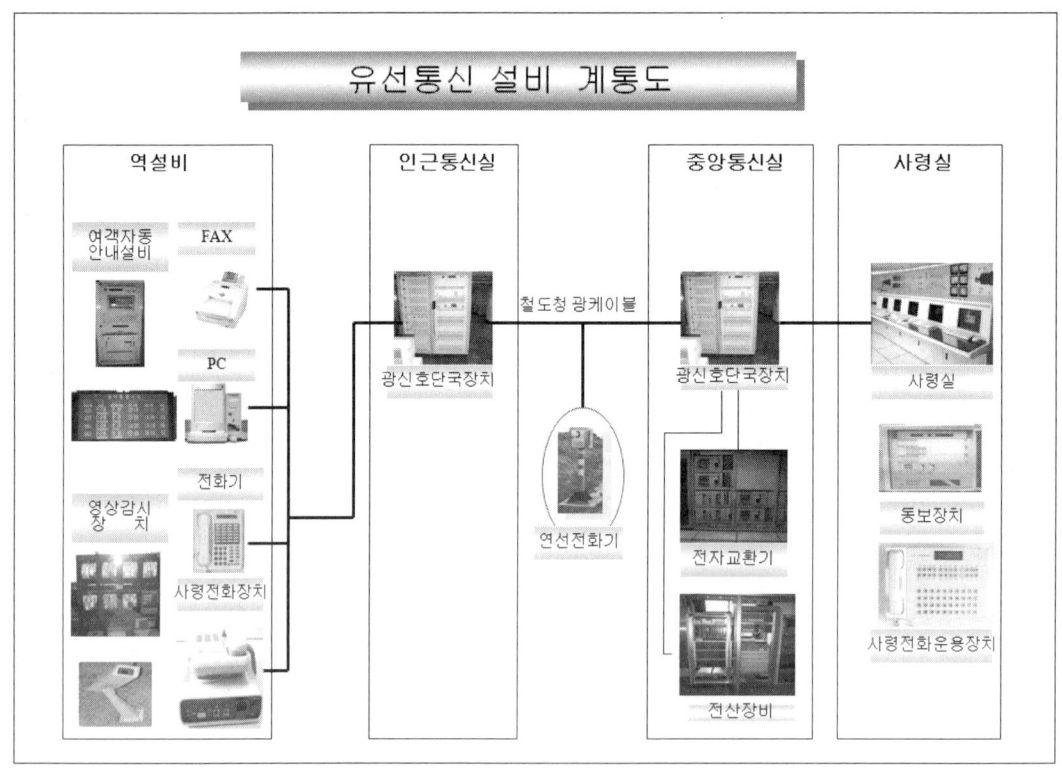

나. 무선통신설비

달리는 열차와 지상의 역, 사령실, 기계실 등과 유지보수자 간의 통신은 유선으로는 할 수 없으므로, 안테나를 이용하여 무선으로 차량과 기지국과 이동국 간의 상호정보를 무선으로 주고받을 수 있도록 만든 설비이다.

이와 같은 무선통신설비는 철도에서는 종전에는 VHF를 사용한 무선통신방식을 사용하였으나, 요즈음은 철도뿐 아니라 경찰, 소방 등의 기관들도 800MHz 대역의 무선통신 주파수를 사용하면서 여러 사람이 동시에 동일주파수 대역을 사용하기 위한 다양한 방식들을 사용하고 있으며 철도에서는 TRS(Trunked Radio system)이라고 하는 방식을 사용하고 있다.

또한, 음영지역이 없도록 하기 위해서 필요한 개소마다 안테나설비와 중계설비를 갖추고 있으며 전파 송출이 어려운 터널에서는 특수 제작된 누설 동축케이블(LCX(Leakage Coaxial) Cable)을 설치하여 전파의 송·수신을 하고 있다. 무선통신설비의 계통도는 아래 그림과 같다.

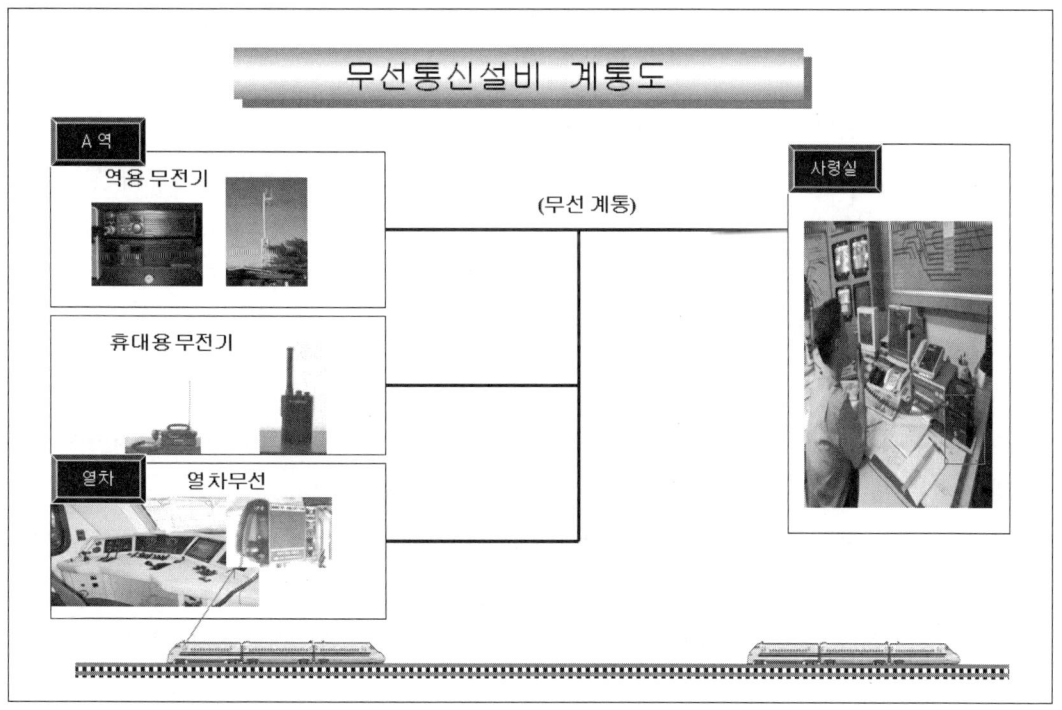

다. 역 통신설비

역에 설치하여 차표의 판매, 개·집표, 열차 운행 안내 등을 이용자에게 편리하게 제공하기 위한 설비들로서 다음과 같은 것들이 있다.

1) 여객 안내설비

각 역의 승강장 및 맞이방에 설치하여 승객에게 열차 운행에 관한 정보(열차의 접근, 도착, 출발, 행선지 등)를 제공하기 위한 설비로서 다음과 같은 것들을 포함한다.

가) 열차행선 주 제어 컴퓨터(HSE : Host System Equipment)

나) 행선안내 국부 역 컴퓨터(LSE : Local System Equipment) : HSE로부터 정보를 받아 홈 표시기에 정보를 전송한.다

다) 여객 자동안내(PIS : Passenger Information System) : 홈, 개집표구, 대합실, 역 출입구 등에 설치된 표시기에 각종 정보를 전송하여 여객에게 안내하도록 만든 장치

라) 홈 표시기(PI : Platform Indicator) : 홈에 설치하며, PIS와 연결되어 각종 여행정보를 표시하는 장치

마) 열차행선안내 장치(TDE : Train Destination Equipment) : PIS범주에 속하며, CTC에서 정보를 받아 HSE에서 가공하여 LSE로 전송하고 이를 표시기에 전달하여 Display 시켜주는 장치

바) 열차행선안내 표시기(TDI : Train Destination Indicator) : LSE에서 정보를 수신하여 각종정보를 여행자에게 Display 해주는 표시기

2) 자동안내방송설비(AAE : Automatic Announcement Equipment)

승강장 및 대합실에 있는 승객에게 열차 운행 등에 관한 정보를 제공하며, 상·하 행 승강장에서는 안내표시기의 정보조건에 따라 열차의 진입, 행선안내, 도착 안내, 열차 진입주의에 대한 정보가 사람이 아닌 기계자체에 내장된 음성정보를 이용하여 자동으로 방송되고 필요에 따라서는 역무실에서도 수동방송이 가능하도록 만든 설비.

3) 영상 감시장치

철도나 여객의 안전 확보를 위해 역이나 시설물의 중요 장소 등에 CCTV를 설치하여 이를 통해 사고를 방지하고자 하는 설비로 서 다음과 같은 것들이 있다.

가) 폐쇄회로 텔레비젼(CCTV : Closed Circuit Television) : 각 역의 주요 장비나 승객의 안전에 관련된 곳에 카메라를 설치하고 해당역의 승강장과 역무실에 설치되는 모니터로 감시하여 열차운행에 따른 승강장의 승객 승하차 감시 및 역무자동화설비에 대한 상황을 확인하고 신속하게 대처하기 위한 설비이다.

나) 데이타 송수신 장치(CODEC : Coder Decoder) : 현대의 전송설비는 모두 디지털 전송방식이므로 아날로그 방식인 영상신호를 디지털 신호로 바꾸어 전송하거나, 그 반대로 디지털을 아날로그로 바꾸는 기능을 가진 설비를 말한다.

4) 역무자동설비(Automatic Fare Collection)

수도권 전철구간에서 승차권의 발행과 개·집표를 자동화하여 수입금의 자동 회계처리 및 승차권 통계업무를 전산처리하는 장비로서 다음과 같은 것들이 있다.

가) 중앙전산처리장치(MFC : Main Frame Computer) : 선별 처리장치 및 역 단위 전산기를 제어하는 컴퓨터로서 역의 회계 관리 및 각종 통계자료를 생산하는 기기.

나) 선별처리장치(FSP : Front System Processor) : 역 단위 전산기와 중앙 전산기간의 데이터를 전송하는 기기

다) 역 단위 전산기(SACU : Station Accountancy And Control Unit) : 발권기, 발매기, 개·집표기를 제어하는 컴퓨터로서 역의 회계관리 및 각 장비별 운용 상태를 통제하고 선별 처리장치에 데이터를 전송하는 기기

라) 자동 발권기(TOM : Ticket Office Machine) : 승객이 사용하는 모든 종류의 수도권 전철 승차권을 역무원이 조작하여 발권하는 기기

마) 자동발매기(POM : Passenger Operated Machine) : 승객이 직접 주화를 투입한 후 운임 수준 버튼을 조작하여 수도권전철 승차권을 발매하는 기기

바) 자성 띠 승차권(MS : Magnetic Stripe) : 자성 띠에 개표, 집표, 금액 등을 판독 및 기록하는 승차권

사) 자동개·집표기(AG : Automatic Gate) : 승차권의 자성을 지닌 띠에 정보를 기록하고 판독하여 개·집표 구간의 승객 이동을 통제하는 기기

아) RF(Radio Frequency) 단말기 : 승객이 직접 신용(교통)카드를 이용하여 개·집표하는데 사용하는 장비

자) 카드 판독형(RF : Radio Frequency) 승차권 : 승객이 직접 신용카드를 이용하여 개·집표하는 방식으로서 비 접촉식 무선 고주파로 동작하여 개표, 집표, 금액 등의 정보를 판독, 기록 및 충전하는 카드형 승차권

라. 사령 전화설비 등 기타설비

1) 사령 전화설비

열차 운전 및 유지보수 등의 철도운영을 위한 설비로서 사령실의 각 사령원과 현장의 각 부서(역무실, 전기실, 변전실, 신호 계전기실 등)에 전용의 사령전화기를 설치하고 동시 통화방식 및 호출방식 등으로 이전화기를 이용하여 정보교환을 신속하고 정확하게 할 수 있도록 만든 설비이다.

2) 자동화재 탐지설비

역사 내 화재발생 시에 초기단계에서 화재발생을 자동으로 탐지하여 조기에 직원 및 승객에게 통보하여 생명과 신체 및 재산의 피해를 최소화할 수 있도록 하는 설비이다.

1.3 신호제어설비((Signal and Control System)

차량의 안전운행을 확보하기 위한 신호시스템인 열차 제어장치, 연동장치와 열차 집중제어장치 및 각종 안전설비를 총칭하는 설비이다.

가. 열차 제어장치(TCS : Train Control System)

열차를 안전하게 운행하도록 열차의 운행을 통제하기 위한 장치로서, 아래와 같은 여러 가지 제어장치 방식이 있다.

1) 자동폐색장치(ABS : Automatic Block System) : 역 구간을 여러 개의 궤도회로로 나누고, 열차에 의하여 자동으로 신호를 현시하게 함으로써 하나의 역 간에 여러 개의 열차를 안전하게 운행할 수 있도록 하는 장치
2) 열차자동제어장치(ATC : Automatic Train Control) : 열차 안전운행에 필요한 속도정보를 레일을 통하여 연속적으로 차량의 컴퓨터에 전송하여 허용속도를 표시하며, 운행속도가 허용속도 초과 시에는 자동으로 감속 제어하는 차상신호방식의 장치
3) 열차 자동 정지장치(ATS : Automatic Train Stop) : 기관사가 악천후(짙은 안개, 눈보라 등) 또는 졸음 등의 상황으로 신호를 무시하거나 정해진 속도를 초과하여 운행할 경우에는 5초 간 경보를 하고 자동으로 열차를 정지시키는 장치
4) 열차 자동운전장치(ATO : Automatic Train Operation) : 지상에서 열차의 운전조건을 차상으로 전송하여 열차의 출발, 정차, 출입문 개폐 등을 자동으로 동작토록 하여 기관사 없이도 운행할 수 있는 장치
5) 열차자동방호장치(ATP : Automatic Train Protection) : 열차운행에 필요한 각종 정보를 지상자를 통해 차량으로 전송하면 차량의 컴퓨터가 열차의 속도를 감시하다가 일정속도 이상을 초과하여 운행 시에는 자동으로 정지시키는 장치
6) 열차자동감시장치(ALS : Automatic Line Supervision) : 전방 궤도회로조건을 후방으로 전송하여 전방구간의 열차유무를 감시하는 장치

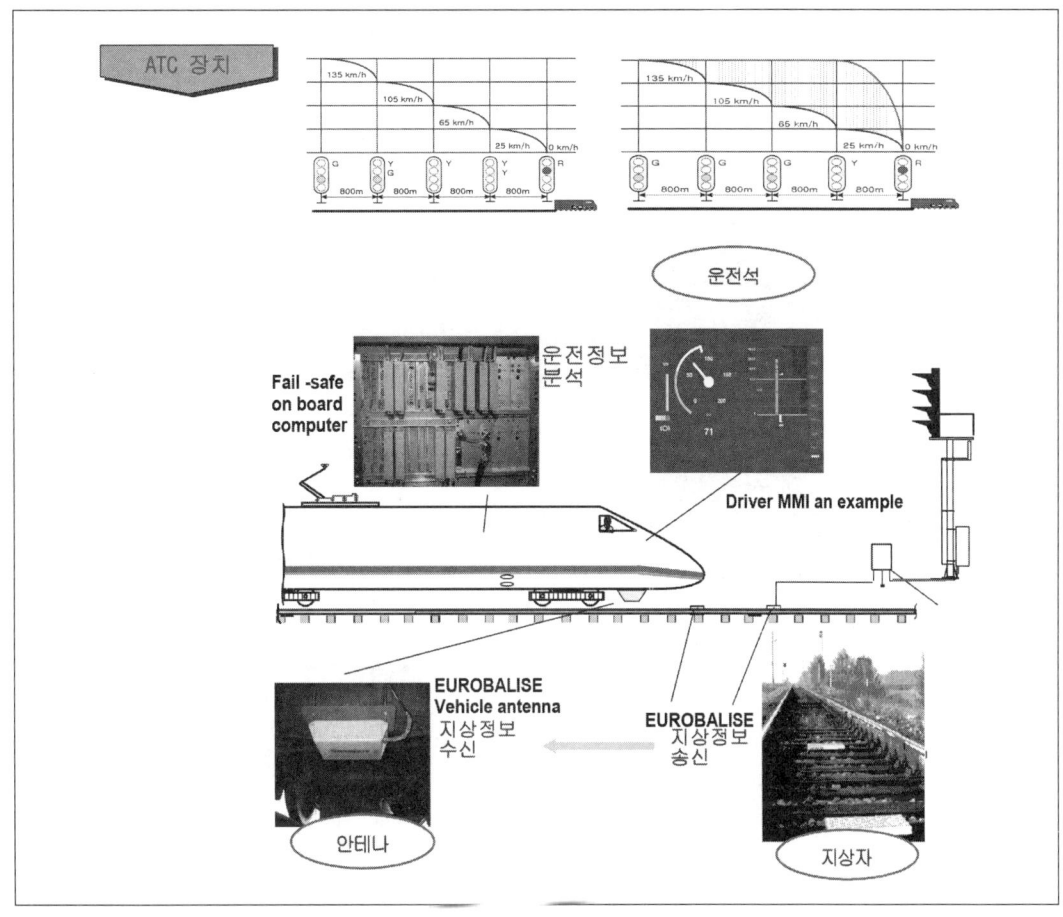

나. 열차집중제어장치(CTC : Centralized Traffic Control)

여러 역의 신호보안 장치를 한 장소인 중앙사령실에서 컴퓨터에 의해 집중 조작하여 열차를 일괄 제어 및 통제, 감시하는 장치로서 전 구간의 선로 상태를 표시하는 화면과 조작 판넬 등으로 구성된 컴퓨터 시스템이다.

※ 열차운행체제(TTC : Total Traffic Control System) : 여러 역의 열차운행, 여객업무, 운수업무 등 모든 정보를 한 장소에서 일괄 통제 감시하는 장치

우리나라의 경우 구로에 있는 종합사령실에서 전국의 모든 열차를 제어, 통제, 감시할 수 있도록 CTC장치가 설치되어 있으며, 혹시라도 이 설비에 장애가 발생되면 최소한의 백업이 가능하도록 철도운용기관인 코레일의 건물에 백업장치를 설치해 두고 있다.

이러한 CTC장치는 외국의 경우는 각 운영회사마다 별도의 사령실에다 이 장치를 설치하여 해당 구간의 열차 운행을 통제하고 있으며, 두 회사가 혼용 하는 구간의 경우에는 주 된 회사가 운영을 하거나 공동으로 운영하기도 한다.

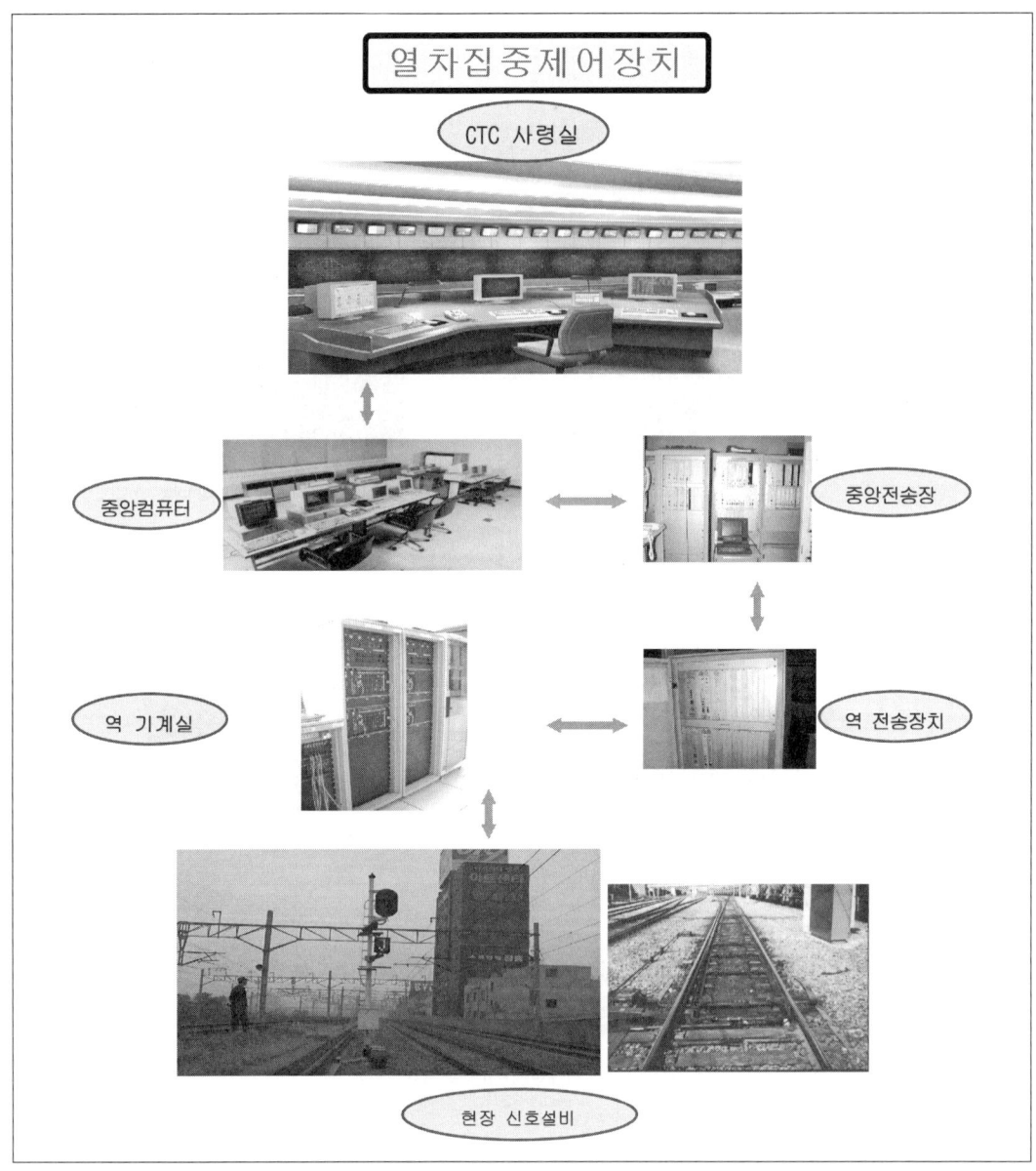

다. 연동장치(IXL : Interlocking System)

신호기, 선로전환기, 궤도회로 등의 열차운행 제어설비에 대한 제어 또는 조작을 일정한 순서에 따라 상호 연동시켜 열차를 안전하게 운행할 수 있도록 해 주는 장치로서 다음과 같은 것들이 있다.

1) 전기연동장치＝계전연동장치(RI : Relay Interlocking) : 궤도회로, 선로전환기, 신호기 등을 전기적으로 상호 연쇄하여 계전기를 전기적인 연동으로 동작시켜 열차를 안전하게 운행토록 하는 장치.

2) 전자연동장치(EI : Electronic Interlocking) : 기계실의 Logic 구성을 컴퓨터를 이용하여 전자식으로 구성하는 연동장치로서 각 나라마다 개발된 독자적인 시스템으로 불리운다
   가) SSI : Solid State Interlocking(영국, 프랑스 등)
   나) SIMIS : SIcheres MIkrocomputer System(독일)
   다) SMILE : Safe Multiprocessor Inter Locking Equipment(일본)
   라) EIP-I : Electronic Interlocking Processing System
3) 신호 원격제어장치(RCS : Remote Control System) : 소규모역의 운전 취급을 인접 역에서 원격으로 조작하는 장치

여기에 사용되는 설비용어들은 다음과 같이 설명할 수 있다.
1) 신호기(信號機, Signal) : 적색(R), 황색(Y), 녹색(G) 색깔에 의하여 신호를 현시하여 열차의 운행조건을 기관사에게 지시하는 기능을 하는 장치
2) 궤도회로(軌道回路, Track Circuit) : 레일에 전기적인 회로를 구성하여 열차 또는 차량의 점유 유무를 검지하는 설비로서, 열차 또는 차량에 의하여 궤도계전기를 제어하도록 하여 열차 또는 차량의 유무를 확인하며 열차에 이 정보를 전달한다.
3) 선로전환기(線路轉換器, Points Machine, Switch Point) : 열차 또는 차량을 한 궤도에서 다른 궤도로 연결 또는 이동시켜 열차가 진행하는 방향을 전환시키기 위하여 설치한 궤도상의 설비로서 분기기, 전철기라고 부르기도 한다.

라. 안전설비(Safety Device)

열차나 사람의 안전을 확보하기 위하여 설치된 시설물들을 말하며 초기에는 건널목과 같은 교차개소의 안전장치가 대부분이었으나, 고속 운행이 이루어지면서 열차의 안전운행확보를 위한 안전설비는 더욱 고도화되어 가고 있으며 그 종류도 늘어나는 추세이다

1) 철도건널목(Railroad Cross, Level Crossing) : 철도와 도로가 평면으로 교차하는 곳에 설치하여 통행하는 차량이나 보행자에게 일정시간 전에 열차의 접근을 알려주어 사고를 예방하는 안전장치로서 다음과 같은 것들이 있다.
   가) 건널목 경보기(Crossing Signal) : 열차의 접근을 건널목 통행자에게 알리고 통행정지를 예고하는 장치
   나) 건널목차단기(Crossing Barrier) : 열차 또는 차량이 건널목을 통과할 때 도로차량 및 통행자의 안전을 도모하기 위하여 건널목을 차단하는 장치
2) 궤도회로 기능감시장치(TLDS : Track-circuit Level Detection System) : 궤도회로의 기능을 한곳에서 집중감시하고 성능을 자동 분석하여 보수업무의 효율 향상과 열차의 정시 운전에 기여하도록 하며, 예방 보수가 가능하도록 하는 장치

3) 터널경보장치 : 터널 내 유지보수자들이 열차를 대피할 수 있도록 열차 진입을 사전에 경보해 주는 장치
4) 지장물 검지장치 : 선로에 지장물(낙석 등)이 침입할 우려가 있는 개소에는 검지장치를 설치하여 지장물이 침입한 경우 열차를 정지 또는 서행시키기 위한 장치로서, 지장물이 설치된 검지 선을 단선시키는 것을 이용하여 검지할 수 있도록 만든 장치
5) 차축온도 검지장치 : 차축의 베어링부분의 발열 여부를 측정하여 이를 운영자에게 통보해 줌으로서 베어링의 발열로 인해 차량에 이상이 발생하여 사고로 이어지지 않도록 사전에 유지보수를 하거나 서행하도록 하는 장치
6) 레일온도 검지장치 : 레일 온도가 허용온도 이상으로 상승하여 장출이 발생되지 않도록 사전에 경보해 주는 장치
7) 지진 검지장치 : 그동안은 지진발생을 기상청의 발표를 이용하여 지진이 발생된 지역을 통보 받아 열차를 서행 또는 정지시키는 방법을 사용해왔으나, 고속철도 건설 이후 지진에 따른 조치 시간의 단축을 위해 지진이 발생될 우려가 많은 개소에는 별도로 선로변에 지진 감시장치를 설치하여 기상청과 상호 정보를 교환하도록 하고 있다.
8) 기상 검지장치 : 선로 변에 풍속, 우량, 적설량 등을 파악할 수 있는 기상검측설비를 갖추고 정해진 값 이상인 경우에는 열차를 서행 또는 정지시키도록 하는 장치

# 2 전철전력설비(Power Supply System)

2.1 전기철도 전력설비의 특징

가. 전철화 방식

2014년을 기준으로 하여, 전철화한 나라는 세계에서 68개국이며, 전철화 km는 314,176km 이고, 전철화한 국가의 전체 영업 km는 1,075,237km로서 모든 전철화된 국가의 평균 전철화율은 29.2%이다. 또한, 비전철화 국가(Railway Gazette International 자료)는 64개국으로, 그 전체 영업 km는 77,262km이며, 이중에는 현재 재해 등의 복구나 선로의 개선이 필요 하여 사용되지 않는 철도도 있다. 또한, 과거 2년 간 전철화 km가 300km 이상 증가한 국가는 중국(9,747km 증가)과 인도(1,339km 증가)로서 모두 AC 25kV 방식이다.

그리고, 주된 전철화 방식은 아래의 3종류로 이 방식이 전체 전철화 km의 89.4%를 차지하고 있다.

1) 상용주파수 25kV 단상교류방식 : 166,540km(53.1%, 2010년 대비 11,578km 증가)
2) 직류 3kV 이상의 방식 : 72,201km (24.3%, 2010년 대비 213km 감소)
3) 상용주파수의 1/2 또는 1/3로 11~15kV인 방식 : 39,049km(12.4%, 2010년 대비 303km 증가)

또한, 2010년과 대비해 보면 직류방식은 감소하고 대신 상용주파 단상 교류방식은 많이 증가해 가고 있는 것을 알 수 있다.

5,000km 이상의 전철화 km를 보유한 국가 중에서 전철화율 40% 이상인 국가의 전철화율은 다음과 같다.

① 99% : 스위스 3,347km 전철화　　② 74% : 스웨덴 8,240km 전철화
③ 66% : 이탈리아 13,063km 전철화　④ 65% : 일본 17,152km 전철화
⑤ 62% : 폴란드 11,706km 전철화　　⑥ 61% : 스페인 9,657km 전철화
⑦ 54% : 중국 55,811km 전철화　　　⑧ 51% : 프랑스15,773km 전철화
⑨ 51% : 러시아 43,086km 전철화　　⑩ 50% : 독일 20,710km 전철화
⑪ 44% : 우크라이나 9,272km 전철화　⑫44% : 남아프리카 9,031km 전철화

우리나라의 경우 전체 철도가 3588km이고 전철화가 2454km로서 전철화율은 68.4%로 높지만 전체 철도 영업 km가 적어 위 순위에서는 제외되었다.

이러한 각 국의 전철화 방식을 종합하여 비교해 보면 아래 표와 같다.

[2014년 기준 주요국의 전철화 현황]

급전방식의 종류			km	%	주요 국가
직류	1500V 미만		4,517	1.4	영국, 스위스, 미국, 쿠바, 일본, 독일
	1500~3000V 미만		22,490	7.2	프랑스, 스위스, 아이랜드, 일본, 인도
	3000V 이상		76,201	24.2	구소련, 폴란드, 이탈리아, 북한, 스페인
단상교류	50 또는 60Hz	20kV 미만	470	0.1	미국, 독일
		20kV	3,841	1.3	일본
		25kV	166,539	53.1	인도, 프랑스, 중국, 한국, 독일, 영국
		50kV	1,044	0.3	남아프리카, 미국
	25Hz 11~13kV		811	0.3	미국, 오스트리아
	16⅔HZ	11kV	467	0.1	스위스
		15kV	37,771	12	독일, 스웨덴, 스위스, 오스트리아
3상교류			25	0	스위스, 프랑스
합계			314,176	100	

나. 전기철도 부하의 특징

전기철도의 부하는 일반 공장이나 빌딩 등과 같이 일정한 패턴을 가지고 있는 고정된 부하가 아니고 움직이는 부하이므로 다른 부하와는 달리 다음과 같은 특성을 가지고 있다.

1) 전기철도의 부하인 전기 차는 그 특성상 기동과 정지가 빈번히 반복되고 큰 견인력으로 주행해야 하므로 대용량의 부하전력이 요구되며 그 크기도 시간과 공간에 따라 변한다.
2) 주로 3상의 전력계통에서 단상의 전력으로 변환하여 급전하고 있어서 단상 측의 부하 불평형에 따른 3상측의 전압 불평형에 의해 계통의 전력품질을 저하시키고 계통에 접속된 다른 설비의 운전에 악영향을 미치게 된다.
3) 전기차의 구동시스템은 컨버터와 인버터가 포함되어 있으며 전동기의 속도제어방식도 역시 반도체를 사용하는 싸이리스터 제어, 위상 제어, 펄스폭 제어 등의 방식이 사용되므로 이에 의해 고조파가 많이 발생된다.
4) 최근 전기차는 대부분 회생제동을 채택하고 있어 제동에 의한 회생전력을 전원 측으로 공급하므로 제동성능은 향상되나 전원 측으로의 흘러간 고조파 역류가 다른 전기 계통에 악 영향을 주는 등의 문제가 발생될 수 있다.

다. 전차선전압 허용범위

앞에서 설명한 특성을 가진 전기철도의 부하에서는 전차선로의 전압강하는 열차운전에 아주 중요한 요소로 작용하며, 이 전압강하는 열차운전조건(열차 단위, 열차간격, 구배, 정거장

간격 등), 급전계통(급전방식, 급전선의 종류 등) 및 변전소 간격 등에 의해 정해진다.

또한, 전압강하로 인해 전차선의 전압이 낮아지면 전력기기의 성능이나 수명에 악영향을 주게 되며 전기철도에서도 차량 전동기 출력 저하로 전기차의 표정속도 유지를 위한 역행시간이 길어져 에너지소비가 커지게 되고, 정해진 운전 시간을 준수하기 어렵게 되며, 특히 전기차전동기의 속도제어에 사용되는 각종 반도체소자들은 일정전압 이하가 되면 동작불능이 되어 차량이 정지될 수도 있으므로 전차선의 전압은 허용 범위를 정해서 사용하고 있다.

그 기준은 아래 표와 같이 운행되는 차량의 특성에 따라 조금씩 다르다.

1) 직류전철화 방식의 전차선전압 허용변동 범위(kV)

종별	UIC, IEC			한국	일본	이태리고속
최고	0.9	1.8	3.6	1.8	1.65	3.8
표준	0.75	1.5	3.0	1.5	1.5	3.0
최저	0.5	1.0	2.0	0.9	0.9	2.8

2) 단상교류급전방식의 전차선전압 허용변동 범위(kV)

	종별	UIC,IEC		TGV	한국	일본신간선	일본재래선
전압 (kV)	최고	17.25	27.5	27.5	27.5	30	22
	표준	15	25	25	25	25	20
	최저	12	19	18	19	22.5	16(17)
	순시최저	11	17.5			20	
주파수 (Hz)	표준	$16\frac{2}{3}$	50	50	60	50,60	50,60
	허용범위	$16\frac{1}{6}$~17	49~51	49~51			

그러나, 반도체 소자의 사용이 늘어나면서 현재 유럽에서 초안이 작성되고 있는 고속철도의 유럽 국가 간 상호통행성(Interoperability)의 보장을 위한 기술규격(TSI) 중에 있는 ST04EN12에서의 전압기준은 아래 표와 같이 최저 일시전압(Lowest Non-Permanent Voltage)은 U_{min2}는 17.5kV로 그대도 두되 U_{min2}~U_{min}(19kV) 사이에 허용되는 지속 시간을 2분으로 축소하고 있으며, U_{min2}는 비정상적 운행 조건에서 열차들이 출발할 때 나타날 수 있는 전압의 하한치로 규정하고, 정상 운행 조건에서는 U_{min1}~U_{max2} 사이 전압 범위에 있어야 한다고 규정하는 등 보다 엄격하게 제한하려는 움직임으로 옮겨가고 있다.

전철시스템	최저일시전압 $U_{min2}(V)$	최저연속전압 $U_{min1}(V)$	공칭(정상)전압 $U_n(V)$	최대연속전압 $U_{max1}(V)$	최대일시전압 $U_{max2}(V)$
DC(평균값)	400(1)	400	600	720	800(2)
	400(1)	500	750	900	1,000(2)
	1,000(1)	1,000	1,500	1,800	1,950(2)
	2,000(1)	2,000	3,000	3,600	3,900(2)
AC(RMS값)	11,000(1)	12,000	15,000	17,250	18,000(2)
	17,500(1)	19,000	25,000	27,500	29,000(2)

라. 전압 불평형

상용주파 단상교류 급전방식에서는 단상으로 대용량 부하인 고속차량의 주행함에 따라서 삼상 전력계통 측에 불평형이 발생하게 된다.

따라서, 이 불평형을 최소화하기 위해 초고압 수전을 추진함과 동시에 필요한 개소에는 RPC(전압변동 보상장치)등을 설치하고 있으며, 스코트결선변압기나 변형우드브릿지결선 변압기 등 특수변압기를 사용하여 단상부하에 의한 불평형을 감소시키고 있다. 이러한 불평형에 대한 각 국의 대책들을 살펴보면 다음과 같다.

1) 프랑스

변전소는 초고압인 220kV/400kV에서 2회선을 수전하고 있으며, 프랑스 전력청(EDF)의 전압불평형 허용 값은 사고시나 보수에 따른 설비 정지 시 등의 여러가지 경우를 생각하여 1시간평균 약 2%, 순시 4%로 제한하고 있다.

또한, 1951년에는 재래선에서 3상 불평형을 고려하여 스코트결선변압기가 사용되기도 하였으나 대개 2상씩 2대의 급전용 단상변압기를 V결선으로 접속하여 사용하고 있으며, 급전용변압기는 3권선으로 하여 변전소의 AT를 생략하고 2차권선의 중성점은 접지를 통해서 레일과 접속하는 3권선 변압기에 의한 AT 생략 방법을 사용하고 있다.

또한, 전원이 약한 지역에서는 정지형 전력조정장치를 설치한 예도 있다.

2) 잉글랜드(영국)

영불해협·런던 간의 CTRL(Channel Tunnel Rail Link)선은 프랑스 TGV시스템과 같은 25kV AT급전방식을 채용하였다.

전력은 400kV 계통으로부터 3개소의 급전변전소를 통해서 공급되어지고 있으며, CTRL선에서는 영불해협 직류송전설비로의 영향을 피하기 위해 400kV 계통에 발생하는 역상전압이 0.1% 이하로 되도록 규제되어지고 있다. 또한, 같은 선의 세린지(Selindge)변전소에는 동적부하 분산장치(Dynamic Load Balancer)라 불리는 무효전력보상장치 SVC가 있다.

다른 변전소에는 연장급전 시의 전압강하를 방지하는 동적전압 지지(Dynamic Voltage Support)라고 불리는 SVC가 설비되어 있다.

3) 독일

독일철도(DB)에서는 전동발전기에 의해 단상 110kV 교류에서 단상 15kV 주파수 16⅔Hz로 변환하여 별도의 연락 송전선로를 이용하여 직접 급전 방식으로 급전하고 있다.

이 경우 회전기를 이용하므로 전원에 대한 불평형이 발생하지 않고, 단상 측을 병렬로 할 수 있어 이상 섹숀이 없으며 전압강하를 적게 할 수 있는 특징이 있다. 그러나, 이러한 전용의 저주파(16.7Hz)를 이용하기 위해 저주파 발전소와 상용주파 전력망(50Hz)으로부터 저주파로 전력 변환을 하는 주파수 변환소(회전형 및 정지형)을 가지고 있다. 2002년 여름에 개업한 프랑크프르트·게른 간의 ICE고속철도 전용선에서는 중간인 링부르그에 15MW의 정지형 주파수변환기가 6병렬(합계 출력 90mw)+2 장래 예비의 형태로 설치되어, 단상 110kV의 전용 송전선에 접속되어져 있다.

급전용변압기는 단상변압기를 많이 이용하고 있어 설비가 비교적 심플하게 되어 있으며, 이 경우에는 단상부하에 의한 불평형을 경감하기 위해서 수전하는 상을 아래 그림과 같이 Cyclic 하게 순차적으로 접속하는 방식을 채택하고 있다.

모든 선이 같은 위상이므로 교류급전방식이긴 하지만 위상절체의 필요는 없다. 변전설비는 상용주파 교류급전방식과 마찬가지로 110kV의 전용 송전선으로부터 15kV의 급전전압으로 변압기에 의해 강압되며, 차단기를 통해서 급전한다.

스위스, 오스트리아, 스웨덴, 노르웨이 등도 같은 급전방식을 사용하고 있다.

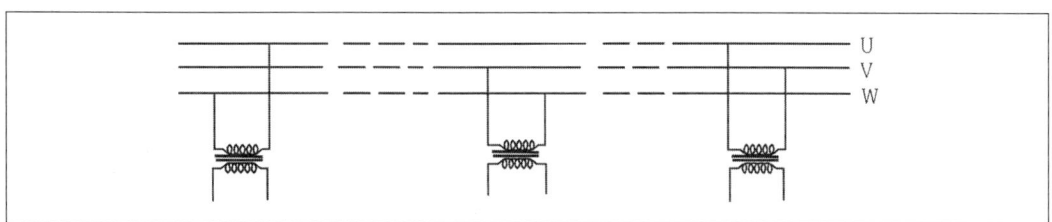

[독일의 Cyclic 단상급전방식]

2.2 급전방식

2.2.1 방식선정 시 고려사항

가. 급전회로 구성

전기철도에서는 가장 큰 부하인 달리는 전기차에 전력을 안정적으로 공급하기 위해서는 고속으로 주행하는 전기차의 판타그래프가 전차선에서 떨어지는 이선현상이 발생하지 않도록 전차선을 설치하는 것이 중요하다.

또한, 레일을 귀선으로 하는 단상회로를 사용하는 전기철도에서는 레일이 대지와 완전히 절연이 되어 있지 않았으므로 레일을 통해 변전소로 돌아가는 전류의 일부가 대지로 흐를 수밖에 없는 구조를 가지고 있다.

이 전류를 누설전류라고 하며 이 누설전류가 교류에서는 통신유도장해를 직류에서는 전식작용을 발생시키는 원인이 되므로 이 누설전류를 최소화하는 방법을 고려하는 것이 매우 중요하다.

나. 전기철도의 방식 선정

전기차를 움직이는 동력원으로서 전기를 사용하는 전기철도는 그 전원의 종류나 전압, 공급 방식에 따라 여러 가지 방식이 있으므로 전기철도의 방식은 다음과 같은 여러 가지 조건들을 종합적으로 검토하여 가장 최적의 방식으로 결정해야 한다.

1) 수송조건

수송대상이 여객인지 화물인지 또는 두 가지를 다 혼용해야 하는지에 따라 차량을 동력집중식과 동력분산식의 어느 형태를 선택할 것인가가 결정되며 수송거리 및 수송량에 따라서도 직류나 교류방식 등의 전기철도 방식이 서로 장단점을 가지고 있으므로 이에 대한 검토가 필요하다.

2) 선로조건

운행선로가 지상, 지하, 터널, 또는 과선교인지, 기타 지장물 등이 있는지에 따라서 절연이격 거리나 전차선의 높이 등이 제한을 받으므로 가선 조건이 달라진다. 그러므로 이러한 선로조건을 사전에 검토해 놓지 않으면 공사과정에서 불필요한 예산 낭비를 초래할 수도 있다.

3) 인접구간 전기방식

인접구간과의 직통운전에 따른 교류와 직류, 전차선 조가방식 및 급전 방식 등의 기술적 문제점이나 효율성 측면을 고려하여 결정하여야한다.

4) 전력 수급조건

인근에서 전기철도에 필요한 대용량의 전력을 공급 받을 수 있는 변전소와 인출이 가능한 전력계통의 표준전압, 주파수, 공급가능 용량 및 단락용량 등을 검토하고 주파수가 서로 다르면 별도의 추가설비를 통해 이를 해결할 필요가 있다.

5) 장래 계획

전철화 구간 주변의 도시화, 공단화 등에 따른 장래의 수송수요를 예측하여 확장이 가능하도록 방식이나 변전소 용량, 부지 등을 선정해야 한다.

6) 경제성

초기투자비, 투자효과 등의 경제성을 검토하되, 장래의 추가 건설에 따른 손실비용도 고려하여 검토해야 하며 유지보수비를 감안한 LCC 측면에서의 경제성 분석도 필요하다.

2.2.2 전원의 종류에 따른 구분

가. 직류급전방식

전철화 초기에 직류직권전동기를 이용하면서 사용되어진 방식으로 전압이 낮아서 지금은 도시철도, 신교통시스템 등의 단거리 운송에 많이 사용되고 있으며, 전류가 커서 인접변전소와 병렬운전을 기본으로 하고 있는 방식으로서, 그 장·단점은 다음과 같다.

1) 장점

    가) 전기철도용 주전동기로서 우수한 특성을 가진 직류직권전동기를 전차선 전압으로부터 그대로 이용이 가능하므로 전기차설비가 간단하게 된다. 그러나, 브러쉬 등에 의한 유지보수의 어려움 등과 전력전자(Power Electronics)의 발전에 따라서 인버터 및 컨버터를 이용하여 전동기의 속도를 정밀하게 제어할 수 있게 되면서 직류에서도 이를 이용한 교류전동기를 차량이 주류를 이루고 있어 전기차 설비 측면에서의 잇점은 점차 사라지고 있다.

    나) 전압이 낮아 터널 단면적이 적어지고 과선교 높이를 낮출 수 있어 경제적이다.

    다) 전류가 크고 회생제동 전력을 축전지를 이용하여 쉽게 저장하고 인출할 수 있어 EMS(Energy Management System)의 적용에서 효과가 매우 크다.

2) 단점

    가) 급전전압이 낮고 전류가 커서 변전소 간격이 짧고, 지상에 교류를 직류로 변환하기 위한 전력변환장치가 필요하다.

    나) 전식(Electric Corrosion)에 대해 고려할 필요가 있다.

  아래 그림은 직류 600~750V를 사용하는 Tram의 장주도이다.

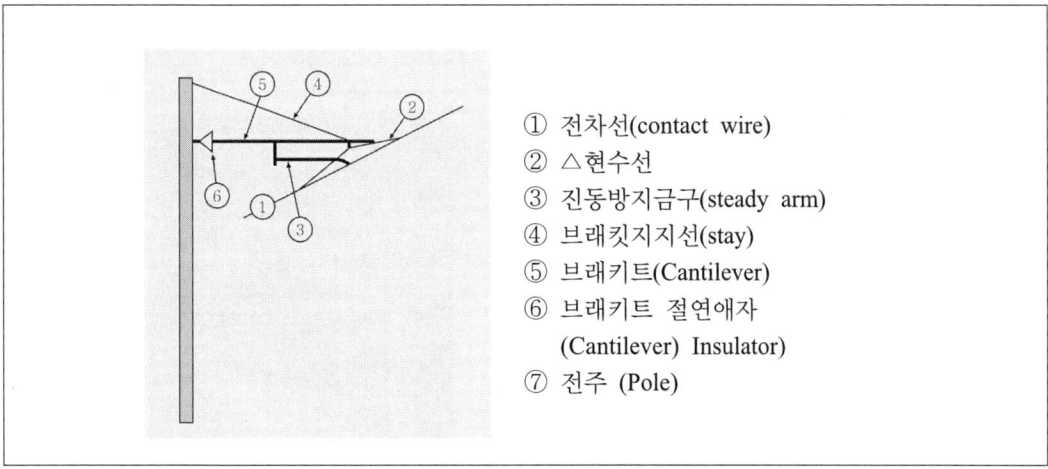

[Tram or LRT의 장주도 (DC 600~750V 방식)]

나. 단상교류 급전방식

전기차는 전차선과 레일을 이용해서 단상을 급전하여도 운행이 가능하며, 3상의 전기를 판타그래프와 전차선의 습동으로 이선 없이 집전하는 것이 특히 고속에서는 매우 어려우므로 대부분의 전기철도에서는 단상급전방식을 가장 많이 사용하고 있으며, 당초 유럽에서는 단상 정류자 전동기를 이용한 단상교류급전방식을 사용하고 있어서, 정류 불량현상을 경감시키기 위한 수단으로 25Hz, 16 2/3Hz라는 특수한 주파수가 채용되기도 했으나 독일 등의 일부 국가를 제외하고는 시리콘 정류기의 발달에 따라 용이하게 직류로 변환이 가능해져서 상용주파수를 사용하는 방식으로 변경되는 형태로 발전해 왔으며, 그 장단점은 다음과 같다.

1) 장점
가) 전력회사의 송전선과 전차선로를 단지 변압기를 통해 연결하는 것뿐이므로 변전설비가 간단해진다.
나) 급전전압을 높게 할 수 있어 변전소 간격이 길어진다.
다) 급전전압이 높아서 급전전류가 적으므로 전압강하가 적어서 고속철도와 같이 고속운전을 하는 대용량 차량에서는 최적의 방식이다.

2) 단점
가) 전동기에 직류직권전동기를 사용하는 경우에는 차량에 변압기와 정류기가 필요하므로 차량설비가 복잡해지지만 교류전동기를 사용하는 경우에는 직류나 교류나 거의 같다.
나) 전압이 높아서 전차선로의 절연이격이 크게 되어 터널 및 과선교의 높이가 높아지게 된다.
다) 3상 계통에 불평형을 초래할 수 있으므로 스코트결선과 같은 특수한 결선방법의 변압기를 이용하는 등의 대책이 필요하다.

아래 그림은 독일의 15kV 방식과 프랑스의 25kV방식 전기철도의 전경이다.

[독일의 15kV 방식]

[프랑스 25kV 방식]

다. 3상교류 급전방식

주전동기로 3상 전동기를 사용하는 경우에 저속으로 차량에 설치된 슈(Shoe)를 이용하여 3상의 전차선에서 급전하는 방식으로, 전차선과 슈 사이에서 이선이 발생할 수 있으므로 저속, 소용량에서만 사용되는 방식으로서 많이 사용되는 방식은 아니며, 일본에서는 3상 600V를 이용해 싸이리스타 위상제어를 하여 직류전동기를 구동하는 신교통시스템으로 실용화되어 있다.

1) 장점
가) 주전동기로 3상 유도전동기를 이용한 방식으로 전기차 설비가 간단하다.
나) 전력 회생제어가 용이하다.

2) 단점
가) 속도제어가 어렵고 기동 토오크도 작다.
나) 이선 때문에 저속운전만 가능하다.

2.2.3 급전회로 구성방법에 따른 구분

가. 직접급전방식

직접급전방식은 아래 그림과 같이 전차선(T)과 레일(R)로 된 가장 기본적인 구성 방식으로 직류에서 많이 사용하는 급전방식이다.

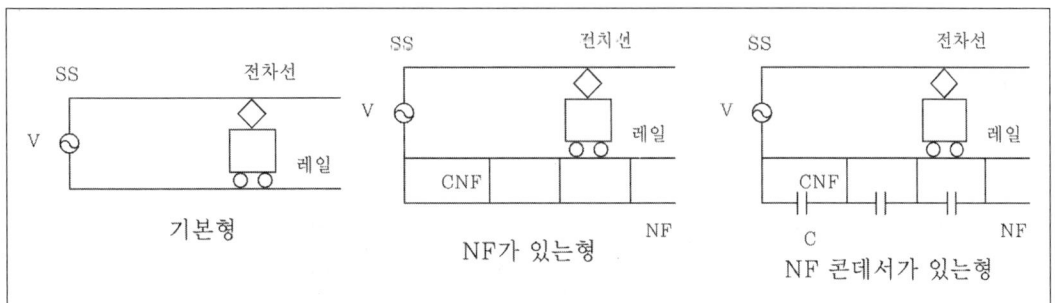

[직접급전방식]

누설전류가 커서 필요에 따라서는 이에 따른 대책설비를 해야 한다. 그러나 교류인 경우에는 그 변형으로서 레일과 병행하게 NF를 포설하고 NF 접속선(CNF)으로 수 km마다 레일과 NF를 연결하는 NF가 있는 직접급전방식도 사용하고 있다.

이 경우 NF는 보호선의 역할을 담당함과 동시에 통신유도에 대하여 차폐효과도 있다. 이러한 직접급전방식은 회로 구성이 간단하므로 경제적이고 보수성도 좋으나 변전소로 돌아가는 귀 회로 전류가 전 구간에 걸쳐서 레일을 통해 흐르기 때문에 통신선으로의 유도장해가 크고 레일전위도 높게 되는 등의 단점이 있다.

그래서, NF에 직렬콘덴서를 삽입하여 NF로의 기본파전류의 분류(分流)를 많게 한 NF 콘덴서 직접급전방식으로 통신선으로의 유도위험전압 및 레일전위경감을 시키는 방식이 사용되기도 한다.

이 때의 NF콘덴서의 값은 NF의 등가 자기임피던스를 구해서 그 리액턴스와 같은 값의 콘덴서를 사용하면 된다.

직접급전방식은 일본이나 우리나라에서는 실용화되어있지 않으나, 다른 급전 방식의 말단의 일부분, 일부 차량기지 급전회로 등에서 사용되고 있으며, 프랑스 등 해외에서는 지금도 많이 사용되어지고 있다.

앞에서 설명했듯이, 이와 같은 누설전류는 귀선로의 전기저항이 높아져서 대지로 누설되는 전류가 증가하면 직류구간에서는 전식이, 교류구간에서는 통신선 등에 전자유도장해를 일으키게 되므로 귀선로의 전기저항을 아주 적게 하여야 한다.

이러한 귀선전류에 의한 레일전위는 아래 그림과 같이 나타난다.

1) 레일은 부하점(전기차 위치)에서 (+)전위(대지전위보다 높음)가 되고, 교류의 경우는 흡상점에서, 직류의 경우는 변전소 부근에서 (−)전위(대지전위보다 낮음)가 된다.
2) 부하점과 변전소 중앙점 근처에서는 레일전위와 대지전위가 동등하게 되는데 이 점을 중성점이라고 한다
3) 중성점으로부터 부하 측에는 레일로부터 대지로 전류가 누설되고, 반대로 변전소 측에는 대지로부터 유입된다.

또한, 이 레일전위의 크기는 아래와 같이 나타난다.

1) 부하전류가 큰 만큼 높게 된다.
2) 레일의 고유저항이 큰(레일의 단면적이 작은)만큼 높게 된다.
3) 레일의 대지절연 저항이 큰(레일 누설어드미탄스가 작은)만큼 높게 된다.
4) 부하 점과 변전소 또는 흡상선과의 거리가 큰(레일 통전거리가 긴)만큼 높게 된다.
5) 급전방식이 직류와 교류, 교류구간도 AT와 BT방식, AT방식도 접지방식에 따라 레일전위 발생 양상이 다르게 된다.
6) 교류구간은 직류보다 전압이 10배 정도 높아 귀선전류가 1/10정도 이지만 레일의 임피던스가 직류저항의 약 10배 정도가 되어 직류구간과 거의 비슷한 레일전위가 발생한다.
7) 교류구간에는 전차선과 레일 간의 상호 유도작용에 의해 레일전위를 발생시키는 전류분이 귀선전류의 거의 1/2이 되지만 직류구간에서는 귀선전류 전부가 레일전위 발생요소가 된다. 이를 그림으로 표시하면 아래와 같다.

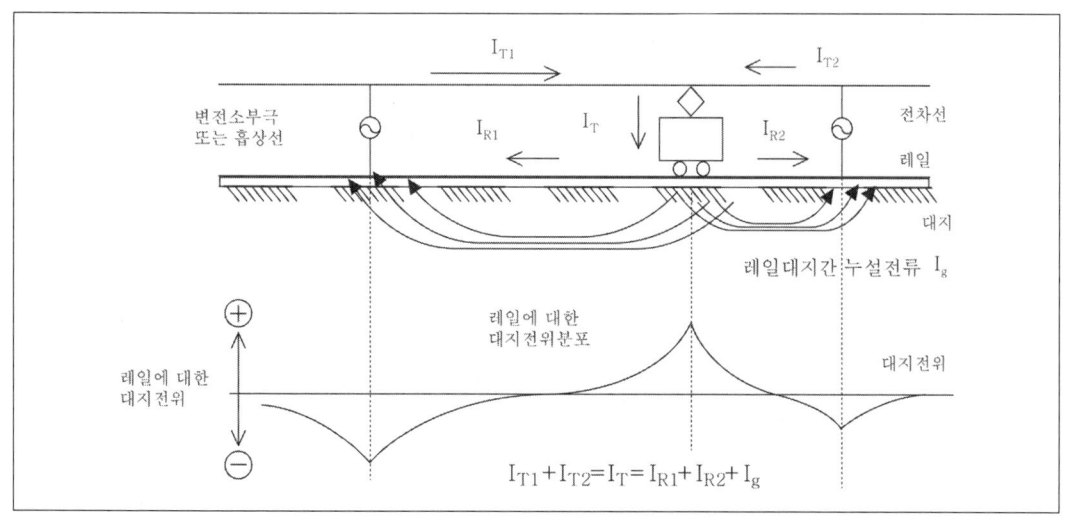

[레일전위 발생 형태]

나. 흡상변압기(BT : Booster Transformer) 급전방식

1) 급전회로 구성

BT급전방식은 아래 그림과 같이 약 4km마다 전차선에 섹숀을 설치하여 BT를 배치하고 BT 변압기의 특성을 이용하여 레일에 흐르는 귀선 전류를 흡상하는 방식으로서, BT가 1:1 변압기이므로 BT의 1차에 흐르는 전류는 흡상선을 통해 BT 2차측으로 흐르게 되어 이론적으로는 누설전류가 없게 되므로 통신유도 경감효과가 크다.

이러한 BT급전방식에는 레일을 절연하여 전차선과 레일사이에 BT를 삽입한 간단한 회로와, NF를 설치하여 NF로 전류를 흡상하는 회로의 2종류가 있으며 통신유도 경감효과는 전자가 약간 떨어진다.

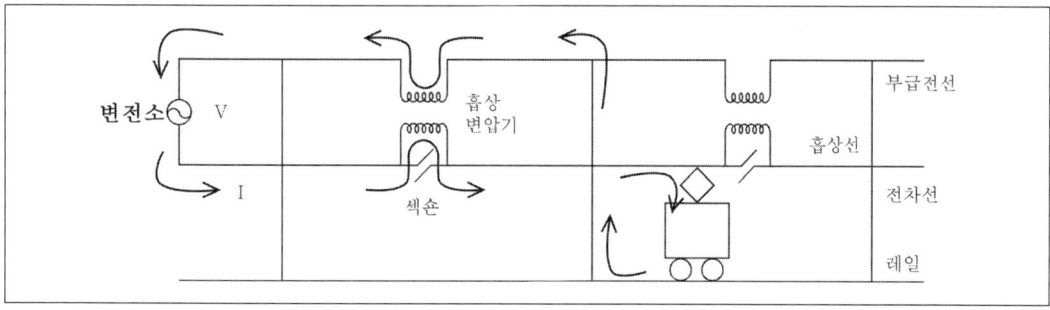

[BT급전방식의 구성(NF가 있는 방식)]

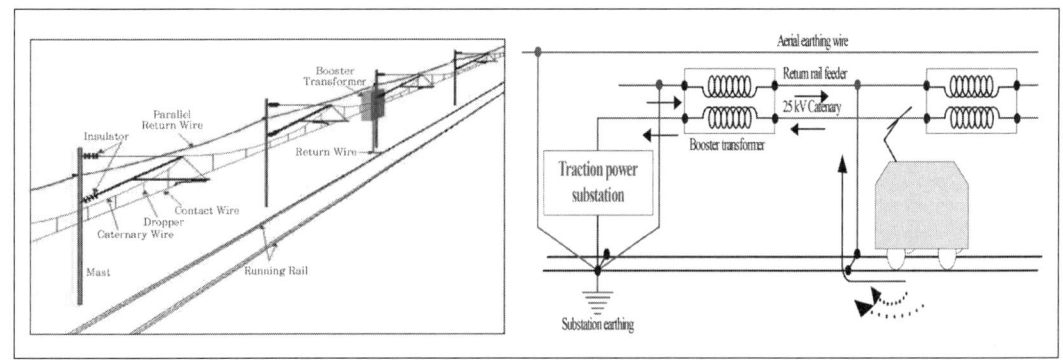

[BT방식의 영문 설명자료]

또한, 레일 절연 사이에는 BT의 2차측 단자전압이 나타나 전기차가 통과할 때에 차륜에 의한 단락, 개방이 반복되므로 절연부의 보수성이 나빠져서 부하전류가 그다지 크지 않은 경우에만 이용하는 것이 좋다. BT급전방식은 통신유도 경감 측면에서는 우수하나, 직접 급전방식에 비해 회로구성이 복잡하게 되고 급전회로 임피던스도 크게 되는 등 불리한 점도 있다. 특히 신간선과 같이 대용량 부하가 되면 BT섹숀에서 발생하는 아크가 커서 그 소호를 위한 대책이 요구되므로 전차선 구성은 더욱 복잡하게 된다.

2) 흡상변압기의 특성

흡상변압기(BT)는 1차권선과 2차권선의 권수비가 1:1인 변압기로서 아래 그림과 같은 등가회로로 표시할 수 있다.

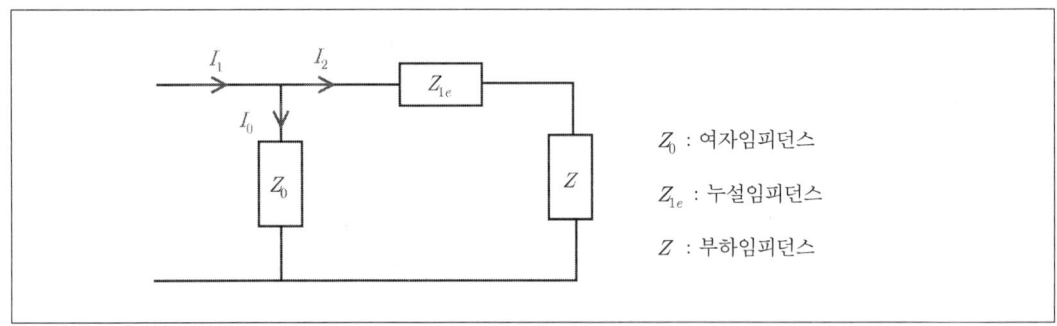

Z_0 : 여자임피던스

Z_{1e} : 누설임피던스

Z : 부하임피던스

[BT의 등가회로]

이 등가회로로부터 다음 식이 만들어 진다.

$$I_0 = I_1 - I_2, \quad \frac{I_2}{I_0} = \frac{Z_0}{Z_{1e} + Z}$$

여기서 I_1은 전차선 전류, I_2는 NF 전류에 해당하며 I_0는 여자전류로서 전차선 전류와 NF

전류의 차가 되어 레일 전류에 해당된다.

위 식에서 $I_1 = I_0 + I_2 = I_0 + (I_0 \times \dfrac{Z_0}{Z_{1e} + Z}) = I_0(1 + \dfrac{Z_0}{Z_{1e} + Z})$ 가 된다.

여기서, BT의 부하임피던스 Z는 NF가 있는 BT급전회로의 경우 레일의 전압강하를 무시하면 해당 구간 D의 NF 전체 전압강하를 I_2로 나누면 구할 수 있다. 일본 재래선의 경우 Z≒0.4D이며, 흡상변압기 간격을 4km라 하면 부하 임피던스는 Z=0.4×4=1.6Ω이 되고, 정격부하전류를 200A라고 하면 BT의 정격은 아래 식으로 구한 값과 같이 64(kVA)가 된다.

$$W_{BT} = I^2 \cdot Z = 200^2 \times 1.6 = 64,000\,(VA) = 64\,(KVA)$$

3) BT섹숀의 아크소호 대책

NF가 있는 방식에서 BT섹숀을 전기차가 통과하는 경우 섹숀 부에서 아크가 발생하고, 부하전류가 커지면 과대한 아크가 되어 전차선의 소손 절단 등의 손상으로까지 발전한다.

전기차의 판타그래프가 BT섹숀을 단락하고, 그 다음에 전원 측으로 흐르는 전류를 차단하며, 이 전류를 차단전류, 차단한 시간에 발생하는 BT섹숀의 과도전압을 순시회복전압, 그 후의 정상전압을 회복전압이라 부르고 있다.

BT섹숀에서 발생하는 회복전압은 레일전위를 무시하면 흡상선~흡상선 사이에서의 NF 전압강하로서

$$V_{BT} = Z \cdot I_{NF} = (Z_{NN} - Z_{TN}) \cdot D \cdot I_{NF}$$로 표현할 수 있다.

BT섹숀의 아크 소호에 관한 차단전류와 회복전압은 일본 동해도 신간선 개업 전에 鴨宮시힘신에서의 시험결과로부터 회복전압 3kV(순시 회복전압 300~350V)정도로 차단전류의 한계값은 280A가 안전권이라고 되어 있다.

BT섹숀의 아크 소호 대책으로는 현재 다음과 같은 방식이 실용화되어 있다

가) NF 콘덴서 방식

NF회로에 그림과 같이 직렬로 1.8~2.5Ω 정도의 직렬콘덴서를 삽입하여 NF회로의 리액턴스분을 보상함으로써 부하전류의 차단전류 분을 NF회로로 많이 分流시킴과 동시에 회복전압을 적게 하는 방식이다

나) 저항섹숀 방식

아래 그림과 같이 BT섹숀에 에어섹숀을 절단하여 끼워 넣고 직렬로 10Ω의 저항을 삽입하여 차단전류를 억제하는 방식이다

일본의 동해도 간의 BT급전회로에 사용되었으며 여러 종류의 전기차가 동일한 선로를 주행하는 경우에는 상세한 검토가 필요하다.

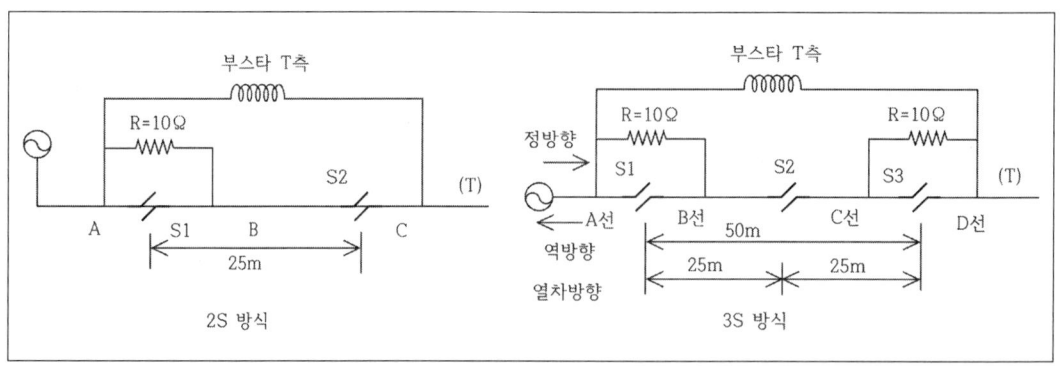

[저항섹숀방식]

아래 사진은 BT방식에 사용되는 BT와 AT방식에 사용되는 AT가 설치되어 있는 사진이다.

[단권변압기]　　　　　　　　　　　　[흡상변압기(BT)]

다. 단권변압기(AT : Auto Transfomer) 급전방식

1) 단권변압기

아래 그림과 같이 단권변압기(AT)는 2개의 권선을 동일 철심에 감아서 서로 공통부분을 갖도록 만든 변압기로서 공통부분을 분로 권선, 선로에 직렬로 되는 부분을 직렬권선이라 하며, 두 개의 권선이 있어 AT의 용량을 표시하는 방법에도 자기용량과 선로용량으로 표시하는 두 가지 방법이 있다.

자기용량은 직렬권선 또는 분로권선의 전압과 전류를 곱한 것으로 실질적인 크기를 나타내며 선로용량은 선로에 공급 가능한 용량이다.

우리나라 등 대부분의 AT급전방식은 AT의 권수비를 1:1로 하고 있어서 자기용량의 2배가 선로용량이 된다.

전차선이 연결된 직렬권선과 분로권선의 권수비를 각각 n_2, n_1라고 하면

$\dfrac{V_2}{V_1} = \dfrac{I_1}{I_2} = \dfrac{n_2}{n_1 + n_2}$ 가 되고, 두 권수비가 같다면

$V_1 = 2V_2, I_2 = 2I_1$이 되며, 두 권선에는 권수비에 비례하여 전류가 서로 반대방향으로 흐르게 된다.

AT급전 회로에 사용하는 경우 유도장해를 고려하여 변압기의 임피던스는 매우 적게 하여 2차측 단자에서 본 중성점 환산 임피던스를 0.45Ω 이하로 하고 있다. 또한 일반부하에 비해 단상변압기이므로 여자돌입전류가 크고, 전동기의 기동 등에 따른 전류가 커서, 과부하 내량으로서 급전용변압기와 같이 300%에 상당하는 부하에서 2분 간 연속해도 이상이 없도록 하고 있으며, 고장전류를 고려하여 단락강도를 정격전류의 25배로 해왔으나 최근 단위 부하의 증대로 35배로 올리는 추세이다.

2) 급전회로의 구성

AT 급전방식은 아래 그림과 같이 변전소의 급전전압을 전차선 전압보다 높게 하고, 선로를 따라서 약 10km마다에 설치되어있는 AT에 의해서 필요한 전차선 전압으로 낮추어 전기차에 전력을 공급하는 방식이다. 대부분의 AT급전방식에서는 AT의 권수비를 1:1로 하여 변전소의 급전전압은 전차선 전압의 2배가 된다.

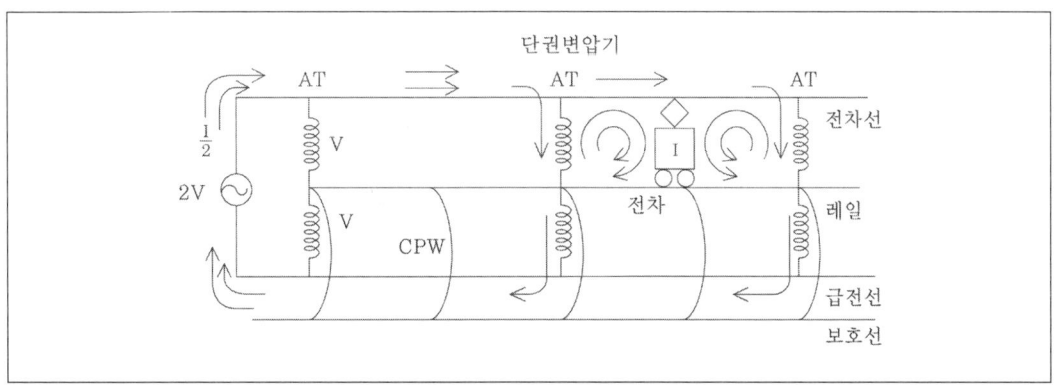

[AT급전방식의 구성]

부하용량을 일정하다고 하면 전류는 1/2이 되므로 전압강하는 전차선 전압으로 환산하면 1/4이 되어 변전소 간격을 크게 할 수 있으므로 대전력의 공급에 적합하며, 변전소 간격이 길어져 전원을 얻는 지점이 어려운 경우에 유리하다.

또한, 부하전류가 좌우의 AT에 의해 흡상되므로 긴 통신선에 대한유도전압을 상쇄하는 것 및 레일에 흐르는 전류를 한정하는 것 등에 의해 유도장해 경감효과도 크다. 그러나 필요한

용량의 AT를 약 10km 간격으로 배치하는 것과 전차선과 동일절연 계급의 급전선을 전체 선로에 포설할 필요가 있으므로 회로구성은 복잡하게 된다.

3) AT(1:n) 급전방식

현재 AT급전회로 방식에서 AT권수비는 1:1로 되어 있어 변전소의 급전전압은 전차선 전압의 2배이다. 그러나 AT의 권수비를 1:n으로 하고 전차선 전압을 종래와 마찬가지로 25kV로 하면 역극성 측인 급전선측의 전압은 n배가 되어 변전소의 급전전압을 (1+n)배로 하는 AT(1:n) 급전방식이 된다. 이 급전방식에서는 급전선의 전압이 n배로 높아지므로, 선로 임피던스가 적어져서 전압강하대책 상으로는 유리하지만 급전 측의 절연은 n배 높아지게 되어 절연보호 등의 측면에서 불리하게 된다.

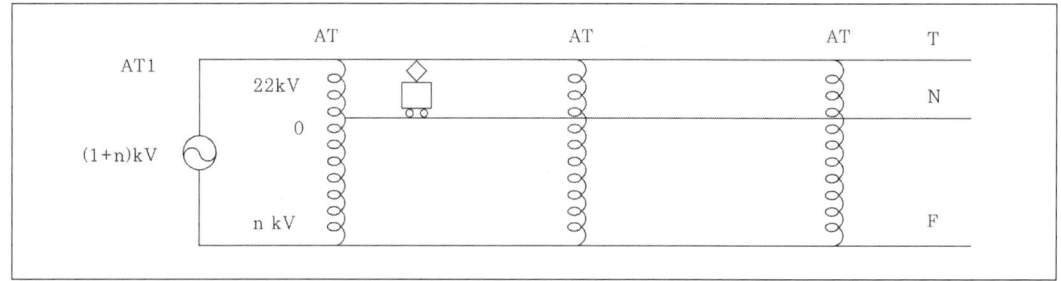

[AT(1:n) 변압기 급전회로]

미국의 리-딩 철도에서 급전선측의 전압을 전차선측 전압보다 2배가 되는 변압비를 가진 AT 1:2 급전방식을 사용한 예도 있지만 아직은 그리 많이 사용하지 않고 있으며, 용량이 증대되면 전압강하 문제가 커지므로 그 대안의 하나인 새로운 급전방식으로 연구가 계속되어지고 있다. 이러한 AT(1:n) 급전회로의 기본 구성은 위의 그림과 같다.

이 AT(1:n) 급전회로에 이용되고 있는 급전용변압기는 1:1인 경우는 0전위 점이 중심점에 있지만 1;n이 되면 0전위점이 중심점이 아니라는 것이 다르다.

한편, 권수비가 1:n 인 AT의 전류분포는 아래 그림과 같이 급전선측 권선에 많은 전류가 흐르며, 선로용량에 대한 자기용량의 비는 자기 용량/선로용량 = n/(n+1) 이 되어 n값이 큰 만큼 선로용량에 대한자기용량의 비율이 커지게 된다.

아래 표는 선로용량으로서 6000kVA의 AT가 필요하다고 할 때 선로용량과 자기용량의 관계를 나타낸 것이다.

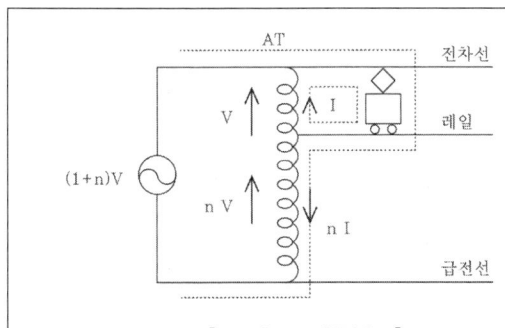

[1:n의 AT전류분포]

권수비	선로용량	자기용량
1:1	6000kVA	3000kVA
1:1.5		3600
1:2		4000

[AT의 권수비와 용량]

4) 3권선변압기에 의해 변전소에 AT를 생략하는 방식

3권선변압기를 이용하면 변전소의 AT를 생략하는 것이 가능하다.

이 경우 변압기의 T상과 F상의 용량이 차이가 생기는 것, 변전소에서 다음 AT까지의 간격을 통신유도를 고려하면 일반 AT 간격에 비해 짧게 할 필요가 있는 것, 변전소가 탈락되었을 때 말단이 직접급전 방식이 되어 통신유도가 크게 되는 등의 이유로 우리나라나 일본에서는 사용되지 않고 있다. 그러나, 프랑스 등에서는 단상 3권선변압기를 이용한 변전소 AT 생략방식이 일부에서 채용되고 있다.

3권선변압기를 이용하여 중성점을 레일에 접속하면, AT가 접속되지 않을 때 변전소 구내에서 지락사고가 발생해도 급전측의 전위가 상승하지 않아 전차선 전압과 같은 전압 레벨로 절연을 저감하는 것이 가능하다.

변압기의 권수비를 1:1이라 하고 T상 지락이라고 생각하면 건전상의 전압 V_{FN}은 다음과 같은 식으로 된다.

$$V_{FN} = V_0 - (Z_0 - Z_N) \cdot I_T = (1 - \frac{Z_0 - Z_N}{Z_0 + Z_T + Z_N}) \cdot V_0$$

여기에서 $Z_0 \gg Z_N$이라면 건전상의 전압은 상승하지 않는 것을 알 수 있다.

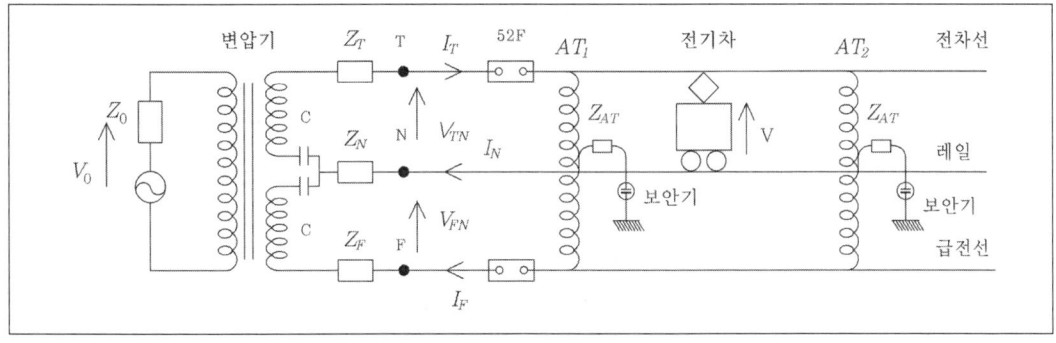

[3권선변압기를 이용한 AT급전회로(1상분)]

라. 동축케이블급전방식

1) 급전회로 구성

동축케이블 급전방식은 아래 그림과 같이 NF가 있는 직접급전방식의 회로구성에 더해서 해당 구간의 노선을 따라서 전력용 동축케이블을 부설하고 수 km마다 동축케이블의 내부도체를 전차선에, 외부도체를 레일에 연결하는 급전방식으로 전주에서의 도체배치가 간단하다.

동축케이블의 왕복 임피던스는 전차선로의 임피던스에 비해서 매우적기 때문에 부하전류는 전차선과의 접속점에서 동축케이블로 흡상된다. 이 때문에 AT급전방식과 유사한 전류분포가 되어 전압강하는 적고 통신유도 경감효과도 크다.

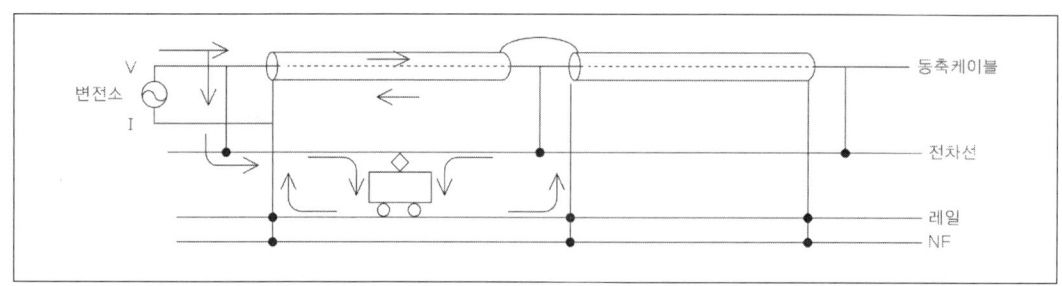

[동축케이블 급전방식]

그러나, 동축케이블의 내외 도체 간 정전용량이 가공 계에 비해 매우 크게 되기 때문에 고조파전류의 공진에 의한 확대현상 등을 해결할 필요가 있어, 계통에 따라서는 고차 휠-타 또는 HMCR장치를 필요로 한다. 그리고, 가공방식보다 임피던스가 적으므로 일본에서 전류가 큰 고밀도 구간에서 이 방식을 사용하고 있다.

2) 전력용 동축케이블의 특성

아래 그림은 일본에서 사용되고 있는 급전용 동축케이블의 단면으로 내부 도체는 폴리에치렌 30호 절연을 시행하고 그 동심원상에 6호 절연의 외부도체가 배치되고 그 바깥쪽은 차폐층, 시-즈가 있는 형태로 되어 있다.

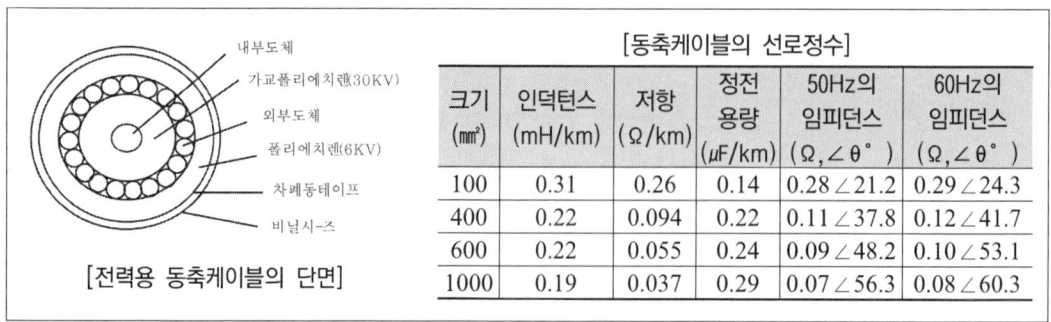

[전력용 동축케이블의 단면]

[동축케이블의 선로정수]

크기 (mm²)	인덕턴스 (mH/km)	저항 (Ω/km)	정전용량 (μF/km)	50Hz의 임피던스 (Ω,∠θ°)	60Hz의 임피던스 (Ω,∠θ°)
100	0.31	0.26	0.14	0.28∠21.2	0.29∠24.3
400	0.22	0.094	0.22	0.11∠37.8	0.12∠41.7
600	0.22	0.055	0.24	0.09∠48.2	0.10∠53.1
1000	0.19	0.037	0.29	0.07∠56.3	0.08∠60.3

내부와 외부도체 사이의 간격이 좁아 전자결합이 크고 왕복 임피던스가 적게 된다.

동축케이블의 각 크기별 전기정수는 위 표와 같으며, 1,000㎟ 동축 케이블의 경우 왕복임피던스는 전차선로 임피던스(T-R단락)에 비해 약 1/7이고, 내외 도체 간의 정전용량은 T-R 간, 단선 정전용량의 약 20km분에 해당한다.

2.2.4 가선방식에 따른 구분

가. 가공식

1) 단선식(Single Trolly System)

궤도 상부에 설치된 가공접촉선(Contact Wire or Trolly Wire)로부터 공급받은 전기차의 전류를 주행레일을 통하여 변전소로 돌려보내는 가장 대표적인 방식이다.

2) 복선식(Double Trolly System)

상호 절연된 정, 부 2조의 가공접촉전선을 가설하고 한쪽 전선으로 부터 전기차에 전기를 공급하여 다른 쪽 전선으로 통해 변전소로 돌려보내는(귀전류를 레일에 흘리지 않는) 방식으로 구조가 복잡하므로 건설비가 높고, 절연문제로 전압을 높게 할 수 없으므로 무게도 무거워 전차(Trolly Bus)에 사용되는 정도로 많이 사용되지 않고 있다.

나. 강체식(Rigid System)

1) 강체 단선식(Single Rigid System)

지하구간에 적합하노록 개발된 가선방식으로 도시지하철 구간의 대표적인 방식이다.

커티너리 가공전차선을 지하구간에 적용할 경우에는, 협소한 공간에서 전차선 단선 시의 안전상 문제와 보수작업의 어려움, 터널단면적의 증대에 따른 건설비 과다 소요 등의 문제가 있어서, 이를 보완하는 방법으로 초기에는 제3궤조방식을 사용하였으나, 도시지하구간에 적합하고 단선 우려도 없는 강체전차선 조가방식 개발되어 현재는 두 방식이 모두 사용되고 있다.

강체방식은 전차선을 강체에 완전히 일체화시켜 고정한 것으로 터널의 천정에서는 애자를, 측면에서는 브래킷을 취부하고 여기에 강체를 조가하는 방식이다.

이 강체방식은 현재 지하에 건설되는 철도에 많이 사용되고 있어서 뒤에서 별도로 자세히 설명하겠다.

2) 강체 복선식(Double Rigid System)

주행궤도 구조물에 강체구조로 된 급전 및 귀선용의 정, 부 도전레일을 설치하고 판타그래프와 같은 차량의 슈를 이용하여 전력을 공급하는 방법으로 저속의 경전철인 모노레일 등에 사용되어지고 있다.

다. 제3궤조식(3rd Rail System)

주행용 레일 외에 궤도 측면에 아래 그림과 같은 방법으로 설치된 급전용 레일(제3레일)을 이용하여 전기차에 전기를 공급하고 귀선으로 주행레일을 사용하는 방식으로서, 지지구조가 간단하고 가공설비가 불필요하여 터널 단면을 적게 할 수 있는 장점이 있기 때문에 초기의 지하철에서 많이 사용되었으며, 감전위험 등으로 전압을 높게 할 수 없는 단점도 있다.

제3궤조로부터 전기차에 전기를 공급하기 위한 전기차의 집전장치인 슈(shoe)와 제3궤조와의 접촉방법은 아래 그림과 같이 상부, 하부, 측면의 3가지 방법이 있으며 현장 여건에 따라 적절한 방법을 선택하여 한다.

Sprague에 의해 1886년 5월~12월 사이에 처음 전철화를 위한 시험이 실제 고가철도용 객차의 우측 대차에 전동기를 조가방식으로 취부하고, 공칭전압은 DC 600V로 하여 레일 선간에 있는 제3궤조로부터 집전하는 방식으로 시행되었다. 그 후 1905년 실제 운행에 사용된 제3궤조 방식의 사진과 그 후의 개량된 제3궤조 운행방식의 사진이다.

[제3궤조식의 집전방법 종류]

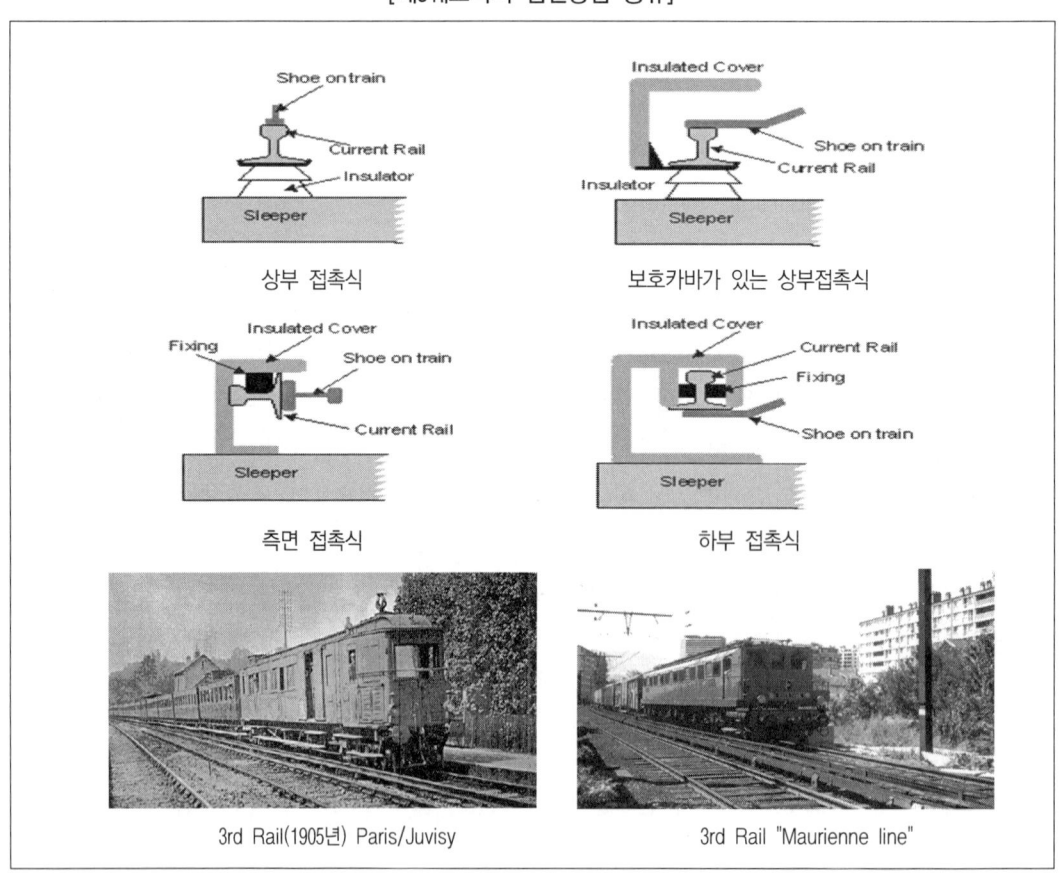

2.2.5 변전소 급전인출방법에 따른 구분

변전소에 스코트결선 변압기를 사용하여 인출된 두 개의 서로 다른 단상을 공급하는 방법에 따라 상하선별 또는 방면별로 구분할 수 있다.

가. 상하선별 급전방식

상선과 하선에 각각 서로 다른 상을 공급하는 방법으로 변전소 앞에서 상하선은 독립적이므로 이상구분장치가 불필요하다는 장점이 있으나, 상선과 하선이 만나는 건널선에는 이상구분장치가 필요하게 되지만, 건널선은 길이가 짧아서 이상구분장치의 설치가 불가능하므로 건널선이 없는 선로에서나 사용되는 방법이다.

나. 방면별 급전방식

서로 다른 상을 상하선에 관계없이 한 쪽 방향으로 같은 상을 공급하는 방법으로 현재 가장 많이 사용되는 방법이다.

건널선은 동상이 되어 간단한 동상구분으로 설치가 가능한 반면에, 변전소 앞에는 이상구분장치가 필요하므로 설비가 약간 복잡해진다. 그러나, 상하선을 묶어서 tie로 운전이 가능하므로 회생제동 측면에서는 상당히 운전이 유리한 급전방법이다.

2.3 전차선로 조가방식

전차선로는 항상 양호한 상태로 집전장치(Pantograph or Pantagraph)와 접촉되어 이선이 없이 양호한 집전상태를 유지해야 하므로 전기차의 방식, 운전속도, 운전밀도, 수송조건, 전기방식, 보수방식, 주변여건과 기후조건에 따라 선로에 가장 적합한 구조로 가선해야 한다.

가. 직접조가방식

가장 간단한 방식으로 아래 그림과 같이 전차선 1조만으로 구성되므로 등고나 등장력을 유지할 수 없어 고속운전에는 부적합하다. 전차선을 스팬선 또는 빔 등의 지지점에 직접 고정하는 구조와 지지점에 짧은 로-드나 와이어로 삼각형(역Y형)을 구성하는 구조의 2종류가 있다.

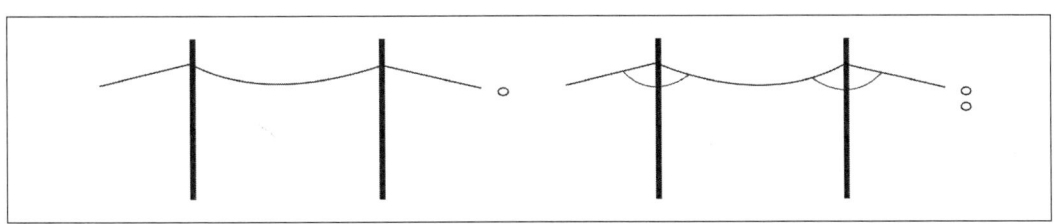

[직접조가방식]

1) 직접고정식
   가) 설비비가 적게 든다.
   나) 전차선의 장력을 일정하게 유지하기 어렵다.
   다) 전차선의 높이를 일정하게 하기 곤란하다.
   라) 저속도의 구내측선, 유치선 등과 시내 전차 등에서 사용되고 있다.

2) 삼각형(역Y형) 구조
   가) 수송밀도가 별로 높지 않은 구간에 적합한 경제적인 가선방식이다.
   나) 중속도(85km/h)까지도 사용이 가능하다.

나. Catenary 조가방식

전기차의 속도 향상을 위하여 전차선 이도에 의한 이선율을 적게 하면서 지지 경간을 크게 하기 위하여, 조가선을 전차선 위에 기계적으로 가선하고 일정한 간격으로 행거나 드롭퍼를 이용해 전차선을 매달아서, 전차선이 두 지지점 사이에서 궤도면에 대해 일정한 높이를 유지하도록 하는 방식으로서, 조가선이 커티너리 곡선을 이루므로 이를 커티너리 조가방식이라고 부른다.

이러한 커티너리 조가방식은 가장 많이 사용되고 있으며, 판타그래프의 압상력에 의한 파동이나 지지점과 경간 중앙의 압상량 차이에 의한 이선 등을 줄이기 위해 많은 시험을 거쳐 적절한 방법을 개발하여 사용하고 있으며, 특히 일본과 같이 동력분산식의 차량을 운행하는 경우에는 판타그래프의 수가 많아 이선에 대한 문제가 커서 이를 해결하기 위해 여러 가지 방법을 개발하여 사용해 왔다.

1) 심플 커티너리 조가방식(Simple Catenary System)

아래 그림과 같이 조가선과 전차선의 2조로 구성되며 조가선을 이용해 전차선을 궤도면과 평행이 되도록 한 방식으로 커티너리 조가방식의 가장 대표적인 방법으로 현재도 가장 광범위하게 사용되고 있다.

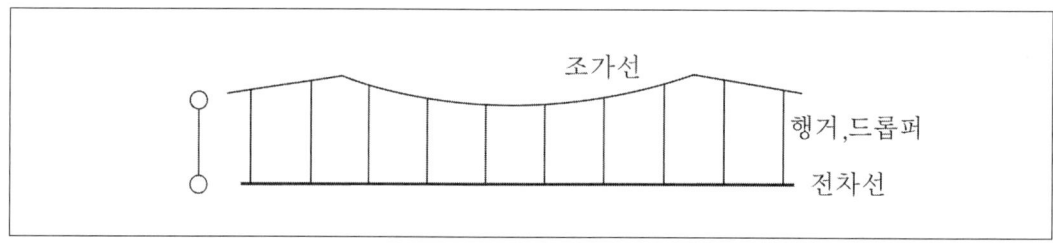

[심플 커티너리 조가방식]

일반적으로 110km/h 정도의 중속도용으로 우리나라 지상전철구간은 거의 이 방식을 사용하고 있다.

연구결과를 보면 드롭퍼 간격을 조정하고 일부 설비를 개량하면 270km/h까지도 운전이 가능하다고 되어 있다, 특히 전차선과 조가선의 굵기는 그대로 두고 장력만을 높여서 파동전파속도를 높인 고장력 심플 커티너리(High Tension Simple Catenary) 조가방식은 고속철도에서 가장 많이 사용하고 있으며, 앞으로도 이 방식이 고속철도에서 가장 널리 사용되리라 생각한다.

또한, 심플커티너리에서 전차선에 110㎟가 아닌 170㎟를 사용하여 장력을 높인 것을 헤비 심플 커티너리(Heavy Simple Catenary) 조가방식이라고 하며 장력이 크기 때문에 경간 중앙부근의 압상량을 적할 수 있어 동적이동 상태에서 등고성(等高性)을 향상시켜 집전성능을 향상시킴과 동시에 풍압에 따른 편위(Deviation)의 증가를 억제함으로써 가선의 진동 및 동요를 적게 하여 안전도 및 집전성능의 향상을 도모한 것으로서 전차선을 굵게 하므로 내마모성, 내 부식성 측면에서도 상당히 유리한 방식이다.

최근 일본에서는 심플카티너리 방식이 콤파운드가선 방식에 비해 판타그래프의 상하 움직임이 크게 되므로 고속 주행 시에는 다수 판타그래프에 의한 공진이 발생하기 쉽기 때문에 다 판타그래프 차량에서는 적용이 어려워 100계 이후의 차량에서는, 판타그래프 사이를 모선으로 연결하는 방식으로 판타그래프 개수를 줄여서, 300계 이후의 차량에서는 2개의 판타그래프로 하게 되었으며, 조가선에는 도전율이 높은 경동연선 200㎟를, 전차선에는 동해도 간의 고속구간에서 실적이 있는 고장력이 가능한 동합금계의 경보선(警報線)이 들어있는 전차선 170㎟를 사용하고, 각 전선 모두 장력을 24.5KN으로 하는 것으로 하여 고속철도에서 적용하도록 하고 있다.

이 방식 역시 고장력 헤비심플 카티너리 방식이라고 할 수 있을 것이다.

2) 변Y형 심플 커티너리 조가방식

아래 그림과 같이 심플커티너리 방식의 지지점 부근에 조가선과 병행하여 15m 정도의 전선(Y선이라 부름)을 가선하여 이를 통해 전차선을 조가한 구조로서, 이 Y선을 통해 지지점 부근의 압상량을 크게 하여 양 지지점 아래에서의 판타그래프 통과에 대한 경점(Hard Spot)을 경감시키고, 경간중앙부와의 압상량 차이를 적게 하여 이선(Contact Loss) 및 아-크를 적게 함으로써 속도향상을 도모한 것이다.

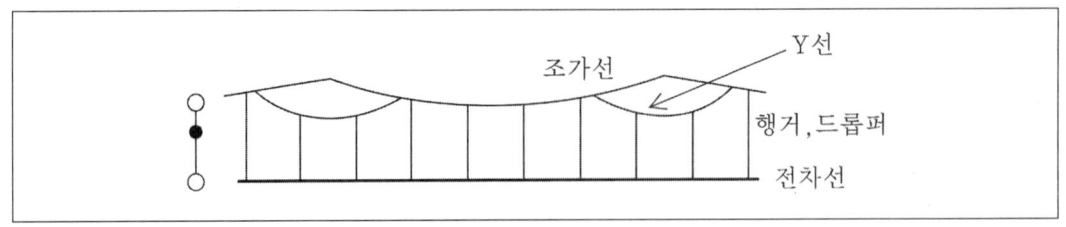

[변Y형 심플 커티너리 조가방식]

초기 독일의 고속철도인 ICE에서 고속운행을 위해 적용하였으나, Y선의 장력조정이 어렵고, 지지점의 탄성점수가 작고, 가선의 압상량이 크며, 가고(Wire Height)가 크게 되므로 강풍시 가선이 경사되는 등으로 인해 내풍 성능에 취약하다는 단점이 있어서 지금은 거의 사용하지 않고 있다.

3) 트윈심플 커티너리 조가방식(Twin Simple Catenary System)

아래 그림과 같이 기존 심플커티너리 구간의 가고를 변경하지 않고 고속에서 집전성능을 높이기 위해 개발된 방식으로 가선 2조를 일정한 간격(표준 100㎜)으로 병행하여 가설한 구조이며, 운전밀도가 높은 지역에서의 전류 용량 극복이나 터널 등에서의 가고 부족 해소 등을 위해 일본에서 개발된 방식이다.

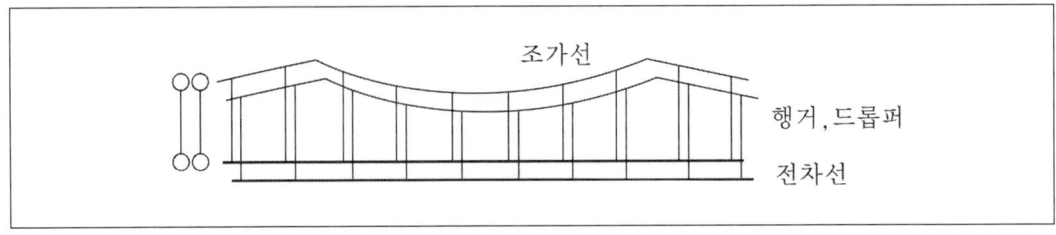

[트윈심플 커티너리 조가방식]

이 방법의 장단점은 다음과 같다.

가) 단점 : 심플 커티너리에 비해 건설비가 높고 가선구조가 복잡하다.

나) 장점
  ① 4가닥의 전선으로 구성되므로 판타그래프에 의한 가선의 상·하 변위가 적고 전차선의 압상특성이 좋다.
  ② 전차선이 2조이므로 집전전류 용량이 커서 고속운전이나 운전밀도가 높은 구간 및 대도시 통근수송의 중부하(Heavy Load) 구간에 많이 사용 된다.
  ③ 판타그래프의 압상량이 억제되므로 가고가 작은 터널구간에도 사용이 가능하다.

4) 콤파운드 커티너리 조가방식(Compound Catenary)

아래 그림과 같이 심플 커티너리식의 조가선과 전차선 사이에 보조 조가선을 가설하고, 조가선으로부터는 드롭퍼로 보조 조가선을 조가하고, 행거로서 보조 조가선에 전차선을 조가하는 방식이다.

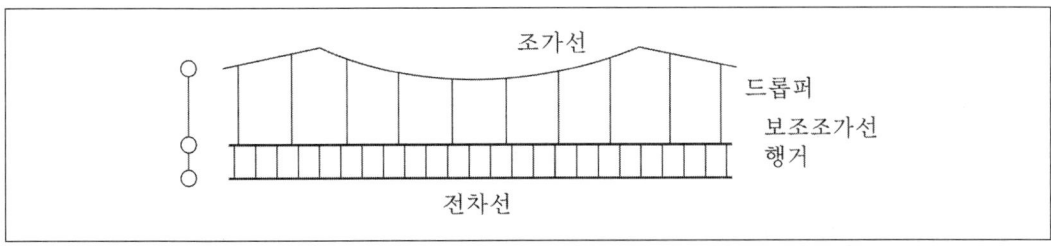

[콤파운드 커티너리 조가방식]

대개 보조 조가선에 경동연선(CU 100㎟)을 사용하고 있어 집전용량이 크고 판타그래프에 의한 가선의 상 방향 변위(압상량)가 지지점이나 경간 중앙이 큰 차이가 없어 속도 향상이 가능하므로 고속운전이나 중 부하 구간에 적합하다. 그러나 가선에 필요한 상부 공간이 크고 지지물도 높게 해야 하므로 심플 커티너리 조가방식에 비해서 건설비는 비싸다.

이 헤비 콤파운드 커티너리 방식에서 각 전선의 굵기를 크게 하고 및 장력을 높게 한 것을 헤비콤파운드 커티너리 조가방식(Heavy Compound Catenary) 방식이라고 한다. 일본에서는 초기의 고속철도에 합성콤파운드식을 사용했으나 다수 판타그래프에 의한 가선의 공진이 발생으로 인해서, 산양(山陽) 신간선 이후의 고속철도에서는 이 헤비콤파운드 커티너리 조가방식을 적용해 왔다.

이처럼 다수의 판타그래프가 고속집전 시에 전차선의 압상 및 가선 진동 등을 억제하고 강풍에 의한 가선 동요도 경감되도록 하여, 종합적인 집전성능을 향상시킬 목적으로 한 가선방식이 헤비콤파운드 커티너리 방식이며, 250km/h의 속도에서 집전 시에 전차선의 지지점에서의 최대 압상량이 25㎜ 정도이고 가선의 진동도 적다.

5) 합성콤파운드 커티너리 조가방식(Composite Compound Catenary)

아래 그림과 같이 콤파운드 커티너리의 드롭퍼에 스프링과 공기댐퍼를 조합한 합성소자를 사용하여 지지점 부근의 경점을 경감시켜서 전차선의 압상 특성을 균일화하고 이선(離線)과 아크 발생을 방지하여 속도를 향상시킨 방식으로 일본에서 최초의 고속철도인 동해도 간을 건설 할 당시에는 8개의 판타그래프를 사용했던 일본 전기차에서 판타그래프에 의해 가선이 압상되는 량을 일정하게 함으로써 고속주행 시에 안정된 집전을 하겠다는 목표를 가지고 압궁(鴨宮) 시험구간에서 개발 시험을 통해서 이 합성 콤파운드 가선방식을 도입하여 사용하였다.

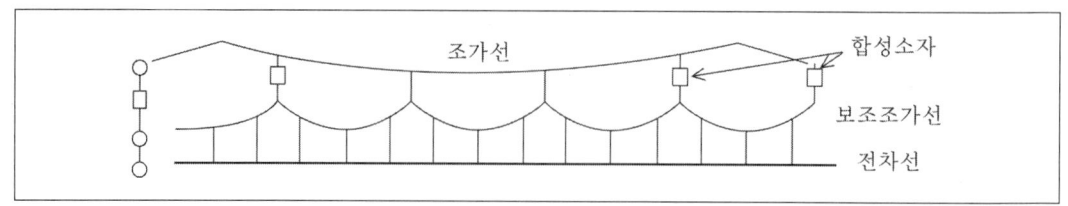

[합성콤파운드 커티너리 조가방식]

6) 사조식

일반적인 커티너리는 조가선과 전차선이 수평면에 대해 수직으로 배열되어 있지만 이 방식은 특수한 행거를 사용해 전차선을 조가선으로부터 경사지게 조가하여 조가선과 전차선이 수평면에 대해 경사를 가지고 있는 방식으로, 가선이 어려워 일부 곡선 개소나 특수한 장소에서만 사용되는 방식으로서 지금은 거의 사용하고 있지 않다.

가) 반사조식

아래 그림과 같이 곡선개소에서 선로를 따라 곡선이 되도록 지지물 경간은 직선구간과 동일하게 하고 특수행거를 사용하면서 전차선을 심플카티너리 방식으로 가선한 것으로서, 곡선당김장치가 불필요하다는 장점이 있으나 가선이 매우 어렵다는 단점도 있다.

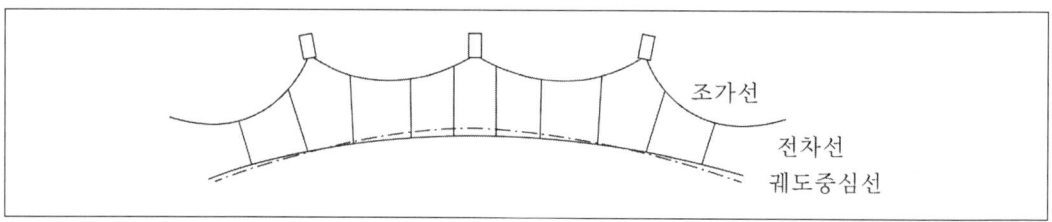

[반사조식]

나) 연사조식

아래 그림과 같이 직선개소에 사용되는 것으로 조가선과 전차선을 경간 중앙에서 교차되도록 각 지지점에서 각기 다른 편위를 갖도록 한 것으로, 지지점 개소에서 궤도 중심선에 대하여 조가선과 전차선을 같은 방향으로 하고 동시에 조가선에 편위를 크게 주어 전차선을 측면에서 조가하는 것으로서, 진동방지장치가 불필요하다는 장점이 있다.

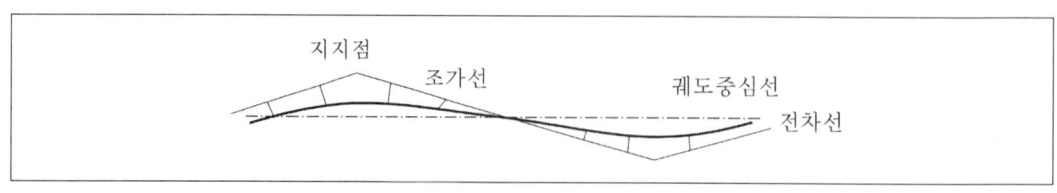

[연사조식]

다) 경사조식

아래 그림과 같이 지지점 개소에 진동방지장치를 취부하고, 궤도중심선에 대하여 전차선과 조가선이 각각 반대 편위가 되도록 한 것으로 풍압에 대해 효과가 있는 방식이다.

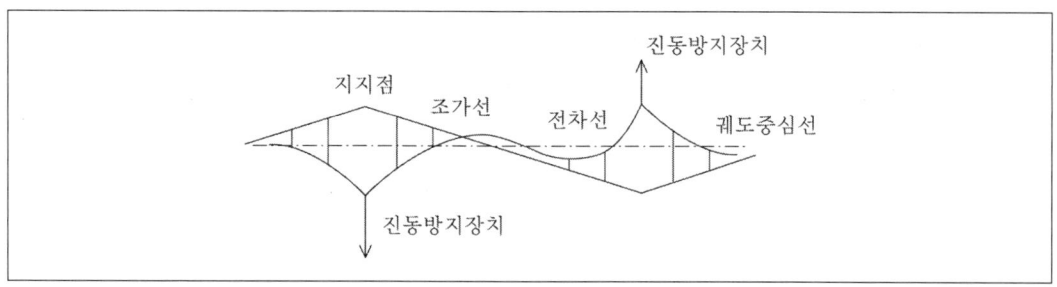

[경사조식]

이러한 각종 조가방식별 성능을 정리해보면 아래 표와 같다.

[각종 조가방식의 성능의 예]

조가방식	표준선종(㎟)			가선계 장력(kgf)	속도성능	집전 전류용량	비고
	조가선	보조조가선	전차선				
직접조가방식			GT110	1,000 1,300	저속도 중속도	소용량	
심플커티너리식	CdCu 80		GT110	2,000	중속도	중용량	
트윈심플커티너리	St 90		GT110	4,000	고속도	대용량	
심플커티너리	St 90	St55(Y선)	GT110	2,000	고속도	중용량	가선특성균일화
헤비심플커티너리	St 90		GT110	2,000	고속도	중용량	
트윈심플커티너리	St 135		GT110	3,000	고속도	중용량	변위억제 및 안정화
더블트로리 심플커티너리	St 90		GT110	3,000	중속도	대용량	
더블메신저심플 커티너리	St 90		GT110	3,000	중속도	중용량	
콤파운드커티너리	St 135	Cu 100	GT110	3,260	고속도	대용량	
트윈심플커티너리	CdCu 80	CdCu 60	GT110	3,000	고속도	대용량	가선특성균일화 (신간선)
헤비콤파운드 커티너리	St 180	PH 150	GT170	5,500	고속도	대용량	변위억제 및 안정화(신간선)
사조식(반사조)	St 90		GT110	2,000	중속도	중용량	

다) 일본 동해도신간선에서의 가선의 변천

동해도신간선에서는 처음에는 鴨(압)宮 시험구간에서 개발 시험을 하였던 합성 콤파운드 가선방식을 도입하였다.(그림-1)

이것은 판타그래프에 의해 가선이 압상되는 량을 일정하게 함으로써 고속주행 시에 안정된 집전을 할 수 있도록 하는 것을 목적으로 하였다.

한편, 0계 차량은 2량에 1개 판타그래프가 탑재되어 있어 최대로 8개의 판타그래프인 다판타그래프의 차량이었다.

그래서, 합성콤파운드 가선에서는 다수 판타그래프에 의한 가선의 공진이 발생함으로써 전차선 설비의 고장으로 이어지게 되었다.

이런 상황을 감안하여, 산양신간선에서는 전차선 설비로서 그림-2와 같은 헤비콤파운드 가선 방식이 도입되었다.

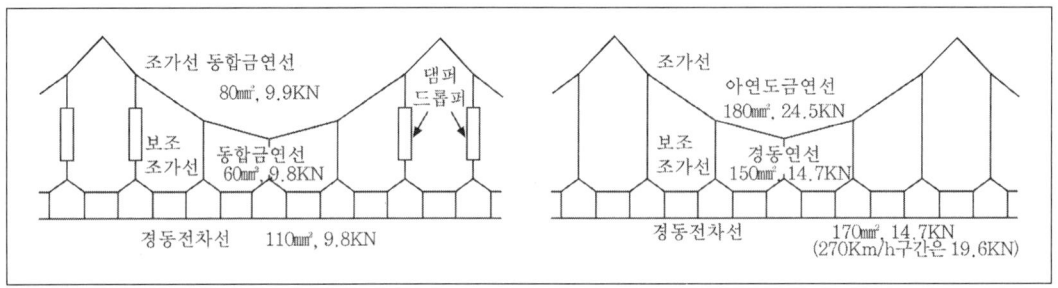

[합성 Compound 가선]   [Heavy Compound 가선]

Heavy Compound 가선의 특징은 3가닥의 굵은 전선을 높은 장력으로 가선한 것으로서, 다수의 판타그래프에 의한 가선의 진동을 방지하는 구조로서 집전 특성도 양호한 것으로 산양신간선 이후의 신간선의 표준 가선방식이 되었다.

동해도신간선에서도 1974년부터 헤비콤파운드 가선으로의 교체공사(重가선화)가 이루어져 1990년에 모든 선이 헤비콤파운드 가선으로 되어졌다. 이후 가선의 전선류 노후 교체에 알맞은 가선 구조로서는 Simple Catenary 가선 구조를 선택하였다. 심플카티너리 가선은 콤파운드 카티너리 가선과 비교하면 전선은 1가지 종류가 적고, 부품 개수를 줄이는 것이 가능하다.

그러나, 심플 가선은 콤파운드 가선에 비해 판타그래프의 상하 움직임이 크게 되므로 고속주행 시에는 다수 판타그래프에 의한 공진이 발생하기 쉽다.

100계 이후의 차량에서는 판타그래프 사이를 모선으로 연결함으로써 판타그래프의 개수를 줄여서, 300계 이후의 차량에서는 2개의 판타그래프로 운행하게 되었다. 이러한 형태의 집전 조건 발전에 따라서 0계에서의 다수 판타그래프에 의한 공진 문제도 없어져서, 동해도신간선에서 심플카테너리 가선 구조를 도입하는 것이 가능하게 되었다.

그래서, 이번에 개발한 가선의 전선 종류로는 조가선에는 도전율이 높은 경동 연선 200㎟를, 전차선에는 동해도신간선의 고속구간에서 실적이 있는 고장력이 가능한 동합금계의 경보선(警報線)이 들어있는 전차선 170㎟를 사용하고, 각 전선 모두 장력을 24.5KN으로 하는 것으로 하여 현재의 헤비콤파운드 가선과 같은 정도의 전류 용량과 파동전파속도를 확보하는 것이 가능하였다.

대전류 용량의 고속 헤비심플 가선에서는 조가선에 경동연선을 사용함으로써 전차선과 조가선의 간격을 짧게 하여 행거 등의 전차선 금구의 재료를 절감함과 동시에 지지점 부근에서의 작업성 향상을 도모하였다.

다. 강체전차선로

지하구간에 적합하도록 개발되어진 가선방식으로 도시 지하철 구간의 대표적 방식이다. 커티너리 방식을 지하구간에 채용하면 협소한 공간에서 전차선 단선에 따른 안전상의 문제, 보수작업의 어려움, 터널 단면적이 매우 커져 건설비가 과다하게 소요된다는 점이 문제가 되어, 이를 보완하기 위해 초기에는 제3궤조 방식을 사용하다가 지하구간에 적합하고 단선의 우려가 없는 새로운 방식으로 강체레일을 사용하는 강체선 조가방식이 개발되어 세계 각국의 지하구간 전차선로에 널리 사용되고 있으며 R-Bar를 이용한 방식의 운행속도도 증가하고 있는 추세이다

이러한 강체전차선은 전차선을 강체에 완전하게 일체화시켜 고정한 것으로 터널 등의 천정 또는 측면에 애자 또는 브래키트를 취부하고 여기에 강체전차선을 조가하는 방식으로서 R-Bar와 T-Bar의 두 가지 방법이 있으며, 아래 그림에서 보듯이 T-Bar는 254㎜ 현수애자 하나로 절연을 했으므로 낮은 전압이 사용되는 직류구간에서 사용되고 있으며, 교류구긴에는 지지애자가 최소한 3개 이상 연결되어야 절연이 가능해지므로 설치가 어려워서 측면 벽에 장간애자를 이용하여 절연을 한 브래키트를 설치하고 R-Bar를 고정하는 방식을 사용하고 있다. 이 강체조가 방식의 장단점은 다음과 같다.

가) 장점
　① 터널구조물의 단면 높이를 축소할 수 있어 건설비가 절감된다.
　② 전주나 빔이 없고 전차선이 도체 성형재와 일체로 되어 있어 장력장치, 곡선당김장치, 진동방지 장치가 불필요하다.
　③ 설비가 간단하므로 유지보수가 쉽다.
　④ 단선의 우려가 거의 없으며 응급처치도 간단하다.
　⑤ 직류급전방식에서는 강체전차선이 충분한 전기적 용량을 가지므로 급전선을 별도로 시설할 필요가 없다.

나) 단점
　① 판타그래프가 강체전차선에 습동하여 운행될 때에, 이에 대한 추종성이 없어 집전특성

이 나쁘므로 전기차의 운행속도에 한계가 있다.
② 유연한 가요성이 없어 상대적으로 전차선의 마모가 심하다.
③ 요철부분의 국부적인 아크로 인해 특정 개소의 마모가 심하고 판타그래프의 손상이 많다.
④ 강체방식과 카테너리방식의 접합점에는 압상량의 차이가 많으므로 압상량의 차이를 점차로 줄일 수 있는 이행구간이라 장치가 필요하다.

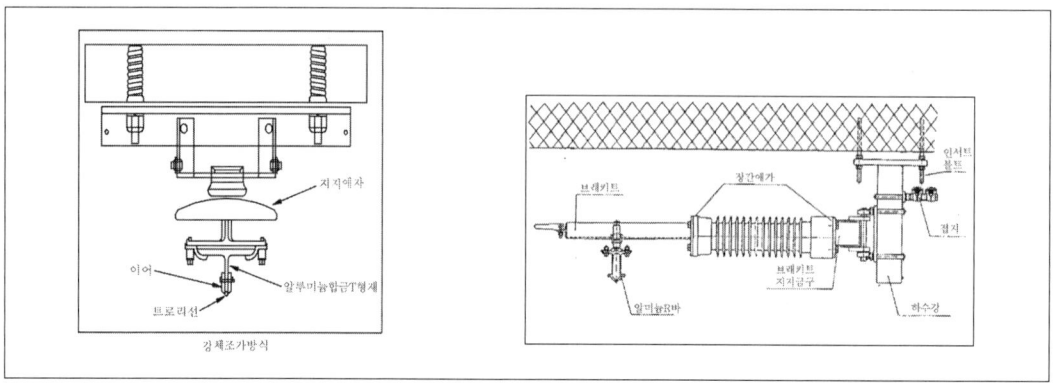

[T-Bar 설명 그림]　　　　　　　　　　[R-Bar 설명 그림]

아래 사진은 R-Bar와 T-Bar에 전차선을 고정한 상세 사진과 R-Bar와 T-Bar 방식으로 터널 내에 전차선을 설치한 사진이다.

[T-Bar와 R-Bar의 시공사진 1]

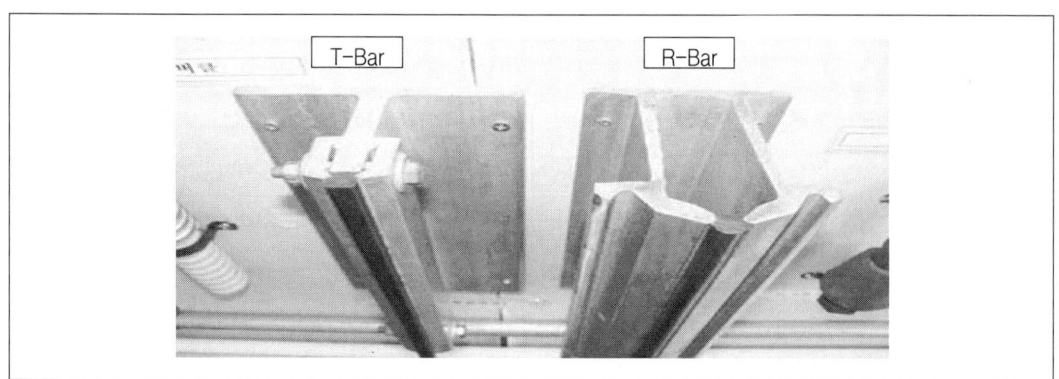

[T-Bar와 R-Bar의 시공사진 2]

1) T-Bar

T-Bar는 터널 천정에 250㎜ 현수애자를 이용하여 고정된 T자형태 알미늄 바의 롱이어에 전차선을 고정시켜 사용하는 방식으로, 절연이격거리가 짧아 낮은 전압인 직류방식에서 사용되며 80km/h 이하의 저속구간에 사용된다.

애자는 터널 천정에 절연 매립전을 통해 지지금구를 설치하고 여기에 애자를 부착하는 형태로 건설되며 롱이어에 전차선을 끼우는 방식이라서 장비를 이용 할 수 없고, 지지 간격도 5m로 매우 짧다.

2) R-Bar

R-Bar는 T-Bar보다는 높은 160~200km/h까지 사용할 수 있는 방식으로 터널 벽에 설치된 브라켓에 R자형태의 알미늄 바를 고정설치하고 그 안에다 전차선을 삽입하는 방식으로 브라켓에 장간애자를 설치하여 절연하므로 높은 전압에 사용할 수 있어 교류급전방식에서 사용하며, 설치 간격은 약 10m로 T-Bar의 2배이지만 온도 및 강체의 위치에 관계없이 일정한 압력을 받을 수 있고 가선 및 전선의 교체작업을 장비를 이용할 수 있어 훨씬 간편하다.

2.4 전차선로의 기계적인 특성 및 집전특성

전기철도의 전원공급은 궤도면상 일정한 높이에 가설된 전차선과 전기차의 집전장치를 통해 이루어지므로, 이 둘 사이의 동력전달은 동역학적 운동 등의 기계적인 특성에 대단히 민감하며 이러한 접촉력 패턴에 대한 집전특성은 열차운전에서 가장 중요한 요소로서 허용최고운행속도를 결정짓는 요소가 된다.

이러한 전차선의 기계적인 특성을 표현하는 요소는 다음과 같이 7가지가 있다.

가. 기계적 특성

1) 이선현상

판타그래프의 이동에 따라 전차선이 판타그래프에 접촉되어 있지 않고 순간적으로 이탈이 발생되는 현상을 이선이라고 하며, 이 이선은 순간적인 불완전접촉을 발생시켜서 아크를 일으키고 이로 인해 전차선과 집전장치에 이상 마모 및 손상을 초래하게 된다.

그러므로 이선은 열차속도를 결정짓는 중요한 요소가 된다.

이선의 정도를 나타내는 이선율은 아래의 식과 같이 시간과 거리의 두 가지 방법으로 표시할 수 있다.

$$이선율 = \frac{일정구간 \ 주행시의 \ 이선시간의 \ 합}{일정구간 \ 주행시간} \times 100(\%)$$

$$= \frac{일정구간 \ 주행시 \ 이선하여 \ 주행한 \ 거리의 \ 합}{일정구간 \ 주행거리} \times 100(\%)$$

또한, 전기철도의 속도향상은 이선율을 얼마나 적게 하느냐로 말할 수 있으며, 우리나라에서는 일반철도는 3%, 고속철도에서는 1% 이하로 제한하고 있다.

2) 탄성율(彈性率)

전차선로는 어느 정도 탄성을 가지고 있지만 고속운전을 위해서는 이 탄성을 낮추어야 한다. 이 탄성율은 아래 식으로 표시할 수 있다.

$$e = \frac{S}{K(F_f + F_t)} \ (mm/N)$$

여기서 S : 전주 경간(m), F_t : 전차선의 장력(KN)

F_f : 조가선의 장력 (KN), K : 상수

이 식에서 보듯이 탄성율은 경간이 짧을수록, 전차선과 조가선의 장력이 클수록 작아져서 가선특성이 좋아진다.

3) 비균일율

전차선로는 경간중앙과 지지점이 각기 다른 탄성을 갖게 되므로, 이 두 개소의 탄성을 가능한 한 같게 유지해야 이선을 줄일 수 있다.

비균일율은 두 개소의 탄성 차의 비율로서 아래 식으로 표시한다.

$$비균일율(U) = \frac{E_{\max} - E_{\min}}{E_{\max} + E_{\min}} (\%)$$

$E_{\max}$: 경간 중앙의 탄성, $E_{\min}$: 지지점의 탄성

4) 반사계수

전차선로의 기술적 데이터에 의해 결정되며 아래 식과 같다.

$$r = \frac{\sqrt{F_t \cdot m_t}}{\sqrt{F_t \cdot m_t} + \sqrt{F_f \cdot m_f}}$$

m_t : 전차선의 단위길이당 질량 (kg/m)
m_f : 조가선의 단위길이당 질량 (kg/m)

5) 도플러계수

운전속도에 따라 달라지는 전차선로의 동적작용은 도플러계수로 접근할 수 있다. 즉, 파동전파속도와 운전속도의 차이가 얼마나 되는가를 표시하는 식이다

$$도플러계수\,(\alpha) = \frac{C-V}{C+V}$$

C : 파동전파속도 (m/s), V : 운전속도 (m/s)

6) 증폭계수(γ)

반사계수와 도플러계수의 비를 증폭계수라 한다 ($\gamma = \frac{r}{\alpha}$).

이 도플러계수가 0에 가까워지면 증폭계수가 무한대가되는데 이는 운전속도가 파동전파속도에 근접함을 의미한다.

7) 전차선의 인장

전차선의 장력이 증가하면 전차선은 그 만큼 늘어나게 된다.
이 때 장력에 의한 전선의 늘어나려고 하는 힘은 아래 식으로 표현된다.

$$인장\,(\triangle L) = \frac{\triangle F_t}{\rho e} \cdot L(m)$$

ρ : 전차선의 단면적 (m^2)
e : 탄성율, L : 전차선의 유효길이 (m)

이 인장력은 곡선당김금구를 정상위치에서 이동하게 만들며 곡선당김금구에 작용하는 원심력도 증가시키는 요인이 된다.

나. 집전특성

판타그래프와 전차선 사이의 접촉력 패턴은 동역학적 운동에 있어 가장 중요한 요소가 되므로 매우 중요하며, 이 접촉력은 사용하는 판타그래프로도 측정 가능하다. 그리고 그 접촉력의 값은 통계학적인 평균값과 표준편차, 최대, 최소값을 가지고 평가하게 된다.

또한, 전차선로와 판타그래프가 하나의 진동 가능한 시스템을 형성하고 있으므로 이들 요소를 독립적으로는 접근하여 해석할 수는 없다.

이러한 집전특성 해석에 가장 많이 사용되는 것이 파동전파속도와 압상량이다.

1) 파동전파속도

판타그래프가 움직이면서 전차선을 파동 변형시키면서 동요하게 되며 이 파동은 전차선로

를 따라 전파되게 되는데 이를 파동전파속도라 한다.

만일, 판타터그래프의 속도가 이 파동전파속도 이상이 되면 전차선은 강체와 같은 성질을 갖게 되어 접촉력이 비정상적으로 커지게 되므로 판타그래프와 전차선 모두에 큰 충격을 주어 둘 다 이거나 둘 중 한쪽이 손상을 입게 된다. 그러므로 이 파동전파속도는 정상적인 집전이 일어날 수 있는 최대속도를 의미하게 되며 아래 식으로 표현할 수 있다.

$$C = \sqrt{\frac{T}{m}} = \sqrt{\frac{\delta F}{\delta f}} \ (km/h)$$

T : 전차선의 장력 (N), m : 전차선의 단위질량 (kg/m)
δF : 전차선의 응력 (N/m^2),
δf : 전차선의 단위길이당 단면질량 $(kg/m \cdot m^2)$

위 식에서 보듯이 가선의 형태(전차선의 종류)가 정해지면 파동전파속도는 장력의 영향을 받는다. 그러므로 전차선의 단위 질량을 줄이거나 같은 질량으로 장력을 높일 수 있는 합금소재의 전차선 개발에 많은 나라들이 노력을 경주하고 있다. 그러나 이 파동전파속도가 최대 허용속도를 의미하는 것은 아니며 실제는 많은 나라들이 파동전파속도의 80% 정도를 전차선의 최대 허용속도로 추정해 적용하고 있다.

또한, 전차선로의 동요 및 이에 따른 영향은 판타그래프의 수에 따라 달라진다. 만일 판타그래프의 수가 많아지면 고속 운행 시 연속적으로 판타그래프가 지나가게 되므로 앞선 판타그래프에 의한 가선 진동상태가 뒤에 오는 판타그래프의 초기상태가 되므로 뒤에 오는 판타그래프는 집전율이 앞에 있는 판타그래프보다도 더 떨어지게 된다.

그러므로 동력분산식에서는 여러 개의 판타그래프를 가지고 있어서 전기차가 집전 특성 측면에서는 동력집중식보다 불리하다는 것을 알 수 있다.

그래서, 동력분산식 만을 사용하고 있는 일본도 속도 향상을 위해 판타그래프의 개수를 줄이는 노력을 지속적으로 해왔다.

나) 전차선의 압상량

판타그래프가 전차선을 유압으로 밀고 전진하게 되므로 전차선은 위로 올라가려고 하는 힘에 의해 압상하게 된다. 그 양은 판타그래프의 특성에 따라 다르며, 이 압상량은 전차선의 집전특성을 평가하는 중요한 요소 중의 하나이다.

a) 정적압상량

판타그래프가 정지한 상태에서 전차선을 밀어 올리는 양을 말하며 판타그래프의 접촉력과 탄성율의 평균값에 기초하여 계산이 가능하다.

실제로 저속 운전 시에도 관찰이 가능하며 운행속도가 증가하면 동적 영향이 정적 압상에 더해져서 나타난다.

또한 이러한 압상량은 경간의 중앙과 지지점에서 차이를 보이며. 지지점은 그 값이 더 적어지게 된다.

① 경간 중앙에서의 전차선 압상량

경간 중앙은 그림과 같이 전차선이 하나의 현을 그리고 있다고 생각 할 수 있으므로, 이 그림에서의 현의 하중점 압상량으로 나타낼 수 있어 다음 식으로 표시할 수 있다.

$$y = \frac{(\frac{S}{T} - \frac{X}{T}) \cdot \frac{X}{T} \cdot P}{\frac{S}{T}} (m)$$

여기서 y : 하중점의 압상량 (m), T : 현의 장력 (kg)

S : 경간 (m), P : 압상력 (kg)

X : 지지 점에서 하중 점까지의 거리 (m) ,

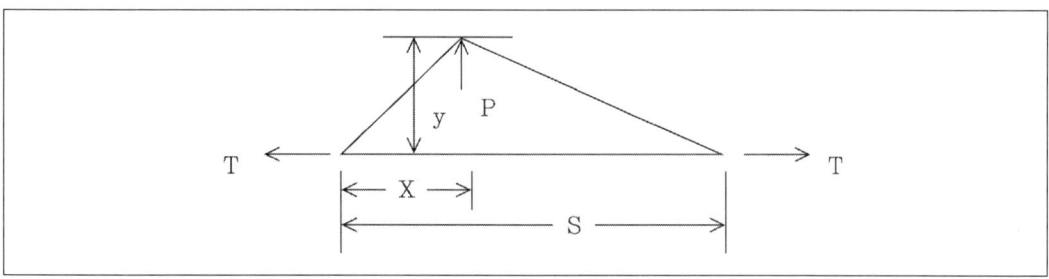

[한 경간에서의 압상량]

이 식은 현이 1개일 경우이고 실제 전차선로는 조가선(콤파운드식은 보조조가선 포함) 등의 2~3개로 구성되어 있으므로 조금은 차이가 있으나, 이 식을 적용해도 무방하지만 이 경우에는 장력은 꼭 가선전체의 합산 장력으로 계산해야 한다.

② 동적 압상량

가선의 진동은 가선형태가 단순해도 생기며 매우 복잡하다.

가선진동의 개요를 확인하는 것은 가선진동의 본질을 파악하고 동시에 가능한 단순한 모델로 표현하는 것이 중요하다.

이 동적 압상량은 가선을 양단 지지형태의 단순한 현이 아닌 경우의 동작을 나타내는 파동방정식을 이용하여 점 하중 P가 X=0에서 X=S까지 이동 할 때 y의 변위를 구하면 되므로, 이를 정리해 보면 아래와 같이 된다.

$$y = \frac{2P}{\sigma S} \cdot \sum_{n=1}^{\infty} \sin\frac{n\pi}{S} \cdot X(\frac{\sin\beta_{nt}}{\alpha_n^2 - \beta_n^2} - \frac{V}{C} \cdot \frac{\sin\alpha_{nt}}{\alpha_n^2 - \beta_n^2})$$

$$\alpha_n = \frac{n\pi C}{S}, \quad \beta_n = \frac{n\pi V}{S}$$

이처럼 동적 압상량은 구하기가 매우 어려워서 대개 100(km/h)미만의 구간에서는 전차선 동적압상량 계산식에서 판타그래프의 압상력을 3배 이상해서 계산하기도 한다.

2.5 전차선로 설비(Catenary System)

동력차에 전기에너지를 공급하기 위하여 선로를 따라 설치한 시설물로서 전선, 지지물 및 관련 부속설비를 총괄하여 전차선로 설비 또는 전차선 시스템이라고 한다.

전선에는 전기차량의 집전장치(판타그래프)와 습동하여 전기에너지를 공급해주는 역할을 하는 전차선 및 이 전차선을 일정한 높이로 가선하기 위해 사용되는 조가선 그리고 전차선과 조가선을 연결해 주는 드롭퍼(또는 행거)가 있으며, 이를 총칭하여 합성전차선이라고 부르고 대개 급전회로에서 전차선은 이 합성전차선을 말한다.

또한, 변전소로의 귀환 회로를 구성하는 귀선으로서 AT급전방식의 급전선과 보호선 및 BT급전방식의 부급전선, 흡상선 등이 있다.

지지물에는 전선 및 각종 설비를 부착할 수 있도록 선로연변을 따라 설치한 전주와 비임, 가동브래킷, 전주대용물, 하수강 등이 있으며, 부속설비로는 두 개의 전원을 구분할 필요가 있는 개소에 설치되는 절연구분장치 및 전선의 장력을 자동으로 조절하여 항상 일정한 장력이 유지되도록 하는 자동장력조정장치, 건널선 장치, 흐름방지장치 등이 있다.

아래 사진은 일반철도와 고속철도 구간의 전차선로설비가 설치된 모습의 사진이다.

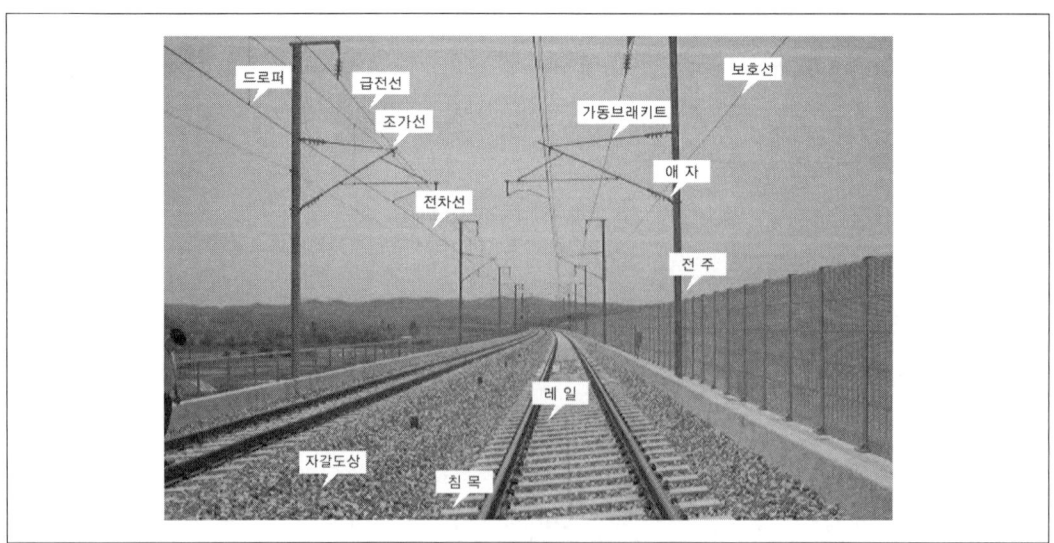

[고속철도구간 전차선로 그림 및 설명]

[일반철도구간 역구내 전차선로 사진]

가. 전선

일반적인 전선은 부하에 전력을 공급하기 위해 사용되므로 도전율을 고려하여 동선이나 알미늄선을 많이 사용되어 진다. 전차선도 전기차에 전력을 공급해야 하므로 동일한 조건은 물론 고려해야 하지만, 한 가지 더 움직이는 전기차에 이선없이 전기를 공급하기 위해 큰 장력으로 등장력, 등고, 등요(等搖)를 유지할 필요가 있으며, 판타그래프와 항상 접촉히므로 기계적인 강도와 마모도 함께 고려할 필요가 있다는 점이다.

그래서, 아래 그림과 같이 전차선에는 동선 또는 합금동선을 사용하고 있으며, 조가선에는 기계적 강도를 고려하여 초기에는 아연도 강연선을 사용하기도 했으나 전기차의 견인력이 증가하면서 도전율도 함께 고려하여 카드뮴 동연선, Bz동연선, 경동연선 등을 사용하고 있고, 급전선이나 조가선 보호선에는 알미늄 연선이나 동선, 강심알미늄연선(ACSR) 등이 사용되고 있다.

전차선의 사고를 짧은 시간에 인지하여 차단시키기 위해 사용되는 보호시스템을 구성하는 보호선에는 이중절연방식의 절연보호선 방식과 고속철도에서 사용되고 있는 비절연 보호선 방식이 있으며, 수도권 초기에는 절연보호선이 사용되기도 했으나, 현재는 대부분이 계통접지와 병행하여 비절연 보호방식을 사용하고 있다.

또한, 접지방식도 초기에는 개별접지 방식이 사용되었으나, 고속철도 이후에 접지의 중요성과 약전회로에 대한 보호 등을 고려하여 전 구간을 접지선으로 연결하는 계통접지의 등전위 방식을 채용하여 선로 양측에 접지선을 부설하고 모든 전기 설비의 외함이나 철 구조물들을 이 접지선에 연결하는 방식을 택하고 있다.

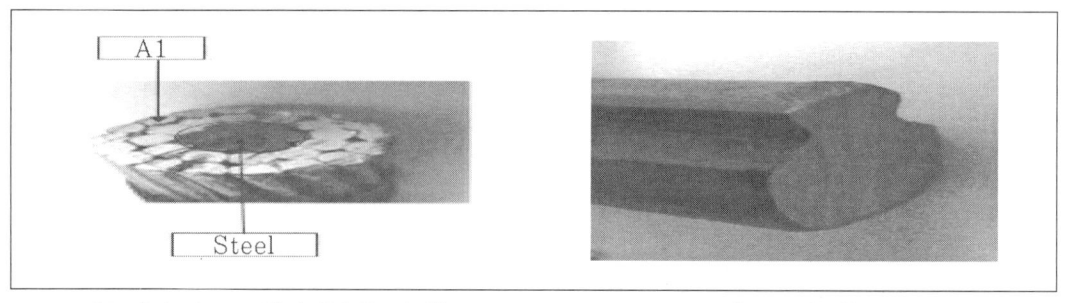

[급전선 및 보호선(강심알미늄연선)]   [전차선(Cu)]

[조가선(Bz)]   [드롭퍼]

[절연보호선]   [비절연보호선]

나. 각 개소별 표준장주도

전차선로는 토공과 교량 그리고 터널개소가 그 가선하는 방법이 서로 다르므로 이를 표준화하여, 토공개소는 급전선을 브래키트의 반대방향에 설치하여 지지물의 높이를 최소화하고, 교량 개소는 급전선 단선 시의 안전 확보를 고려하여 급전선을 브래키트 상부에 설치하는 것으로 하였으며, 터널구간은 터널 단면에 맞추어 가선하는 방법으로 아래 그림과 같이 표준화하여 사용하고 있다.

1) 교량개소

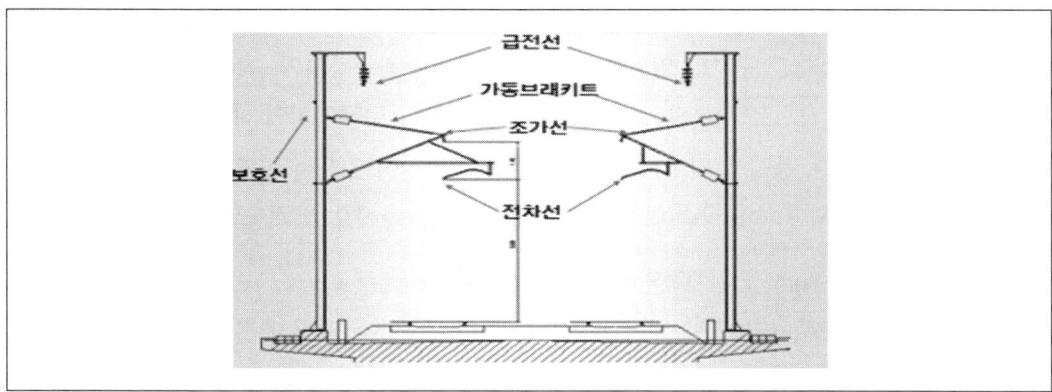

2) 토공개소

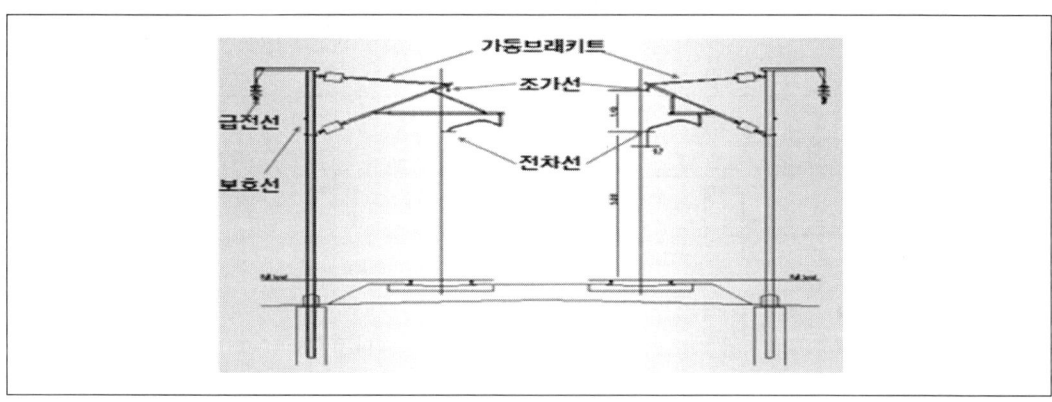

3) 터널개소

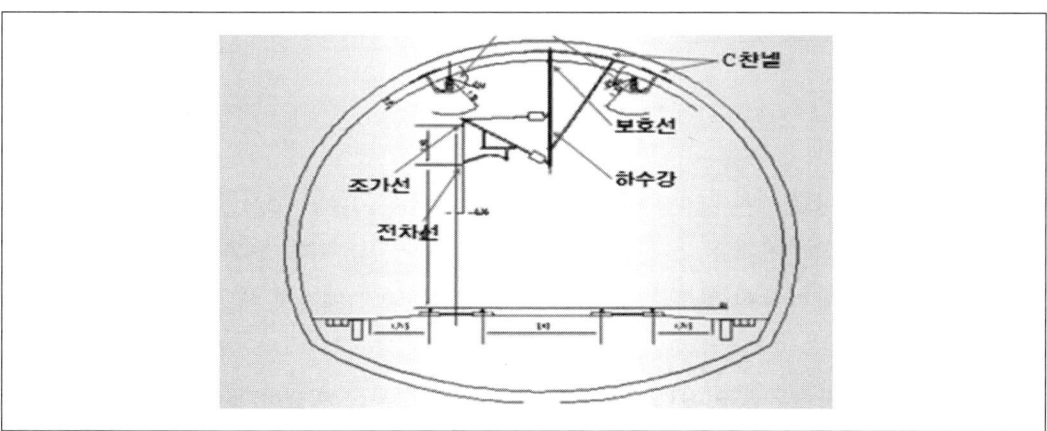

다. 구분장치(Sectioning Device)

전차선의 일부 구간에서 사고가 나는 경우 또는 일상의 정전보수작업을 하는 경우에 급전 정지 구간을 한정하고 다른 구간의 열차운전 확보를 위하여 집전장치의 습동에 영향을 주지 않으면서 전차선을 전기적으로 구분하는 장치로서는 기계적인 구분장치인 에어죠인트와 전기적인 구분장치인 에어섹숀, 동상용 및 이상용구분장치가 설치되어 있으며 속도 상승에 따라 모든 구분장치들이 경량화되고 속도상승에 맞추어 접속이 없는 방식으로 개량되어져 가고 있다.

1) 에어죠인트(Air-Joint : 기계적인 구분 장치)

전차선의 장력조정 거리와 한 개의 드럼으로 만들 수 있는 길이 등을 고려하여 대개 최대 1600m를 한 섹숀으로 할 수 밖에 없기 때문에 기계적으로는 구분이 될 수밖에 없지만 전기적으로는 균압선을 이용하여 연결시킨 단순한 물리적인 구분개소를 말한다.

아래 그림과 같이 평행한 두 전차선의 간격은 150mm 이상 이격하여 물리적인 충돌이 발생하지 않도록 하고 MTTM 균압으로 두 회선을 완전히 등전위로 만들어준 방식이다.

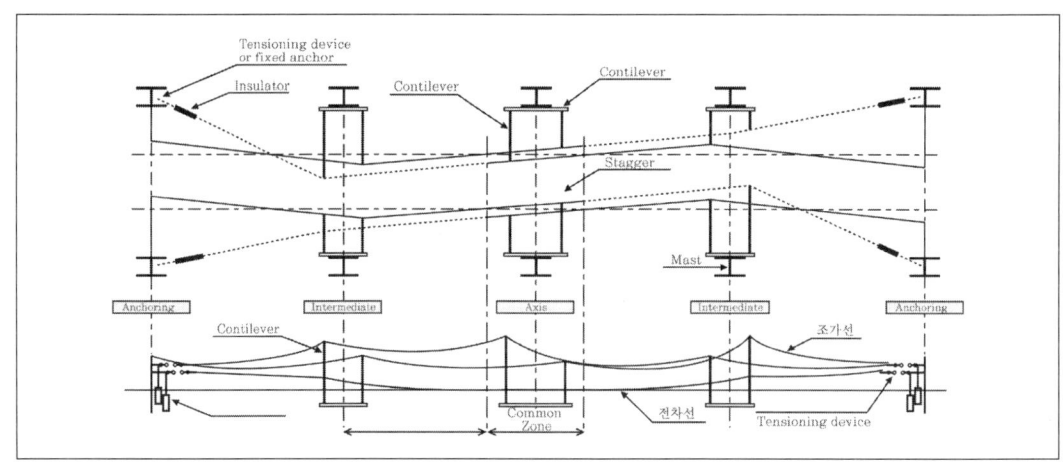

[에어죠인트]

2) 동상용 구분장치

서로 같은 상을 전기적으로 구분해주는 장치로서 에어죠인트를 전기적으로도 구분이 가능하게 만들어 준 에어섹숀과 역 구내의 측선 등의 회로 구분을 위해 두 회선을 절연체를 이용하여 구분한 절연체 섹숀이 있으며 이 절연체는 재료에 따라 애자형 섹숀과 RFP섹숀으로 구분할 수 있다.

이 동상용 구분장치는 SSP, BT앞, 건널선 등 회선의 구분이 필요한 동일한 상의 구분 장소에 사용된다.

고속화가 되면서 이러한 구분장치들은 경량화 되어지고, BT 앞에서는 접속이 없는 에어섹 숀을 사용하는 형태로 바뀌어가고 있다.

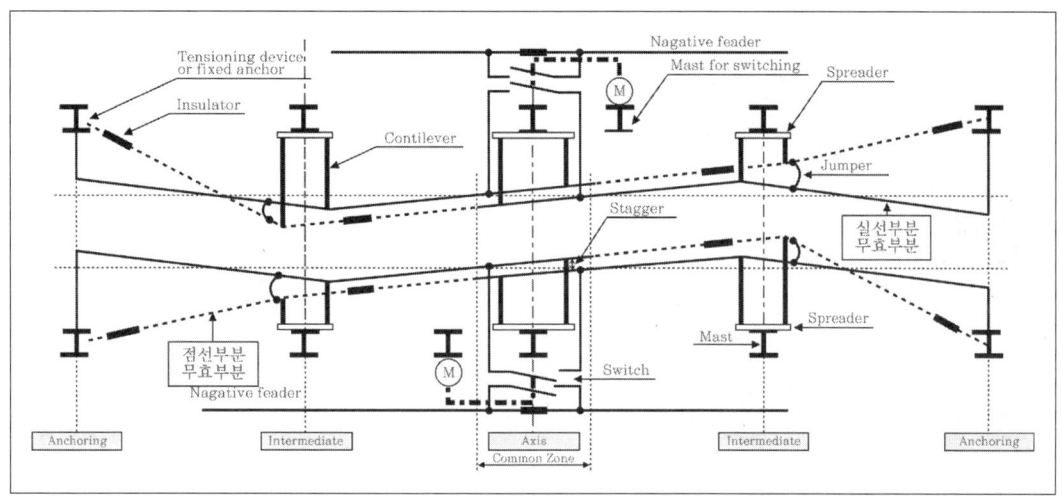

[에어섹숀 도면]

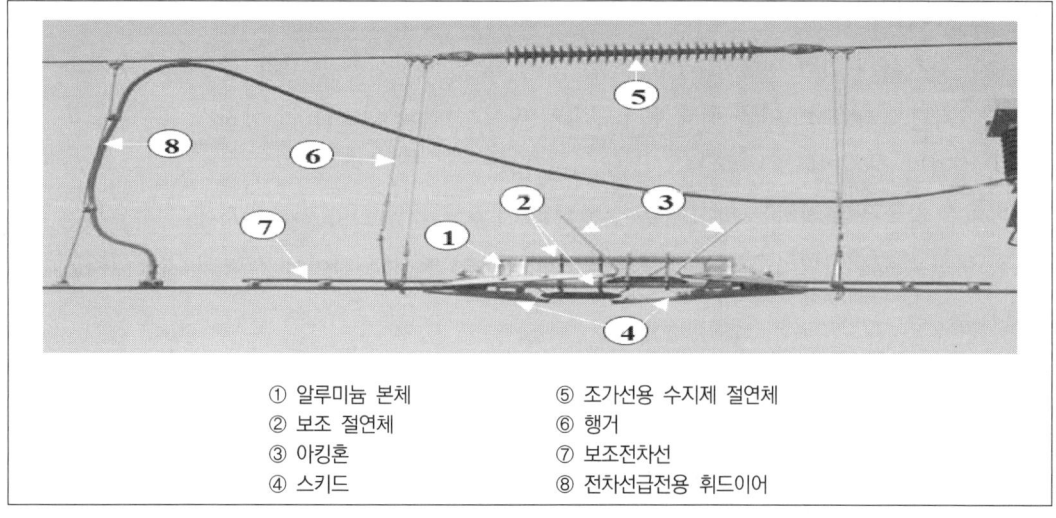

① 알루미늄 본체
② 보조 절연체
③ 아킹혼
④ 스키드
⑤ 조가선용 수지제 절연체
⑥ 행거
⑦ 보조전차선
⑧ 전차선급전용 휘드이어

[애자형 섹숀]

3) 이상용 절연구분 장치

서로 상이 다른 전원이나 직류와 교류가 만나는 지점과 같이 완전한 절연이 필요한 개소에는 이상용 절연구분 장치를 사용하며, 일반철도 구간에는 FRP 6~22m 섹숀을 판타그래프의 형태나 간격에 따라 사용하며 섹숀구간이 절연체로 완전히 절연되어 있으므로 이를 Dead Section이라 부르고, 고속철도 구간에서는 고속으로 운행하기 위해서 이러한 절연체를 사용하지 않고 에어 섹션 2개를 사용하여 두 전원을 구분시키는 2중 오버랩 방식을 사용하며 두 에어섹션 사이는 마치 중립지대와 같이 사용되므로 이를 Neutral Section이라고 부른다.

[FRP 22m섹션]

[Neutral Section(2중오버랩)]

라. 장력조정장치

합성 전차선의 집전 성능을 향상시키기 위해 항상 전차선은 등고와 등장력이 유지하는 것이 중요하다. 그러므로 이를 위해 온도변화에 따른 전선의 신축을 이 장치가 흡수하도록 하기 위해 설치된 장치이다.

이처럼 장력을 조정하는 방식에는 수동식과 자동식이 있으며, 인류개소에서 사용하는 수동조정 방법은 와이어턴바클과 조정스트랩을 사용하여 전선의 길이를 사람이 조정해주는 방법이다.

또한, 자동조정식은 전차선과 조가선을 한꺼번에 조정하는 일괄조정방식과 따로 따로 장력을 조정하는 개별조정방방식이 있으며, 고속으로 갈수록 두 전선의 선 팽창계수 차이에 의한 문제점을 해소하기 위해서 개별식을 많이 사용하고 있다,

또한, 장력조정에 사용되는 매체에 따라 활차 식과 도르래 식, 스프링 식 등으로 구분할 수 있으며, 활차 식은 활차의 비율을 이용한 것으로 대개 일반철도 구간에서 전차선과 조가선을 일괄하여 조정해 주는데 사용되고 있고 1:4, 또는 1:5의 비를 사용한다. 도르래 식은 활차식보다 훨씬 조정의 정밀도가 높아 고속철도 구간에서 개별조정 방식으로 사용되고 있으며, 스프링 식은 고가이고 조정거리가 짧아서 터널이나 교량, 역구내 등 다른 방식의 설치가 어렵거나 유지보수상의 필요에 따라 사용되고 있다.

비임하 스팬선 등 짧은 거리의 조정에는 유압식 조정장치도 사용되고 있다.

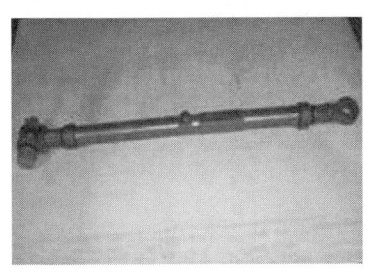
[와이어턴버클]

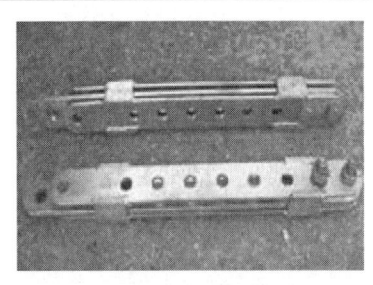
[조정스트랩]

[활차식]

[도르래식]

[스프링식]

[유압식조정장치]

마. 전주

전차선로에 사용되는 전선 및 브래킷, 장력장치 등을 설치하기 위하여 선로를 따라서 일정 간격으로 설치된 지지물로서, 해당 전선 및 설비들이 각종 풍압 및 횡압에 견디도록 콘크리트 기초를 하여 설치하고 있으며, 교량 등에서는 교량시공 시에 설치한 앵커볼트를 이용하여 시공한다.

사용되는 자재의 종류에 따라 H형강 주, 철주, 강관주, 콘크리트주 등으로 구분한다. 초기에는 콘크리트주를 많이 사용하였으나 현재는 H형강 주를 많이 사용하고 있으며, 미관을 고려할 필요가 있는 개소에서는 강관주를 사용하기도 한다.

역구내 등 비임을 설치할 필요가 있는 개소나 장력이 많이 걸리는 개소 등에서는 철주를 많이 사용한다.

[H형강주]

[콘크리트주]

[철주]

[강관주]

바. 비임

역 구내와 같이 여러 개의 선로가 있어 전주를 여러 개 세우기가 어려운 경우 등에서는 양 전주 사이에 빔을 설치하고, 이 빔을 이용하여 하수강을 설치하고, 이 하수강에 브래킷를 설치하는 방법으로 전주를 설치한 것과 동일한 효과를 얻는 방법을 사용하고 있다. 이처럼 양 전주 사이에 설치하는 것을 빔이라고 한다. 아래 그림과 같이 이러한 빔은 사용되는 재료와 형태에 따라 강관빔, 사각빔, 라멘빔, 포탈빔 등 여러 가지 종류가 있으며, 양 전주 사이의 간격에 따라 적당한 길이로 제작하여 사용한다. 그러나 너무 빔의 길이가 길면 중간부분이 쳐지는 현상이 발생되므로 이러한 현상이 발생하지 않는 최대 길이를 정해서 사용한다.

또한 조차장과 같이 배선이 많고 운행속도는 저속인 구간에서는 철재의 빔 대신에 전선을 이용하는 스팬선빔 방식을 사용하기도 한다.

그러나, 이 방식은 선의 현수정도를 사전에 계산하여 제작하므로 스팬선 빔 하부의 선로가 계획과 다르게 되면 조정이 어렵다는 단점이 있어 현재는 많이 사용되고 있지는 않다.

[사각빔]

[포탈빔]

[스펜선빔]

[강관빔]

사. 가동 브래키트(Moving Bracket or Cantilever)

전차선 및 조가선을 지지하는 설비로서 온도변화에 의한 전차선, 조가선의 신축에 따라 좌우로 회전하는 구조로 되어있으며, 편위 조절을 위하여 아래 그림과 같이 내측에서 당겨주는 형태의 Ⅰ형과 외측에서 당겨주는 형태인 O형이 있으며, 터널 내는 단면의 크기에 따라 별도의 터널용 브래키트를 사용하거나, 동일한 형태의 브래키트를 하수강을 이용하여 설치하기도 한다.

그러나, 저속의 측선 등에서는 가동브래키트 대신 브래키트 하부에 달려있는 곡선당김 금구나 진동방지 금구만을 사용하여 전차선을 지지하는 간단한 방법을 사용하기도 한다. 이 경우에 조가선은 애자 등을 이용하여 고정시킨다.

에어죠인트나 에어섹숀과 같은 Overlap 개소에는 두 개나 세 개의 전차선을 한 개소에서 고정해야 할 필요가 있으므로, 이러한 경우에는 전주에 평행틀을 붙여서 설치하고 있다.

아래 그림은 가동브래키트의 구조이며 그 아래의 사진은 각 개소에 사용된 자재들의 사진과 I형, O형 및 터널 내에 설치된 브래키트의 사진이다.

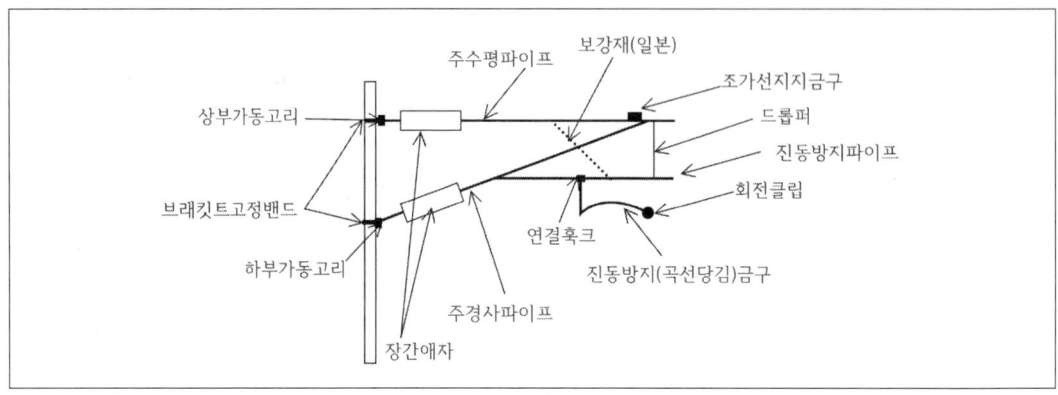

[가동브래키트의 구조]

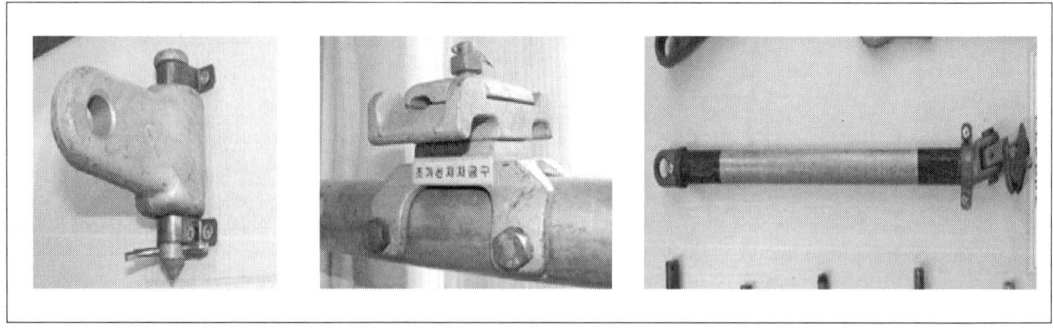

[가동고리]   [조가선지지금구]   [곡선당김금구]

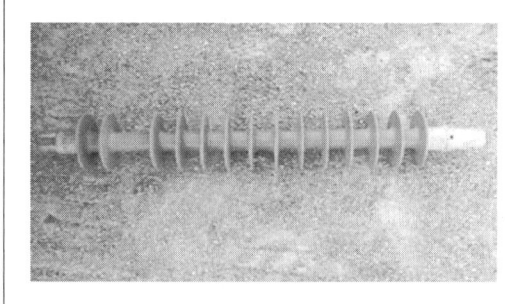

[고분자장간애자]   [장간애자(자기)]

[I형 브래키트]　　　　　　　　　　　[O형 브래키트]

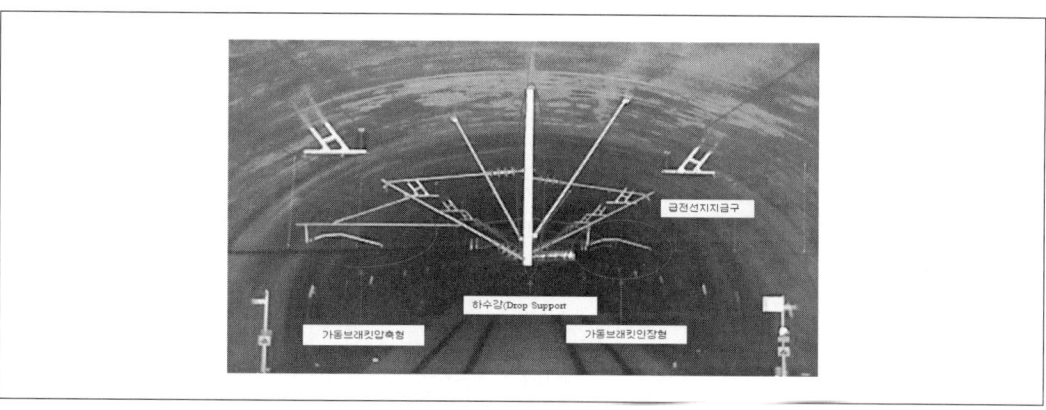

[터널 내 브래키트]

　이러한 가동 브래키트는 대개 강관으로 이루어져 있으며 부식방지를 위해 아연이나 알미늄 도금을 하여 사용한다.
　그리고, 재질은 경점이 되지 않도록 경량화 되어 가고 있으며 그 형태 역시 각 국 차량의 판타그래프와 동역학적인 운동이 최적화되도록 개선되어가고 있다.

아. 흐름방지장치(Mid Point Anchor)

　전차선로의 온도변화에 의한 신축과 구배 등 선로조건 및 팬터그래프의 습동 등에 의하여 전차선이 한 쪽으로 흐르는 것을 방지하기 위하여 인류구간의 중앙점에 합성 전차선을 고정시키는 설비를 말한다.
　이 중앙점은 선로의 구배 곡선 등에 따라 달라지므로 계산에 의해 중앙점을 찾아 그 곳에 전차선과 조가선을 전주에 고정하는 형태로 아래 그림과 같이 설치한다.

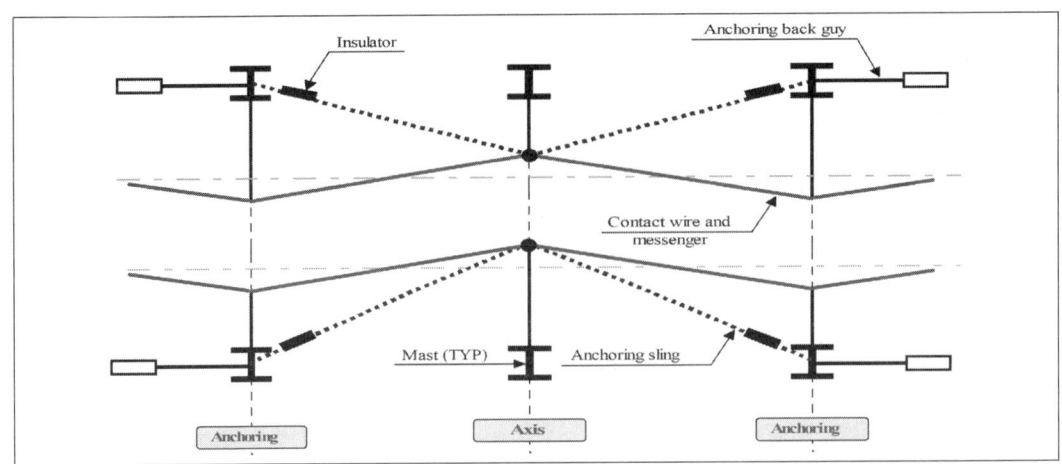

[흐름방지장치]

자. 건넘선 장치

사고시의 양방향운전 등에 대비하여 상·하선을 연결하는 선을 건넘선이라 하며 이 건넘선에 전차선을 가선하기 위한 설비를 건넘선장치라고 한다.

이 건넘선 장치를 설치하기 위해서는 상·하 본선과의 교차가 이루어질 수밖에 없어서, 이 교차개소에는 교차장치라는 특수 금구를 사용하여 두 선을 교차시키는 방법을 사용하였다. 그러나 요즈음 고속화에 따라 이 교차개소는 에어섹숀을 설치하는 무교차 방식으로 개선되어 가고 있으며 평행구간도 2~3경간으로 늘어가는 추세이다.

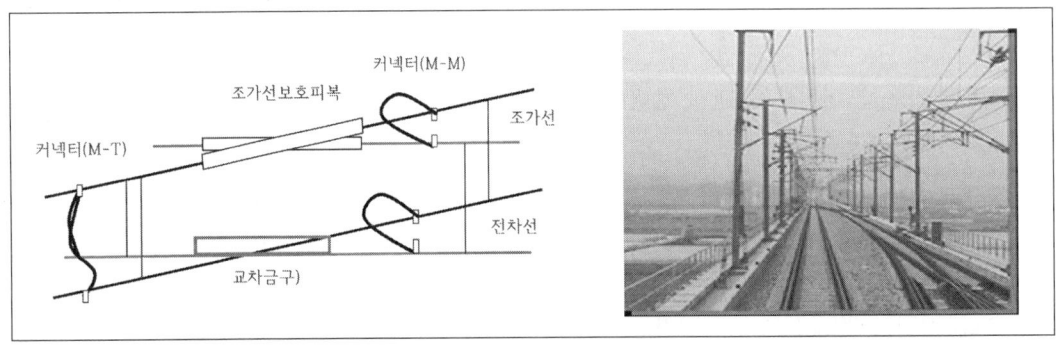

[교차금구형 교차장치]　　　　　　　[무교차방식 교차장치]

차. 기타

1) 전차선로용 보안기

아래 그림과 같이 한쪽은 대지와 접지하여 일정한 간극을 유지하고 다른 한쪽은 부급전선 또는 보호선 및 가공지선에 접속하여 일정전압 이상이 되면 이를 대지로 방출하여 선로를 보호하기 위한 방전간극장치를 말한다.

가공지선이란 낙뢰로부터 여객 및 기타 전선로를 보호하기 위하여 역 구내 등 철구조물이 많은 구간에서 빔 철주 등 지지물을 연접하여 보안기를 통해 접지시키는 가공선을 말한다.

[보안기]　　　　　　　　　　　　　[전압센서]

2) 전압센서

차량을 운행시킬 수 있도록 하기 위해서, 구분장치에 의해 각 구간별로 절연이 되어 있는 중요 개소나 평상시 차량의 운행이 거의 없는 장소에 설치하여, 해당구간의 전차선이 가압되어 있는지의 여부를 확인하여 관제실에서 파악이 가능하도록 하는 위 사진과 같은 설비이다.

카. 인류장치

장력장치가 설치되지 않는 인류구간의 한쪽을 고정하여 합성전차선의 이동을 억제하고 장력조정이 원활하게 이루어 질 수 있도록 하는 아래 그림과 같은 장치로서 종단부에는 수동으로 전선의 길이를 조절할 수 있는 수동식 장력조정장치를 설치한다.

 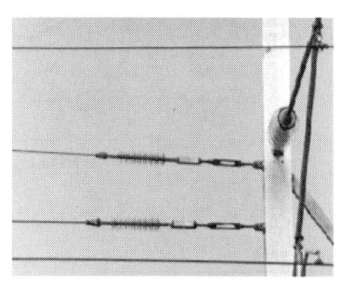

[일반철도구간]　　　　　　　　　　　　[고속철도구간]

타. 편위(Stagger)

전차선은 판타그래프의 한 부분만 마모되는 것을 방지하기 위해서는 궤도중심으로 부터 판타그래프의 집전판이 벗어나지 않는 한계 내에서 좌우로 편위를 주어 설치하여야 한다. 이와 같이 궤도 중심으로부터 좌우로 가장 많이 치우친 전차선까지의 거리를 전차선의 편위라고 한다.

이러한 전차선의 편위는 아래와 같은 요소에 의해 정해진다.
① 전기차 동요에 따른 집전장치의 편위
② 풍압에 따른 전차선의 편위
③ 곡선로에 의한 전차선의 편위
④ 가동브래킷, 곡선당김금구의 이동에 따른 전차선의 편위
⑤ 지지물의 변형에 따른 전차선의 편위

직선 구간에서는 I형(Pull-Off Type)과 O형(Push-Off Type) 가동브래키트를 교대로 설치하여 지지점에서 좌우 200㎜의 편위를 주도록 하고 있다.

그러나 곡선구간에서는 지지점이 아닌 경간 중앙에서의 편위가 정해진 값을 벗어나지 않도록 경간을 조정해 주어야 한다.

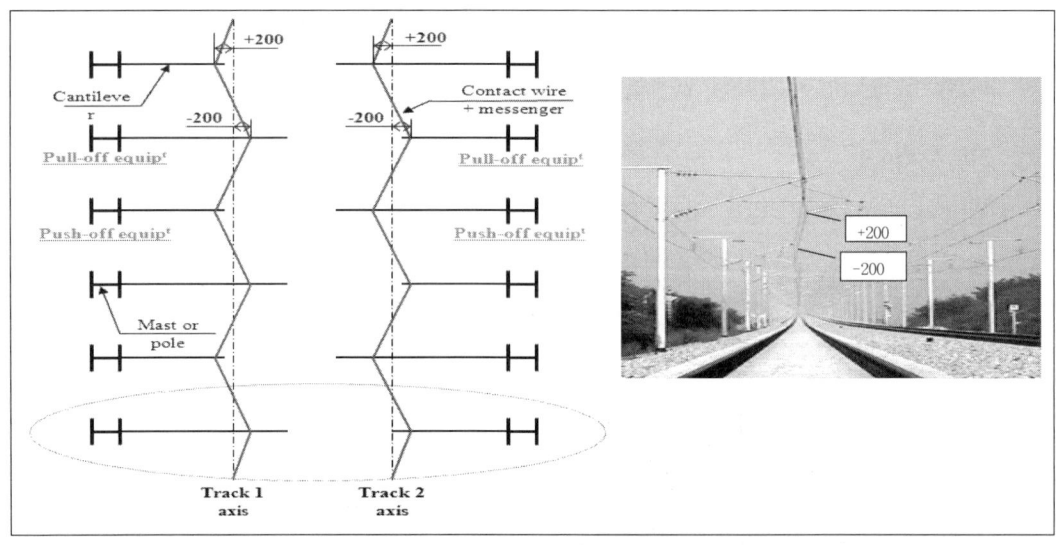

[직선구간에서의 편위 도면과 사진]

파. 전주대용물

비임 설치 개소에서 전선을 지지하기 위해 전주를 세운 것과 동일한 효과를 얻기 위해 비임 위에 설치하는 것으로서 주로 급전선, 보호선 등을 지지하는 용도로 사용되며, 그 크기는 전선이 풍압으로 움직이는 것을 고려하여 최악의 조건에서도 전선과 지지물 또는 전선 간에 최소 이격거리 이상이 확보되도록 한다.

[1선식] [2선식]

하. 전차선의 높이

레일면 위에서 전기차가 직접 접촉하여 전기를 받는 전차선 하부까지의 높이를 말하며, 전차선 높이는 구조물의 크기(즉 건설비)에 큰 영향을 미치므로 집전장치와의 관계를 고려하여 결정한다.

1) 최저높이

아래의 두 가지 요소를 검토하여 최적의 높이를 결정한다.

① 전기차의 판타그래프를 접었을 때 레일면상에서의 높이 + 판타그래프의 최소 작용높이 + 가선 이도변화의 여유분 50㎜

② 전기차의 판타그래프를 접었을 때 레일면상에서의 높이 + 보안이격거리 250㎜

2) 높이 기준

가공전차선 높이는 영국에서 처음으로 집전장치와 전차선과의 관계를 고려하여 17(feet)(17(f)×0.3048(m)≒5.2(m))로 결정하였으며, 이를 기준으로 현재 국철에서는 레일면상 5200㎜를 표준으로 하고 최고 5400㎜, 최저 5100㎜으로 한다. 단 부득이한 경우에는 4850㎜까지 허용하고 있다. 또한 경부고속철도는 프랑스 차량을 도입하였으므로 그 기준에 맞추어서 5080㎜를 표준으로 하고 있다.

강체가선은 레일면상 4750㎜을 표준으로 하고, 차량구조에 따라 조정하고 있으며, 지하철은 레일면상 5200㎜를 표준으로 하고 최고 5400㎜, 최저 5000㎜으로 하고 있다. 단, 터널입구 등에서는 예외로 하고 있다.

2.6 변전설비(Substation System)

한국전력의 초고압변전소로부터 초고압(3Φ 154kV)의 전기를 수전받아 전기차와 일반 부하설비에 적합한 전압으로 변환하여 케이블이나 가공선을 이용하여 부하설비에 전원을 공급하고 부하설비에서 사고가 발생하거나 작업등의 필요에 의해 선로를 차단하거나 급전하는 기능을 가진 설비들을 총칭하여 변전설비라 한다.

2.6.1 전철변전소

변전소는 전력의 급·단전과 변환 그리고 급전회로를 보호하는 3가지 기능을 가지고 있다. 수전선로를 통해 초고압의 전기를 수전 받아 교류 전기차에는 이에 맞는 1Φ 25kV로 공급하기 위한 전압의 변환에는 이에 맞는 대용량(30~100MVA)의 스코트결선 변압기를 이용하고 있으며, 변환된 단상 25kV 전압은 전차선로를 통하여 공급하도록 하고, 직류 전기철도에서는 정류기를 이용하여 직류 1,500V 또는 3,000V로 변환하여 전차선로를 통해 전기차에 공급한다.

이와는 별도로 터널조명, 기계실전원 등 일반 부하설비에는 이에 맞는 3Φ 22kV, 22.9kV(일반철도) 및 6.6kV(지하철)로 변환하여 케이블이나 가공선을 이용하여 해당설비 부근의 배전소까지 공급한다.

부하설비에서 사고가 발생하거나 작업등의 필요에 의해 선로를 차단하거나 급전하기 위한 전력의 급·단전의 역할은 차단기 및 단로기 및 GIS(Gas Insulated Switch gear) 등의 개폐설비가 사용되며, 요즈음에는 GIS가 많이 사용되고 있다.

보호의 역할을 위해서는 피뢰기 등의 낙뢰 보호설비와 거리계전기, 과전류계전기, 비율차동계전기, Locator 등 철도 특성에 맞는 보호계전기들이 사용되고 있으며, 배전선로도 역시 과전류계전기를 이용하여 회로를 보호하고 있다.

또한 최근에는 옥외형 변전소의 건설이 민원에 의해 점차 어려워지고 있어서 변전설비들은 점차 옥내형 구조로 건설되어짐으로서, 이러한 변전 기기들이 Digital화, 소형화되어 가고 있는 추세이다.

이러한 변전소는 급전방식에 따라 단권변압기 방식에서는 약 40~60km 간격으로, BT방식에서는 약 20~30km 간격으로 설치하고 있으며, 이러한 개념을 그림으로 표시하면 아래 그림과 같다.

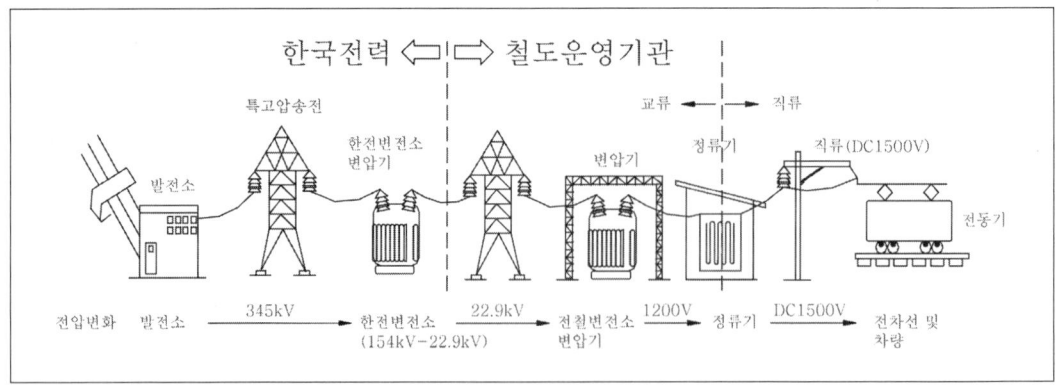

[직류방식의 송전계통]

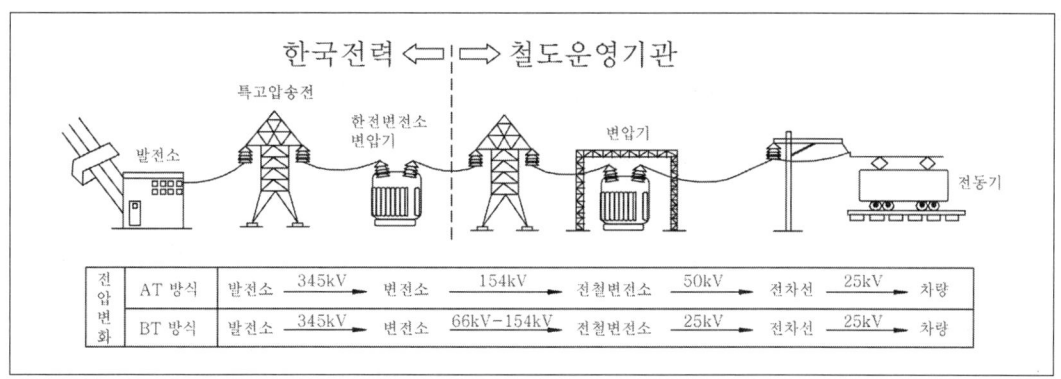

[교류방식의 송전계통]

가. 변압기

1) 변압기의 원리

변압기란 자성재료(규소강판이나 페라이트, 샌더스트 등의 다양한 재료가 사용됨)를 적층한 코아(철심)에 독립된 2가닥 이상의 코일을 감은 것을 변압기(Transformer)라고 한다.

이 변압기에는 변전소나 도로변에 설치되어 60Hz의 대 전력을 변환하는 것부터 오디오나 비디오 신호펄스 등의 신호를 다루는 것도 있으며, 어느 것이든 전압, 전류의 크기를 변환하거나 임피던스를 바꾸는데 사용한다.

즉, 변압기는 전자유도 작용으로 교류전압 또는 전류를 임의로 변환시키는 정지형 기기이다. 두 코일 간에 누설자속이 없는 결합계수가 1이고 에너지 손실이 전혀 없다고 가정한 아래 그림과 같은 가장 간단한 변압기를 이상변압기(Ideal Transformer)라 하다.

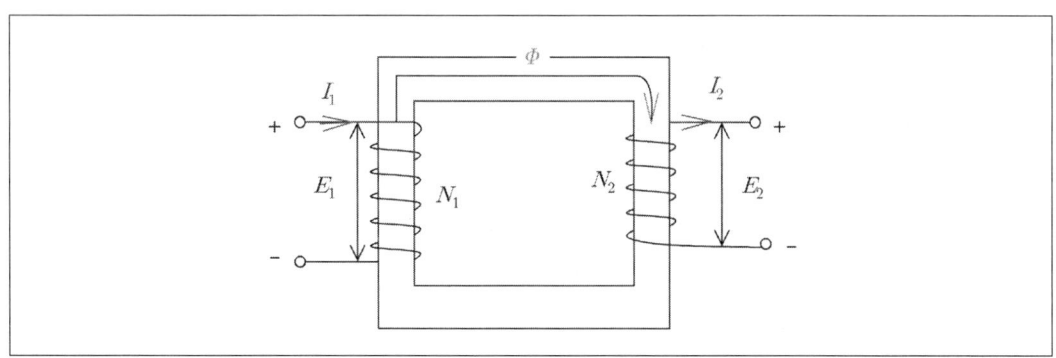

[변압기]

이 그림에서 1차, 2차 권수를 N_1, N_2라 하고, 공통의 쇄교자속의 최대값을 Φ_m, 공급전압의 주파수를 f라 하면 1, 2차 권선에 유도되는 기전력 E_1, E_2는

$E_1 = \sqrt{2}\,\pi f N_1 \Phi_m = 4.44 f N_1 \Phi_m$ 이다.
$E_2 = \sqrt{2}\,\pi f N_2 \Phi_m = 4.44 f N_2 \Phi_m$

이상변압기이므로 1,2차 양측에서 에너지는 변하지 않아서, 1차 전력과 2차 전력은 서로 같아야 하므로 $P_1 = P_2$ ∴ $E_1 I_1 = E_2 I_2$ 이고, 위 두 식에서 권수비 n은 $n = \dfrac{N_1}{N_2} = \dfrac{E_1}{E_2} = \dfrac{I_2}{I_1}$ 이 된다.

이상변압기에서 2차 권선을 무부하로 하고 1차 권선에 교류전압 V_1을 인가하였을 때 1차 권선에 흐르는 전류를 여자전류라 한다.

여자전류는 인가전압 V_1보다 90° 뒤지고, 이 전류에 의하여 1차 권선에 자속 $\varPhi$가 발생한다. 이 자속 $\varPhi$는 V_1보다 90° 뒤지고 여자전류와는 동상이 된다. 그러나, 일반 변압기는 철심에 자기포화 및 히스테리시스 현상이 있으므로 여자전류의 파형은 일그러진 왜형파가 되고 제2고조파를 가장 많이 포함하게 된다.

이상과 같이 변압기의 전압은 1차, 2차 권수에 정비례하며 전류는 권수에 반비례한다는 것을 알 수 있다. 이와 같이 필요한 전압 또는 전류는 코일의 권수를 설정함으로써 임의로 변환할 수 있다는 것을 알 수 있다.

이 변압기의 철심인 강자성체에 작용하는 자계는 아래 그림과 같이 강자성체에 외부자계를 그림과 같이 변화시켰을 때에 자화 B는 그림과 같이 환선을 나타내며 이를 히스테리시스곡선(Magnetic Hysterisis Loop) 또는 자기이력곡선이라 하며, 이 히스테리시스곡선의 면적은 외부자계가 자성체에 한 일로써 자성체는 면적에 해당하는 만큼 받은 에너지를 열로 소비한다. 이것을 히스테리시스 손실(Hysteresis Loss)이라고 한다.

강자성체(철심)는 스타인메츠(Steinmetz)가 전기기기용 자성체를 조사하여 교류에서의 히스테리시스손에 의한 전력손실에 대해 아래의 실험식을 얻어냈다.

$P_h = \eta f V B_m^{1.6} (w)$
η : 재료에 따른 히스테리시스정수 B_m : 최대 자속밀도
V : 자성체의 체적 f : 주파수

변압기에서는 히스테리시스 손실이 효율 저하와 절연재료 열화의 원인이 되므로 이를 무부하 손실인 철손(Iron Loss)라 한다. 그러므로 영구자석 재료는 B_r과 H_C가 모두 크고 면적도 큰 경철(Hard Iron)이 적합하며, 변압기 철심, 전자석, 전동기 등에 쓰이는 자심의 재료로는 B_r이 크고 H_C는 작으며 면적도 작은 연철(Soft Iron), 규소강판 등이 적합하다.

아래 그림에서 보면, 외부자계 H를 자화가 포화에 도달하기까지 가한 후 H를 역으로 감소시키면 ao곡선으로 되돌아가지 않고 ab로 이동하면서 자속밀도 B는 감소한다.

즉, 외부자계가 0인 H=0에서도 자화 B는 b점처럼 0이 되지 않고 B_r 만큼 남게 되는데 이를 잔류자기(Residual Magnetism)라고 한다. 또한, 자계 H를 역방향으로 가해주면 bc곡선의 길로 이동하여 점 c의 H_C값 에서 B=0이 된다. 이처럼 자화가 0이 되도록 가한 자계 H_C를 보자력(Coercive Force)이라고 한다.

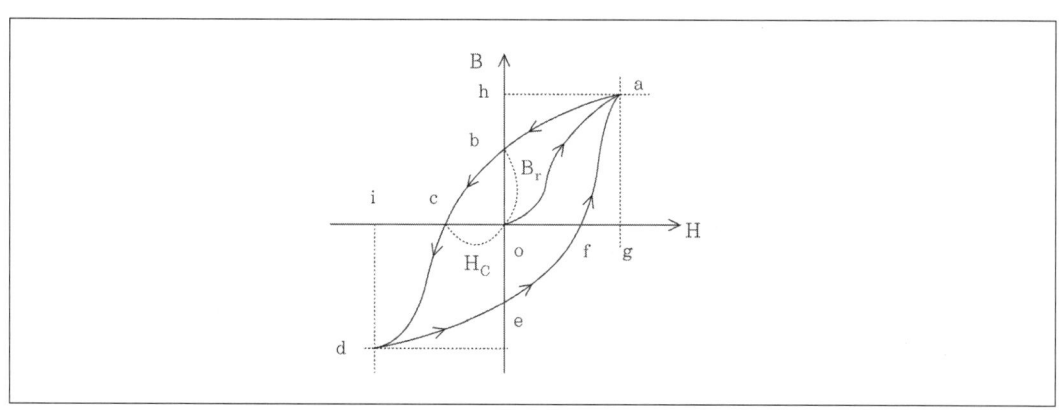

[히스테리시스 곡선]

외부자계를 더욱 증가시키면, 처음의 반대방향으로 점 d에서 포화하고 다시 감소시키면 de를 따라간다. 또 점 e에서 H를 증가시키면 efa곡선의 길을 취하면서 원래상태로 되돌아간다.

이처럼 B-H의 관계는 비가역성을 나타내기 때문에 자속밀도 B의 값은 자계 H의 값이 같아도 그 내력을 모르고는 결정할 수 없다. 이러한 현상을 히스테리시스현상이라 한다.

일반적으로 전력은 보통 단상이나 3상 교류로 공급되므로 부하의 종류에 따라 2상, 6상, 12상 등이 필요한 경우가 있다.

특히, 전기철도는 불평형 감소를 위해 3상을 단상으로 변환하여 사용하고, 정류회로에서는 효율 증대와 직류의 파형개선, 고조파 감소 등을 위해 3상을 6상, 12상 등으로 변환한 뒤에 정류한다.

이러한 상수 변환 방법을 보면

가) 3상을 2상으로 상수변환
  ① 스코트결선(T결선) : 3상전원에서 2상전원의 대표적인 경우(전기철도)
  ② 메이어 결선
  ③ 우드브릿지결선(일본 전기철도)

나) 3상을 6상으로 상수변환
  ① 2중 Y결선
  ② 2중 △결선
  ③ 환상결선
  ④ 대각결선
  ⑤ 포크결선

또한, 대용량의 변압기 1대를 설치하는 경우보다는 적은 단위용량의 변압기를 병렬운전 하는 것이 더 효과적인 경우가 많다.

이 때의 변압기의 병렬운전에 필요한 조건은 다음과 같다.

① 극성이 같을 것
② 권수비가 같고, 1차와 2차의 정격전압이 같을 것
③ %임피던스 강하가 같을 것
④ 3상에서는 상 회전 방향과 각 변위(위상변위)가 같을 것
  (각 변위 : 1차 전압을 기준으로 하고 이에 대한 2차 전압의 뒤진 각)
3상변압기의 결선에 따른 병렬운전의 가능여부를 살펴보면 다음과 같다.

병렬운전 가능	병렬운전 불가능
△-△와 △-△, Y-Y와 Y-Y △-△와 Y-Y, △-Y와 △-Y Y-△와 Y-△, △-Y와 Y-△	△-△와 △-Y △-Y와 Y-Y

이들 변압기에서 1,2차의 단자 간에 나타나는 유기기전력의 방향을 나타내는 것을 변압기의 극성(極性)이라고 하며, 변압기를 단독으로 운전할 경우에는 극성을 무시해도 별 문제가 없으나, 3상 결선을 하거나 병렬 운전을 하는 경우에는 극성이 일치되게 결선해야 한다.

이 변압기의 극성은 제작 방법에 따라 감극성(Subtractive Polarity)과 가극성(Additive Polarity)으로 구분되며, 우리나라는 감극성으로 제작하는 것을 표준으로 하고 있다.

아래 그림은 변압기의 극성을 나타내는 것으로 고압 측의 단자 기호를 U, V, 저압 측의 단자 기호를 u, v로 했을 때, 고압 측과 저압 측의 전압 방향이 같으면 감극성이고, 다르면 가극성이다.

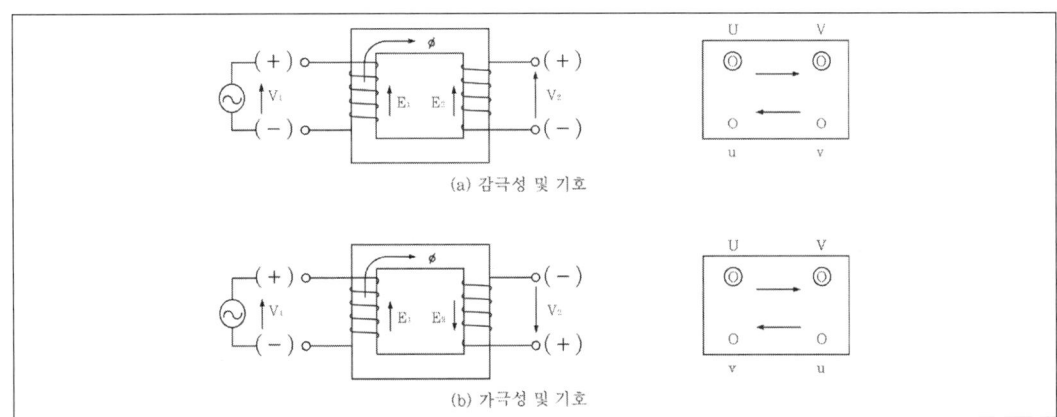

[변압기의 극성]

이러한 변압기로서 전기철도에서 사용되는 변압기에는 전기차에 적합한 전압(1Φ25kV)으로 변성하기 위한 스코트결선 변압기와 배전 선로에 전원을 공급하기 위한 고압배전용변압기, 그리고 교류급전방식 중 한 가지인 단권변압기 방식에서 사용되는 단권변압기가 있다.

이들 각각에 대해 살펴보면 다음과 같다.

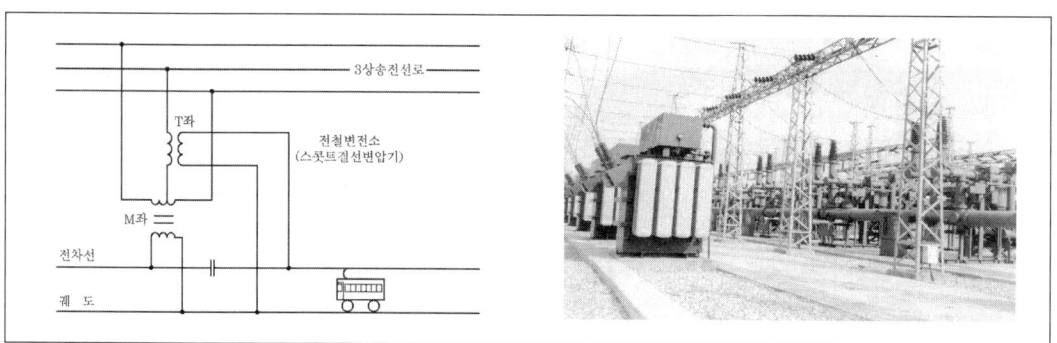

[스코트결선변압기]　　　　　　　　　　　　　　[전철변전소]

2) 스코트결선 변압기

　미국의 Charles. s. Scott교수가 고안한 결선방법으로서, 아래 그림과 같이 3상에서 90°의 위상 차이를 지닌 두 개의 단상을 인출하여 3상을 평형시키는 방법이다.

　전압은 M, T상 모두 1, 2차가 동일한 철심에 감겨있는 단상변압기이므로 여자 임피던스를 무시하면 그 전압은 1, 2차가 동상이 된다.

　따라서 A상을 기준벡터로 했을 때 아래와 같이 된다.

$$\overrightarrow{V_{CA}} = V_A + j\frac{1}{2}V_{BC} = \frac{\sqrt{3}}{2}V_{BC} + j\frac{1}{2}V_{BC}$$

$$|V_{CA}| = \sqrt{(\frac{\sqrt{3}}{2})^2 + (\frac{1}{2})^2}\,|V_{BC}| = |V_{BC}| = |V_{AB}|$$

　전류는 역률이 1이고 2차측 전류를 I_M, I_T 각 상의 1차 측으로 환산한 전류를 I_{1M}, I_{1T} 1, 2차 권수를 각각 n_1과 n_2라고 하면, 아래와 같은 값이 되며

$$\frac{I_M}{I_{1M}} = \frac{n_1}{n_2}\ I_{1M} = \frac{n_2}{n_1}I_M$$

$$\frac{I_T}{I_{1T}} = \frac{\frac{\sqrt{3}}{2}n_1}{n_2}\ I_{1T} = \frac{2}{\sqrt{3}}\frac{n_2}{n_1}I_T = 1.1547\frac{n_2}{n_1}I_T$$

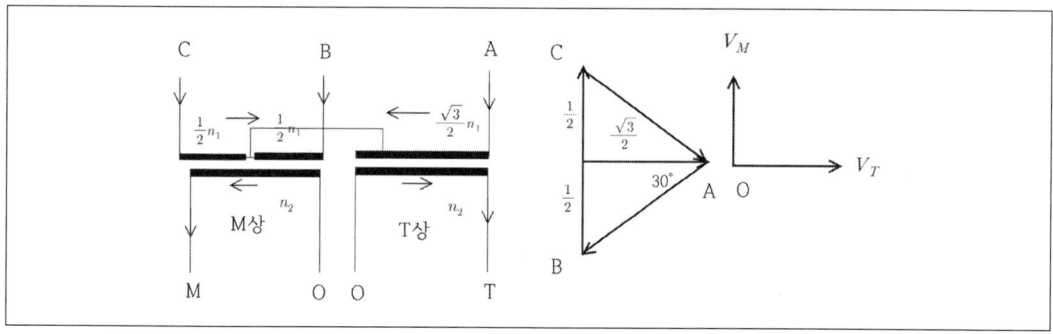

[스코트결선변압기 결선도 및 벡터도]

이를 도표로 정리하면 다음과 같다.

구 분	I_a	I_b	I_c	비 고
M상만 부하시	0	$-jI_M$	$+jI_M$	
T상만 부하시	$\frac{2}{\sqrt{3}}I_T$	$-\frac{1}{\sqrt{3}}I_T$	$-\frac{1}{\sqrt{3}}I_T$	
M,T상 부하시	$\frac{2}{\sqrt{3}}I_T$	$-\frac{1}{\sqrt{3}}I_T - jI_M = \frac{2}{\sqrt{3}}I_T$	$-\frac{1}{\sqrt{3}}I_T + jI_M = \frac{2}{\sqrt{3}}I_T$	

이용률은 $\dfrac{\sqrt{3}}{1+\dfrac{\sqrt{3}}{2}} = \dfrac{2\sqrt{3}}{2+\sqrt{3}} = \dfrac{3.46}{3.73} ≒ 0.928 \Rightarrow 92.8\%$ 가 된다.

[스코트결선변압기]

[배전용 변압기]

3) 배전용 변압기

일반적인 삼상변압기로서 △-Y결선의 변압기를 사용하고 있다

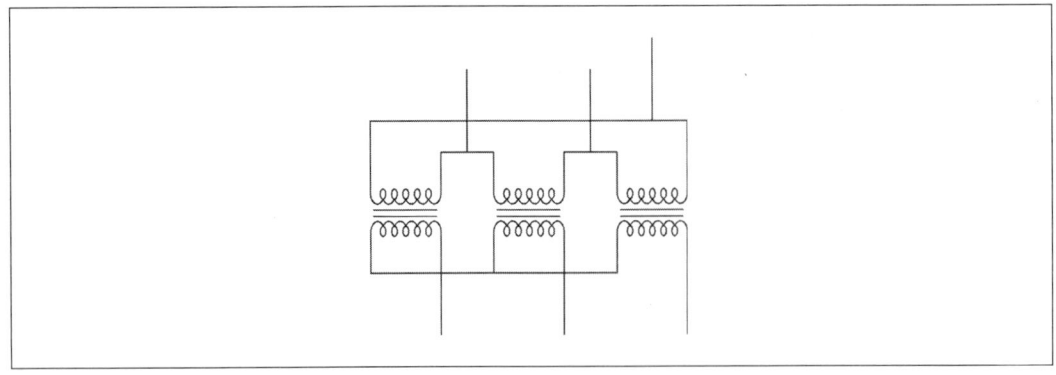

[△-Y 변압기결선도]

두 가지 결선 방법에 대해 좀 더 자세히 설명하면 다음과 같다

가) △결선

그림과 같이 각 상을 전위가 높은 쪽에서 낮은 쪽으로 교대로 접속하고 이 접속점을 3상 전원의 3단자가 되도록 결선하는 방식을 환형결선(Delta Connection : △결선)이라 한다.

그림에서 단자 a-b, b-c, c-a간의 각 기전력 V_a, V_b, V_c를 상전압이라 하고 각 상에 흐르는 전류 I_{ab}, I_{bc}, I_{ca} 를 상전류라 한다.

단자 상호간의 전압 V_{ab}, V_{bc}, V_{ca} 를 선간전압이라 하고, 전원의 단자와 부하 측으로 연결한 선로에 흐르는 전류 I_a, I_b, I_c 를 선전류라 한다.

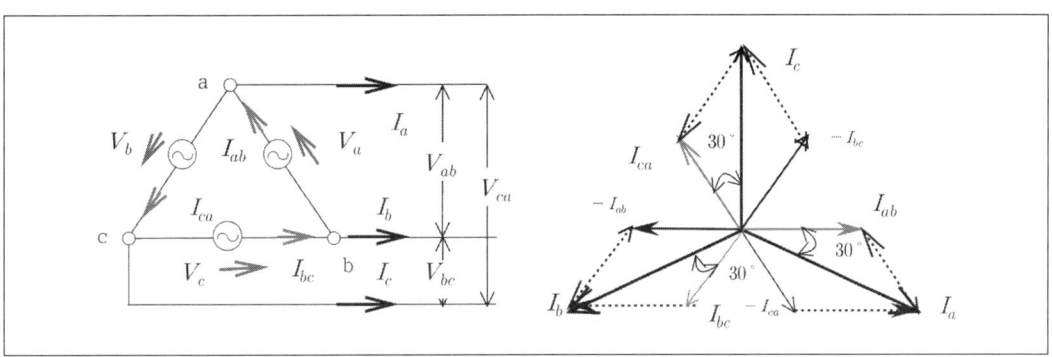

[환형결선의 결선도 및 벡터도]

그리고, $E_a \rightarrow E_b \rightarrow E_c$를 상회전 또는 상순(相順)이라고 한다.

선간전압과 상전압은 크기와 위상이 서로 같다.

$$V_{ab} = V_a,\ V_{bc} = V_b,\ V_{ca} = V_c \quad \therefore V_\ell = V_p$$

상전류와 선전류의 관계는 벡터의 합성으로 계산되므로

$$I_a = I_{ab} - I_{ca} = I_{ab} - aI_{ab} = (1-a)I_{ab}$$
$$I_b = I_{bc} - I_{ab} = a^2 I_{ab} - I_{ab} = (a^2-1)I_{ab} = (1-a)I_{bc}$$
$$I_c = I_{ca} - I_{bc} = aI_{ab} - a^2 I_{ab} = (a-a^2)I_{ab} = (1-a)I_{ca}$$

여기서

$$1-a = 1-\left(-\frac{1}{2}+j\frac{\sqrt{3}}{2}\right) = \frac{3}{2} - j\frac{\sqrt{3}}{2} = \sqrt{3}\left(\frac{\sqrt{3}}{2} - j\frac{1}{2}\right)$$
$$= \sqrt{3}(\cos 30° - j\sin 30°) = \sqrt{3}\left(\cos\frac{\pi}{6} - j\sin\frac{\pi}{6}\right) = \sqrt{3}\,e^{j-\frac{\pi}{6}}$$

이를 위 식에 대입하면

$$I_a = \sqrt{3}\,I_{ab}e^{j-\frac{\pi}{6}},\ I_b = \sqrt{3}\,I_{bc}e^{j-\frac{\pi}{6}},\ I_c = \sqrt{3}\,I_{ca}e^{j-\frac{\pi}{6}}\ \text{이 된다}$$

즉 선전류는 각 상전류의 크기보다 $\sqrt{3}$ 배 크고, 위상은 $30°$ ($\frac{\pi}{6}(rad)$) 뒤지는 형태가 된다.

나) Y결선

그림과 같이 각 상의 한 단자를 공통으로 묶어 별모양으로 결선한 방식을 성형결선(Star Connection : Y결선)이라 한다.

이 때 각 상을 한 데 묶은 공통점 N을 중섬점, 이 점에 연결되어 회로에서 사용하는 선을 중성선이라 한다.

그림에서 중성선 N과 단자 a, b, c간의 기전력 V_a, V_b, V_c를 상전압이라 하고 각 상에 흐르는 전류 I_a, I_b, I_c 를 상전류라 한다.

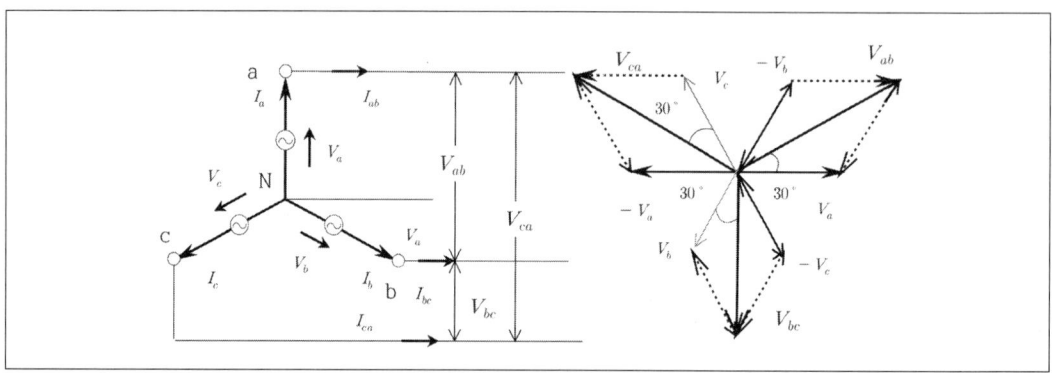

[성형결선의 결선도 및 벡터도]

단자 상호간의 전압 V_{ab}, V_{bc}, V_{ca} 를 선간전압이라 하고, 전원의 단자와 부하 측으로 연결한 선로에 흐르는 전류 I_{ab}, I_{bc}, I_{ca} 를 선전류라 한다.

이 방식은 선전류와 상전류는 크기와 위상이 서로 같다.

$(I_{ab} = I_a, I_{bc} = I_b, I_{ca} = I_c)$

선간전압은 상전압 $V_a(= V\angle 0°)$를 기준 벡터로 한 위 식에서

$$V_{ab} = V_a - V_b = \sqrt{3}\,V\angle 30°$$
$$V_{bc} = V_b - V_c = \sqrt{3}\,V\angle -90°$$
$$V_{ab} = V_c - V_a = \sqrt{3}\,V\angle 150°$$

가 되며, 이를 페이져도로 나타내면 위의 우측 그림과 같이 되어

선간전압은 각 상전압의 크기보다 $\sqrt{3}$ 배 크고, 위상은 $30°\,(\frac{\pi}{6}(rad))$앞선 형태가 된다.

다) 변압기의 3상 결선 방법별 장단점

① △-△ 결선

㉮ 장점

㉠ 제 3고조파 전류가 △ 결선 내부를 순환하므로 정현파 전압을 유기하여 파형의 왜

곡이 일어나지 않는다.
  ⓛ 외부선로에 제3고조파가 나타나지 않으므로 통신장애가 없다.
  ⓒ 변압기 1대가 고장 나면 V-V결선으로 운전하여 3상 전력공급이 가능하다.
 ㉯ 단점
  ㉠ 중성점을 접지할 수 없어 지락사고의 검출이 곤란하다.
  ⓛ 권수비가 다른 변압기로 결선하면 순환전류가 흐른다.
  ⓒ 각 상의 임피던스가 다를 경우 3상부하가 평형이 되어도 불평형 부하전류가 흐른다.
② Y-Y결선
 ㉮ 장점
  ㉠ 중성점을 접지할 수 있으므로 이상전압을 감소시킬 수 있다.
  ⓛ 상전압이 선간전압의 $\frac{1}{\sqrt{3}}$ 배이므로 절연이 용이하여 고전압에 유리하다.
 ㉯ 단점
  ㉠ 제 3고조파의 통로가 없으므로 기전력의 파형은 제3 고조파를 포함한 왜형파가 된다.
  ⓛ 중성점을 접지하면 제3 고조파 전류가 흘러 통신선에 유도장해를 일으킨다
③ Y-△, △-Y결선
 ㉮ 장점
  ㉠ 1, 2차 결선 중 어느 한쪽이 △결선이므로 제3고조파에 의한 통신장해가 적다
  ⓛ Y 결선이 있으므로 절연이 용이하고 중성점을 접지할 수 있다.
  ⓒ Y-△결선은 강압용, △-Y 결선은 승압용으로 사용할 수 있어 송전계통을 융통성 있게 운용할 수 있다.
 ㉯ 단점
  ㉠ 1, 2차 선간전압 사이에 30°의 위상차가 있다.
  ⓛ 1상에 고장이 생기면 전원공급이 불가능해 진다.
④ V-V 결선
 ㉮ 장점
  ㉠ 3상 전력을 공급한다.
  ⓛ 설치방법이 간단하고 소용량이며, 가격이 저렴하다.
 ㉯ 단점
  ㉠ 설비의 이용률이 86.6%, 출력비가 △결선에 비해 57.7%로 저하된다.
  ⓛ 부하의 상태에 따라 2차 단자전압이 불평형이 될 수 있다.

나. 개폐장치

1) 차단기(Circuit breaker)

부하전류를 개폐할 수 있는 능력을 지닌 개폐장치를 차단기라고 한다.

부하전류를 차단하는 경우에는 아크가 발생되므로 이 아크를 어떻게 소호할 것인가에 따라 차단기의 종류가 달라지며 그 방식이 첫 번째 약자로 표기된다.

- 가) 유입차단기(OCB : Oil Circuit Breaker) : 절연유를 이용하여 아크를 소호하는 방식으로 고압 이상의 선로에 많이 사용되는 방식이다.
- 나) 자기차단기(MCB : Magnetic Circuit Breaker) : 자기장을 이용하여 아크를 소호하는 방식으로 저압 및 고압 모두에서 사용된다.
- 다) 진공차단기(VCB : Vacuum Circuit Breaker) : 진공 중에서 차단하여 아크를 소호하는 방식으로 고압 이상의 선로, 특히 장거리케이블 선로 등 많이 사용되는 방식이다.
- 라) 공기차단기(ACB : Air Circuit Breaker) : 공기 중에서 차단하여 아크를 소호하는 방식으로 낮은 전압에서 많이 사용된다.
- 마) 개스차단기(GCB : Gas Circuit Breaker) : SF_6 개스 등을 이용하여 아크를 소호하는 방식으로 가장 소호특성이 좋으므로 고전압 대전류용의 차단기로서 현재는 가장 많이 사용되고 있으나, SF_6 개스가 공해물질로 지정되어 사용을 줄이고는 있지만, 대체가스가 없어 아직도 많이 사용하고 있는 형편이다.

2) 단로기(Disconnecting Switch)

부하전류를 개폐할 수 없는 개폐장치로서 차단기와 조합하여 선로의 급·단전을 눈으로 확인할 수 있도록 하기 위해 사용된다.

그러므로 항상 차단 시에는 차단기, 단로기 순으로 투입 시에는 단로기, 차단기 순으로 조작이 이루어져야 하므로 이를 시퀘스 제어를 통해 시행하고 있으며 연동제어라고 부른다.

또한, 단로기는 동작을 시키는 방법에 따라 수동식 또는 동력식으로만 구분하고 있다.

3) 개스절연 개폐장치(GIS : Gas Insulated Switch-gear)

GIS는 아래 사진과 같이 차단기, 단로기 등 각종 개폐설비와 CT, PT 등 각종 계측설비 및 피뢰기, 모선 등을 절연 개스(SF_6 : 육불화수소 개스)가 들어있는 하나의 통 안에 내장한 것으로, 모든 설비를 따로 지상에 설치한 것보다 설치면적이 작아져서 투자비를 줄일 수 있을 뿐 아니라 미관상에도 훨씬 좋으며, 운영 및 유지 보수자가 사용하는 데에도 안전하고 편리하게 이용할 수 있다는 측면에서 요즈음 가장 많이 사용되는 개폐장치이다.

그러나 내부에 들어 있는 SF_6개스가 공해물질로 지정되어 현재 고체절연 방식 등이 개스를 사용하지 않는 다른 방식을 개발하고 있는 중이다. 이와 같은 개폐설비는 개폐 동작을 시키는 동력원에 따라 모터 스프링식, 공기압식, 유압식 등으로도 구분할 수 있다.

그리고, 대도심 등 설치면적의 축소가 가장 많이 요구되는 요즈음에는 C(Compact)-GIS라고 하여 배전반, 변압기 등과 GIS를 직접 연결하는 방식도 많이 사용되고 있다.

아래 사진은 변전소의 수전측과 급전측에 설치된 GIS의 사진이다.

[170kV GIS]

[72.5kV GIS]

다. 배전반 및 보호설비

실외기기 조작이나 선로에서 발생되는 사고를 검출하여 자동으로 단 시간 (3~5Hz)에 차단시켜주기 위한 보호계전기(거리계전기, 과전류계전기, 재폐로 계전기, 고장점표정장치 등)을 설치한 계전기용 배전반과 변전소 결선도의 모형과 스위치를 설치한 모자이크반과 기타 소내용 변압기나 축전지를 설치한 배전반 들이 있다.

이러한 배전반들은 과거 아날로그 형태에서는 많은 수의 배전반들이 필요하였으나 디지털화되면서 설치면적도 축소되고 신뢰성도 향상되었으며, 각 부하설비의 특징에 따라 전문적인 보호계전기들도 많이 개발되어지고 있다.

이들 회로 보호설비 및 보호계전기는 다음과 같은 것들이 있으며 디지털화되면서 아래 사진과 같이 하나의 컴퓨터 내에 모든 계전기들이 수납된 형태를 이루고 있다.

1) 피뢰기

낙뢰 전압이나 전류는 매우 크므로 이를 기기 절연으로 감당하기에는 소요비용 등의 측면에서 불합리하므로 낙뢰 전압을 기기가 감당할 수 있는 전압까지 낮춰주는 역할을 하는 것이 피뢰기이다. 이처럼 피뢰기나 애자의 연 결 개수, 그리고 기기의 절연정도를 상호 조화시키는 것을 절연협조라고 부른다. 낙뢰로부터 보호를 하기 위한 피뢰기에는 전에는 갭 타입이 사용되었으나 요즈음 대부분이 캡레스 방식이 많이 사용되고 있다.

2) 파워 휴즈(Power Fuse)

가장 간단하며 확실한 보호방식이지만, 차단되면 복구를 위해서는 휴즈의 교체가 필요하다는 단점이 있어, 소규모 공장이나 간이 수전설비 등에서만 사용되고 있다.

3) 보호계전기

가) 과전류계전기(OCR : Over Current Relay)

동작이 확실하고 가격이 높지 않아 모든 선로에서 가장 많이 사용되는 계전기로서 동작특성에 따라 다음과 같이 구분된다. 또한 전기철도와 같이 전류가 크고 변동 폭이 큰 부하에서는 부하전류와 사고전류의 구분이 어려워 고조파나 전압특성들을 부가하여 사용 하고 있다

① 정한시 : 정해진 전류 이상이 흐르는 정해진 시간에 차단되는 형태
② 반한시 : 전류가 크면 동작시간이 짧아지고 작으면 커지는 계전기로서 그 크기에 따라 강반한시 약반한시로 나뉜다.

나) 거리계전기(Distance Relay)

철도와 같이 부하가 장거리에 걸쳐 설치되어 있는 경우에, 선로의 임피던스가 거리에 비례하는 점을 이용하여 사고전류를 검출하는 계전기로서 전기철도에서는 이를 주 보호방식으로 사용되고 있으며, 과전류계전기는 후비보호로 사용한다.

다) 비율차동계전기

변압기 보호를 위해 변압기의 1차와 2차간의 전류 차이를 이용하여 변압기 고장을 검출하는 계전기이다.

라) 고장점표정장치(Locator)

장거리 부하선로에서 사고가 발생되면 사고 위치를 찾는 데에도 많은 시간과 노력이 필요하게 된다. 이를 줄여주기 위해 사고가 발생된 위치를 표출 해주도록 만든 장치를 고장점 표정장치라고 부른다.

이 고장 점을 찾는 방법에는 AT의 중성선에 흐르는 전류가 두 AT사이의 거리에 반비례한다는 점을 이용하여 검출하는 AT중성점 비교방식과 선로의 임피던스가 거리에 비례한다는 점을 이용한 임피던스방식이 있으며, 중성점 비교방식은 설비가 복잡하다는 점과 AT가 없는 단말개소는 검출이 어렵다는 단점이 있으며, 임피던스 방식은 선로 구성이 복잡해지면 선로 임피던스 계산이 복잡해지고 오차가 커진다는 단점이 있다.

마) 재폐로계전기(Re-closer)

전기철도와 같이 터널이나 수목이 근접되어 있는 경우에는 동물이나 수목 등에 의한 지락사고가 많이 발생되며, 애자의 불꽃섬락도 불꽃에 의해 애자표면 불순물들이 연소되고 나면 재 급전이 가능한 경우가 많아서 정전의 빈도를 줄이기 위해서 차단 이후 정해진 시간에 자동적으로 다시 한번 급전을 하도록 해주는 방식을 채용하고 있다. 이를 재폐로라고 하며, 재폐로의 회수와 시간 등을 정해 놓고 재폐로를 하기 위해 사용되는 것을 재폐로 계전기라고 부른다.

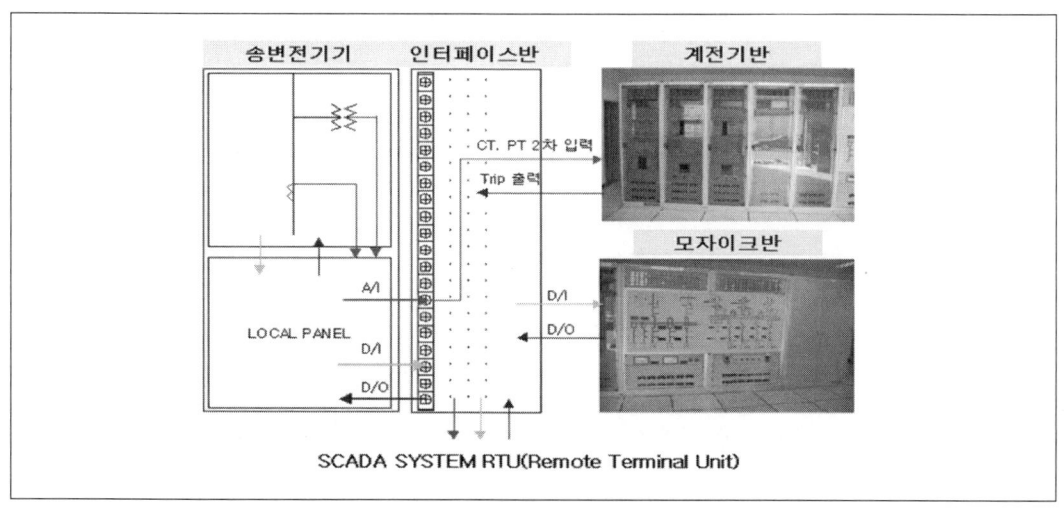

[디지털배전반 구성도]

2.6.2 급전 구분소(SP : Sectioning Post)

두 개의 변전소 사이에 설치되어 서로 다른 두 변전소의 전원을 구분해 주거나 한 쪽 변전소가 사고가 발생하여 급전이 불가능한 경우 급전구분소의 차단기를 투입하여 다른 쪽 변전소의 전원이 사고발생 변전소 앞까지 급전될 수 있도록 연장급전을 하는 개소로서, 부하용량의 증대로 변전소와 동일한 보호설비를 갖추어 사고발생시의 보호차단이 확실히 이루어지도록 히고 있다

이곳은 GIS와 단권변압기, 각종 보호계전기(거리계전기, Locator, 과전류계전기 등)를 포함한 배전반으로 구성되어 있다.

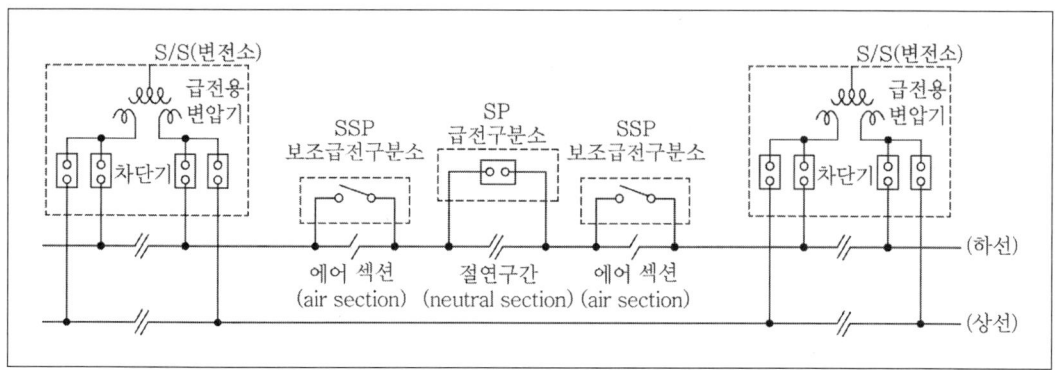

[변전설비 계통도]

2.6.3 보조급전구분소(SSP : Sub Sectioning Post)

구분소와 변전소 사이에 약 8~10km 간격으로 선로를 차단할 수 있는 차단기를 설치하여 사고 발생 시나 유지보수 작업을 위한 정전 시 정전구간을 최소화하고 다른 구간에는 급전이 이루어지도록 하고 유도장애를 경감하고 전압강하를 최소화하기 위하여 단권변압기를 설치한 장소이다.

[보조급전구분소]

2.6.4 병렬급전소(PP : Parallel Post)

고속철도 구간에서는 정전구간의 축소를 위해 설치한 SSP가 열차 속도가 빠르기 때문에 의미가 없어져 아래 그림과 같이 단지 유도장애를 경감하고 전압강하를 최소화하기 위하여 단권변압기만을 설치하고, 대신에 회생제동의 효율을 극대화하기 위해 상하선을 묶어서 운전하게 할 수 있도록 상하 타이차단기를 설치한 장소이다.

설치 간격은 구분소와 변전소 사이에 약 8~10km 간격으로 설치한다.

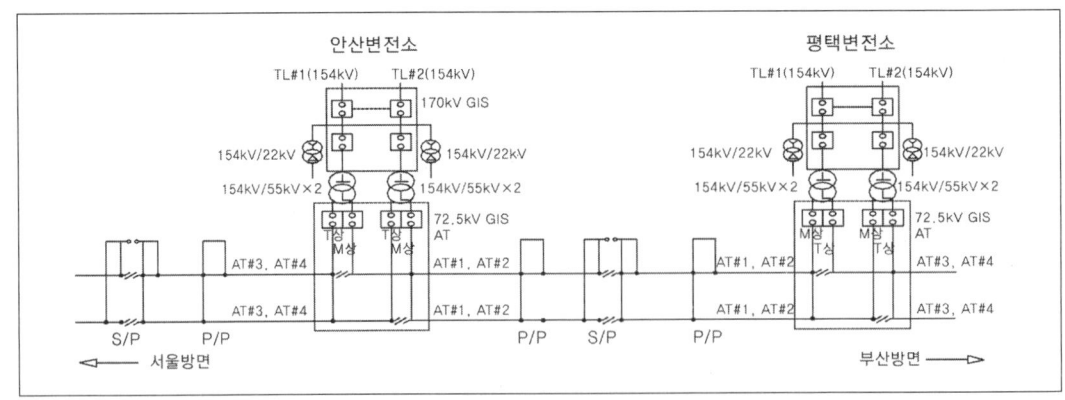

[경부고속철도 변전설비 계통도]

2.6.5 전압강하 및 고조파보상설비(SVG : Static Var Generator)

교류 전기철도에서는 차량의 속도제어를 위하여 각종 반도체 소자들을 사용한다.

이러한 반도체 소자들의 사용에 의해서 고조파가 발생되는데, 특히 싸이리스터 제어차의 경우에는 3차, 5차, 7차 등의 저차 고조파가 많이 발생되어 이러한 차량 이 다니고 있는 중앙선의 경우에는 정지형 휠터(Passive Filter)를 설치하였으며, 요즈음 많이 사용되고 있는 PWM 제어차의 경우에는 고차고조파가 많이 발생되어 이에 대한 해결책으로 경부고속철도에서는 개통이후 실제 차량이 운행되는 시점에 해당 구간에 대한 측정결과를 반영하여 IGBT를 이용하여 왜곡된 파형의 반대 파형을 만들어서 회로로 보내주는 아래 회로와 같은 SVG를 고조파 및 역률(전압강하) 보상설비로서 신청주변전소와 고양차량기지 변전소에 설치하였다.

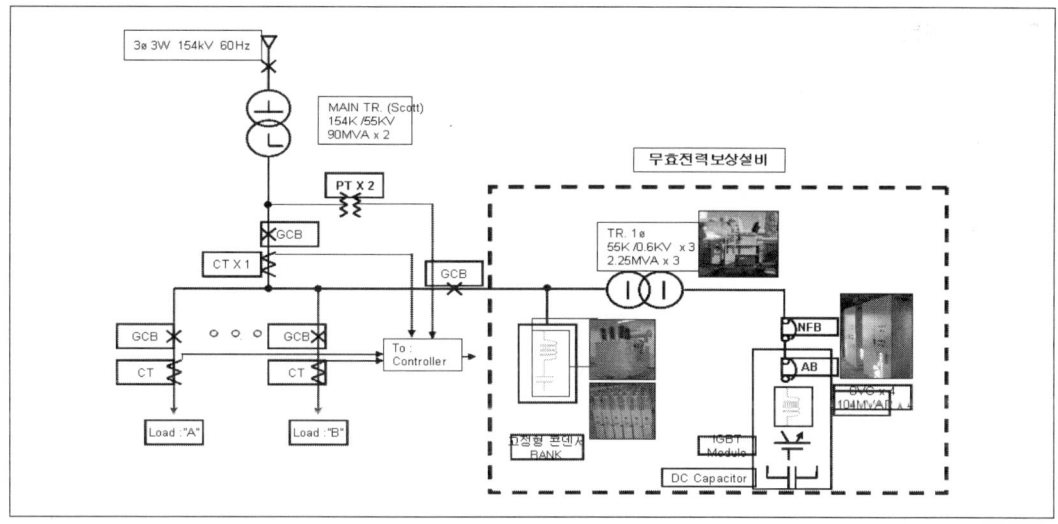

[SVG 결선도]

[SVG 설치사진(신청주변전소)]

[변압기 및 콘덴서설비]   [역고조파 발생설비(IGBT)]

2.6.6 일반적인 전기지식

전기철도공학과 같은 응용공학의 학문들은 기초 공학을 기본 토대로 하고 있어 이에 대한 지식이 없으면 이해하기 어려운 부분들이 많다. 그래서 대개 많은 부분들을 전기일반이라는 과목을 통해 배웠을 것이지만 변전설비 등을 이해하기 위한 중요한 부분 몇 가지만 발췌하여 소개하고 복습하고자 한다.

가. 키르히호프의 법칙(Kirchhoff's Laws)

전기회로에서의 전류와 전압을 계산하는데 자주 사용되는 키르히호프의 법칙은 독일의 과학자 키르히호프의 이름을 딴 것으로, 전기회로에서 전류와 전압의 연속성을 일반화 한 것으로서 폐회로에서 전류의 흐름이나 전압계산에 아주 유용하게 사용되는 법칙이다.

1) 제 1법칙(전류의 연속성)

임의의 절점(소자의 접속점)에 유입하는 전류의 합은 유출하는 전류의 합과 같다.

즉, $\sum I_i = 0$ 단 유입전류는 +, 유출전류는 − 부호를 붙인다

여기서 절점(Node)란 나무마디와 같은 것으로 회로의 접속점을 나타낸다.

2) 제 2법칙(전압의 연속성)

회로 중에서 임의의 Loop(폐회로)를 고려할 때, 그 루프를 따라서 한 방향으로 한 번 돌 때 각 부분의 전압의 합은 0이 된다.

또는 똑같이 루프에 따라서 각 소자의 전압강하의 합과 전원전압의 합은 0이 된다.

즉, $\sum I_i Z_i + \sum E_k = 0$으로 (전압강하의 합)+(전원전압의 합)=0이 된다.

단, 전원의 극성이 같은 방향이면 +, 반대방향이면 − 부호를 붙인다.

또한 루프에 연결되어있더라도 루프에 포함되지 않은 것은 관계하지 않는다.

나. 전기와 자기

전기와 자기는 그 특징이나 명칭이 매우 유사하므로 이를 같이 놓고 생각하면 편리하다.

1) 전기회로와 자기회로

전기회로		자기회로	
기전력	E (V)	기자력	$F_m = NI(AT)$
전류	I (A)	자속	Φ (Wb)
전계	E (V/m)	자계	H (AT/m)
전기저항	R (Ω)	자기저항	R_m (AT/Wb)
도전율	σ (S/m)(℧/m)	투자율	μ (H/m)
옴의 법칙	$E = IR(V)$ $I = \dfrac{E}{R}(A)$	옴의 법칙	$F_m = \phi R_m = NI(AT)$ $\phi = \dfrac{NI}{R_m}(Wb)$

다. 전자유도

변압기, 발전기, 전자유도전압과 같은 것을 이해하기 위해서는 이러한 전자유도 현상의 이해가 필수적이다.

이 전자유도는 하나의 회로에 쇄교하는 자속 Φ의 시간적인 변화에 의해 기전력이 유도되는 현상을 패러데이의 전자유도(Electromagnetic Induction) 현상이라고 하며 아래의 법칙이 적용된다.

1) 렌쯔의 법칙

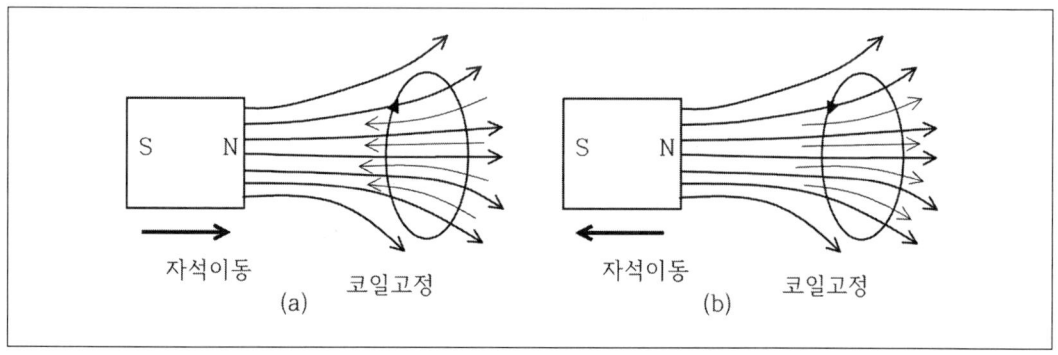

[쇄교자속에 의한 기전력의 방향]

"전자유도에 의해 발생되는 기전력은 자속변화를 방해하는 방향으로 전류가 발생한다"고 하는 것을 렌쯔의 법칙(Lenz's Law)라 하며 기전력의 방향을 결정하는데 사용되며 이것은 뉴우톤의 관성법칙처럼 물체는 처음의 운동 상태를 계속 유지하려는 성질과 비슷하다.

즉, 그림(a)와 같이 자석을 코일에 가까이 하면 코일에서의 쇄교 자속 수 Φ가 증가하게 되므로 Φ가 감소하는 방향(적색선)으로(암페어의 오른나사법칙에 의한 방향) 기전력 및 전류가 발생하며, 그림(b)와 같이 자석을 멀리하면 코일에서의 쇄교 자속 수 Φ가 감소하게 되므로 Φ가 증가하는 방향(적색선)으로 기전력이 유도된다는 것이다.

2) 페러데이의 법칙

"유도기전력의 크기는 폐회로에 쇄교하는 자속의 시간적인 변화율에 비례한다"고 하는 것을 페러데이의 법칙(Faraday's Law) 또는 노이만의 법칙(Neumann's Law)라 하며 기전력의 크기를 결정한다.

유도기전력은 페러데이의 법칙과 렌쯔의 법칙을 결합하여 다음과 같이 정량적으로 나타낼 수 있다.

$$e = -\frac{d\phi}{dt}(V)$$

여기서 (−)는 기전력의 방향이 쇄교자속의 변화를 방해하는 방향으로 발생하는 렌쯔의 법칙을 의미한다.

자속 Φ가 N회의 코일을 통과할 때의 유도기전력은

$$e = -\frac{d\Phi}{dt} = -N\frac{d\phi}{dt}(V), \ \Phi = N\phi : 쇄교자속수$$

가 된다.

이러한 전자유도현상을 이용한 분야는 일정한 자계 속에서 코일을 회전시키면 기전력이 발생하는 발전기, 철심에 감은 1, 2차 코일의 1차 코일에 교번자속을 주면 두 코일의 권선수에 비례하는 전압이 2차 코일에 유도되는 변압기, 적산전력계 등이 있다.

라. 교류 파형의 값

1) 평균값(Average or Mean Value)

평균값은 일정시간 구간에서의 산술적인 평균을 의미하며 교류 파형과 같이 주기적인 파형은 순시값의 1주기에 대한 평균으로 정의한다.

즉, 평균값은 $V_{av} = \frac{1}{T}\int_0^T v\,dt$ 으로 정의한다.

그러나 정현파와 같은 주기파의 1주기 내의 평균값은 (+)와 (−)의 값이 서로 같은 대칭파이므로 서로 상쇄되어 0이 되므로 그 의미를 잃어버리게 되므로 순시값의 반주기에 대한 평균값을 전체의 평균값으로 정의한다.

즉 $V_{av} = \dfrac{1}{\frac{T}{2}}\int_0^{\frac{T}{2}} v\, dt = \dfrac{2}{T}\int_0^{\frac{T}{2}} v\, dt$ 가 되며

$v = V_m \sin wt\ (V),\ T = 2\pi$ 이므로

$$V_{av} = \dfrac{2}{T}\int_0^{\frac{T}{2}} v(t)\, dt = \dfrac{2}{2\pi}\int_0^{\pi} v(\theta)\, d\theta = \dfrac{1}{\pi}\int_0^{\pi} V_m \sin\theta\, d\theta$$
$$= \dfrac{V_m}{\pi}[-\cos\theta]_0^{\pi} = \dfrac{V_m}{\pi}(-(-1-1)) = \dfrac{2V_m}{\pi} = 0.637\, V_m$$

$\therefore V_{av} = \dfrac{2}{\pi}V_m = 0.637\, V_m,\ I_{av} = \dfrac{2}{\pi}I_m = 0.637\, I_m$ 이 된다.

2) 실효값(Effective Value)

동일한 저항에 직류와 교류를 동일한 시간동안 인가하였을 때 소비되는 전력량(발열량)이 같은 경우, 이 때의 직류값을 정현파교류의 실효값이라 한다.

$$P_{dc} = P_{ac},\quad P_{dc} = I^2 R,\quad P_{ac} = \dfrac{1}{T}\int_0^T p\, dt = \dfrac{1}{T}\int i^2 R\, dt$$
$$\therefore I^2(dc) = \dfrac{1}{T}\int i^2(AC)\, dt,\quad I = \sqrt{\dfrac{1}{T}\int i^2\, dt},\quad V = \sqrt{\dfrac{1}{T}\int v^2\, dt}$$

위 식에서 보듯이 교류의 실효값은 순시값의 제곱(Square)에 대한 평균값(Mean)의 제곱근(Root)을 의미하므로 실효값을 RMS(Root Mean Square)라고도 한다.

이 값도 평균값과 같이 반주기에 대한 값을 제곱하면 되므로 다음과 같다.

$$I = \sqrt{\dfrac{1}{T}\int i^2\, dt} = \sqrt{\dfrac{1}{\pi}\int_0^{\pi} I_m^2 \sin^2\theta\, (d\theta)} = \sqrt{\dfrac{I_m^2}{\pi}[\dfrac{\theta - \cos 2\theta}{2}]_0^{\pi}}$$
$$= \sqrt{\dfrac{I_m^2}{2\pi}[(\pi - 0) - (\cos 2\pi - \cos 0)]} = \sqrt{\dfrac{I_m^2}{2\pi}[(\pi - 0) - (1 - 1)]} = \dfrac{I_m}{\sqrt{2}}$$

일반적으로 교류전압과 전류는 특별한 언급이 없는 한 V, I 같이 대문자로 표기하며 실효값을 의미한다. 가정에서 사용하는 110V, 220V 등은 실효값이다. 그리고, 가동코일형인 직류계측기의 지시값은 평균값, 교류계측기의 지시값은 실효값을 나타낸다.

3) 파고율과 파형율

교류는 실효값으로 나타내며 이 실효값으로는 파형(모양)을 알 수 없기 때문에 대략적으로 파형을 파악하기 위하여 사각파(구형파)에 대한 일그러짐의 정도를 나타내는 계수로서 파고율(Crest Factor)과 파형율(Form Factor)를 사용한다.

$$\text{파고율} = \dfrac{\text{최대값}}{\text{실효값}}\ (= \dfrac{V_m}{V}),\quad \text{파형율} = \dfrac{\text{실효값}}{\text{평균값}}\ (= \dfrac{V}{V_{av}})$$

정현파 교류의 파고율과 파형율은 아래와 같다.

파고율 $= \dfrac{V_m}{V} = \dfrac{V_m}{\dfrac{V_m}{\sqrt{2}}} = \sqrt{2} ≒ 1.414$, 파형율 $= \dfrac{V}{V_{av}} = \dfrac{\dfrac{V_m}{\sqrt{2}}}{\dfrac{2V_m}{\pi}} = \dfrac{\pi}{2\sqrt{2}} ≒ 1.11$

여러 가지 교류 파형의 실효값과 평균값을 표로 표시하면 다음과 같다.

파형의 종류	실효값 V	평균값 V_{av}	파고율	파형율	파 형
정현파 전파정류파	$\dfrac{V_m}{\sqrt{2}}$	$\dfrac{2V_m}{\pi}$	$\sqrt{2}$	$\dfrac{\pi}{2\sqrt{2}} = 1.11$	
정현파 반파정류파	$\dfrac{V_m}{2}$	$\dfrac{V_m}{\pi}$	2	$\dfrac{\pi}{2} = 1.571$	
사각파 (구형파)	V_m	V_m	1	1	
반파 구형파	$\dfrac{V_m}{\sqrt{2}}$	$\dfrac{V_m}{2}$	$\sqrt{2}$	$\sqrt{2} = 1.414$	
삼각파 톱니파	$\dfrac{V_m}{\sqrt{3}}$	$\dfrac{V_m}{2}$	$\sqrt{3}$	$\dfrac{2}{\sqrt{3}} = 1.155$	

마. 교류의 벡터 표시

1) j의 의미

벡터를 수식으로 표현하기 위한 직교좌표에서 실수축 x에 대해 90° 앞서는 y축을 표시하는 값을 허수축(j축)이라고 하며 이는 $j = \sqrt{-1}$ 의 값을 갖는다. 이 허수단위 j 및 -j의 극좌표, 삼각함수 및 지수함수 형식은 다음과 같다.

$$j = 1\angle \dfrac{\pi}{2} = \cos\dfrac{\pi}{2} + \sin\dfrac{\pi}{2} = e^{j\frac{\pi}{2}}$$

$$-j = 1\angle -\dfrac{\pi}{2} = \cos\left(-\dfrac{\pi}{2}\right) + \sin\left(-\dfrac{\pi}{2}\right) = e^{j\left(-\frac{\pi}{2}\right)}$$

2) 평형 3상을 표시하는 방법

아래 그림과 같이 120°의 위상차를 가진 같은 크기의 3상 벡터를 평형 3상이라고 부르며 우측과 같이 120° 위상차를 가진 값으로 표시할 수 있다. 이것을 좀 더 간편하게 표기하기 위한 방법으로 사용하는 것이 a로서, 이 a는 그림과 같이 120° 위상이 앞선다는 것을 의미하며 그 값은

$$a = -\frac{1}{2} + j\frac{\sqrt{3}}{2}, \quad a^2 = -\frac{1}{2} - j\frac{\sqrt{3}}{2} \text{ 이 되어}$$

평형3상의 경우 $1 + a + a^2 = 0$의 값이 되어 평형이 됨을 알 수 있다

$$I_a = I_m \sin\omega t$$
$$I_b = I_m \sin(\omega t - 120°) = a^2 I_a$$
$$I_c = I_m \sin(\omega t - 240°) = a I_a$$

이와 같이 a값을 이용하여 불평형 3상을 대칭좌표법으로 표시하는 방법은 다음과 같다.

$$V_a = V_0 + V_1 + V_2 \qquad V_0 = \frac{1}{3}(V_a + V_b + V_c)$$
$$V_b = V_0 + a^2 V_1 + a V_2 \qquad V_1 = \frac{1}{3}(V_a + a V_b + a^2 V_c)$$
$$V_a = V_0 + a V_1 + a^2 V_2 \qquad V_2 = \frac{1}{3}(V_a + a^2 V_b + a V_c)$$

바. 고조파(Harmonics)

1) 정의

IEEE Std.141-1993A에 보면 Sinusoidal Component of a Periodic Wave or Quantity Having a Frequency that is an Integral Multiple of the Fundamental Frequency(기본 주파수에 대해 2배, 3배, 4배와 같이 정수배에 해당하는 주파수를 가진 전기량)이라고 되어 있다.

가) THD (종합고조파 왜형율 : Total Harmonic Distortion) :

전체 파형에서 고조파가 기본파에 차지하는 비율을 왜형율이라 한다.

즉, 파형의 찌그러진 정도를 표시하는 값으로서 아래 식으로 표시한다.

$$V_{THD} = \frac{\sqrt{V_2^2 + V_3^2 + \cdots + V_n^2}}{V_1} = \frac{\sqrt{\sum_{i=2}^{n} V_i^2}}{V_1}$$

$$I_{TDH} = \frac{\sqrt{\sum_{i=2}^{n} I_i^2}}{I_1}$$

나) 등가방해전류(EDC : Equivalent Distortion Current)

통신선에 영향을 주는 고조파전류의 한계로서 아래 식으로 표시한다.

$$I_{EDC} = \sqrt{\sum_{n=1}^{\infty}(S_n^2 \times I_n^2)} \quad S_n : \text{통신유도계수,}$$

$$I_n : \text{영상고조파 전류}(3^n \text{차수 고조파})$$

2) 고조파의 발생원인

고조파는 오른쪽 그림과 같이 입/출력의 전압/전류 특성이 비례하지 않는 비선형 부하에서 발생한다.

이러한 비선형부하는 정류기, VVVF(Inverter) 부하, 전기로, UPS, 전산장비(Computer, Printer, …), 에너지 절감 조명장치 등 주로 반도체를 사용하는 전력변환장치에 의해서 발생된다.

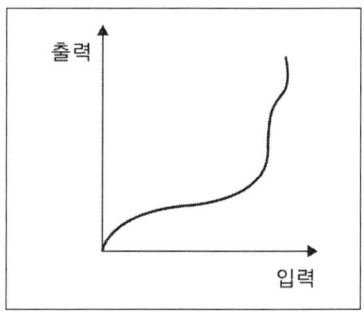

이러한 비선형부하는

$$y = a_2 + b_2 x + c_2 x^2 + d_2 x^3 + e_2 x^4 + A \text{로 표기되며,}$$

여기에 x에 교류전원이므로 $A\cos\omega t$를 대입해 보면 위 식은

$$y = a_2 + b_2 A\cos wt + c_2 A^2 \cos^2 wt + d_2 A^3 \cos^3 wt + e_2 A^4 \cos^4 wt + A$$

가 되며, 이 식의 각 항을 삼각함수를 이용하여 분석해 보면

① 제1항은 상수항으로 직류성분을 나타내며

② 제2항은 $\omega = 2\pi f$이므로 $b_2 A\cos 2\pi ft$가 되어 기본파 성분을 나타낸다.

③ 제3항은 삼각함수를 이용해 정리해보면

$$c_2 A^2 \cos^2 wt = c_2 A^2 \left(\frac{1+\cos 2wt}{2}\right) = \frac{c_2 A^2}{2} + \frac{c_2 A^2}{2}\cos 2wt$$

가 되어 상수인 직류성분과 2배의 주파수를 가진 2차 고조파 성분으로 구성되어 있음을 알 수 있다.

④ 제4항은 삼각함수를 이용해 정리해보면

$$d_2 A^2 \cos^3 wt = d_2 A^3 \left(\frac{3\cos wt + \cos 3wt}{4}\right) = \frac{3d_2 A^3}{4}\cos wt + \frac{d_2 A^3}{4}\cos 3wt$$

가 되어 기본파와 3차고조파 성분으로 구성되어 있음을 알 수 있다.

이와 같은 방법으로 다른 항들을 계속 분석해보면, 차수가 커지면 크기는 작아져도 기본파의 정수배에 해당하는 차수별 고조파가 나타나게 되어 비선형부하 사용 시에는 차수별 고조파가 발생함을 알 수 있다.

이러한 비선형 부하는 전기철도에 사용되는 UPS, 정류기 등도 있으나 그 크기가 작아서 대부분은 전기차에서 발생되는 것으로 생각해도 무방하다.

3) 고조파의 문제점

IEEE Std.519-1992에 보면 고조파는 다음과 같은 문제점을 가지고 있다.

① 전동기와 발전기는 기기의 과열, 효율 및 토오크 저하, 맥동 발생 등이 생기며, 이로 인해 수명이 저하된다.
② 변압기는 철손 및 동손증가, 변압기 발열 및 소음이 발생하고 이로 인해 용량이 감소된다.
③ 전력케이블은 케이블의 과열, 코로나 발생 등으로 케이블 용량이 감소되고 심하면 절연이 파괴되기도 한다.
④ 전력용 콘덴서는 계통과의 공진, 과도한 열 발생으로 인한 절연물 소손, 수명단축 등이 초래된다.
⑤ 전자장비 및 지시계기는 오동작, 전압의 노칭 현상 등으로, 신호 및 측정값에 오차가 발생된다.
⑥ 계폐기와 계전기는 개폐장치에 열과 손실이 발생하고 전류 운반능력이 감소되며, 국부적인 절연손상과 퓨-즈의 용량 감소 등이 생긴다.
⑦ 통신설비에 통신상태 저하와 유도장해가 발생된다.
⑧ 정지형 전력변환장치는 콘덴서 사용 시의 과열발생, 오동작, 비정수 고조파 발생으로 제어부품에 고장이 발생된다.

4) 고조파 관리 기준

이러한 고조파의 악영향 때문에 한국전력에서는 아래 표와 같이 일정값 이하로 이를 관리하고 발생자 측에서 이를 초과하는 경우에는 대책설비를 하도록 하고 있다.

계통전압	지중선로가 있는 변전소에서 공급하는 수용가		가공선로만 있는 변전소에서 공급하는 수용가	
	전압왜형률(%)	등가방해전류(%)	전압왜형률(%)	등가방해전류(A)
66kV	3		3	
154kV	1.5	3.8	1.5	

5) 특성

이러한 고조파의 특성을 등가회로를 통해 알아보면 아래 그림과 같이 된다.

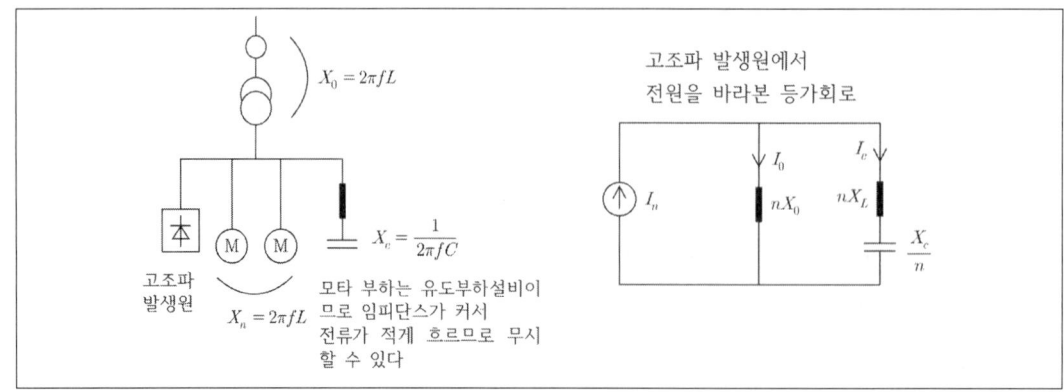

[고조파의 특성]

이 그림에서 전원측과 콘덴서 측에 흐르는 전류를 구해 보면

$$Z_T = \frac{nX_0 \times (nX_L - \frac{X_c}{n})}{nX_0 + (nX_L - \frac{X_c}{n})} \quad (\because jnwL + \frac{1}{jnwc} = j(nX_L - \frac{X_c}{n}) \text{이므로})$$

이고 I_n은 저항에 반비례하여 흐르므로

$$I_0 = \frac{(nX_L - \frac{X_c}{n})}{nX_0 + (nX_L - \frac{X_c}{n})} \times I_n$$

$$I_c = \frac{nX_0}{nX_0 + (nX_L - \frac{X_c}{n})} \times I_n \text{ 이 된다}$$

위 식에서 L과 C 값을 조정하면 유도성과 용량성인 경우가 생긴다.

가) $nX_L - \frac{X_c}{n} > 0 \ (nX_L > \frac{X_c}{n} : 유도성)$인 경우

I_n, I_c, I_o가 모두 양(+)의 정수가 되므로 발생되는 고조파를 줄이기 위해 아래와 같이 고정형 또는 수동형 필터(Static or Passive Filter)를 설치하여, 용량성이 되지 않도록 L의 값을 약간 크게 한다.

① 제3고조파용

$3X_L - \frac{X_c}{3} > 0, X_L > \frac{X_c}{9}$
$X_L > 0.11 X_c$
∴ X_c값의 13% X_L값의 리액터 사용

② 제5고조파용

$5X_L - \frac{X_c}{5} > 0, X_L > \frac{X_c}{25}$
$X_L > 0.04 X_c$
∴ X_c값의 6% X_L값의 리액터 사용

나) $nX_L - \dfrac{X_c}{n} = 0$ 인 경우

분자의 값이 0이 되므로 $I_0 = 0$가 되어 $I_c = \dfrac{nX_0}{nX_0 + 0} I_n = I_n$이 된다.

즉, 고조파 발생원에서의 고조파전류는 전원 측으로 흐르지 않고 콘덴서 측으로 흐르는 직렬공진 상태가 되어 L-C Filter의 성격을 지니게 된다.

이 경우의 고조파 내량은 별도로 검토가 필요하다.

다) $nX_L - \dfrac{X_c}{n} < 0$ $(nX_L < \dfrac{X_c}{n}$: 용량성$), nX_0 \fallingdotseq 0$인 경우

$$I_0 = \dfrac{-\left|nX_L - \dfrac{X_c}{n}\right|}{-\left|nX_0 + (nX_L - \dfrac{X_c}{n})\right|} \times I_n \text{ 가 되어 } I_0 \text{는 } (+)$$

$$I_c = \dfrac{nX_0}{-\left|nX_0 + (nX_L - \dfrac{X_c}{n})\right|} \times I_n \text{ 이므로 } I_c \text{는 } (-) \text{가 되어}$$

고조파 발생원의 고조파 전류가 전원측으로 확대된다.

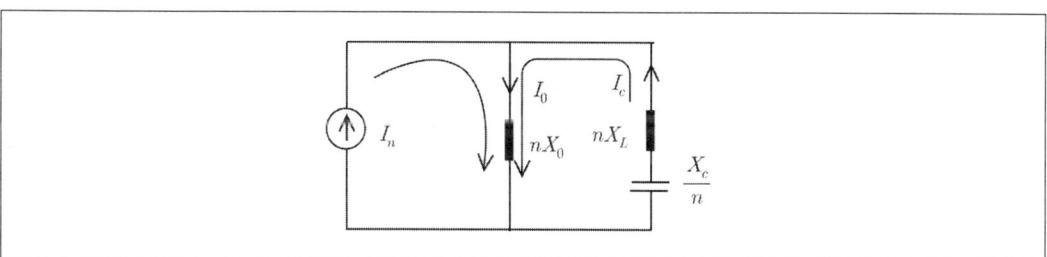

[용량성인 경우의 전류 흐름]

라) $nX_0 + (nX_L - \dfrac{X_c}{n}) = 0$ 인 경우

분모가 0이 되므로 I_0, I_c 모두 ∞가 되므로 $I_0 \gg I_n$, $I_c \gg I_n$인 병렬공진이 되어 전류 I_c, I_o가 매우 커진다.

6) 차수별 고조파

고조파는 앞에서 설명한 바와 같이 비대칭 3상이 되므로 대칭 좌표법에서 표시한 바와 같이 영상분, 정상분, 역상분을 모두 포함하고 있다. 아래와 같은 대칭 3상에서 각각의 성분을 구해 보면 다음과 같다.

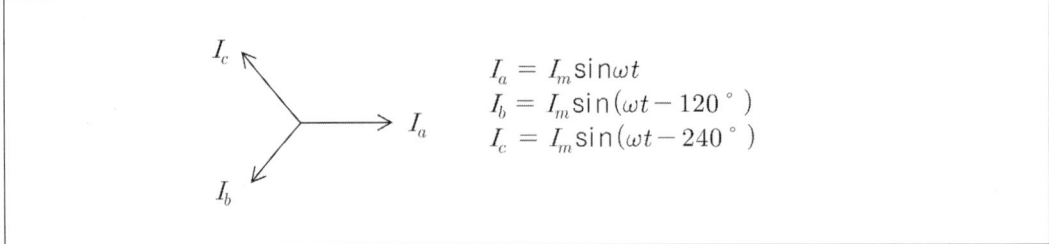

[대칭3상 전류의 벡터도]

가) 영상고조파 (3차분고조파)

$$I_a = I_m \sin 3\omega t$$
$$I_b = I_m \sin 3(\omega t - 120°) = I_m \sin 3\omega t - 360° = I_m \sin 3\omega t$$
$$I_c = I_m \sin 3(\omega t - 240°) = I_m \sin 3\omega t - 720° = I_m \sin 3\omega t \text{ 로}$$

3상이 모두 동상이므로 영상고조파라 한다.

지락사고가 발생하는 경우에 지락전류가 가지는 특성의 고조파로서 단상정류기가 있는 컴퓨터는 제3고조파가 발생되므로 누설전류가 커서 여러 대가 한 개의 분기회로에 접속되어 있는 경우에는 제3조파에 의한 겉보기 영상전류가 커지므로 지락차단이 자주 발생되기도 한다.

나) 역상고조파(5차분고조파)

$$I_a = I_m \sin 5\omega t$$
$$I_b = I_m \sin 5(\omega t - 120°) = I_m \sin 5\omega t - 600° = I_m \sin 5\omega t - 240°$$
$$I_c = I_m \sin 5(\omega t - 240°) = I_m \sin 5\omega t - 1200° = I_m \sin 3\omega t - 120°$$

로서 전원과는 역상이 되어 역상고조파라고 한다.

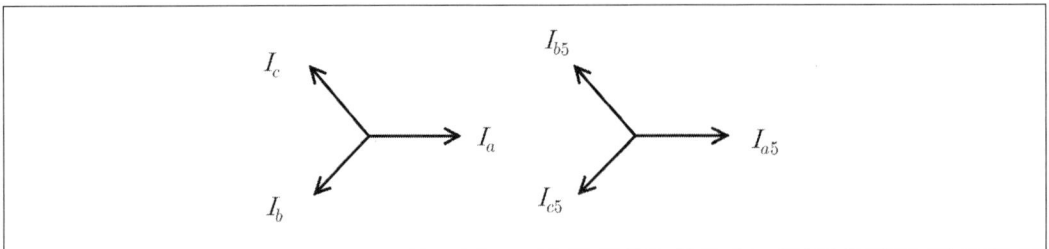

[정상분과 역상분 고조파의 벡터도]

상 회전 방향이 반대가 되므로 회로에 역상분 고조파가 많은 경우에는 회전기에 반대방향의 토오크가 많이 발생되므로 전동기의 회전력이 감소되는 현상이 발생될 수 있다.

다) 정상고조파(7차분고조파)

$I_a = I_m \sin 7\omega t$
$I_b = I_m \sin 7(\omega t - 120°) = I_m \sin 7\omega t - 840° = I_m \sin 5\omega t - 120°$
$I_c = I_m \sin 7(\omega t - 240°) = I_m \sin 7\omega t - 1680° = I_m \sin 3\omega t - 240°$

로서 전원과 상회전방향이 같은 고조파로서 이를 정상고조파라 한다.

이것은 단지 파형을 왜곡시키는 역할만 할 뿐이다.

7) 정류와 고조파 전류

정류에 의해서 발생되는 고조파는 아래 식으로 표시할 수 있다.

$I_n = K_n \dfrac{I_1}{n}$ $\quad I_1$: 고조파 전류
$\qquad\qquad\qquad K_n$: 고조파 저감계수
$n = mp \pm 1 \quad n$: 발생고조파 차수
$\qquad\qquad\qquad m$: 변환상수
$\qquad\qquad\qquad p$: 펄스수

예를 들어서

가) 단상정류기의 경우 p=2이므로 m=1이면 n=2±1=1,3, m=2이면
n=4±1=3,5, m=3이면 n=5,7이 되어 3,5,7,9…의 모든 차수의 고조파가 발생된다.

나) 3상 전파정류기는 p=6이므로 이 때는 m=1이면 n=6±1=5,7 m=2이면
n=12±1=11,13, m=3이면 n=17, 19이 되어 5,7,11,13,17,19……의 고조파만 발생되고 3,9,15..고조파는 발생되지 않는다.

다) 12상 전파정류(변압기를 Y-△결선하여 30°의 위상차를 갖도록 한 정류방법)의 경우에는
p=12이므로 m=1이면 n=12±1=11,13, m=2이면 n=24±1=23,25, m=이면은 n=35,37
가 되어 11, 13, 23,25, 35, 37… 고조파만 발생되고 3,5,7,9,17,19,21…고조파는 발생되지 않는다.

위에서 보듯이 변환상수를 크게 할수록 고조파 발생량이 적으나 설비비가 비싸지고 고차로 갈수록 발생량이 적어 효과가 크지 않으므로 현재는 12상 정류기가 가장 많이 사용되고 있다.

사. 공진

전기회로에서 공진이란 L과 C값이 같아져서 Z값이 최소가 되고 전류가 최대가 되어 부하에 큰 전압이 걸리는 현상을 말한다.

1) 직렬공진

아래 그림과 같은 R, L, C 직렬회로에서 각 소자에 걸리는 단자전압은

$V_R = RI, \ V_L = j\omega L I, \ V_C = -jX_C I = -j\dfrac{I}{\omega C} \quad \therefore V = V_R + V_L + V_C$ 이 되고,

각 소자 단자전압의 실효값은 $V_R = RI$, $V_L = X_L I = wLI$, $V_C = X_C I = \dfrac{I}{wC}$

그러므로 전체 전압은 $V = \sqrt{V_R^2 + (V_L - V_C)^2}$ 가 된다.

R-L-C 직렬회로는 L, C 소자가 동시에 존재하므로 X_L과 X_C의 크기에 따라 합성 리액턴스 $X = X_L - X_C$의 부호가 변화한다. 즉, 임피던스의 각(전압, 전류의 위상차) θ가 변화하므로 합성 임피던스의 부호에 따라

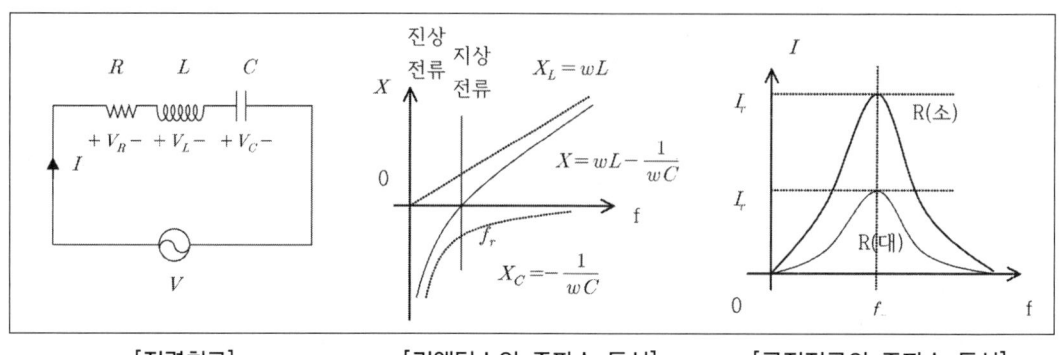

[직렬회로]　　　　　[리액턴스의 주파수 특성]　　　　　[공진전류의 주파수 특성]

$X > 0$ $(X_L > X_C, wL > \dfrac{1}{wC})$인 지상전류가 흐르는 유도성회로와

$X < 0$ $(X_L < X_C, wL < \dfrac{1}{wC})$인 진상전류가 흐르는 용량성회로의 특성을 모두 가지면서 주파수 f의 변화에 따라 소자의 양단 전압 또는 전류가 단조롭게 증감될 뿐이다. 그러나 어느 소자의 양단 전압 또는 전류가 특정 주파수에서 극대점이나 극소점을 갖게 되는데 이처럼 회로 소자의 전압 또는 전류가 특정주파수 부근에서 급격히 변화하는 현상을 공진현상이라 하고, 이러한 회로를 공진회로라 한다.

위 그림과 같은 R-L-C 직렬회로에서 합성임피던스 Z와 전류 I는

$Z = R + jX = R + j(wL - \dfrac{1}{wC}) = \sqrt{R^2 + X^2} \angle \tan^{-1}\dfrac{X}{R}$, $I = \dfrac{V}{Z}$이 되고 전원의 주파수 f를 0에서 ∞까지 변화시키면 위 식의 허수부인 리액턴스 X가 그림과 같이 변하면서 $wL = \dfrac{1}{wC}$을 만족하는 X=0가 되는 주파수 f_r이 있음을 알 수 있다. 이 주파수를 공진주파수(Resonance Frequency)라 하고 이 때의 w_r을 공진 각주파수라 한다.

R-L-C 직렬회로에서 공진각 주파수 및 공진주파수는

$$w_r L = \dfrac{1}{w_r C}, \quad w_r^2 = \dfrac{1}{LC} \quad \therefore w_r = \dfrac{1}{\sqrt{LC}}$$ 가 된다.

$$\therefore f_r = \dfrac{1}{2\pi\sqrt{LC}} \; (Hz)$$

즉 공진 시의 임피던스와 공진전류는

① 공진 시의 임피던스 $Z_r = R \angle 0°$ 이고 크기는 $Z_r = R$ 로 최소가 된다.

② 공진 시 전류는 $I = \dfrac{V}{Z_r} = \dfrac{V}{R}$ (크기도 $I = \dfrac{V}{R}$), $\theta = \tan^{-1}\dfrac{X}{R} = \tan^{-1}(0) = 0°$ 이므로 전압 전류가 동상이면서 전류는 최대가 된다.

위 그림은 직렬공진에서의 주파수에 대한 전류의 특성도이다.

직렬공진 시에 각 소자에 걸리는 페이져 전압과 실효값은 아래와 같다.

$$V_R = RI = V \text{ (크기 : } V_R = V)$$
$$V_L = jwLI = \dfrac{jwL}{R}V \text{ (크기 : } V_L = \dfrac{wL}{R}V)$$
$$V_C = -jX_C I = -j\dfrac{1}{wCR}V \text{ (크기 : } V_C = \dfrac{1}{wCR}V)$$

이 식에서 저항 R의 단자전압 V_R은 인가전압 V와 같고, L과 C 소자의 단자전압 V_L, V_C는 크기는 같고 위상이 반대이지만, 인가전압(또는 저항의 단자전압)보다 수 십배 또는 그 이상의 큰 전압으로 확대되어 나타난다.

이와 같은 인가전압에 대한 L, C 소자의 단자전압과의 비를 전압확대율 Q로 표시하고 선택도 또는 첨예도라 한다.

$$Q = \dfrac{V_L}{V} = \dfrac{V_C}{V}, \; wL = \dfrac{1}{wC} \Rightarrow w = \sqrt{\dfrac{1}{LC}} \text{ 가 된다}$$
$$Q = \dfrac{wL}{R} = \dfrac{1}{wCR} = \dfrac{1}{CR\sqrt{\dfrac{1}{LC}}} = \dfrac{1}{R}\sqrt{\dfrac{L}{C}}$$

2) 병렬공진

앞의 고조파 라)항과 같이 $nX_0 + (nX_L - \dfrac{X_c}{n}) = 0$인 경우로서 분모가 0이 되므로 L과 C 측에 흐르는 전류 I_0, I_c 모두 ∞로 매우 커진다.

아. 접지

전기철도에서 배전설비는 비접지에서 접지방식으로 변경되었으며, 전차선의 접지도 단독접지에서 등전위 계통접지로 변경되고 있어, 전기설비에서 발생되는 사고와 이러한 접지방법에 따른 계통보호 방법 등에 대해서 좀 더 자세히 살펴보고자 한다.

1) 1선 지락사고

아래 그림과 같이 a상에서 지락이 발생한 경우에는 a상의 전압은 0가 되고 대신 지락전류는 대지를 통해 중성점으로 흘러들어가게 되고, b와 c상은 부하가 없어 전류가 흐르지 않게 되므로 아래의 조건이 성립하게 된다.

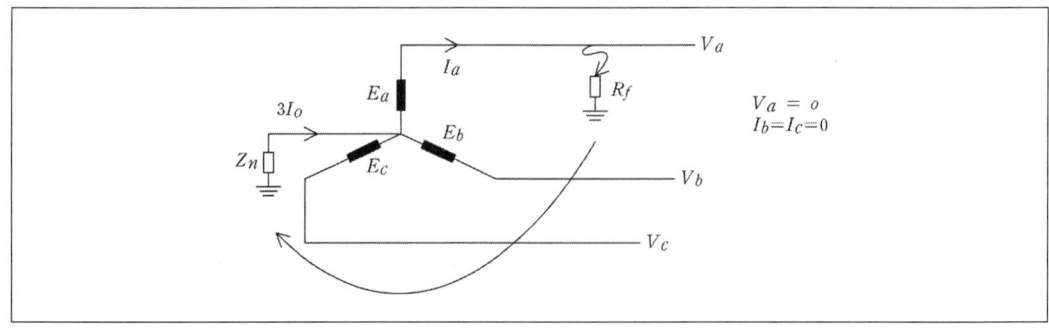

[저항접지에서의 1선지락사고]

이 경우의 지락전류를 계산해 보면,

가) 중성점의 접지저항 Z_N과 접지발생 지점의 대지와의 접촉저항 R_f이 0인 경우 3상의 전압과 영상, 역상, 정상전류의 값은 아래와 같이 표현할 수 있다.

$$I_0 = \frac{1}{3}(I_a + I_b + I_c) \qquad V_a = (V_o + V_1 + V_2)$$
$$I_1 = \frac{1}{3}(I_a + aI_b + a^2I_c) \quad V_b = (V_0 + a^2V_1 + aV_2)$$
$$I_2 = \frac{1}{3}(I_a + a^2I_b + aI_c) \quad V_c = (V_0 + aV_1 + a^2V_2)$$

이 식에서 전류 값은 아래와 같이

$I_b = I_c = 0$ 이므로 $I_0 = I_1 = I_2 = \frac{1}{3}I_a = I$ 이 되어 3전류가 모두 동상인 같은 값의 전류가 된다.

또한, 위 식에서 전압값은 $V_a = (V_o + V_1 + V_2) = 0$이 되고 이 식을 발전기의 기본식인 $V_0 = -Z_0I_0$, $V_1 = E_a - Z_1I_1$, $V_2 = -Z_2I_2$에 대입해 보면

$$V_a = (V_o + V_1 + V_2) = -Z_0I_0 + E_a - Z_1I_1 - Z_2I_2 = 0 \text{가 되고}$$
이는 $-Z_0I + E_a - Z_1I - Z_2I = E_a - I(Z_0 + Z_1 + Z_2) = 0$ 이 되므로
$$E_a = I(Z_0 + Z_1 + Z_2) \quad \therefore I = \frac{E_a}{Z_0 + Z_1 + Z_2} \text{ 이다}$$

또한, 지락이 발생된 a상의 전류인 지락전류 값은

$$I_a = I_0 + I_1 + I_2, I_b = I_0 + a^2I_1 + aI_2, I_c = I_0 + aI_1 + a^2I_2 \text{에서}$$
$I_b = I_c = 0$, $I_0 = I_1 = I_2$ 이므로 $I_a = I_0 + I_1 + I_2 = 3I = 3I_0$
$$I_g = 3I = 3I_0 = \frac{3E_a}{Z_1 + Z_2 + Z_0} = \frac{3E_a}{Z} \text{ 가 된다}$$

이를 등가회로로 그리면 아래 그림과 같이 영상, 정상, 역상임피던스가 직렬로 접속된 형태로 표시할 수 있다.

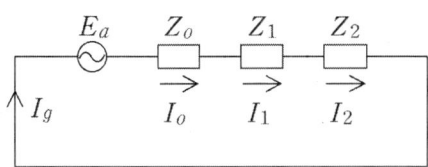

[직접접지에서 1선접지 사고 시의 등가회로도]

나) Z_N 과 R_f를 고려하는 경우

앞의 그림에서 보듯이 Z_N과 접지발생 지점의 대지와의 접촉저항 R_f에는 $3I_0$의 전류가 흐르므로 $3I_0 = \dfrac{E}{R_f}$, $I_0 = \dfrac{E}{3R_f}$ 가 되므로 Z_N 과 R_f 값은 3배를 해 주어야 하는 것을 알 수 있다. 그러므로 직접접지식이라면 $Z_N = 0$ 이므로 $I_g = \dfrac{3E_a}{Z_1 + Z_2 + Z_0 + 3R_f}$ 이 되고, 저항접지식이라면

$$I_g = \dfrac{3E_a}{Z_1 + Z_2 + Z_0 + 3Z_N + 3R_f}$$ 가 된다.

또한, 영상, 정상, 역상분의 전류와 전압 값은 저항접지식이라면

$$I_0 = I_1 = I_2 = \dfrac{E_a}{Z_0 + Z_1 + Z_2 + 3R_f + 3Z_N}$$

$$V_0 = -Z_0 I_0 = -\dfrac{E_a}{Z_0 + Z_1 + Z_2 + 3R_f + 3Z_N} \times (Z_0 + 3R_f + 3Z_N)$$

$$V_1 = E_a - Z_1 I_1 = E_a - \dfrac{E_a}{Z_0 + Z_1 + Z_2 + 3R_f + 3Z_N} Z_1$$

$$V_2 = -Z_2 I_2 = -\dfrac{E_a}{Z_0 + Z_1 + Z_2 + 3R_f + 3Z_N} Z_2$$

이 되고 이를 등가회로로 그리면 아래 그림과 같이 된다.

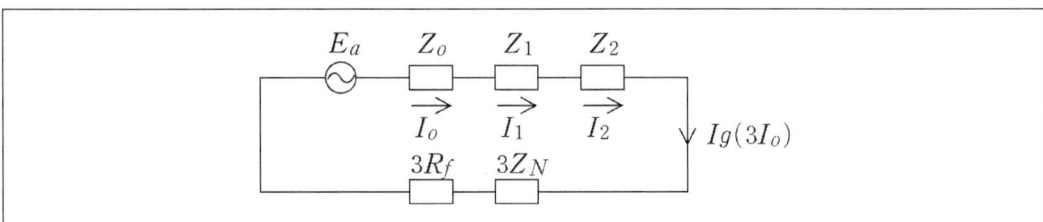

[접지저항과 접촉저항을 반영한 1선 접지 시의 등가회로]

만일 여기서 영상분이 정상분이나 역상분 보다 아주 크다면
즉, $Z_1 = Z_2 \ll Z_0 + 3(Z_N + R_f)$ 라고 하면

$$I_g = \frac{3E_a}{Z_0 + 3(Z_N + R_f)} \text{ 가 된다}$$

다) %R_f를 이용해서 구한 직접접지방식에서의 지락전류값 I_g은

$$I_g = \frac{3E_a}{Z_0 + Z_1 + Z_2 + 3R_f}, \quad \%R_f = \frac{R_f(\Omega) \times KVA}{10 \times KV^2}$$

$$\%Z = \frac{ZI_n}{E} \times 100 \text{ 에서 } Z = \frac{\%Z \times E}{I_n \times 100} \text{ 이므로}$$

$$I_g = \frac{3E_a}{Z_0 + Z_1 + Z_2 + 3R_f} = \frac{3E_a}{Z} = \frac{3E_a}{\frac{\%Z}{I_n \times 100}E_a} = \frac{3 \times 100 I_n}{\%Z}$$

$$= \frac{3 \times 100 I_n}{\%Z_0 + \%Z_1 + \%Z_2 + \%3R_f} \quad I_n = \frac{P_n}{\sqrt{3}\,V} \text{ 이 된다}$$

라) 지락전류와 단락전류의 비교

1선 지락시 I_g 와 3상 단락시 $I_s = \frac{100}{\%Z_1}I_n$ 를 비교해 보면 단지 1선 지락은 영상, 정상, 역상 임피던스를 모두 합산했으므로 전압도 3배해 준 것이고 3상 단락 시는 Z_1 만 고려되어 3배를 하지 않은 것으로 생각하면 구하는 식은 같다고 생각하면 된다.

마) 건전상의 전압 상승

지락사고가 발생된 경우 지락이 발생되지 않은 남은 두 선(건전 상)의 전압은 $Z_0 = R_0 + jX_0$, $Z_1 = R_1 + jX_1$, $Z_2 = R_2 + jX_2$ 에서 일반적인 교류회로에서는 영상분을 제외하고는 R≪X 이고 대개 정상분과 역상분의 값은 동일하므로 $Z_0 = R_0 + jX_0$, $Z_1 = Z_2 = jX_1$ 이 된다.

여기서, 변수 값 3개를 이용하여 X축을 $\frac{X_0}{X_1} = m$, Y축을 건전 상의 전압상승으로 하고 $\frac{R_0}{X_1} = k$을 변수로 그래프를 그려보면 아래 그림과 같이 된다.

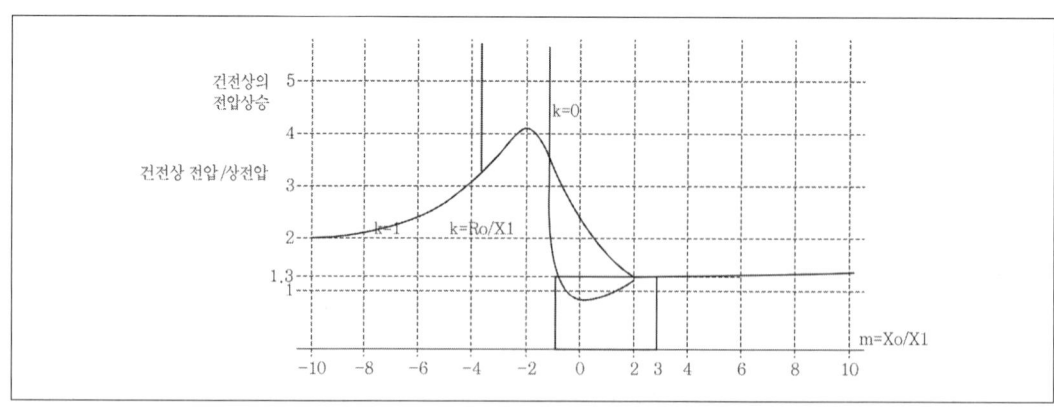

[1선 지락 시 건전 상의 전압상승]

① 유효접지계통

$m = \dfrac{X_0}{X_1} \leq 3$, $k = \dfrac{R_0}{X_1} \leq 1$ 인 영상분이 정상분의 3배 이하이고, 영상분 저항이 정상분 리액턴스 값보다 적은 조건을 유효접지 조건이라고 하며 아래 사각형으로 표시된 구간으로서 건전상 대지전압 상승은 고장 전에 비해 1.3배 이하가 되는 구간이다.

② 영상 임피던스가 고장 점에서 바라본 정상 임피던스의 -2배가 될 때

m=-2, 즉 $m = -2 = \dfrac{X_0}{X_1}$, $X_0 = -2X_1$ 인 경우로서 위 1선지락 조건에서 보듯이 임피던스는 $Z = Z_1 + Z_2 + Z_0$ 에서 $Z_1 = Z_2 = X_1$ 이므로 $Z = Z_0 + 2Z_1 = -2Z_1 + 2Z_1 = 0$ 이 되어 분모가 0이 되므로 $I_g = \dfrac{3E_a}{3R_f} = \dfrac{E_a}{R_f}$ 로 최대가 되고 건전상의 전압 V_b, V_c 가 그림에서처럼 급격히 상승하며, 특히 k=0 즉 $R_0 = 0$ 일 때는 리액터 접지처럼 되어 계통공진이 되므로 건전 상의 전압은 무한대가 된다.

③ 비 유효 접지계통에서 완전지락 상태($Z_N = R_f \fallingdotseq 0$)의 경우

위 b, c 상의 전압에 발전기의 기본식과 지락전류 값을 대입하여 풀면,

Ⓐ b상의 전압

$$V_b = V_0 + a^2 V_1 + a V_2 = -Z_0 I_0 + a^2(E_a - Z_1 I_1) + a(-Z_2 I_2)$$
$$= a^2 E_a - I_0(Z_0 + a^2 Z_1 + a Z_2)$$
$$= a^2 E_a - I_0(Z_0 + a^2 Z_1 + a Z_2)$$

$$\therefore V_b = a^2 E_a - \dfrac{E_a}{Z_1 + Z_2 + Z_0}(Z_0 + a^2 Z_1 + a Z_2)$$
$$= \dfrac{a^2 E_a(Z_1 + Z_2 + Z_0) - E_a(Z_0 + a^2 Z_1 + a Z_2)}{Z_1 + Z_2 + Z_0}$$
$$= \dfrac{(a^2 - 1)Z_0 + (a^2 - a)Z_2}{Z_1 + Z_2 + Z_0} E_a$$

이 된다.

Ⓑ c상의 전압

$$V_c = V_0 + a V_1 + a^2 V_2$$
$$= -Z_0 I_0 + a(E_a - Z_1 I_1) + a^2(-Z_2 I_2) = aE_a - Z_0 I_0 - aZ_1 I_1 - a^2 Z_2 I_2$$
$$= aE_a - I_0(Z_0 + aZ_1 + a^2 Z_2)$$
$$= aE_a - \dfrac{E_a}{Z_1 + Z_2 + Z_0}(Z_0 + aZ_1 + a^2 Z_2)$$
$$= \dfrac{aE_a(Z_1 + Z_2 + Z_0) - E_a(Z_0 + aZ_1 + a^2 Z_2)}{Z_1 + Z_2 + Z_0}$$
$$= \dfrac{(a-1)Z_0 + (a - a^2)Z_2}{Z_1 + Z_2 + Z_0} E_a$$ 이 된다

만일, 접지저항이나 지락점 저항이 있는 경우라면,

$I_g = \dfrac{3E_a}{Z_1 + Z_2 + Z_0 + 3Z_N + 3R_f}$ 가 되어 분모 값이 증가하게 되므로 그만큼 건전상의 전압상승도 적어진다. 즉 전압강하가 커지게 된다.

2) 접지방식의 종류와 특징

계통의 중성점 접지방식 선정 시에는 계통의 특성을 고려하여 결정해야 한다. 앞에서 설명한 바와 같이 전기철도는 그동안 통신유도장애 등을 고려하여 접지 전류 값이 적어 대지전위 상승이 문제가 되지 않는 비접지방식을 채택해 왔으나, 요즈음에는 광통신케이블 채택, 장거리 배전선로에서의 사고전류 검출 어려움 등으로 직접접지 방식 또는 저항접지방식으로 바뀌어가고 있다.

가) 직접접지 방식

아래 그림과 같이 변압기 중성점을 대지와 직접 접속하는 방식이다.

사고 전류가 그대로 중성점을 통해 흐르게 되는 방식으로 다음과 같은 특징이 있다.

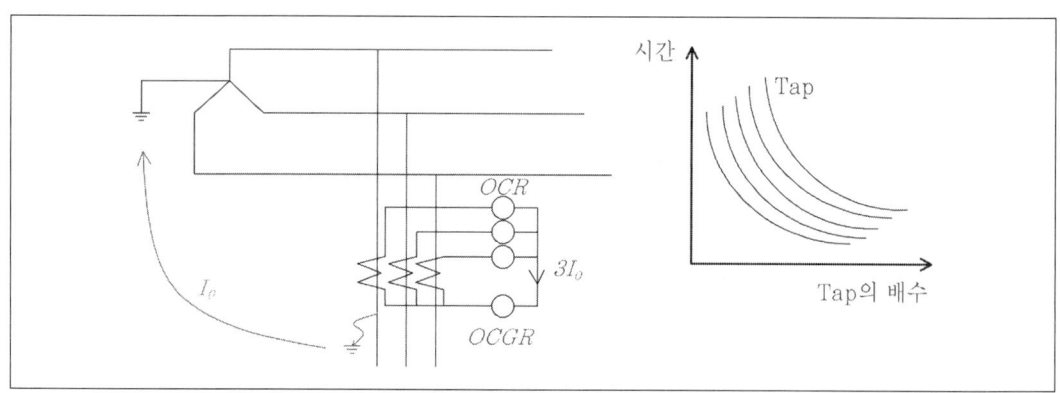

[직접접지방식의 보호 및 OCGR 특성곡선]

① 특징

  Ⓐ 지락전류가 커서 보호계전기 동작이 확실하다.

  앞에서 보듯이 지락전류는 $I_g = \dfrac{3E_a}{Z_1 + Z_2 + Z_0 + 3Z_N + 3R_f}$ 로 표현되며 지락 점의 저항을 무시하면 직접 접지하여 $Z_N = 0$ 이므로

  $I_g = 3I_0 = \dfrac{3E_a}{Z_1 + Z_2 + Z_0} = \dfrac{3E_a}{Z}$ (A)로 전류가 커진다.

  Ⓑ 지락전류가 크므로 대지전위 상승이 $I_g \times R_f$ 으로 커져서 인근 약전선로에 유도장해

가 커지게 된다.
　ⓒ 건전상의 전압상승이 적다.
　　앞에서 설명한 바와 같이 건전 상의 전압 계산식에서 분모가 적어져서 전압상승값이 $V_b = \dfrac{(a^2-1)Z_0 + (a^2-a)Z_2}{Z_1 + Z_2 + Z_0} E_a$, $V_c = \dfrac{(a-1)Z_0 + (a-a^2)Z_2}{Z_1 + Z_2 + Z_0} E_a$ 로 적다.
　ⓓ CT 잔류회로 방법을 이용하는 OCGR을 사용하여 간단하게 지락사고를 검출할 수 있다.
② 지락과전류계전기(OCGR)
　ⓐ Tap과 Lever가 있다.
　ⓑ 동상의 영상전류를 이용하는 방식이므로 위상특성이 없어서 방향성이 없다.
　ⓒ 영상전류를 이용하는 전류형 계전기이다.

나) 비접지 방식
　아래 그림과 같이 변압기의 중성점은 접지하지 않고 GPT(접지형 계기용 변압기)의 접지측을 통해 접지전류를 흘리는 방식으로 지락전류 검출과 보호를 위해 ZCT(영상변류기)와 SGR(선택접지계전기)를 사용하게 된다.
① 보호원리
　아래 그림에서 No1 회선의 고장전류는 I_N과 I_{c1}, I_{c2}로 각각 GPT의 접지측 및 No1 회선과 No2 회선의 대지정전용량을 통해 흐르게 된다.
　ⓐ 고장회선 No1
　　No1 회선의 대지정전용량을 통해 ZCT_1을 흐르는 I_{c1}에 의한 전류는 그림과 같이 지락이 발생하지 않은 두 선분이 ZCT_1으로 들어가서 변압기의 2차 △측을 경유하여 ZCT_1의 지락고장이 발생된 선측으로 흘러나오므로 서로 상쇄되어 SGR_1의 전류회로에서는 검출되지 않는다.
　　그러나, No2 회선 대지정전용량을 통해 ZCT_2를 흐르는 I_{c2} 전류는 그림과 같이 세 선분이 들어가서 변압기의 2차 △측을 경유하여 ZCT_1 측으로 흘러 나가기만 하므로 그 I_{c2}에 의한 전류는 SGR_1 전류회로에 검출이 된다.
　　또한, I_N 전류도 GPT와 변압기의 △측을 경유하여 ZCT_1을 통해 들어오게 되므로 SGR_1의 전류회로에는 검출이 된다.

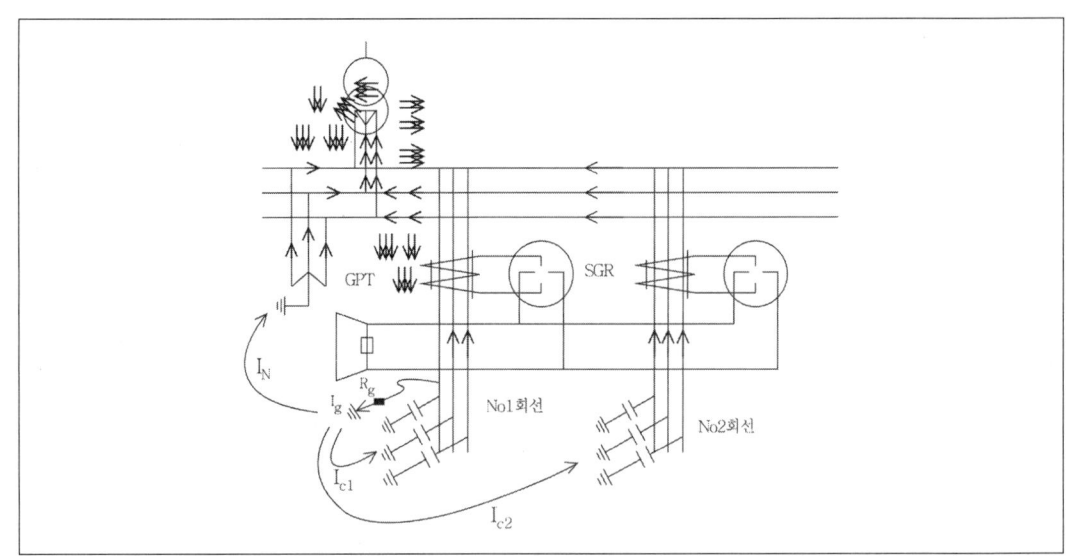

[비접지방식에서 지락사고 전류의 흐름]

Ⓑ 고장회선 No2

I_{c2}에 의한 전류는 No2 회선의 ZCT_2에는 그림과 같이 3선분이 들어가기만 하므로 SGR_2 전류회로에 반대방향의 전류가 검출된다. 그러나, I_{c1}과 I_N은 전류가 없어 검출되지 않는다. 이렇게 사고회선은 I_N과 I_{c2}가 그 외의 회선인 No2에는 해당선로인 I_{c2}의 전류만 반대방향으로 검출되는 점을 이용하여 선택차단을 하게 된다. 앞의 결선도를 이용하여 단선도와 등가회로로 그리면 아래 그림과 같다.

이 등가회로를 이용하여 지락전류 I_g를 구해 보면 No1 회선에서 얻어지는 두 전류 I_N과 I_{c2}의 합이 되고 합성임피던스 Z_T는 오른쪽 등가회로와 같이 GPT 측의 저항 R_N과 대지정전용량이 병렬로 접속되어 접지점 저항에 연결된 형태가 되므로,

$$Z_T = R_g + \frac{R_N \frac{1}{jwC}}{R_N + \frac{1}{jwC}} = R_g + \frac{R_N}{jwCR_N + 1}$$

$$I_g = \frac{E_g}{Z_T} = \frac{E_g}{R_g + \frac{R_N}{jwCR_N + 1}} = \frac{(jwCR_N + 1)E_g}{(jwCR_N + 1)R_g + R_N}$$

이 되며 완전지락이라고 가정하고 대지정전용량은 매우 적어서 무시한다면, $R_g ≒ 0, jwC ≒ 0$이므로 $I_g ≒ \frac{E_g}{R_N}$가 된다.

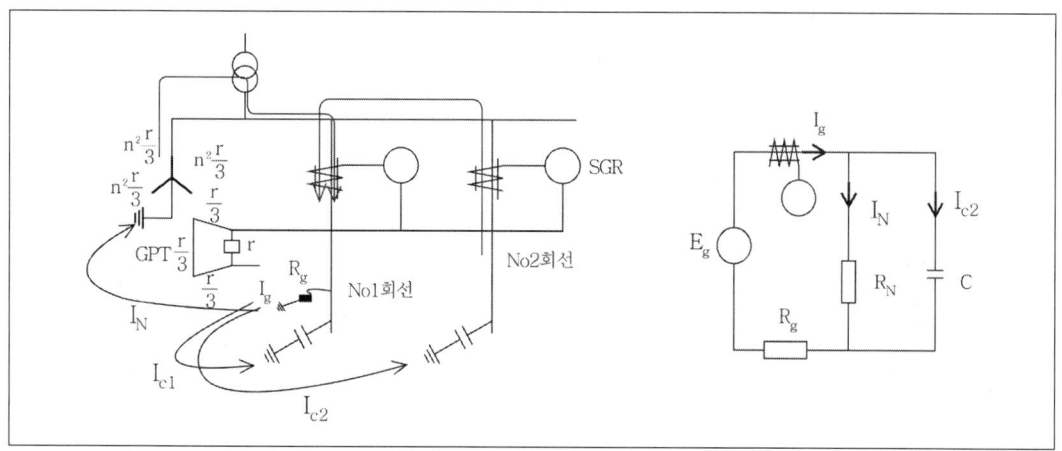

[비접지식의 지락사고 시 전류등가회로]

② 특징

Ⓐ 지락전류가 매우 적다.(최대 380mA)

GPT에 380mA이하의 전류가 흐르도록 제한하는 값을 가지는 한류저항 r을 설치하므로 지락전류 값은 380mA 이하의 값으로 아주 작게 된다.

예를 들어 한류저항 r의 값은 3.3kV : 50Ω, 6.6kV : 25Ω, 22kV : 8Ω 정도의 지락전류가 최대 380mA가 되도록 하는 값을 사용한다.

아래 등가회로에서 보듯이 GPT에 연결된 한류저항 값 r은 1차측으로 환산해 보면 2차 측 각 상에는 한류저항의 1/3값이 균등하게 걸리고 이를 1차로 환산하면 아래 그림과 같이 1차에는 환산된 1차 값의 3상이 병렬로 연결된 형태가 되므로,

$$R_N = \frac{1}{3} \times n^2 \frac{r}{3} = \frac{n^2}{9} r$$

위에서 6.6kV인 경우 25Ω이므로 이 때의 지락전류를 계산해 보면 아래와 같이 380mA가 되는 것을 알 수 있다. 이것은 3.3kV이나 22kV도 마찬가지이다.

$$R_N = \frac{\left(\dfrac{\frac{6600}{\sqrt{3}}}{\frac{190}{3}}\right)^2}{9} \times 25 = \frac{\left(\dfrac{6600\sqrt{3}}{190}\right)^2}{9} \times 25 = 10,056 ≒ 10,000 \, (\Omega)$$

$$I_g = \frac{E_a}{R_N} = \frac{\frac{6600}{\sqrt{3}}}{10,000} ≒ 0.38 \, (A)$$

    Ⓑ 지락전류가 적으므로 유도장해가 아주 적다.
    ⓒ 건전상의 이상전압 상승이 크다.
    Ⓓ GPT+ZCT+SGR로 보호한다.
③ SGR의 특징과 보호특성 곡선

I_N과 I_c의 합이 지락전류가 되어 아래와 같은 곡선특성과 특징을 갖는다.

  ○ SGR의 특징
    - Tap과 Lever가 없다
    - 방향성(위상특성)이 있다
    - 전력형 계전기이다.

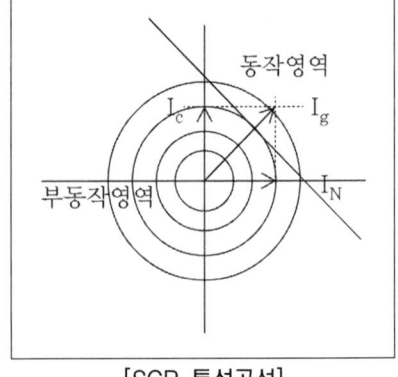

[SGR 특성곡선]

다) 저항접지

변압기의 중성점에 저항이나 리액터 등을 부착하여 지락전류의 크기를 줄이는 방식으로 그 특성은 직접접지와 비접지의 중간 특성을 가지게 된다.

아래 그림에서 보듯이, 사고전류가 방향성을 가지고 있어서 GPT와 DGR을 이용하여 지락사고를 검출하며, CT가 5/400 이상으로 큰 경우에는 3차권선을 가진 CT를 사용하여 3차를 △로 접속한 3차 영상분로접속 CT를 사용한다.

이 방식에서의 지락전류의 크기와 특징을 살펴보면 다음과 같다.

① 지락전류

중성점이 접지저항 $R_N(\Omega)$으로 접지되어 있다고 하면, 비접지 회로에서의 지락전류 식에서 보듯이 $I_g ≒ \dfrac{E}{R_N}(A)$가 된다.

예를 들어 6.6kV 계통에서 $R_N = 38(\Omega)$ 이라면,

$$I_g ≒ \dfrac{\dfrac{6,600}{\sqrt{3}}}{38} = 100.27 ≒ 100\,(A)$$

가 되며, 이를 38(Ω)접지라고 부르지 않고 100(A)접지라고 부른다.

한편, 저압 440V 계통에서 $R_N = 254(\Omega)$ 이라면 이 때의 지락전류는

$$I_g ≒ \dfrac{\dfrac{440}{\sqrt{3}}}{254} = 1\,(A)$$ 가 되어 1(A) 접지라고 부른다.

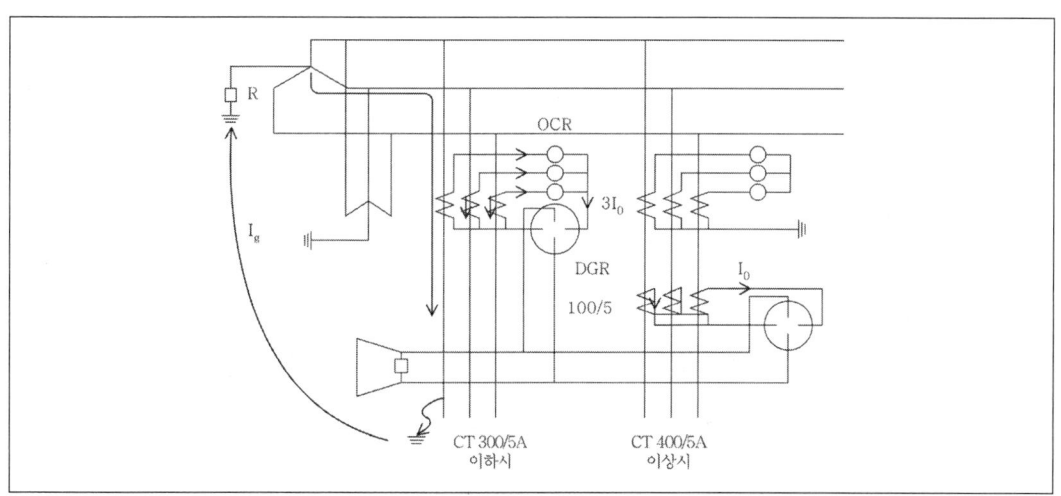

[저항접지에서의 1선지락 사고]

② 특징
　Ⓐ 지락전류가 직접접지에 비해 적다.
　Ⓑ 유도장해가 직접접지에 비해 적다.
　Ⓒ 건전상의 전압상승도 비접지에 비해 적다.
　Ⓓ 최근에 많이 사용되고 있다.
　Ⓔ 보호계통구성 : CT 300/5A 이하에서는 GPT+ CT잔류회로 + DGR 방식을. CT 400/5A 이상에서는 GPT + CT 3차 영상분로 접속(3차권선부 CT사용) + DGR로서 보호회로 구성하며, 저저항 접지에서는 GPT + OCGR을 사용한다.

③ DGR(방향접지계전기)의 특징과 동작특성
　저항접지 역시 I_N과 I_c의 합이 지락전류가 되어 방향성을 가지므로 그 특징과 동작특성은 아래와 같다.
　Ⓐ DGR의 특성곡선

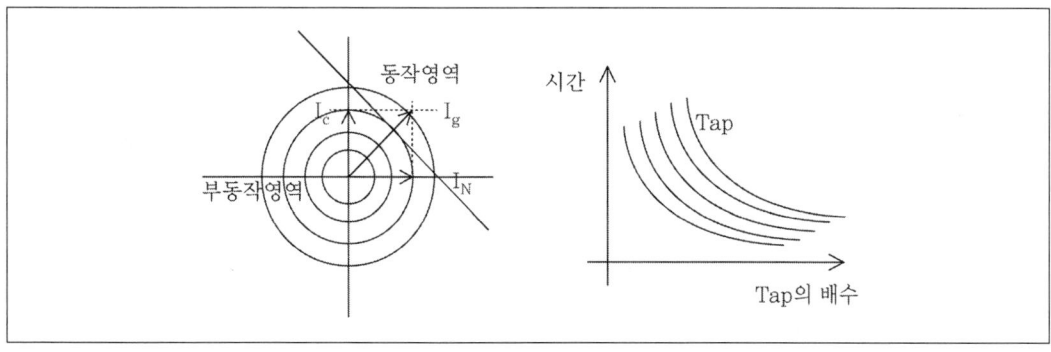

[DGR특성곡선]

Ⓑ DGR의 특징
  ㉠ Tap과 Lever가 있다.
  ㉡ 방향성(위상특성)이 있다.
  ㉢ 전력형 계전기이다.
④ 고저항접지의 조건

$m = \dfrac{X_0}{X_1} \leq 3$, $k = \dfrac{R_0}{X_1} \leq 1$ 이면 건전 상의 대지전압 상승이 고장 전에 비해 1.3배 이하가 되고 이를 유효접지 조건이라 하므로, 이 조건에서

$\dfrac{X_0}{X_1} \leq 3$ 이고 $R_0 \leq X_1$ 이므로 $\dfrac{X_0}{R_0} \leq 3$, $R_0 \geq \dfrac{X_0}{3}$ 이 된다.

여기에서 유효접지보다 저항이 큰 고저항접지가 되는 조건은,

$R_0 \leq \dfrac{1}{3}X_0$ 가 되고 이는 $\dfrac{E}{R} \geq \dfrac{3E}{X_0}$ 가 되어 $I_R \geq 3I_c$ 가 된다.

3) 접지 저항치의 선정기준

저항접지에서의 접지저항의 값은 아래 사항을 고려하여 결정한다.
① 변전소의 지락보호계전기가 확실하게 동작할 수 있는 고장전류를 공급할 수 있을 것.
② 통신선에의 유도전압이 규정치 이하가 되도록 할 것.
③ 대개의 경우 고저항 접지방식을 많이 사용한다.
④ 케이블로만 되어 있는 계통에서는 통신선에 대한 유도장해가 비교적 적으므로 이상전압의 억제, 계전기에 흐르는 전류의 위상개선 등을 목적으로 저 저항접지도 사용하고 있다.
⑤ 저항의 정격은 정격전압은 회로공칭전압의 $\dfrac{1}{\sqrt{3}}$, 정격전류는 100~500A, 정격시간은 10~30초로 한다.
⑥ 중성점 접지저항은 주변압기 중성점에 설치하되 주변압기에 중성점이 없는 경우에는 계통에 연결된 다른 변압기의 중성점에 설치할 수도 있다.

2.7 SCADA System 및 진단장치

2.7.1 원격제어시스템(SCADA System)

전철변전소, 급전구분소 등과 전기실 및 선로변의 각종 차단설비 등 원격지에 설치된 각종 전기설비들을 한 곳(전기관제실)에서 전기관제사가 원격으로 각종 기기들을 감시, 제어, 통제할 수 있도록 설치한 일체의 설비들을 말한다.

아래 사진이 전기관제실(전력사령실)의 전경이다.

[전기관제실]

위 사진에서 보듯이 전기관제실에는 전체의 전기설비들을 한 눈에 보고 감시할 수 있도록 스크린 보드를 설치하였으며, 각 그룹별로 조작이 가능하도록 Man-Machine Interface설비가 되어 있다.

또한, 아래 사진과 같이 원격지에서 각종 기기설비는 통신선로를 이용하여 서버를 통해 접속하는 형태를 이루고 있으며, 이 통신선로와 서버를 통해 전기관제실에 설치한 대용량 컴퓨터와 상호 데이터를 송·수신함으로써 감시와 제어가 가능하도록 되어 있다. 그리고, 메인컴퓨터는 신뢰성 확보를 위해 항상 운용 중인 컴퓨터와 Standby 컴퓨터가 동일한 Status를 가지도록 하는 이중계(Dual System)의 시스템으로 구성되어 있어 있을 뿐 아니라, 별도의 예비 관제실을 두어 주 관제실에 문제가 발생된 경우에 대비하고 있다.

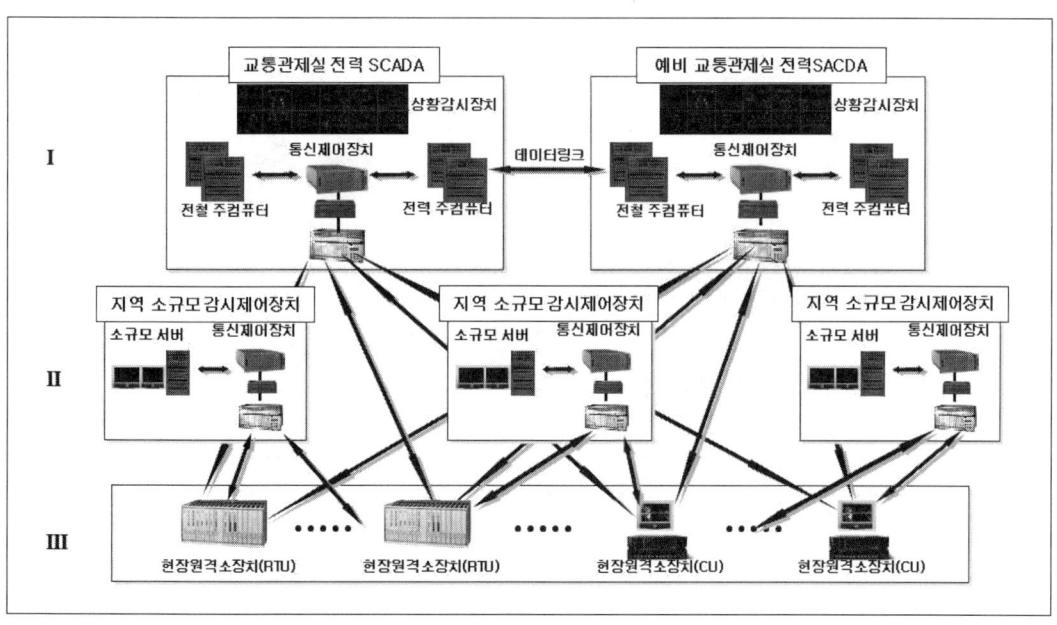

[원격제어설비 계통도]

2.7.2 원격진단장치

원격진단장치는 자기진단기능을 가진 각종 주요 기기들의 자기진단 센서에 의해 검출된 데이터를 아래 계통도에서 보듯이 통신선로를 통해 유지보수 조직에 보내줄 수 있도록 만들어진 시스템을 말한다.

이러한 데이터를 통해 아래 그림의 시스템운영 흐름도와 같이 그 데이터가 어느 값 이상이나 이하로 주어진 범위를 초과하면 현장 측정을 통해 이를 재확인하고 그 값을 입력하여 비교 검토하고, 필요한 유지보수 조치를 취하는 방법을 취함으로써 예방보수가 가능하도록 하고 있으며, 이러한 데이터들을 축적하여 향후의 유지보수 기초자료로도 활용토록 하고 있다.

이러한 자기진단 기능은 각 설비별로 필요한 센서를 설치하고 이를 제어케이블을 통해 해당 변전소에 설치된 컴퓨터에 보내져서 이를 통합하고 통신선로를 통해 유지보수 조직에 설치된 컴퓨터 시스템으로 보내지는 방식으로 시스템이 구성되어 있다.

이 자기진단기능은 향후 센서가 발달하면 할수록 더 고도화되어질 것으로 생각되며, 이러한 자기진단 기능이 고도화되면 기기의 수명이나 이력관리가 자동화되고 합리화 되어 지며, 사고가 발생되기 전에 이를 발견하여 유지보수 될 수 있도록 하는 예방 보수시스템이 보다 많이 갖추어질 것으로 생각된다.

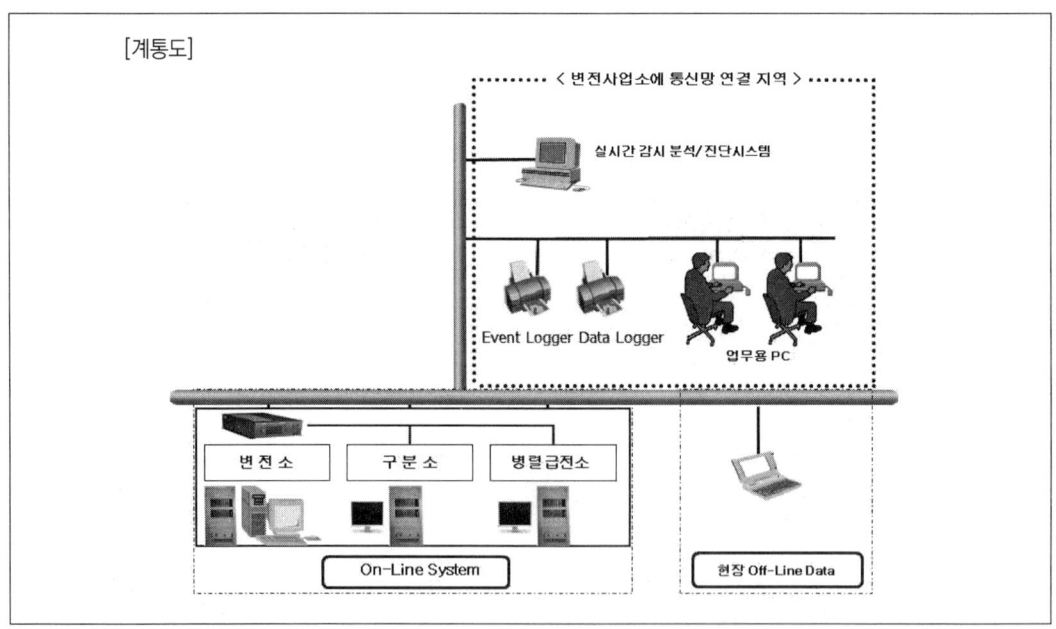

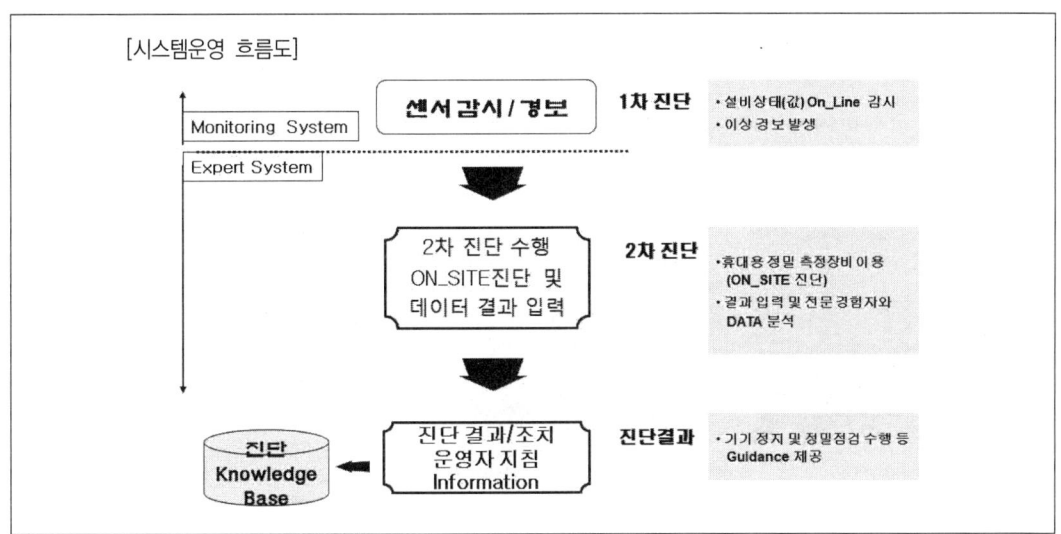

[변전설비 원격진단장치 계통도 및 시스템운영 흐름도]

현재 전기철도에서 사용되고 있는 진단 장치들은 아래 표와 같다.

장치별	주 요 기 능
절연유 열화진단장치	주변압기 및 단권변압기에 설치된 절연유 열화센서를 이용하여 누설전류를 측정하고 그 전류값의 변화추이를 이용하여 절연유의 열화상태를 진단한다.
차단기 동작특성장치	GIS의 차단기에 각 상별 동작시각, 동작전류, 동작 횟수를 측정하는 센서를 설치하고 이를 통해 차단기가 정상적으로 동작하고 있는지의 여부를 판단하게 된다.
가스밀도 측정장치	GIS가스 구획 내의 SF6가스의 밀도를 측정하여 밀도의 변화 추이를 이용하여 가스의 누기 상태를 진단하게 된다.
부분방전 측정장치	GIS나 변압기내부에 UHF센서를 설치하여 내부에서 발생되는 부분방전 현상을 검출하여 이상 유무를 판단할 수 있도록 한다.
피뢰기누설전류 측정장치	피뢰기의 접지회로에 변류기를 설치하여 피뢰기의 누설전류를 측정하여 피뢰기의 이상 유무를 판단하도록 하며 동작 횟수도 함께 측정토록 하고 있다.

2.8 수(송)전선로(Transmittion Line)

전기철도는 매우 큰 대용량의 부하이므로, 다른 부하설비에 파급을 주거나 영향을 받지 않는 높은 신뢰성을 확보하기 위하여, 아래 그림과 같이 전기를 공급하는 한국전력의 변전소에서 단독으로 2개 선로를 이용하여 전철변전소까지 전력을 공급할 필요가 있다.

이 선로를 수(송)전선로라고 하며, 대개 용량이 큰 154kV의 변전소나 345kV 변전소의 154kV 측에서 인출하고 있다.

또한, 가장 민원의 대상이 되는 선로이므로 가능한 인가가 없는 산이나 구릉지를 이용하여 가공선으로 시설하며, 도심지 등 인가 밀집지역은 아래 그림과 같이 케이블을 지중에 매설하거나 공동구를 건설하여 시공하는 방법을 사용하고 있다.

[가공 수(송)전선로]

[지중 수(송)전선로 시공 사진]

2.9 배전설비(Power Distribution System)

철도에서 전기를 이용하는 부하설비는 아래의 그림과 같이 전기차 이외에도 통신, 신호설비의 기계실 부하와, 역사 등 각종 건물의 조명 및 설비 부하, 터널 내에 설치된 조명등 및 피난유도등, 작업 콘센트 설비들의 부하가 있어 이들에게 전원을 공급하여야 한다. 이러한 전기차 이외의 부하에 전원을 공급하기 위한 설비를 배전설비라고 부르며 아래 사진과 같이 선로를 따라 전차선 전주에 첨가하거나 단독으로 설치한 배전선로와 지지물 기타 전기실 등의 부속설비를 총칭하는 말이다.

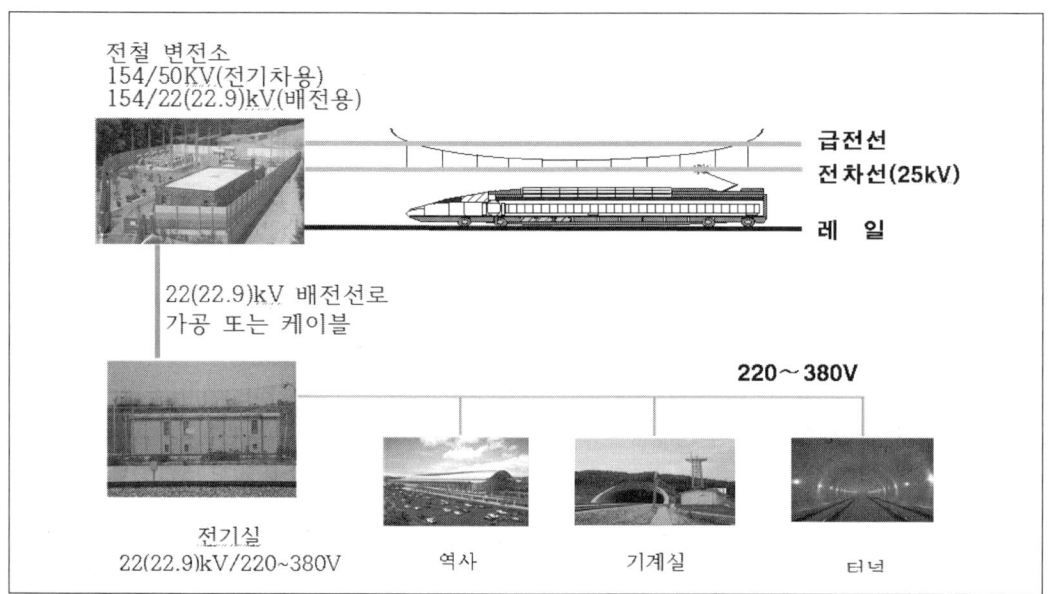

[배전설비 계통]

[가공배전선로 사진]

2.9.1 배전선로

이러한 설비들에 전기를 공급하는 방법은 전차선로의 전원을 이용하는 방법과 별도의 배전선로를 가설하는 두 가지 방법이 있다.

가. 전차선로를 이용하는 방법

전차선로의 단상전원에서 변압기를 이용하여 저압으로 변환하여 부하에 공급하는 방법으로 별도의 배전선로가 필요 없다는 측면에서 설비가 간단하고 투자비도 적게 든다는 장점이 있지만, 배전 측의 사고가 전기차 운행에도 영향을 줄 수 있다는 점과 3상전원의 확보가 어렵다는 단점도 있다.

프랑스 등 유럽 일부지역에서만 사용되고 있으며, 경우에 따라서는 필요한 장소마다 전력회사의 저압 측에서 별도의 전원을 확보하는 방법도 병용하고 있다.

나. 별도의 배전선로를 이용하는 방법

각 역에 전기실을 두거나 위 그림과 같이 전철변전소에 별도의 배전용 변압기를 설치하고 이를 이용하여 배전선로를 구성하고 필요한 장소마다 소규모의 배전소를 두고 저압으로 변환하여 부하에 전원을 공급하는 방식이다. 이 배전선로는 선로의 중요도에 따라 상하선에 2회선을 설치하거나 어느 한 쪽에만 1회선으로 설치하기도 하며, 가공방식과 케이블 방식 모두를 이용하며 두 가지 방법을 혼용하기도 한다 이러한 배전선로는 전압이나 시공방법에 따라 여러 가지 방식이 사용되고 있다.

1) 사용전압

부하의 크기, 접지방식의 종류에 따라 여러 종류의 전압이 사용되었다. 초기의 전기철도에서는 배전설비의 부하도 크지 않고 철도 선로변에 신호, 통신 등의 약전류 회로가 동시에 존재하고 있고 접지방식도 각 기기별로 단독으로 접지하는 방식을 채택하고 있어서, 이들 약전선에 대한 통신유도를 최소화하고자 비접지방식의 6.6kV 전압을 사용해 왔었다.

그러나, 배전설비 부하의 용량 증대와 철도변 접지방식이 개별접지에서 등전위의 계통접지 방식으로 변경한 점과 통신케이블에 광케이블을 사용하면서 유도에 대한 우려가 없어졌다는 점 등에서 이제는 접지방식의 22.9kV 방식을 대부분 사용하고 있다.

초기 고속철도에서도 22kV의 비접지방식을 채택하기도 했으나 보호를 위해 지그재그 변압기를 사용할 수 밖에 없어서 결국은 접지방식과 큰 차이가 없었으며, 이제는 모든 철도에서는 접지방식으로 우리나라에서 가장 많이 사용되고 있는 22.9kV 방식을 사용하고 있다.

그러나, 지하철에서는 지하구간이므로 대지전위 상승의 우려가 적은 비접지방식의 6.6kV 방식을 아직도 사용하고 있다.

2) 배전선로 구성

가) 가공선로

대부분 전차선로용 전주에 첨가하여 가선하는 방법으로 시행한다. 이러한 가공방식은 투자비가 적게 들고 시공이 편리하다는 장점은 있다, 일반적으로는 가공 배전선으로 설치하고 케이블은 가공선을 설치할 수 없는 장소에 설비한다는 사고방식으로 예전에는 가공으로 대부분 시공이 되었다. 이러한 가공선로는 예산이나 설비의 간소화 측면에서 전철구간의 배전선로 설비는 위의 가공배전선로 사진과 같이 전차선 설비(전차선 전주)에 첨가된 가공선 방식으로 대부분이 시공되어 있고, 레일에도 접근되어 있으므로, 항상 감전, 추락, 차량접촉 등의 위험에 노출되어 있다고 할 수 있다.

또한, 전철전주에 올라가서 작업하게 되므로 작업성, 시공성 및 설비환경 측면에서도 매우 열악한 구조이며, 특히 야간작업이 대부분이라는 점 등에서 요즈음 유지보수 자들이 전주에 올라가서 작업하는 것을 꺼려하는 등 가공선 방식을 회피하는 상황이다.

 그래서 유지보수성과 안전성 측면에서 요즈음의 배전선로 설비는 가능한 기술적 검토를 하여 대도시 주변, 고속철도 등에서는 케이블을 이용하여 선로변의 트로프 속에 설치하는 방식을 많이 사용하고 있다.

 이들 가공전선에 사용되는 전선의 요구조건은 아래와 같으며, 이러한 조건을 충족하는 전선으로는 일반적으로 경동연선이 많이 사용되었으며, 최근에는 경제성 측면에서 강심 알미늄연선이 더 많이 사용되고 있다. 또한 가공선은 도심지에서의 절연이격거리 확보의 어려움 등으로 인해 절연된 강심알미늄-OC전선도 많이 사용되고 있다.

① 도전률이 크고 인장강도가 크다.
② 내구력이 크고 가공이 용이하다.
③ 비중이 작고 값이 싸다.

나) 케이블을 이용하는 방식

 선로변에 케이블 트로프를 설치하거나 지중에 관로를 설치하고 이를 이용하여 케이블을 포설하는 방식이다.

 케이블 방식의 경우 유지보수가 용이하다는 장점은 있지만, 장거리 케이블 선로의 정전용량 증가로 인한 진상전류 문제 등으로 무부하나 경부하 시에 필요한 리액터설비가 추가로 필요하다는 난점도 있다. 지하철의 경우에는 역사 기계실 등이 지하에 설치되어 있기 때문에 공조전원이나 엘리베이터 에스컬레이터 등의 전원이 일반 철도보다 많이 소요되므로 지하 구조물의 측벽에 랙을 설치하고 여기에 3회선의 케이블을 설치하여 공조설비와 조명설비 등의 일반설비용으로 구분하여 공급하는 방식을 채택하고 있다.

 고압 배전선로에 사용되는 케이블은 일반철도의 경우에는 단심 가교 폴리에틸렌 절연비닐 시스(CV)케이블을 사용하고 있으며, 지하철의 6,600V의 경우에는 단심 CV케이블 및 3심용 트리플렉스 케이블(CV-T)이 많이 사용되고 있다.

 이러한 CV나 CV-T 케이블의 구조는 아래 그림과 같으며, 지하구조물에서의 화재사고 발생 등으로 최근에는 케이블의 연소 방지성을 만족시키는 난연성 비닐시스 전력 케이블이나 연소 방지성, 무독성, 저 발연성 및 저 부식성 등의 안전성을 고려한 Non할로겐 난연 비닐시스 전력 케이블 등이 터널이나 수직 트로프 등 화재 취약지역에서 많이 사용되고 있다.

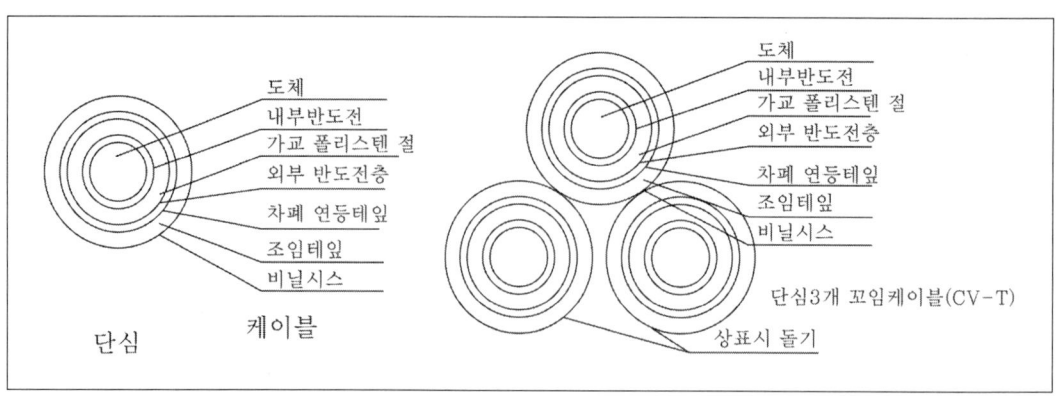

[고압 케이블의 구조]

3) 무정전 전원공급

이 배전선로의 부하 중에는 신호설비와 같이 열차의 안전운행에 직결되는 설비에 전원을 공급하는 부분이나 여객의 편의성 확보에 필요한 각종 안내 설비나 개집표설비등에 전원을 공급해야 하며, 이들 설비들은 대부분이 컴퓨터를 이용한 시스템이기 때문에 단시간이라도 정전이 되면 문제가 발생할 수 있으므로 무정전 전원공급을 위해 중요한 구간은 상하선에 각각 1회선씩 2회선의 배전선로를 구성하여 상호 백업기능과 연장급전 기능을 갖도록 하고 있으며, 부하 측에는 UPS를 설치하여 단시간 정전에 의한 사고를 방지할 수 있도록 하고 있다.

2.9.2 부속설비

가. 전기실

전기를 사용하는 부하설비 근처에 고압 및 특별고압의 전로를 개폐할 수 있는 설비와 저압으로의 변환을 위한 변압기, 각종 보호계전기 등이 설치된 소규모의 옥 내·외 변전소를 전기실이라고 한다.

배전설비는 선로변의 케이블 트로프나 가공으로 가선되어 있는 배전선로를 이용하여 이 전기실에 전원을 공급하고 있으며, 여기에 사용되는 변압기는 지상설치에 따른 안전확보를 위해 몰드변압기 또는 아몰퍼스 변압기를 사용하고 있다. 또한, 대규모 역사 등에는 건물 전체에 전기를 공급하기 위한 별도의 전기실이 필요하므로 이 전기실 내에 철도부하에 공급하기 위한 전기실을 포함하여 시설하도록 하고 있다.

지하철의 경우에도 각 역사마다 전기실을 두어 6.6kV 배전선로의 개폐와 보호를 할 수 있도록 하고 있다.

이러한 배전선로는 부하전류가 그리 크지 않고, 접지방식을 사용하고 있으므로 대부분 과

전류 계전기를 설치하여 보호하고 있다.

아래 사진은 선로 변에 설치된 전기실과 역사에 설치된 전기실의 전경 사진이다.

[선로 변전기실]

[옥내 전기실]

1) 몰드변압기

아래 좌측 사진과 같이 특고압전기를 부하설비에 적합한 저압으로 변성하기 위한 것으로, 안전을 위해 몰드형으로 제작하여 큐비클 내에 설치하고 있다.

[몰드형변압기]

[진공차단기]

2) 진공차단기(VCB)

차단 시에 발생하는 아크를 진공상태에서 소호시키도록 한 회로 개폐설비로서 소형이고 가격도 비싸지 않으며 특히 진상전류 차단에는 특수한 접점을 사용한 진공차단기가 좋은 특성을 가지고 있어, 장거리 케이블 선로에도 많이 사용되고 있다.(위 사진 참조)

3) GLBS(Gas Load Break Switch)

아래 좌측 사진과 같이 SF_6 개스를 이용하는 다회로 개폐기로 소요면적이 적어서 2개의 선로를 차단기 한 개로 개폐할 수 있도록 만든 설비로서 고속철도 구간에 사용되었다.

4) 리액터

아래 우측 사진과 같이 장거리 지중전선로의 경우 지중케이블의 충전전류로 인한 개폐 써어지 및 페란티 효과 등을 방지하기 위하여 설치된 지상전류를 발생시키는 설비이다. 그러나, 장거리 지중선로도 부하가 투입되고 나면 부하 자체가 대부분이 L 성분을 가지고 있어 리액터가 투입되어 있으면 역률이 더 나빠지게 되는 현상이 발생되기도 하므로, 고역률의 지상분이 되도록 적정 용량을 선로의 진상분 발생량에 따라 투입하거나 탈락시키도록 설치하고 있다.

[GLBS]　　　　　　　　　　　　　[리액터]

5) ATS(Automatic Transfer Switch)

부하전원의 정전시간을 최소화하기 위해서, 상용 전원과 예비전원 또는 상용 전원과 상용 전원과 같은 2개의 전원 중 한쪽 전원의 정전 시에 신속하게 절체 하여 부하의 정전시간을 최소화하기 위한 설비로서 아래 사진과 같은 설비이다.

그러나, 요즈음 PC 등과 같은 전자기기들과 같이 아주 짧은 시간의 정전에도 그 데이터가 소실되는 현상이 발생 될 수 있는 경우에는 축전기가 설치되어 있는 무정전 전원장치(UPS : Uninterruptible Power Supply)와 결합하여 사용하고 있다.

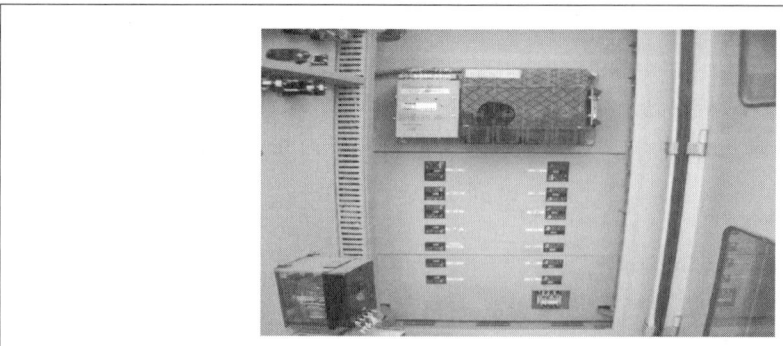

[무정전 전원장치]

2.10 전기철도에서 고속철도와 일반철도의 차이점

200km/h 이상으로 주행하는 고속철도는 그 이하의 속도로 운행하는 일반철도와 속도 향상을 위한 설비의 정밀성, 시공성, 서비스 측면에서 많은 차이점을 보이고 있다.

그러므로 기본적으로 고속화를 위해서는 다음과 같은 4가지 조건의 검토가 필요하다.

① 기계적 강도 : 자중, 장력, 풍압하중, 설빙 등에 충분히 견딜 수 있는가를 검토한다.
② 전류용량 : 열차의 출력, 열차 빈도 등을 고려하여 변전소 간격이나 설비용량, 가선(급전선 포함)의 전기적 용량이 충분한지를 검토한다.
③ 집전성능 : 판타그래프와의 접촉이 유지되고 전기차에 양질의 전력이 이선 없이 공급 가능한가를 검토한다. 이를 위해 전차선의 경량화와 고장력화를 통해 파동전파속도의 증대 및 압상량 감소를 추구하고 있다. 또한, 판타그래프 수의 감축을 통해서 고속에서의 공진이나 이선을 방지하고 있다.
④ 경제성 : 건설비용이나 유지보수비용은 적정한지를 검토한다.

고속철도에서의 속도 향상을 위해서는 해당 속도에서 열차가 운행이 가능하도록 사전에 시뮬레이션 등을 거쳐 연구된 내용에 맞도록 시스템을 정비할 필요가 있으며, 시험이 완료되면 그 내용을 바탕으로 다시 시스템을 정비하고 재 시험을 하는 방법을 되풀이하면서 속도향상을 도모하고 있다.

앞서 속도향상을 위한 시험을 위해서 각 나라의 전차선, 궤도 및 차량에서 시스템을 Upgrade 한 주요 내용을 살펴보면, 향후 우리가 속도 향상을 할 때에도 도움이 되리라 생각하여 아래 표의 같이 그 내용을 정리하였다.

[최고속도시험을 위한 시스템 조정사항(해외사례)]

고속열차	시험최고 속도	년도	선로설계속도 및 최고속도 시험구간	최고속도 운행을 위한 조정사항
프랑스 (TGV-Atlantique)	515.3 (km/h)	1990	-TGV Atlantique 시험구간 KP 135~170 -기록지점:KP166 (2.5% 하구배 지점)	-전차선 장력 상향조정 2000daN→2800daN(Max 3200daN) -전압조정 : 25kV→29.5kV -1㎜ Tolerance로 레일 정렬 -미세자갈제거, 특수차륜 사용
프랑스 (V-150)	574.8 (km/h)	2007	-TGV-Est. 시험구간 : Paris~Strausburg KP 250~170 -기록지점:KP191	-전차선 장력 상향조정(27KN→40KN) -전압조정 : 25kV→31kV -1㎜ Tolerance로 레일 정렬 -캔트조정 -도상자갈 표면에 접착제 살포 -전동기 출력향상:19.6(MW) -차륜직경 1092㎜ 특수차륜 사용

독일 (ICE-V)	406.9 (km/h)	1988	-Fulda~Wurzburg선 (Shinnbuerg 터널)	-레일 정렬 -전차선장력 상향 조정
일본 (FASTECH 360)	405 (km/h)	2005	-Sendai~Kitakami구간 (Tohoku(東北) Shinkansen)	-센다이~기타가미간에서 선형이 좋아 고속주행이 가능한 구간에서 고장력 전차선(크롬, 실리코니움, 동합금) 적용
일본 (Star-21)	425 (km/h)	1993	-Joetsu(上越) Shinkansen 고속선로 하행선	-CS-100/TA-150재질의 전차선 사용 -장력 상향조정(14.7KN→19.6KN)

위 표에서 보듯이 속도를 향상시키기 위해서는 각 분야에서 고려되어야 할 내용들이 있다. 이를 전철전력분야의 각 설비별로 정리해 보면 다음과 같다.

가. 송변전 분야

고속으로 많은 차량을 견인하게 되므로 견인력이 증대되어 변전소의 용량이 증대되므로, 각종 기기들의 용량이 증대되며 전압강하도 거리에 비해 증가하게 되어 이에 대한 대책도 수립할 필요가 있다.

또한, 주 보호계전기인 거리계전기의 부하 임피던스 특성이 바뀌게 되므로 이를 분석하고 전체 보호계통의 적정성 여부를 다시 한번 살펴볼 필요가 있다.

또한 용량이 증가함으로 공급해줄 한전변전소의 선정도 더욱 어렵게 되므로 사전에 관련부서와의 협의가 무엇보다 중요하다.

나. 배전(전력)설비

고속화와는 거의 무관하게 일반부하에 대한 안정적인 전원공급 만을 검토하면 된다. 특히 IT와 접목되어 전자화된 부분들이 많아져서 UPS를 이용한 무정전 전원공급설비를 갖추는 것이 필요하다.

다. 전차선설비

고속으로 운행되는 차량과 가장 밀접한 관련이 있는 설비이므로 여러 가지 사항들을 고려해야 한다.

1) 집전계

전기차량은 이동하면서 외부로부터 전력을 공급받아야만 하기 때문에 접촉에 의한 집전이 아니면 불가능하므로 가선과 판타그래프(집전장치)는 서로 밀접 한 구조로 하나의 진동계(振動系)를 구성하고 있다.

이러한 집전계는 속도가 높아지면 가선의 지지점 및 경간 중간과의 압상량의 차이 및 가선의 경점(Hard Spot), 파상마모 또는 진동과 바람의 영향 등으로 이선이 발생될 수 있는 확률이 높아지며. 이러한 이선현상은 전차선 및 판타그래프의 손상, 전류공급 중단, 용손 등과 이선 아크에 의한 소음 및 전파 장해 등의 환경문제도 발생시키는 요인이 된다.

그러므로 속도향상에서는 이들의 개선도모는 물론, 가선과 팬터그래프를 하나의 덩어리(系)로 생각하여 검토하는 것이 필수적이다.

그래서, 팬터그래프가 상하진동하지 않고 일직선으로 진행하면서, 이선하지 않고 집전할 수 있도록 하기 위해서는 전차선의 높이, 스프링정수, 질량 등을 시스템에 맞도록 하고, 기계적인 습동저항이 일정해야 한다. 또한, 전차선은 점지지 방식으로 시공되어 있고, 판타그래프는 차량 진동의 영향을 받게 된다. 게다가, 다수 판타그래프의 경우에는 접촉력에 의한 압상작용으로 발생하는 진동이 뒤에 오는 판타그래프에 영향을 주기 때문에 이선이 더욱 증가하게 된다. 그러므로 가능한 판타그래프의 개수를 줄이고 추종성이 양호한 판타그래프 시스템을 채용하는 것이 바람직하다.

그 예로서, 아래 그림과 같은 3원 스프링방식의 판타그래프 채용하기도 하며, 일본 도호쿠 신간선에서는 양력을 줄이기 위해 판타그래프에 덮개를 취부하여 270km/h 속도에서 양력이 1/2~1/3 으로 감소하는 결과를 얻어낸 사례도 있다. 또한 고속영역에서 공기역학적 영향을 고려한 GPU(Lager Single Plunger)형 판타그래프를 채용한 예도 있다.

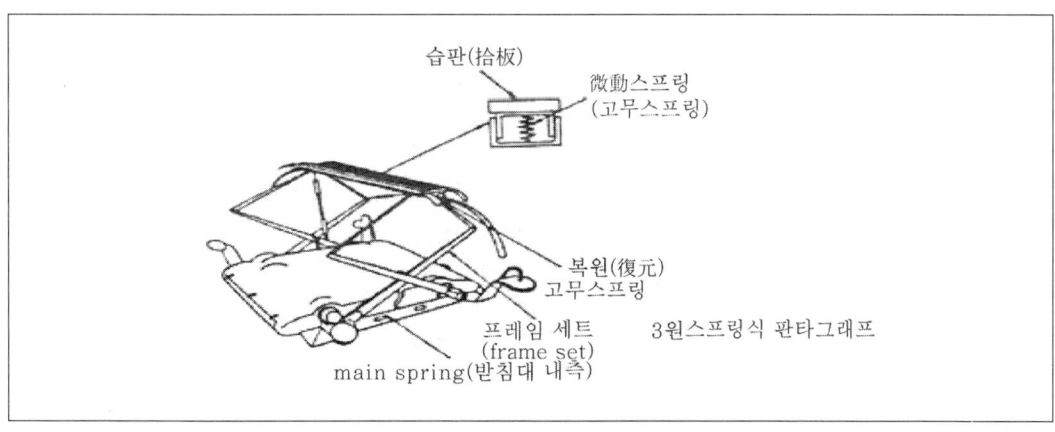

[GPU형 판타그래프]

2) 장력조정장치

전차선로에서 열차의 속도는 파동전파속도에 의해 제한을 받게 되며 이 파동전파속도의 산출식인 $V = \sqrt{\dfrac{T}{\sigma}}$ 에서 보듯이 전차선의 가선장력에 비례하고 전선의 질량에 반비례하므로 가선장력을 증가시켜서 전차선의 압상량 등 비균일률을 적게 함으로써 동적특성을 고속화에 적합하도록 할 필요가 있다.

또한, 자동장력조정장치도 등고, 등요, 등장력을 유지시키기 위해 일괄식에서 개별식으로 변경하고 장력도 속도에 맞게 증대시킬 필요가 있으며, 조정장치도 활차식 보다는 좀 더 동작 특성이 양호한 도르래 방식을 채택하고 있다.

3) 전차선의 pre-sag가선

전기차 주행 시 전차선의 지지점과 경간중앙부의 압상량의 값이 차이가 발생할 수밖에 없으나, 집전특성 향상을 위해서는 압상량의 값이 일정하게 유지되도록 설계할 필요가 있어서, 사전에 경간 중앙에서 등고가 아닌 처지는 형태가 되도록 가선하는 방식이 경부고속철도 시공 시에도 적용되었으며 향후 고속화에도 적극적으로 검토할 필요가 있다.

4) Over-lap구간 개량

현재 에어조인트 및 에어섹션의 경우에, 설계 시에 일반철도에서는 1경간 시공으로 설계하고 있으나 1경간의 경우 평행개소 구배 등이 고속화에 따른 가선의 충력 및 진동, 국부마모의 증가를 초래하고 있어, 전차선의 구배완화에 따른 전차선의 가선진동 및 기계적 특성을 높이고, 온도변화에 의한 Over-Lap 구성의 변형이 적으며, 전차선의 동시 집전 구간인 등고 구간을 확대시킬 수도 있는 2경간 이상의 방식으로 대체할 필요가 있다.

5) 절연구분 장치의 개량

현재 일반철도 구간에서 이상용 구분장치로 사용되고 있는 FRP제 절연구분 장치와 동상용으로 사용되고 있는 애자(수지)형 섹숀 등의 경우, FRP는 유연성이 부족하여 경점으로 작용되고 있으며, 집전특성 불량으로 판타그래프의 이상마모 현상을 촉진시키고 있어, 이 들 설비의 한계속도로 고속화가 불가능 하므로, 이를 속도에 제한을 받지 않는 에어 섹숀 2개를 조합해서 사용하는 2중 절연구분 장치와 에어섹숀으로 변경할 필요가 있다.

6) 곡선당김금구 개량

급곡선에서 팬터그래프의 진동 및 압상량에 의해 곡선당김 금구가 집전장치를 손상시키는 것을 방지하기 위해 곡선당김 금구를 900mm에서 1,200mm로 변경하여 적용할 필요가 있다.

7) 전차선의 구배 강화

전차선의 구배는 인접 전철주 지지점 간의 레일면상 높이차로 나타내며, 높이 차의 변동은 이선발생의 주요 원인이 되고, 구배의 변화에 따른 국부적 마모 및 집전특성 저하가 발생할 수 있으므로 전철전력시설지침(건교부) 120조 (전차선의 구배)에서 전차선의 레일 면에 대한 구배는 한 경간을 기준으로 본선에서는 1,000분의 3이하(다만, 차량속도가 150km/h 이상인 구간은 1,000분의 1이하)로 한다는 것을 적용하여 구배를 강화하여 시공한다.

8) 건널선장치 개량

일반철도에서는 현재 교차금구를 사용하고 있는 것을 이 교차금구가 고속에서는 경점으로 작용하여 이선 전차선 국부마모의 원인이 되므로 이를 평행 교차설비로 변경하여 시행한다. 참고로 프랑스의 경우는 60km/h 이하의 선로에서만 교차금구를 적용하고 있다.

라. 동력분산식의 다 판타그래프 차량

동력분산 식에서 다수의 판타그래프인 경우에는 동일계 고압 모선으로의 연결을 통해서 판타그래프 수를 감축시키거나 판타그래프 사이의 간격을 확대하여 전차선과의 공진과 파동의 중첩에 의한 이선 증가를 억제하고 있다.

이 경우 1개 판타그래프가 담당해야 하는 집전전류용량이 증대된다는 점에서 접촉저항이나 집전계의 전류용량 등은 재검토 하여야 한다.

마. 현장설계와 기계화 시공을 통한 정밀시공 시행

고속으로 갈수록 전차선분야의 시공허용오차가 적어지므로 정밀한 시공관리가 필요하게 된다. 그래서 궤도공사가 x-y값의 변경이 없을 정도로 진행된 후에 실제 현장을 측량하여 현장설계를 다시하고 이 값을 이용하여 드롭바 및 전주 높이 등을 결정하고 자재를 준비하게 되며, 시공도 장비를 이용하여 하게 된다.

이러한 현장설계를 통한 정확한 자재의 선정과 기계화 시공을 통한 허용오차의 준수가 고속철도의 정밀한 전차선로 시공을 가능하게 한다.

이러한 기계화 시공의 순서와 장단점을 살펴보면 다음과 같다.

1) 시공순서

[시공순서]

2) 장점

① 시공 허용오차를 최소화할 수 있다.
② 전선 등 자재의 손상을 방지할 수 있다.
③ 선로연변의 터파기를 최소화할 수 있어 선 시공된 노반을 보호할 수 있다.
④ 작업공정을 계량화하여 체계적인 공정관리가 가능해진다.
⑤ 운행선의 선로차단을 최소화할 수 있다.(전차선 1섹션 작업 시 42% 정도를 단축 가능)
⑥ 소요예산 절감 효과가 있다.(예:전차선 가선 25%, 지지물 15% 정도 절감)

3) 문제점

① 궤도공사가 착공되기 전에는 시행이 어렵다.
② 공사 차량용 전진기지가 필요하다.
③ 선행 궤도공사와의 인터페이스 관리가 매우 중요하다.(장비 배치계획 등)

4) 허용오차 기준

구 분	내 용	기 준	허용오차(cm)
전차선	전차선 높이(전주위치)	5.08m	±1.0
	인접 전주간 전차선 높이 차		±1.0
	편위	±200mm	±1.0
전철주	경간당 건식오차	설계위치(평균 50m)	±10.0
	건식게이지	3,235mm	+5.0, −2.0
	궤도면상 전주높이 오차	설계높이	±2.0
브래키트	가고	1.4m	±1.0
드롭퍼	드롭퍼 설치 간격	4.5~6.75m	±0.5
	드롭퍼 수직도	상하크램프 간격	±2.0

2.11 인터페이스

철도는 종합엔지니어링이므로 어느 한 분야만으로 고품질의 철도를 건설하는 것은 어렵다. 그러므로 각 분야별로 서로 상관되는 부분에 대한 이해를 하고 이를 건설 단계에서 잘 지켜야 선행 공정에서 확보된 그 분야의 품질을 뒤에 오는 다른 분야에서 파괴하는 일이 발생하지 않게 된다. 특히, 가장 후행 공정인 전기 분야에서는 토목분야와의 인터페이스가 가장 많이 발생하게 된다.

아래 그림에서 보듯이 토공구간의 전철주 기초나 케이블트로프, 횡단전선관, 핸드홀 선로변의 전기시설물 부지조성 및 배수 등과 터널 내의 횡단전선관, C찬넬 및 터널 내 기기설치를 위한 공간 등은 토공구간의 공사가 완료된 후에 시공을 하면 다시 그 부분을 파내거나 훼손해야 되므로 토목 구조물을 손상시키게 된다. 그러므로 토목공사를 시행할 때 한꺼번에 시행할 수 있도록 하여 품질을 확보하고 있다.

또한, 시공 순서도 궤도 시공 전에 케이블공사를 케이블포설 차량을 이용하여 한다든지, 노반과 궤도, 궤도와 전차선 간에는 서로 Hand-Over 기준을 마련하고 이 기준에 맞추어 시설물을 인계인수하도록 하며, 기지에서의 전차선과 궤도 공사 차량은 매일 매일 다음 날의 공사를 반영하여 출발시간과 순서를 정하도록 함으로써 상호 간에서 발생할 수 있는 마찰을 방지하고 품질을 확보할 수 있다. 그러므로 이러한 인터페이스관리를 어떻게 잘하느냐가 철도의 품질관리와 직결된다 할 수 있을 것이다.

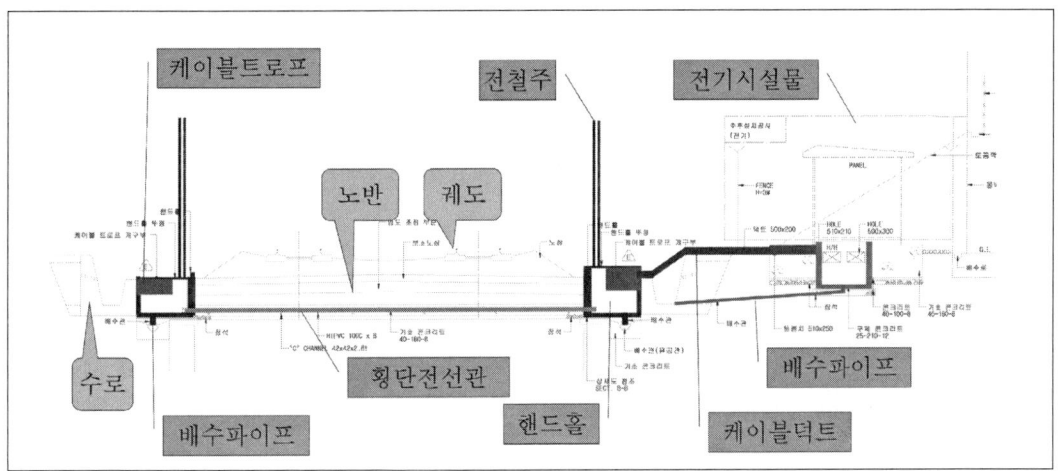

[토공구간 도면 예]

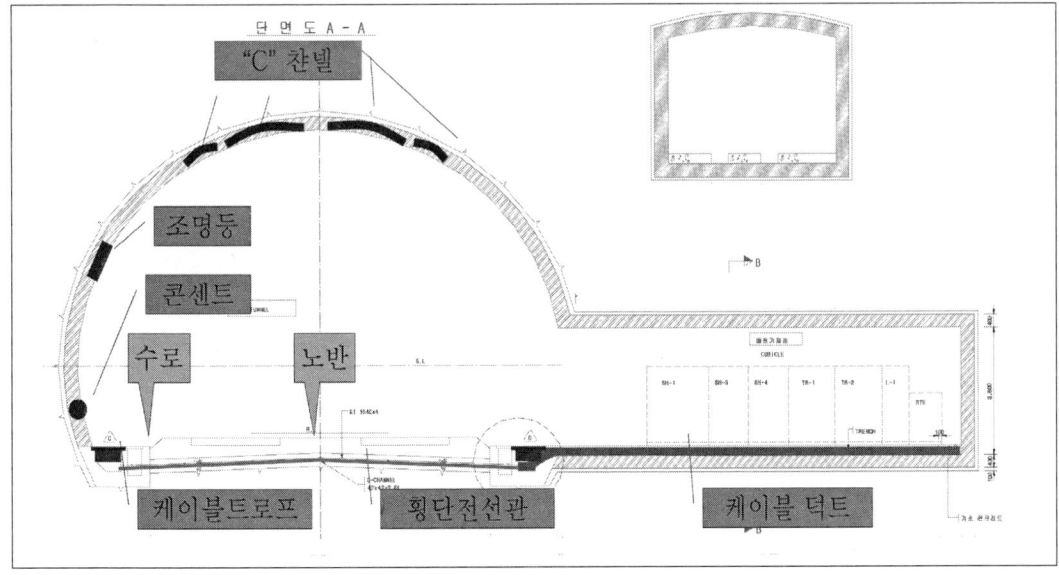

[터널구간 도면 예]

제 4 장
신교통시스템

요즈음 모든 국가들이 도시교통의 새로운 모델로 신교통 또는 경전철이라는 이름으로 모노레일, AGT 등이 건설되고 있어 이에 대한
설명과 이러한 설비들이 탄생하도록 뒷받침이 된 LIM이나 전력전자 분야 등의 새로운 기술들을 개요 정도는 소개를 하고자 한다.

1 개요

　신교통 시스템이란 경전철을 포함하여 새로운 교통수단으로 자리 잡고 있는 새로운 교통시스템들을 총칭하는 용어로 사용되고 있으며 일부에서는 경전철이라는 용어와 혼용하기도 하고 있다.

　그러나, 이러한 신교통 시스템을 도심교통에서는 경전철이라는 이름으로, 간선철도에서는 고속화의 일환으로 자기부상이나 진공튜브열차 등 여러가지 이름으로 새로운 기술을 도입하여 건설되는 철도라고 정의한다면 크게 무리가 없을 것이다.

　이들은 전력전자(Power electronics)분야의 눈부신 발전에 따라 전동기의 속도제어가 가능하여 지게 되면서 종전의 시스템들이 새로운 모습으로 등장한 것이라고도 볼 수 있다. 이들을 경전철, 자기부상, 그리고 기존선을 그대로 활용하면서 속도를 향상시키기 위해 곡선부에서 차체를 기울이는 틸팅방식 등으로 나누어 상세히 살펴보고자 한다.

2 경전철

2.1 정의

경량전철(Light Rail Transit)을 지칭하는 것으로 아래 그림과 같이 기존 지하철(수송능력이 시간당 30,000명~80,000명)과 도시형 버스의 중간규모인 시간당 5,000명~30,000명 정도를 수송할 수 있는 대중 교통수단으로서 대도시의 지하철(중전철)에 소요되는 막대한 투자비에 대한 재정적 압박과 효율성 제고를 위하여 중량전철보다 소음이 적고 건설비가 저렴하며 자동운전으로 안전성 확보와 운영비 절감을 도모하고 수송효율증대와 이용 승객의 접근성이 용이하도록 하기 위하여 도시의 지선 축, 중소도시의 간선 축에 적용되기 시작한 새로운 교통시스템을 경전철이라고 하고 있으며, 여기서 Light Rail이란 철도의 Heavy Rail(중량전철)에 대응한 용어이고 Transit이란 도시권의 공공 교통기관 의미한다.

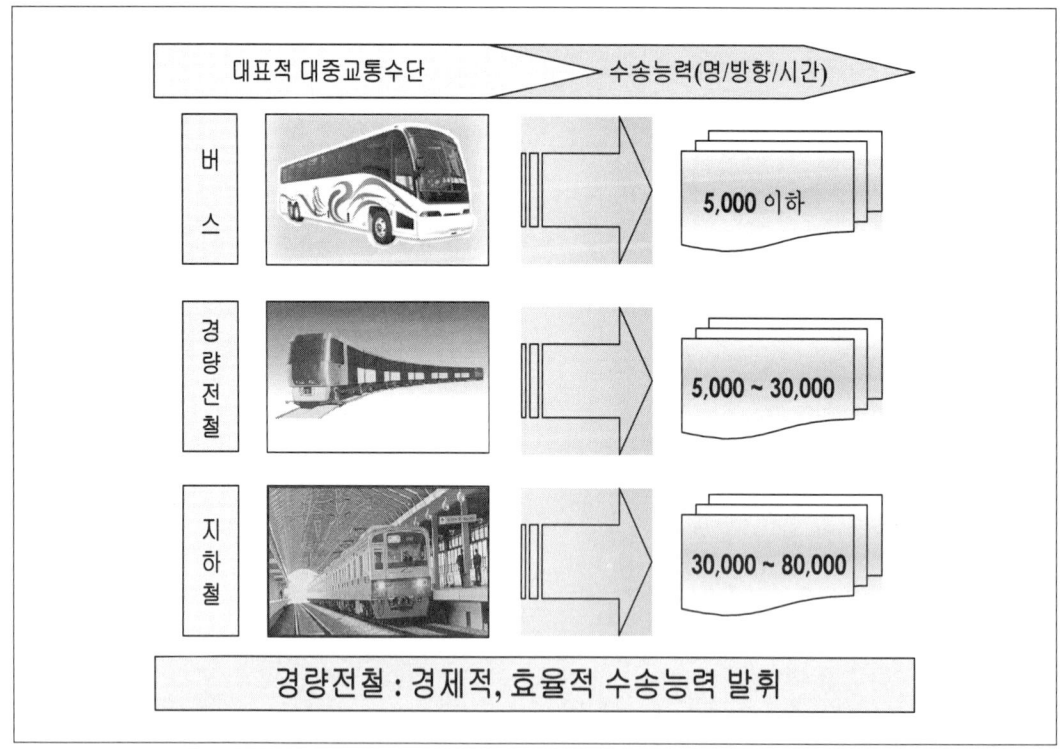

[경전철의 정의]

이는 대도시 지하철 노선이 닿지 못하는 지역을 도심 지하철에 연결시키는 마을버스와 같은 연계 및 순환교통, 대도시와 주변 인접도시간을 연결하는 간선교통, 그리고 공항, 위락지역 등 대단위 교통 밀집지역의 접근교통수단으로서 사용되고 있으며 있으며 LRT(Light Rail Transit), AGT(Automatic Guideway Transit), APM(Automatic People Movement), PM(People Mover), Trolly bus, LIM, 모노레일 등을 총칭한다.

2.2 발전

최근 도시의 도로 교통 혼잡과 그로 인한 환경오염문제로 인해 철도교통 수단의 중요성이 증대하고 있는 가운데 기존 지하철의 과중한 건설비 부담 문제해결을 위한 대안으로, 광역시 주변 위성도시에 대한 교통개선 대책 및 자동운전이 가능함으로써 운용비를 줄일 수 있다는 측면에서 경량전철의 도입 문제가 주요 이슈로 제기되고 있다.

이미 미국, 유럽, 일본의 주요 선진국 뿐 아니라 싱가포르나 말레시아 등의 후발국에서도 새로운 도시교통 시스템으로서 경량전철이 활발히 도입되고 있으며, 앞으로 투자를 크게 늘려나갈 계획이다. 우리나라도 각 지자체별로 도입을 계획하고 실행하고 있으나, 이를 현재의 도시교통의 문제점을 해결한다는 측면에서 그리고 미래 도시교통의 모습을 새롭게 만든다는 의미에서 경량전철에 대한 분명한 인식과 도입 방안에 대한 국가적인 차원에서의 검토가 시급한 시점이다.

또한, 보다 미래지향적인 차원에서 보면 경량전철은 다음과 같은 몇 가지 요소를 밑바탕에 두고 있다는 사실이 강조되어야 할 것이다.

① 교통 혼잡과 환경오염을 줄이고 노약자의 편익을 고려하는 도시교통 정책이라는 의지로의 정책 전환이 필요하다.
② 대중교통 수단으로서 사람들이 편하게 사용할 수 있도록 하는 것.
③ 속도감을 확보하고 타 교통수단과의 연계성을 충족하는 것.

그러므로 경량전철의 형태는 크게 도심 내 교통수단으로 사용할 것인가 아니면 도심과 부도심간의 교통수단으로서의 사용할 것인가 하는 것을 결정하는 것이 가장 중요하다. 이러한 차이는 각국이 처한 교통 환경이나 정부의 교통정책 내용에 따라 나타나는 것이라고 할 수 있다.

예를 들면, 도심 내 교통 혼잡의 개선에 대한 정책의지나 환경문제에 대한 시민 의식이 높은 유럽의 경우에는 경량전철이 도심 내 교통수단으로 자리를 잡아 나가고 있는 데 비해서, 일본의 경우에는 교통수요가 비교적 많은 특정 도심과 부도심의 연계수단으로서 경량전철이 많이 활용되고 있다.

또한, 미국에서는 유럽이나 일본에 비해서 상대적으로 경량전철의 도입이 활발히 이루어지지 않았는데, 이는 도로 면적이 충분하여 도시 교통 혼잡이나 환경오염 문제에 대한 효과 측면에서 경량전철이 큰 역할을 하지 못했기 때문인 것으로 판단된다.

2.3 경전철의 특징

경전철은 다음과 같은 여러 특징을 가지고 있으며, 이를 중전철과 비교해서 표로 정리해 보면 아래 표와 같다.

① 현대인의 취향에 맞도록 1분~2분 이내로 짧은 시격의 배차가 가능하다.
② 저소음, 저진동, 저공해성의 교통수단이다.
③ 완전 자동무인운전으로 시스템설치 비용은 많이 소요되나 운전비용은 대폭적인 절감이 가능하며 사령실에서 열차운영을 직접 제어하므로 승객 수송수요변화에 따라 신속하게 대응할 수 있다.
④ 동력전달 방법이 해당지역 여건에 따라 원형 모터, 선형 모터, 케이블견인 식, 자기부상식 등 다양하게 운영되고 있다.
⑤ 가·감속 능력이 뛰어나 지하철에 비하여 정거장 간격의 축소가 가능하고, 많은 인근 주민에게 경전철 서비스 제공이 가능하다.
⑥ 급 기울기, 급 곡선 주행성이 우수하여 노선 선정이 자유롭고 주로 고가 구조물로 건설되므로 용지비나 토목 공사비가 절감된다.

[경전철과 중전철의 비교]

구분	경전철	중전철/지하철
특징	- 시간당 방향당 승객수 : 10,000~15,000명 - 건설비용 : 250~300억/km - 무인자동운전시스템 가능	- 시간당 방향당 승객수 : 40,000명 - 건설비용 : 500억/km - 운전자 1인 이상
장점	- 도로폭이 협소하며 급구배 급곡선 구간이 많은 지역에 적합 - 공사기간 단축 및 시공성이 유리 - 소음진동 등 환경 측면에서 유리 - 신기술 도입에 따른 국내 기술 향상	- 국내 운영 및 건설경험이 풍부하므로 유지보수 원활 - 시스템의 단일화로 호환성이 좋아 운영경비 절감 - 기존 운영체계를 보강 이용 가능 - 차량지기가 1개소로 운영이 편리
단점	- 국내 운영사례가 없어 유지관리가 어려움 - 신규시스템 도입으로 기술축적 미흡	- 타당성 조사 재실시 - 기본계획 변경승인으로 인한 행정소요 기간 낭비(소요기간 약 6개월) - 공사비의 고가 및 공사기간의 장화 - 집단민원 발생 예상, 고층빌딩철거, 공사기간의 장기소요 등

2.4 분야별 기대효과

가. 사회적 효과

첨단 교통수단으로서 국가 기술 및 경제개발에 기여할 수 있으며, 선진 외국의 투자 유치가 가능하고 건설 및 운영을 통한 고용기회의 확대와 보다 편리하고 쾌적한 교통수단의 제공을 통한 삶의 질 향상에도 큰 역할을 한다.

나. 환경적 효과

도심에서는 지하에 건설하여 대기오염 및 진동 소음을 감소시킬 수 있고, 각 역은 환경제어 설비를 이용해 쾌적함을 확보할 수 있으며, 역사에 특색 있는 건축양식을 도입함으로써 특별한 도시경관의 확보가 가능하다.

다. 수송적 효과

신속하고 안락하며 안전하고 정시성의 확보에서 가장 유리하다고 할 수 있으며, 도로의 교통부하 경감 및 교통사고 감소의 효과를 얻을 수 있고, 도시농촌간의 근거리 운행으로 보다 활발한 소통이 가능해진다.

라. 경제적 효과

고속도로 등 도로의 유지비용 절감, 경전철 구간의 대지이용률 증대, 교통의 편의성 확대 도시의 경제 문화 사회 행정의 편의성이 높아지며, 도심과 위성 도시간의 연계 편의성 증대로 인한 개발 증진에도 효과적이다

2.5 경전철의 종류

가. 차륜 형태에 의한 분류

1) 철제차륜 경량전철
2) 고무차륜 경량전철
3) 모노레일(Mono-rail)
4) 선형전동기(LIM :Linear Induction Moter)열차 시스템
5) 자기부상열차(상전도 흡인식 : EMS, 초전도 반발식 : EDS)

나. 운전 형태에 의한 분류 .

1) 무인자동안내교통시스템(AGT:Automated Guideway Transit) : 철제차륜경량전철, 고무차륜 경량전철, LIM 방식 경량전철 등
2) 유인운전 경량전철 : 노면전차(SLRT: Street Light Rail Transit), LRT 등

다. 주행모드에 따른 분류

1) Single Mode : 일반적인 교통시스템으로서 철도종류는 선로 위에만, 자동차 종류는 도로 위에만을 주행한다고 하는 것처럼 하나의 주행로만을 주행하는 것

2) Dual Mode : 하나의 교통시스템이 복수의 주행로를 주행하는 형태

　가) 수륙 양용차와 같이 물위와 도로를 주행하는 것.

　나) 선로나 전용궤도를 이용하는 철도와 도로를 주행하는 시스템이다.

Single Mode 주행				Dual Mode 주행		
도로주행	선로주행	전용궤도주행	Rope주행	陸上과 水上	도로와 전용궤도	도로와 선로
버스	전기철도	신교통시스템	삭도	수륙양용차	Guideway bus	DMV
자동차	노면전차	모노레일			IMTS	
	강색철도	리니모			바이모탈 TVR	

[수륙양용버스]

라. 주행로의 종류에 따른 분류

1) Single Mode

　가) 철도에 비해서 선로는 없고, 콘크리트의 노면 등을 주행하는 AGT나 모노레일

　나) 선로 상을 주행하고 있는 것처럼 보이지만 실제로는 도로의 노면 안에 레일을 매립해 두고 그 레일 위만을 주행하는 노면전차

　다) 로프로 구동되는 삭도 및 자기부상식 철도인 리니모도 전용의 주행로(로프, 궤도) 만을 주행하므로 Single Mode이다

2) Dual Mode

고무타이어로 주행하는 시스템은 대부분이 Dual Mode로서, 기본적으로는 도로를 주행하지만 그것이 물 위를 주행하면 수륙양용차가 되고, 선로나 전용 궤도 위를 주행하면 신교통 시스템이라고 하는 것이 된다.

가) 수륙 양용차는 일본 수륙관광(주)에서 개발되어진 Challenge호가 도로에서 諏訪湖(추방호)나 堂島川(당도천)으로 들어가면서 관광용으로 주행되고 있다.

나) Guideway Bus는 도로 위는 보통의 버스로서 주행하고, 전용의 고가 궤도 위에서는 차내에 격납(格納)되어 있는 안내륜을 꺼내서 궤도 위의 안내벽에 접촉하여 주행하는 시스템으로 名古屋(나고야)市 교외에서 2001년 3월부터 영업을 시작하였다.

마. 운전방법에 따른 분류

전기철도의 운전방법이라고 하는 것의 일반적인 의미는 운전사가 신호에 따라서 가·감속 조작을 하면서 역행, 타행 제동에 의해 소정의 위치에 정지하는 방법을 말하며, 국제규격 [IEC(International Electro-technical Conference : 국제 전기 표준화 회의) 62267(자동운전의 안전성 요건을 정한 규격)]에 따르면 운전의 기본 기능은 아래와 같은 5가지 사항을 포함하는 것으로 되어 있다.

① 열차의 안전한 운행 확보
② 열차의 운전
③ 궤도의 감시
④ 승객 이동의 감시
⑤ 이상 상황의 검지와 관리의 확보

그래서, 이러한 기본 기능을 더 상세히 분류하여 누가 그 기능을 책임지느냐에 따라서 다음과 같이 운전방법으로 분류되어지고 있다.

1) 눈으로 보는 운전(TOS : Train operation On-Site)

운전 기본기능의 모든 책임을 사람(직원이나 운전사)이 지고 운전하는 형태로서, 노면전차에서 많이 사용되고 있다.

2) 수동 운전(NTO : No automated Train Operation)

열차운행의 안전한 진로확보나 안전한 열차 간격 확보는 신호보안 시스템으로 실현하고, 안전한 속도는 ATS(Automatic Train Stop)이나 ATC(Automatic Train Control)시스템으로 실현하고, 나머지 기능은 운전사나 직원(승무원, 역원, 운행관리센터 직원 등)이 대응하는 시스템으로서, 대부분의 일반적인 철도나 지하철 등은 이 수동운전 형태로 운전을 하고 있다.

3) 반자동 운전(STO : Semi automated Train Operation)

NTO에서의 시스템 기능에 운전사의 수동조작이었던 가·감속 제어를 시스템으로 하는 운전 방법으로, ATC나 ATO(Automatic Train Operation)가 설비되어 있는 지하철이나 고속철도 등에 널리 사용되고 있다.

4) 무인 운전(DTO : Driverless Train Operation 또는 UTO : Unattended Train Operation)

　국제규격에서는 AUGT(Automated Urban Guided Transport)라 불리며, 궤도 위의 장해물이나 사람과의 충돌을 방지하기 위한 전방감시(궤도의 감시) 기능도 시스템에서 하는 운전방법으로 신교통 시스템에서 많이 사용되어지고 있다.

이것을 표로 정리하면 아래 표와 같다.

열차운전의 기본기능		目視運轉	수동운전	자동운전	무인운전(첨승원 있음)	무인운전
		TOS	NTO	STO	DTO	UTO
열차운행의 안전 확보	안전한 진로확보	사람	시스템	시스템	시스템	시스템
	안전한 열차간격	사람	시스템	시스템	시스템	시스템
	안전한 속도	사람	시스템	시스템	시스템	시스템
운전	가감속 제어	사람	사람	시스템	시스템	시스템
궤도 감시	위해물과의 충돌방지	사람	사람	사람	시스템	시스템
	궤도상 사람과의 충돌방지	사람	사람	사람	시스템	시스템
승객의 이동감시	차량 door의 제어	사람	사람	사람	사람	시스템
	차량간, 홈과 열차간의 승객 장해방지	사람	사람	사람	사람	시스템
	안전한 출발조건 확보	사람	사람	사람	사람	시스템
이상상황검지와 관리 확보	열차진단, 화재검지, 탈선검지 등	사람	사람	사람	사람	시스템

[DTO운전중인 일본 七隈線(칠외선)의 모습]

　경전철은 대개 전용의 고가궤도를 주행하여, 궤도 상에 사람이나 장해물이 쉽게 들어오지 못하는 구조이며, 차량이 고무타이어를 사용하여 잘 미끄러지지 않아 정위치 정차가 용이하게 실현될 수 있어 이 DTO, UTO를 사용하는 경우가 많다. 이 경우 승객이동의 감시에 대해서는 홈(스크린) Door를 설치하여 대응하고 있다.

또한, 지하철에서는 대개 STO가 일반적이지만, 궤도의 감시를 장애물검지 장치(센서)로 하고 승객의 이동 감시를 홈 Door로 하며, 승무원은 단지 차 내에 첨승 하고 있는 형태만을 취하고 있는 DTO운전이 일본 七隈線(칠외선)에서 사용되고 있다.

바. 지지, 안내방식에 따른 분류

궤도 계통의 교통시스템에서는 주행과 관련하여 차체를 지지하는 기구 외에도 안내 방향을 구속하는 기구가 필요하다. 이 지지와 안내의 방법을 기준으로 구분해 보면 다음과 같다.

1) 차체를 지지하는 방법

① 접촉에 의한 지지 : 철제바퀴나 고무타이어에 의한 지지
② 비접촉에 의한 지지 : 접촉에서 오는 차륜의 마모, 소음에서의 해방을 고려한 것으로서 Rope 나 공기, 磁氣에 의해 지지하는 방법을 사용하며, 안내에 대해서는 별도의 기구가 필요하다.

철제바퀴를 사용하는 일반 철도에서는 이 차체의 지지, 안내를 차륜(차량 측)과 레일(궤도 측)에서 겸용하고 있는 점이 가장 큰 특징이다.

2) 차량의 안내 방법

직선으로 주행하는 때에는 차축에 접속되어 있는 좌우 차륜은 차체의 지지를 균등 하게 함과 동시에 같은 회전수로 주행하게 된다. 그러나 곡선 주행 시에는 좌우의 주행거리에 차이가 발생하므로 좌우 차륜이 동일한 회전수로 주행하기 위해서는 레일에 접촉하는 부분의 차륜 반경을 바깥 궤도 측 차륜의 회전 반경은 크고, 안쪽은 작게 할 필요가 있다.

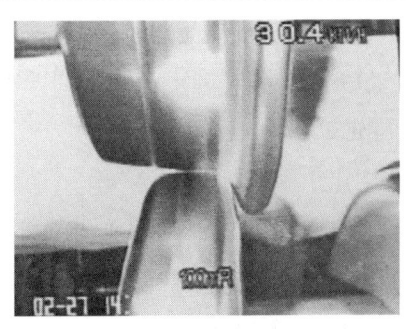

[철차륜에서의 차륜과 레일의 접촉]

이것을 철도에서는 차륜형상과 대차 구조에 따라서 차륜과 레일의 접촉 위치가 자동적으로 변하게 함으로써 회전반경이 다르게 되어 회전수가 동일하게 조타시켜도 곡선의 안전 운행이 가능하다는 특징을 가지게 된다.

따라서, 일반 철도의 경우 차체의 지지, 안내가 자동적으로 행해지므로 1개의 기구(대차)로

도 실현이 가능하다.

그러나, 자동차와 같이 안내방향에 구속이 없는 시스템에서는 차체의 지지는 고무타이어로 하지만 안내 방향에 대해서는 철제차륜의 궤도와 같이 제약이 없으므로 구속되지 않고 주행하기 때문에, 곡선에서는 반경 차에 의한 좌우 타이어의 차륜직경 차이 혹은 회전수 차이를 설정할 필요가 있으나, 운행 면 (궤도)이 평평하므로 자동차와 같은 형태인 Differential Gap에 의해 좌우 차륜의 회전수 차이를 만들어 주는 Steering System이 필요하게 된다.

따라서 고무타이어를 철도시스템에 사용한다고 하면, 이러한 안내방향의 구속 기능이 별도로 필요하게 된다.

3) 각종 교통시스템의 지지, 안내방식의 분류와 특징

가) LRV(진화형 노면전차 : Light Rail Vehicle) : 일반철도처럼 철제차륜, 철제레일로 주행하는 경우에는 지지, 안내방식은 전기철도와 동일하나 고무타이어로 주행하는 LRV는 AGT와 같이 지지는 차량의 고무타이어와 콘크리트 주행로로 하고, 안내는 차량에 탑재되어 있는 안내륜과 지상 측에 설치되어진 안내 레일(1본)을 이용 지지와 안내를 별도로 하는 방식이다.

나) 고무타이어 AGT(일본의 신교통시스템)나 모노레일, Guideway Bus 등의 지지는 고무타이어로 하고 안내는 차상의 안내륜과 지상 측의 안내벽을 이용하여 별도로 하므로, 지상측이 벽으로 구성된 전용공간이 만들어져야 한다.

다) 고무타이어로 지지를 하는 자기유도식 철도(IMTS)는 안내는 차상의 자기 센서와 지상에 부설되어 있는 磁氣마-커(영구자석)로 자동으로 행하여지므로 기본적으로는 비접촉 안내이다. 단, 자기센서의 고장 등이 발생한 경우에는 안내방향의 조타성능을 잃게 되므로 차상에 탑재되어 있는 안내륜과 지상 측의 안내벽에 의한 접촉에 의해서 궤도 바깥쪽으로의 이탈을 방지하고 있다.

라) 자기부상식철도나 공기부상식 시스템의 경우

기본적으로는 지지는 비접촉으로 되지만 안내에 대해서는 고속을 실현 하는 자기부상식 철도의 경우는 비접촉으로 하는데 반해서 비교적 저속(60km/h 이하)로 주행하는 공기 부상식 교통시스템인 경우는 AGT와 마찬가지로 안내륜과 안내 벽과의 접촉에 의해 안내되어진다.

초전도 리니아의 경우는 저속 주행 시에는 고무타이어로 주행로에 의한 지지와 안내륜과 안내벽에 의한 안내로 운행되므로 AGT와 같은 접촉지지방식이다. 또한 제어에 의해 비접촉 지지를 하고 있으므로 그 제어가 고장(예를 들면 자석의 전류 끊어짐 등)난 경우는 부상력이 보존되지 않아서 접촉지지가 되어지므로, 그 경우에 필요한 장비를 갖추어야 하며 안내방향도 별도의 기구로 제어되어야 한다.

각 교통시스템별로 지지와 안내 방식 및 특징을 정리한 것이 아래 표이다.

철도의 종류		지지	안내	특징
일반적인 전기철도		철제바퀴, 철제 레일로 겸용		접촉지지, 안내
노면전차, LRV(철차륜)		철제바퀴, 철제 레일로 겸용		접촉지지, 안내
LRV(고무타이어)		고무타이어, 주행로	안내륜, 안내레일	접촉지지, 안내
고무타이어 AGT		고무타이어, 주행로	안내륜, 안내벽	접촉지지, 안내
모노레일		고무타이어, 주행로	안내륜, 안내벽	접촉지지, 안내
Guideway Bus		고무타이어, 주행로	안내륜, 안내벽	접촉지지, 안내
자기유도식 (磁氣誘導式) (IMTS)		고무타이어, 주행로	자기센서(차상), 영구자석	접촉지지, 비접촉안내(통상)
			안내륜, 안내벽(이상시)	비접촉 지지, 안내(이상시)
자기 부상식 철도	초전도리니어	초전도자석, 궤도로 겸용(부상시)		비접촉지지, 안내 (이상시)(저속)
		고무타이어, 주행로	안내륜, 안내벽 (저속시)	접촉지지, 안내 (이상시)(저속)
	리니모	전자석, 역 U자형 레일로 겸용		비접촉지지, 안내
	Trans Rapide	부상용전자석, 궤도	안내용전자석, 궤도	비접촉지지, 안내
공기부상식(OTIS)		Air Pad, 궤도	안내륜, 안내벽	(비)접촉지지, 접촉안내
Sky rail		디어어, 주행루	안내륜, 로프	접촉지지, 안내

이 표에서 보듯이 일반적인 전기철도는 차체의 지지와 안내를 철제차륜과 철제레일로 겸용하고 있으며 그 외의 교통시스템은 지지, 안내를 별도의 기구로 구축해야 하므로, 이에 필요한 별도시스템 구축이 필요하고 차량 구조도 복잡해진다.

또한, 자기부상식 철도와 같이 비접촉지지, 안내가 실현되면 마모, 소음이라는 측면에서는 큰 이점을 갖는 시스템이 가능해진다.

사. 추진방식에 따른 분류

추진을 위한 모터의 형태에 따라 회전형 모터와 리니어모터로, 자기부상 방법으로 구분할 수 있다.

1) 회전형 모터

일반적으로 전기철도의 추진은 회전형 전동기로 이루어진다.

이러한 회전형 전동기는 직류방식에서는 가·감속 특성이 가장 우수한 직권 전동기를 저항으로 제어하는 방식을 사용하는 것이 주류이었으나, 제어 방식의 발전에 따라 직류복권전동기를 Chopper로 제어(계자 쵸-파)하는 방식 등을 거쳐서, 요즈음에는 VVVF(Variable Voltage

Variable Frequency) Inverter를 사용하는 유도전동기 방식이 많이 사용되고 있다.

교류급전방식에서도 요즘에는 차내에서 교류를 Convertor를 이용하여 직류로 변환한 다음 VVVF Inverter나 PWM(Pulse Width Modulation)에 의해 교류 유도전동기나 동기전동기의 속도를 제어하여 운행하는 방식이 가장 많이 사용되며, 그 중에서도 동기전동기가 주류를 이루고 있다. 이것은 3상 유도 전동기의 출력이 큰 점도 있지만 직류에 비해 브러쉬가 없어 보수성이 아주 좋다는 점도 큰 이유가 되고 있다.

예를 들어, 일본의 직류 직권전동기를 사용한 0계와 3상 유도전동기를 사용한 N700계 신간선을 비교해 보면 아래 표와 같이 직류 직권전동기의 정격은 185kW, 3상 유도전동기의 정격은 305kW가 되어 출력의 대폭적인 증가와 동시에 차량중량은 대폭 감소되고 차량중량 1톤당의 전동기 용량도 큰 폭으로 확대되어 고속화에 기여하고 있음을 알 수 있다.

차 종	편 성	차량중량(t)	전동기 총출력(kW)	전동기정격(kW)	열차당전동기 용량(kW/t)
0계 신간선	16M	967	11,840	185	12.2
N700계신간선	14M2T	635	17,080	305	26.9

2) 부상식 철도와 추진방식에 직선운동을 하는 리니어모터의 적용

추진에 회전형 전동기를 이용한다고 하는 것은 전동기의 회전운동을 주행을 하기 위한 직선운동으로 변환시켜서 차량과 지상의 접촉력을 이용하여 추진하는 것으로서, 일반 철도에서는 전동기의 회전력을 차륜의 회전력으로 바꾸어 레일과의 접촉 마찰력(점착력)에 의해 주행하는 방식이다.

이 경우에는 항상 차륜과 레일이 접촉하고 있으므로 주행 시의 전동기의 회전음이나 차륜과 레일의 마모, 회전력이 직선 운동력으로 바뀌지 않는 공회전, 미끄럼 주행이란 주행상의 과제도 포함되어 있다.

이러한 과제를 해결하기 위해 원통 구조를 가진 회전형 전동기의 일부를 절개하여 직선 형태로 펼쳐 놓은 리니어 모터라는 것을 적용하면, 이 리니어 모터는 직선운동이므로 비점착으로 추진하는 것이 가능해진다.

여기에 사용되는 리니어 전동기도 회전형의 교류전동기와 마찬가지로 유도 형과 동기 형이 있으며 전원을 공급을 하여 회전자계를 발생시키는 고정자 측인 1차 측의 설치장소에 따라 지상 1차와 차상 1차로 구분할 수 있다.

가) 유도전동기형(차상 1차 방식)

계자에 사용하는 권선의 방식에 따라 전자석 계자와 영구자석 계자 및 초전도자석 계자로 분류되며, 지상 설비를 간단히 할 수 있어 차상 1차 방식이 사용된다. 이 차상 1차 LIM 방식의 특성은 다음과 같다.

① 구조가 간단하여 제어가 용이하다.
② 궤도 측의 구동시스템 설치비용이 저렴하다.
③ 변전소의 배치에 따라 열차운행 다이어그램이 제약을 받지 않는다.
④ 차량의 대용량 집전장치가 필요하다.
⑤ 효율, 역률 등의 전기적 특성이 나쁘다.
⑥ 차량 측과 지상 측의 공극이 크면 성능이 극단적으로 나빠진다.(1cm 이내)

나) 동기전동기형(지상 1차 방식)

지상에 1차를 두는 리니어 동기전동기(LSM) 방식으로서 선형전동기에는 N극 없이 S극에 고정된 자석이 필요한 방식으로 부상용의 초전도 자석을 그대로 이용하는 방식, 부상용 코일을 자석화 하는 것과 동일하게 하는 유도발전 방식 등이 있다.

극성을 고정하기 위하여 유도 발전에 의해 얻어진 교류전류를 직류화 하는 변환장치도 설치하고 있다.

이 방식의 특징은 다음과 같다.
① 전 노선에 걸쳐서 전자석용 코일이 지상에 설치된다.
② 차량의 이동에 따라 코일에 흐르는 전류의 방향이 변한다.
③ 차량 측에 대용량 집전장치가 필요 없으므로 500km/h 이상으로 운행이 가능하다.
④ 효율, 역율 등의 전기적 특성이 양호하다.
⑤ 제어가 복잡하다.
⑥ 궤도측 구동시스템의 설치비용이 높다.
⑦ 변전소 배치에 따라 열차운행 다이어그램이 제약을 받는다.

위에서 설명한 리니어모터 추진과 지지방식과의 조합에 따른 철도시스템의 예를 아래에 표로 정리하였다.

리니어모터		차륜지지	자기 지지		공기 지지
차상 1차	유도 전동기	리니어지하철	리니모(전자석지지)		(OTIS)
지상 1차	동기 전동기	Sky Rail	-		-
		WED way PM			
		-	영구자석계자	M-Bahn	
			전자석계자	Transrapide	
			초전도자석계자	JR MAGLEV	

※ OTIS는 Duke 대학구내에서의 실용화한 것으로 일반적으로는 로-프 추진 방식이다. M-Bahn은 옛 베를린 시내에서 실험적으로 운행한 것으로, 최종적으로 실용화되지는 않았다.

자기지지(전자석) 방식으로 운행하고 있던 버밍검의 PM(People Mover)은 영업을 중지하고 그 후 로-프 구동의 신교통 시스템으로 변경되었다.

다) 리니어 모터에 의한 비접촉, 비점착 추진의 철도시스템의 발전

부상식 철도로의 응용이라 생각되어져 어느 정도 실용화에는 이르렀지만, 그다지 세계적으로 널리 보급되지 않았으나, 최근 들어 적용이 증가하고 있다. 이처럼 적용이 늦어진 이유는 다음과 같다.

① 리니어모터의 제어성, 부상제어가 복잡한 것과 초기 비용 높다.
② 리니어모터는 1차 측과 2차 측이 차량과 지상으로 분리되어 설치되므로 1, 2차 측의 갭이 크게 되어(리니어지하철에서는 12㎜ 정도) 전동기 효율이 나쁘다(단, 동기전동기를 사용하면 유도전동기보다는 효율은 높게 되지만 일반 회전형에 비하면 낮다)

라) 내연기관 철도 차량

요즈음 자동차의 Hybrid 기술발전에 힘입어 내연기관에 전동기를 조합시켜서 Hybrid로 주행하는 Hybrid Train(Resort Train으로도 운행)이 JR동일본이 개발에 성공하여 소해선(小海線)이나 오능선(五能線)에서 운행 중이다.

이것은 엔진은 발전하는 용도로만으로 사용하고, 그 발전과 Battery에 의한 발전으로 전동기를 구동하는 Series Hybrid 방식으로 연비의 개선(10% 정도), 내연기관 특유의 질소산화물 배출 절감(60% 정도), 정지 시와 가속 시의 소음저감(20~30db 정도)에 효과가 있다.

앞에서 설명한 도시교통시스템의 분류를 시스템을 예로 들어 표로 정리하면 아래와 같다.

주행모드	운전방법	지지방식	안내방식	구동원	추진방식	시스템
Single	NTO, STO	철제차륜, 철제레일(겸용)		차상	회전형모터	전기철도
						LRV
					내연기관+회전형모터	Hybrid train
	STO, DTO				리니어모터(유도)	리니어지하철
	STO, DTO, UTO	고무타이어, 주행로	안내륜, 안내벽		회전형모터	신교통
	NTO, STO, DTO					모노레일
	TOS, NTO					Trans-role 등
	DTO, UTO	전자석, 궤도(겸용)		차상(1차)	리니어모터(유도)	리니모
	DTO	초전도자석, 궤도(겸용)		지상(1차)	리니어모터(동기)	JR MAGLEV
	UTO	전자석, 궤도	전자석, 궤도		리니어모터(동기)	Trans Rapide
	UTO	에어패-트, 궤도	안내륜, 안내벽	지상	회전형모터+로-프	OTIS
	DTO	철제차륜, 철제레일(겸용)			회전형모터+로-프	Cable-Car
	UTO	고무타이어, 주행로	없음		회전형모터+로-프	Sky Rail
				지상(1차)	리니어모터(유도)	

Double	NTO	철제차륜, 철제레일(겸용)		차상	내연기관	DMV
		고무타이어, 일반도로	없음 (자동차)			
	UTO	고무타이어, 주행로	안내륜, 안내벽 없음 (자동차)			Guideway Bus
		고무타이어, 일반도로				IMTS
	NTO, TOS	고무타이어, 주행로	안내륜, 안내레일 없음 (자동차)		회전형모터	TVR
		고무타이어, 일반도로				

2.6 도시교통시스템에 사용되고 있는 신기술

2.6.1 자기부상 기술

가. 부상의 개념

자기력을 이용하여 본체를 유지하는 기술을 자기부상기술이라 하며, 그 기본개념은 독일의 헤르만 켐퍼(Hermann Kemper)가 수립하여 1934년 8월14일 특허를 취득(DRP 643316)하고 튜브모양의 자기부상열차 시험모델을 시연하였으며, 미국의 James Powell과 Gordon Danby가 1960년대 초에 개발이 시작된 초전도자석을 이용하여 500km/h 반발식이 자기부상 열차의 개념을 확립한 것이 실용화 개념의 확립이라 할 수 있다.

나. 자기부상식 철도의 개발 목적

철차륜과 철레일에서의 아래와 같은 문제점을 해소하기 위해 개발이 시작되었다.
① 차륜과 레일간의 점착한계에 의해 일정한 속도를 초과할 수 없다.
② 차륜과 레일이 의한 주행안정성에는 한계가 있어 고속 시에는 안전 확보가 곤란하다.
③ 차륜과 레일에서 생기는 소음과 진동에 의한 환경보존에 한계가 있다.

다. 자기부상의 종류

자기력을 발생시키는 것으로는 영구자석, 전자석, 초전도자석 등이 있으며, 자체를 유지하는 방법으로는 흡인형, 반발형과 유도형의 3가지 종류가 있다.

자석	흡인형	반발형	유도형
영구자석	M-ban		
전자석	리니어모터, 트랜스래피드(지지)	트랜스래피드(반발)	
초전도자석		과거 MAGLEV	JR MAGLEV

1) 흡인식

자석의 흡인력을 이용하여 차체를 유지하는 것으로서 흡인력만으로는 자석과 차체가 접촉하기 때문에 자체와 자석과의 간격을 일정하게 유지하기 위한 제어가 필요하다.

① 제어에 기계적 기구를 이용한 것

베를린의 M-ban(현재는 재개발로 폐지)이 있으며 영구자석으로 차체를 자기적으로 부상시키고 궤도를 좁게 만들어 차량에 탑재한 한 쌍의 수직 안내륜과 레-바 기구에 의해 차량중량이 큰 경우에는 영구자석과 궤도와의 간격을 축소하여 부상력을 증대시키고, 차량중량이 적을 때는 간격이 넓게 되므로 부상력이 낮아지게 되어 항상 수직 안내륜이 궤도와 접촉하도록 되어있는 시스템이다.

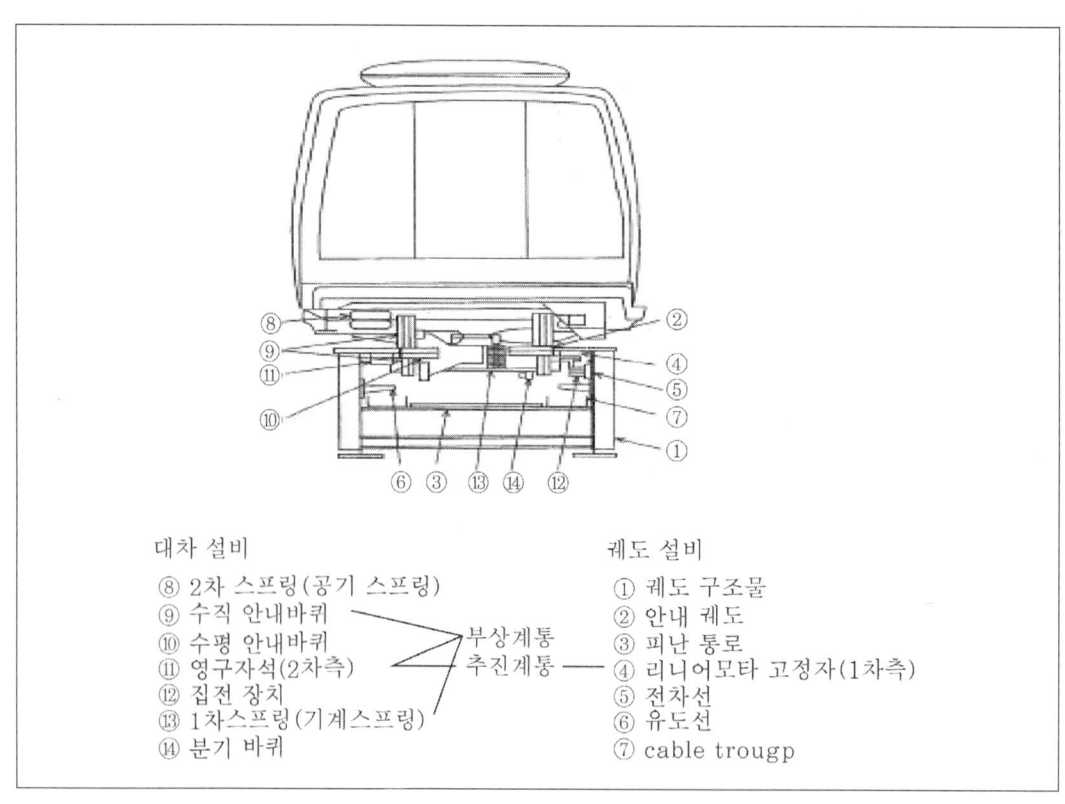

[M-ban 자기부상기구]

정확히는 차체는 부상하고 있지 않으나 "자기력으로 차체를 유지하고 있다"라는 의미에서 자기부상철도라는 범주에 포함시키고 있다.

② 전기적으로 제어하는 방법

Trans Rapid의 전자석을 이용한 리니어 모터 방식이 이에 해당하며 차체를 지지하는 자기력은 전자석 전류에 비례하므로 이 전류로 제어하고, Gap-sensor에 의해 간격을 검지하여 일정한 간격을 유지하도록 Feedback제어에 의해 수백 Hz의 Chopping 주파수로 전자석에 흐르는 전류를 제어하고 있다.

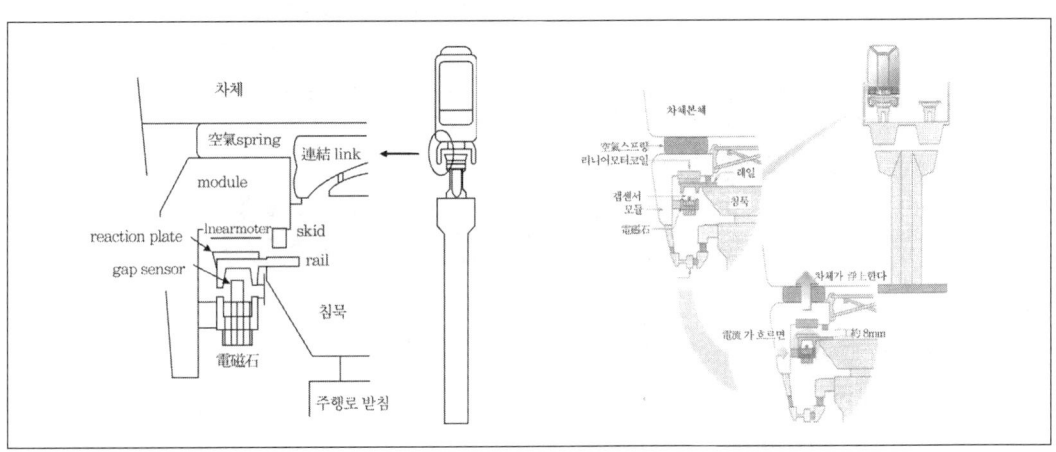

[M-bahn 지기부상기구]   [자기부상의 구조]

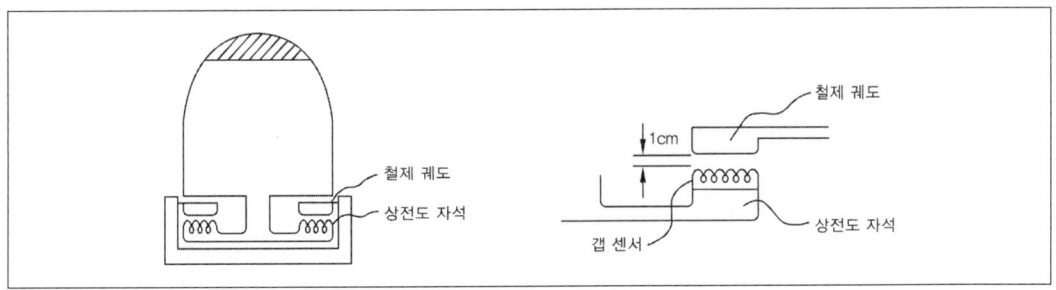

[흡인식 자기부상의 원리]

궤도의 이음매를 Gap-Sensor가 통과하면 간격이 과대하게 되어 단순한 제어로는 과도적으로 과대전류가 흘러서 순간적인 급격한 차체 변동이 수반된다. 리니어모터에서는 이에 대한 대책을 채용하여 안정된 부상 제어가 이루어지도록 하고 있다.

이러한 흡인식의 대표적인 방법이 상전도 흡인식이다.

이것은 자기의 흡인력(吸引力)으로 차량이 부상(浮上)하고, 선형전동기로 추진하는 시스템으로서 100km/h이하의 방식으로는 LIM방식이라고 부르는 경전철 방식을 들 수 있으며 고속운행시스템으로는 일본 나고야의 HSST(High Speed Surface Transport)과 독일의 Trans Rapid 시스템을 들 수 있다. 독일의 Trans Rapid 시스템은 경제성 등의 문제로 자국 내에서는 설치하지 못하고 중국 상해의 룽양류~푸둥(浦東)공항까지 약 31km가 건설되어 현재 운행 중이며 자기로 부상하여 리니어 모터로 추진하는 새로운 교통시스템으로서 종래 교통시스템에 비해 경제성, 환경성, 안전성, 쾌적성 등이 우수한 것으로 알려져 있다.

[중국 상해의 Trans Rapid 외관]

이러한 상전도 흡인식은 자석의 흡인력을 이용하여 차체 본체에 걸리는 중력과 평형을 유지하면서 일정한 부상높이를 얻도록 한 것으로 부상에는 상전도 자석을 사용하며 자석은 차상에 탑재되고 지상에는 철제 판을 설치하여 10㎜의 부상 높이를 얻는다. 또한 부상높이를 일정하게 유지하기 위하여 정밀한 센서를 사용하고 있다.

이 상전도 흡인식의 특징은 다음과 같다.

Ⓐ 정차 중에도 부상이 가능하다.(차체 부상 후 주행시작)
Ⓑ 주행저항의 일부가 되는 자기저항이 작다.
Ⓒ 기존의 철도 기술과 조합하여 구성하는 것이 가능하다.
Ⓓ 부상고가 10㎜ 정도로 작아서 궤도를 고정밀도로 유지해야 한다.
Ⓔ 부상 높이를 일정하게 유지하기 위해서는 상시제어가 필요하다.

2) 반발식

차체를 자기력의 반발력만으로 유지하기 위해서는 큰 힘과 일정 간격을 유지하기 위한 복잡한 제어가 필요하다는 단점이 있다.

초기 일본 JR의 Maglev에서 사용하였으며 현재는 Trans Rapid의 안내 제어에 이용되고 있는 것 뿐이다.

반발식을 사용한 과거 일본 JR의 Maglev에서 사용한 초전도반발식을 보면 일본의 야마나시(山梨試驗線, Yamanash : Test Track), 미야사키 시험선을 이용하여, 자석의 반발력을 이용하여 중력과 평형되도록 결정된 부상 높이를 얻도록 고안된 것으로 2개의 자석이 접근하면 자력이 강화 반발력이 증가하고 멀어지면 약화되어 상부에 탑재된 물체의 무게에 의해 낙하하는 원리 이용하므로 높이에 대한 상세한 제어는 불필요하다.

부상용 코일은 전원은 없으나 차량(초전도자석)이 접근하면 유도전류가 자연적으로 발생하여 초전도자석과의 사이에서 발생하는 자력으로 차체가 부상한다. 속도가 낮아지면 부상코일에 생긴 유도전류도 약해지고 따라서 차체를 부상시킬 만큼의 힘이 되지 않아 저속영역(150km/h 이하)에서는 차륜으로 주행하게 한다.

아래 그림은 JR Maglev의 부상과 추진에 대한 설명을 위한 그림이다.

그림에서 보듯이 초전도자석과 지상코일 사이의 반발력으로 부상하며, 아래 우측 그림과 같이 지상1차 리니어 동기전동기(LSM)를 이용하여 추진한다. 이 방식은 동기전동기의 계자코일을 측벽에 배치하고 회전계자를 직선으로 이동하는 계자가 되도록 교류전류를 순차적으로 흐르게 하고, 회전자에 상당하는 초전도코일이 이동하는 계자에 붙어서 이동하는 방식으로서 선형 전동기에는 N극이 없이 S극에 고정된 자석이 필요하므로 부상용의 초전도 자석을 그대로 이용하는 방식이다.

부상용 코일을 자석화 하는 것과 동일하게 하는 유도발전 방식도 있다.

극성을 고정시키기 위해서는 유도발전에 의해 얻어진 교류전류를 직류화하는 변환장치를 설치하고 있다.

이 지상1차 LSM의 초전도 반발식식의 특징은 다음과 같다.
① 전 노선에 걸쳐서 전자석용 코일을 지상에 설치해야 한다.
② 차량의 이동에 따라 코일에 흐르는 전류의 방향이 변한다.
③ 차량 측에 대용량 집전장치가 필요 없으므로 500km/h 이상으로 운행이 가능하다.
④ 효율, 역율 등의 전기적 특성이 양호하다.
⑤ 제어가 복잡하다.
⑥ 궤도측 구동시스템의 설치비용이 높다.
⑦ 변전소 배치에 따라 열차운행 다이어그램이 제약을 받는다.

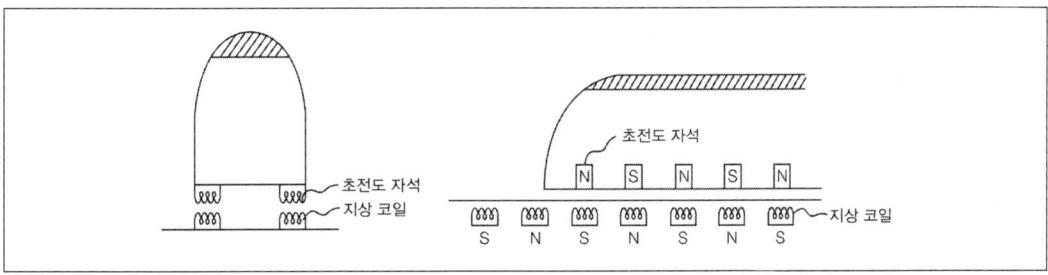

[동기전동기를 사용하는 자기부상]

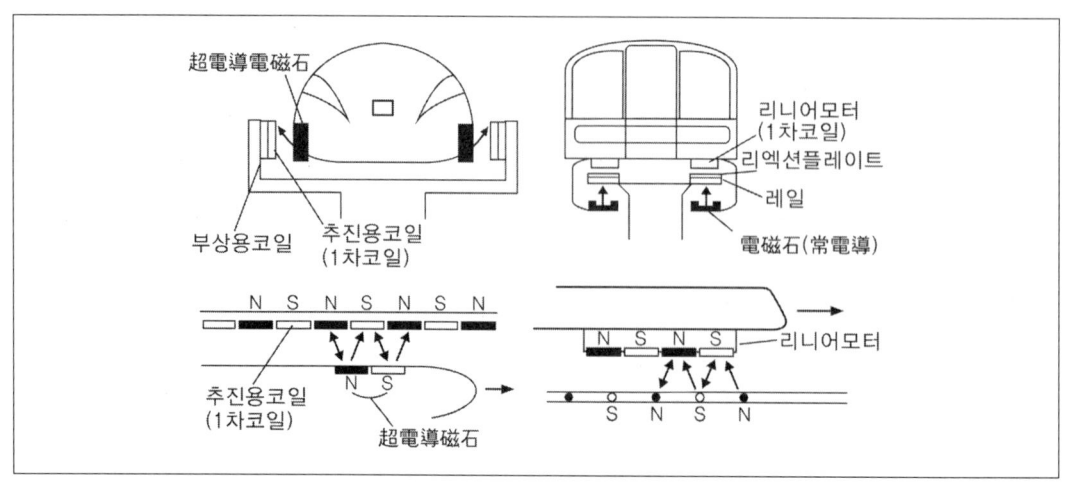

[MAGLEV와 LIM의 비교]

3) 유도식

유도발전으로 부상용 코일을 자석화 하는 원리를 이용하는 방식으로 극성을 고정화하기 위하여 유도발전에 의해 얻어진 교류전류를 직류로 변환하는 장치를 설치하고 있다.

도시교통시스템에서는 매우 큰 자기력이 필요하므로 갭 제어나 주행제어가 어려운 반발형이나 유도형은 거의 없고 흡인형이 많이 이용되고 있다. 좌우 방향 모두 비접촉으로 안내가 필요하므로, 야마나시(山梨) 실험선은 좌우 측벽의 코일을 서로 단락선으로 연결하여 차체가 근접하면 측벽 부상의 원리와 같이 전자유도로 근접한 쪽에는 반발력을, 원거리 쪽에서는 흡인력이 작용하여 차체가 자동으로 중심위치에 오도록 하였고, 나고야(名古屋)의 상 전도식의 경우는 차체의 좌우 이동에 대한 안내는 부상용 전자석이 레일 측의 강자성체에서 변위하였을 때 생기는 복원력에 의해 이루어지도록 하였으며, 독일 Trans Rapid의 경우는 안내용인 상전도 전자석을 차체의 좌우에 설치해서 가이드 웨이를 좌우에서 흡인하는 힘을 제어하는 방식을 채용하였다.

라. 자기 부상식 철도의 과제

시속 500km/h 이상의 고속열차를 실현하려면 자기부상식 철도가 가장 적절하지만 아래와 같은 철도로서의 기술적 과제도 남아 있다.

① 공력소음과 터널 통과시의 공기압의 변동과 같은 공기역학적인 여러 문제들
② 고속철도이든 도시교통용이든 일반 철차륜 철도의 건설 비용수준으로 낮추어서 경제성을 확보해야 한다는 것이다.

2.6.2 Linear Motor의 기술

가. 리니어 모터

리니어 모터는 회전형 모터의 고정자 또는 전기자, 회전자 또는 계자의 일부를 절개하여 직선 형태로 전개한 편평형상(扁平形狀)의 구조로 되어 있어 비접촉, 비점착 구동의 특징을 가진다.

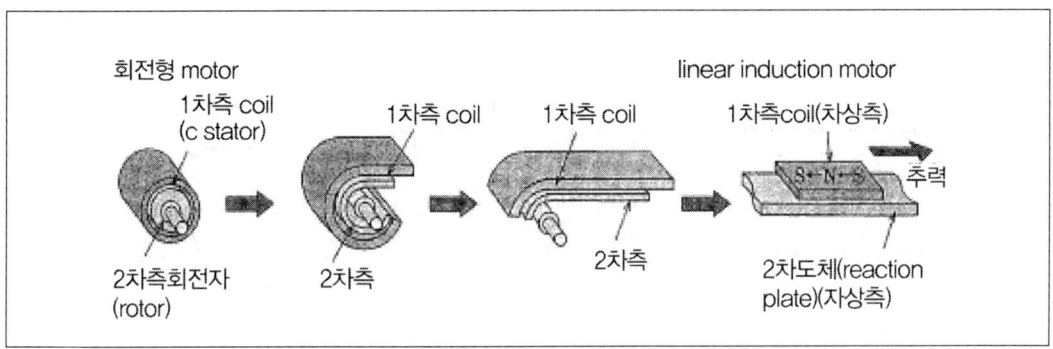

[회전형 모터로부터 리니어 모터로의 전개(Linear Induction Motor)]

이 리니어모터의 가장 큰 장점으로는 비접촉 구동이므로 부상식 철도에 적용이 가능하다는 것과 평평한 형태로 되어 있어 차체 단면을 적게 할 수 있어 지하구조물의 단면을 적게 할 수 있으므로 건설비용을 절감할 수 있다는 것이다. 한 예로 일본에서는 도시교통에서 중요한 역할을 담당하는 지하철의 건설비용이 아주 커져서, 이 재정적인 문제를 해소하고 건설을 촉진하기 위해 아래 그림과 같이 리니어모터의 평평한 형태를 이용하여 건설비의 절반 정도를 점유하고 있는 터널 단면을 적게 할 수 있도록 개발된 시스템이 리니어지하철로써 리니어모터를 사용하면 비점착 구동으로 급구배도 주행도 가능하여 도시에서의 선형 대응이 용이하므로 1990년에 大阪(오오사까)시 鶴見綠 地線에서의 실용화를 시작으로 도심에서의 교통수단으로 발전하기 시작하여 현재는 아래 표와 같이 총 7개 선로에 노선길이는 114.4km가 된다.

이 리니어모터 시스템은 1차 측과 2차 측이 분리되어져 있으므로 공극이 커져서 전력소비가 크다는 단점도 있다.

아래 그림은 일본의 교통안전환경연구소에서 측정한 각종 교통시스템에서의 공차(空車)의 주행 소비전력량(Wh.主回路)를 차량중량(t) 주행거리(km)로 나눈 값(Wh/t.km)을 표시한 것이다.

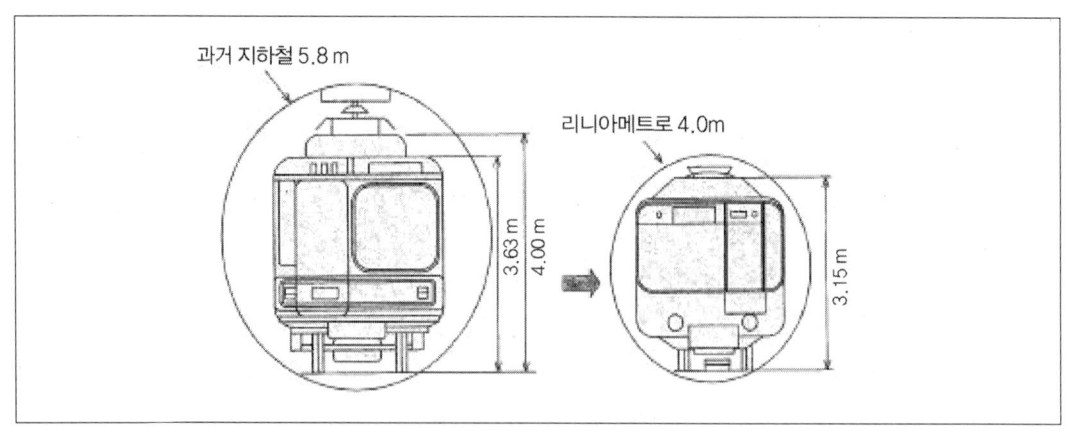

[종전의 지하철과 리니어 지하철의 단면비교]

사업자	大阪市	東京都	神戶市	福岡市	大阪市	橫浜市	仙臺市
노선	長堀鶴見祿地線	大江戶線	海岸線	七隈線	今里筋線	4호선	동서선
km수	15	40.7	7.9	12	11.9	13	13.9
역 수	17	38	10	16	11	10	13
구간	大正	都廳前	三宮.花時計	橋本	今里	日吉	荒井
	門眞南	光が丘	新長田	天神南	井高野	中山	動物公園
운전형태	유인ATO	유인ATO	유인ATO	유인ATO	유인ATO	유인ATO	
개업년월	1990.3	1991.12	2001.7	2005.2	2006.12	008.3	2015년

이 값은 주행한 노선의 선형에도 영향을 받으므로 꼭 이 값이 정확하지는 않지만, 일반적으로 철제바퀴. 철제 레일인 재래 지하철의 전력소비량이 가장 적고, 리니어 지하철은 고무타이어 등의 타 신교통 시스템보다는 적다.

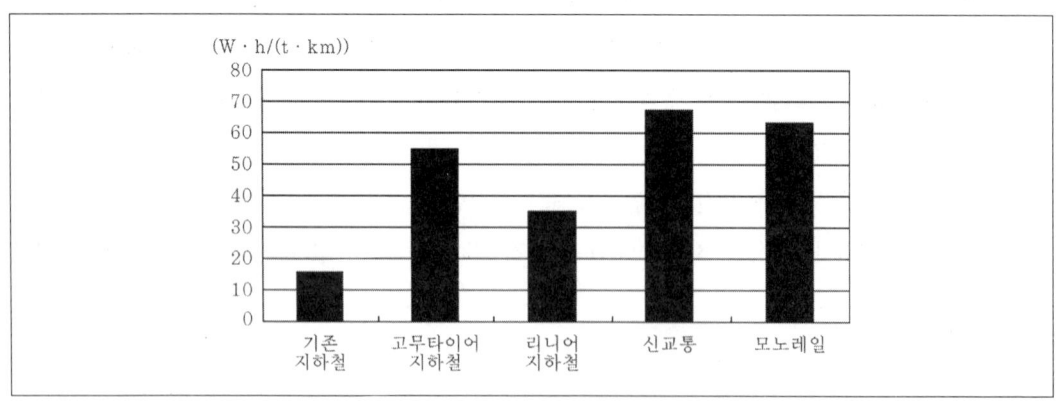

[각종 도시교통시스템의 주행대비 소비전력량(wh/(t.km) 공차)]

일반적으로 공조(空調) 등의 보조기기의 전력소비량도 포함된 전력소비량에서는 리니어지하철은 기존 지하철보다 3~4배 정도로 커진다. 그러나, 리니어 지하철은 급구배를 주행할 수 있으므로 기존 지하철보다도 전력소비량이 크게 되는 선형을 주행하는 것이 많아 단순히 전력소비량이 많다는 점만으로는 에너지 절약이 되지 않는다고 할 수는 없다.

현재 일본에서 실용화되어져 있는 도시교통시스템에서 리니어모터가 사용되고 있는 예는 이 리니어지하철과 廣島縣, 瀨野地區에서 실용화되어 있는 Sky-Rail이다. 리니어지하철에서 사용되고 있는 리니어 모터는 기본적으로는 1차 측이 차상, 2차 측이 지상인 방식을 사용하고 있으며, Sky-Rail도 리니어 모터를 사용하고 있으나, 지상 1차 방식이라는 점이 다르다.

나. 종류

1) 구동전원이 있는 장소(1차 측의 장소)

가) 차상 1차 방식

구동전원이 있는 측(1차 측)이 차량에 있으므로 재래의 철도와 거의 같은 방법으로 구동제어를 한다. 즉, 판타그래프를 통해 집전된 전력을 VVVF Inverter로 제어하는 방법으로 구동시키는 형태이다. 단, 2차측인 Reaction Plate와의 사이에 흡인력이 생기므로 그 흡인력을 억제하기 위해 제어방법이 재래철도와는 약간 다른(예를 들면 Slip 주파수 제어를 하는 경우 Slip 주파수를 약간 크게 해서 흡인력이 적은 영역에서 사용하는 등) 것도 있다.

나) 지상 1차 방식

리니어모터의 구동 전원이 지상 측에 있으므로 차량은 2차 측에 해당 하는 Reaction Plate를 탑재하는 것만으로 가능하며, 지상에서의 제어에 의해 주행하게 된다.

스카이레일의 경우 리니어모터의 1차 측을 지상측에 분산화여 배치하였으므로 차량의 Reaction Plate가 해당 리니어모터의 1차 측을 통과할 때만 전원을 공급한다고 하는 제어방식에 의해 에너지의 절약화를 도모하고 있다. 또한, 이를 위한 제어도 모두 지상 측에서 한다. 따라서 차량은 간단하게 구성이 가능하지만 차내의 조명, 공조용 전원이 별도로 필요하게 되어 스카이레일의 경우 조명, 공조용으로 전차선을 배치하여 차량의 판타그래프를 통해서 차내로 전력을 공급하고 있다.

이 두 가지 방식의 차이를 표로 정리하면 아래와 같다.

[차상 1차방식과 지상 1차방식의 차이]

종류	차 량					지상 설비			
	중량	제어	집전	공조	비용	전원	전차선	제어	비용
차상 1차	크다	간단 (재래철도)	필요	간단 (재래철도)	크다	간단 (재래철도)	필요	간단 (재래철도)	중간
지상 1차	적다	없음	불필요	별도전원이 필요	적다	필요(제어)	불필요	복잡 (절환)	중간

2) 모터의 종류

가) 리니어 유도전동기

저속으로 운행하는 경전철의 대부분은 유도전동기 방식으로서, 위에서 설명한 것과 같은 리니어 유도전동기라고 한다.

이 리니어 유도 전동기는 회전형의 유도전동기와 같은 형태로 구조가 간단하고 제어성이 우수하며 비용은 많이 들지 않지만 효율이 낮으며, 단(端)효과 때문에 고속성을 실현하기 곤란하다고 알려져 있어, 현재 리니어 유도 전동기로 최고속도를 실현하는 것은 리니모(리니어 부상식 시스템)에서의 110km/h 정도이다.

나) 리니어 동기전동기

회전형 모터에는 동기기를 직선 형태로 전개한 리니어 동기전동기도 있다. 이 리니어 동기전동기는 제어가 복잡하지만 효율이 높고 고속 운전이 가능하므로 도시 간 고속철도(JR MAGLEV, Trans-Rapid)에 많이 이용 되고 있으나, 저속의 도시교통에서는 비용이 높아서 이용되고 있지 않다 그러나, M-ban에서는 예외적으로 리니어 동기전동기를 사용하고 있다.

리니어 유도전동기와 리니어 동기전동기의 특징 차이를 표로 정리하면 아래의 표와 같다.

[리니어 유도전동기와 동기전동기의 차이]

모터	효율	구조	속도, 위치 검지	제어성	고속성	비용
리니어유도모터	소	간단	정확도는 요구되지 않는다	간단	곤란	소
리니어동기모터	대	복잡	정확도가 요구된다	복잡	용이	중

2.6.3 공기부상기술

공기부상은 철도에서는 일본의 OTIS社가 도시 내 교통이나 공항의 터미널 간 틀로서 실용화되어 있는 시스템에 이용되고 있다.

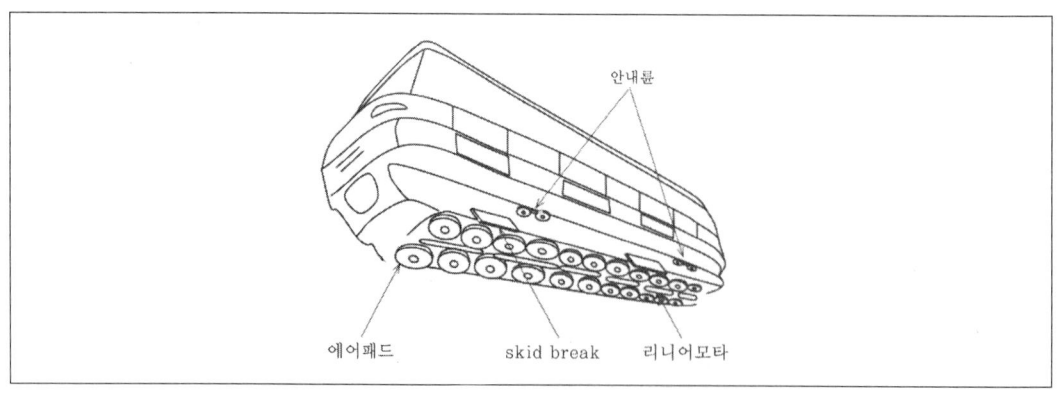

[일본 OTIS가 개발한 리니어 구동 공기부상식 철도]

일본의 成田공항에서도 주행되고 있으나, 이것은 에어 패트로 부터 공기를 노면으로 불어 내고, 그 공기층 위를 차량이 로-프에 의해 견인되어 주행하는 시스템이다.

한편, 일본 OTIS社가 개발한 리니어 구동식 공기부상시스템은 공기부상은 종래와 같은 형태이지만, 위 그림과 같이 구동은 차상 1차식의 리니어 유도전동기로 행하는 시스템으로서 成田, 芝山의 OTIS社의 공장 내 시험선에서 주행시험을 계속하면서 제3자 위원회에 의해 기술평가를 받아서, 실용화 단계라고 평가되어진 시스템이다.

2.6.4 위치에너지 이용기술

위치에너지를 이용한 대표적인 승객수송 방식의 차량이 Jet 코스터이다.

Jet 코스타는 차량을 높은 위치까지 차량을 감아 올려서 얻어지는 위치에너지를 운동에너지로 이용하여 차량을 주행시키는 방식이다. 그러므로 차량에는 구동을 위한 장치가 필요 없게 되므로 차량을 소형으로 경량화 하는 것이 가능하다. 또한, 차량이 소형으로 경량화 되어 있으므로 차량이 주행하는 궤도구조물도 역시 경량화를 할 수 있다. 이 젯트 코스타의 특징에서 착안하여 에너지 절약으로 비용을 줄인 교통기관의연구개발도 현재 진행되고 있다.

이 시스템의 개요는 아래 그림과 같으며, 일본에서 1990년대 후반의 단거리교통시스템으로서 구상되어 기초적인 검토를 거친 후에 평성 20년(2008) 11월까지 시험선에서의 각종 시험을 시행하였다.

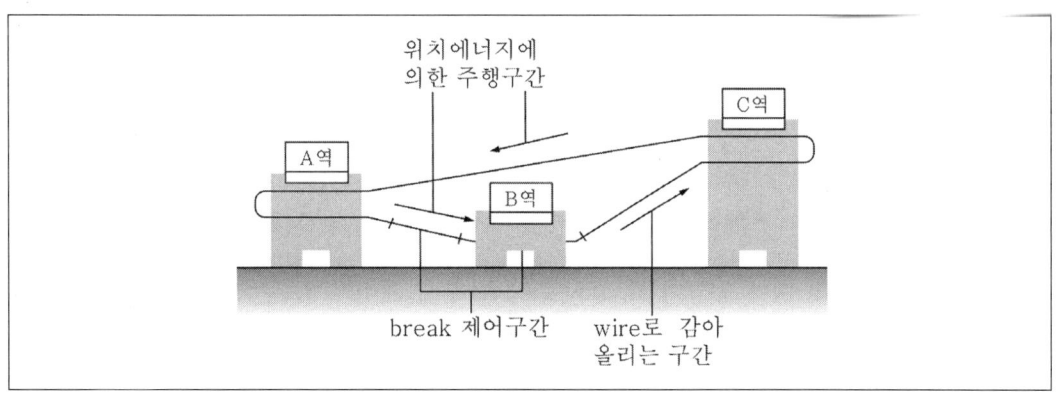

[위치에너지를 이용한 System의 개념도]

2.6.5 대차기술

가. LRV 대차

도시교통시스템 중에서 요즈음 특히 신기술 채용에 의해 진보한 것으로서는 과거의 노면전차에서 LRT로 발전한 것이 있다. 특히, LRT시스템 중에서 핵심이 되는 LRV는 저상화(低床

化)에 의해서 장애인이나 노약자가 사용하기 편리하게 만드는 Barrier-Free를 실현시키기 위해서 차축을 폐지한 저상 대차를 개발 하여 적용한 것이 가장 핵심적인 요소이다.

일반적인 철도의 대차는 좌우 차륜이 연결된 일체륜축(一體輪軸)을 이용하고 있어, 그 차축으로 인해서 저상화 실현에는 한계가 있었다. 그 때문에 초기의 LRV는 대차부분만 상이 높고 그 외의 부분을 저상화한 부분 저상차량의 형태로 Barrier-Free化가 되었으나 그 후 100% 저상화를 목표로 하여 여러 가지 형식의 저상대차가 개발되어져 왔으나 현재 주류를 이루고 있는 것은 차체에 전동기를 장착하고 Shaft와 Gear를 통해 좌우의 구동륜으로 동력을 전달하는 방식(아래 좌측 그림)과 대차의 좌우에 배치한 모터에 의해 차륜을 구동 하는 방식(아래 우측 그림)의 두 가지이다.

[LRV용 저상대차(차체측 motor에 의한 구동방식)]   [LRV용 저상대차(대차 좌우에 motor를 배치한 예)]

나. 신교통시스템의 대차

표준화되어진 측방 안내식 신교통 시스템은 대차에 장착되어진 안내륜이 안내 레일로부터 힘을 받아 적정한 타이어의 조타 각도를 발생시키고 있다. 초기의 형식인 아래 그림(a)와 같은 Steering(핸들) 방식에서는 전·후의 대차가 Rod와 지레대로 접속되어 있어 곡선부에서는 전후의 대차를 반대의 조타각으로 조타함으로써 Smooth하게 통과할 수 있게 되었다.

또한, 전진 및 후진 시에 동일한 Steering 특성을 갖게 해주기 위해서 대차 내에 전진과 후진을 위한 운전장치를 구비하고 있어 진행방향에 따라서 장치 내에서 작동하는 Rod의 절환을 하고 있다.

따라서 이 방식의 대차는 기구가 복잡하게 되는 것뿐만 아니라 곡선반경이 70m 이하의 곡선부에서 정지한 경우에 전·후진 절환조작을 하게 되면 역 Steering으로 인해 거대한 힘이 필요하게 되어 절환이 불가능하게 된다. 이를 방지하기 위해 곡선부에서는 전·후진 절환조작이 없게 하기 위한 새로운 대차의 개발이 이루어졌다.

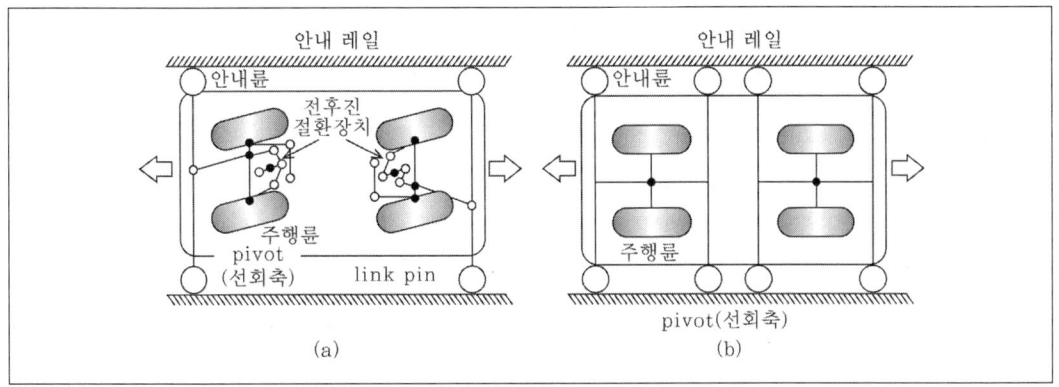

[신교통시스템의 Steering 방식 대차(a)와 Bogie 방식 대차(b)]

위 그림(b)와 같은 새로운 Bogie 방식의 대차는 옛날 형태의 대차 Steering 기구를 각 대차에 독립시킨 형태로 Tire 전후에 안내륜을 가진 Steering Arm으로 안내 레-일을 따라서 직접 타이어를 조타시키는 방식이다. 이 방식은 진행방향에 대해 Steering 특성이 변하지 않으므로 전·후진 운전 장치나 상하부 Rod류가 없게 되어 구조가 간소화되어 보수성이 향상될 수 있다. 또한 Steering Arm과 타이어가 일체로 되어 조타하고 있으므로 사행동(蛇行動) 등의 차량 거동 불안정 요소를 해소할 수 있다는 장점도 있다.

다. Tire drum의 대차

요즘 유럽에서는 고무타이어식의 LRV(Tire Drum)가 보급되어지고 있다. 철제 차륜이 아닌 고무타이어를 이용함으로써 소음이 없고 등판능력을 향상시킬 수 있다. 안내방식에는 광학센서에 의해서 백색 선을 검지하는 것과 궤도 중앙에 1본의 레일이 있는 중앙안내 방식이다. 아래 그림은 중앙 안내식 Tire Drum(LOHR사가 만든 TRANSLOHR)의 종(從) 대차와 안내륜을 나타내고 있다. 대차의 전후에 있는 안내륜에 의해 대차가 Steering하는 구조로 되어 있다. 안내륜은 좌우에서 레일을 끼워 넣는 형태로 되어 있어 용이하게 탈선하지 않는 구조로 되어 있다.

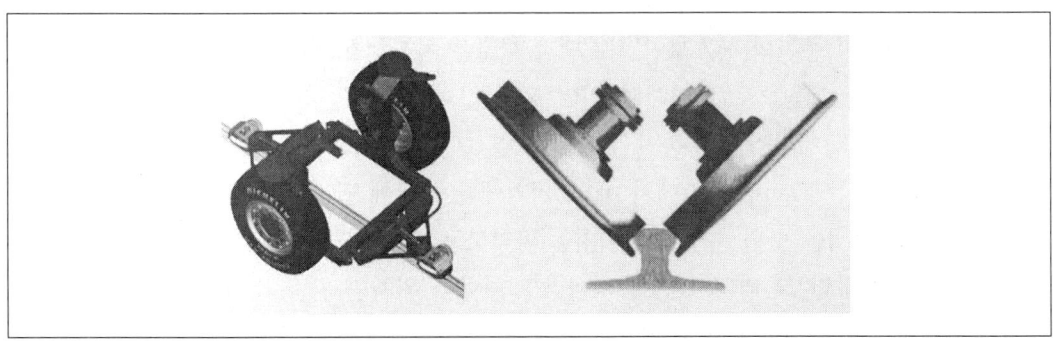

[Translohr의 종대차와 안내륜]

2.6.6 신호보안시스템 기술

철도에서의 신호보안 기술의 기본은 궤도회로를 이용한 열차검지와 Relay를 사용한 연동논리, 케이블에 의한 정보전송으로 구축되어져 왔으며, 이들의 기능에 의해서 높은 안전성을 확보해 왔다. 요즈음은 Microelectronics化와 Software의 기술발전에 따라서, Software에 의한 연동논리의 구축과 광케이블에 의한 정보 전송, 차상신호 방식이라고 하는 차를 주체로 하는 기술진보에 맞추어진 신호보안 시스템으로 발전해 왔다. 신호보안 시스템이란 기본적으로 지상설비에 의존하는 부분이 많고, 안전성이 높으면서도 신뢰성을 충분히 확보하기 위해서는 많은 보수와 노력이 필요하다. 따라서 경영 상태가 열악한 지방철도의 일부 구간에서는 종전과 같은 신호 보안 시스템을 보수를 계속하면서 사용하고 있는 구간도 있다.

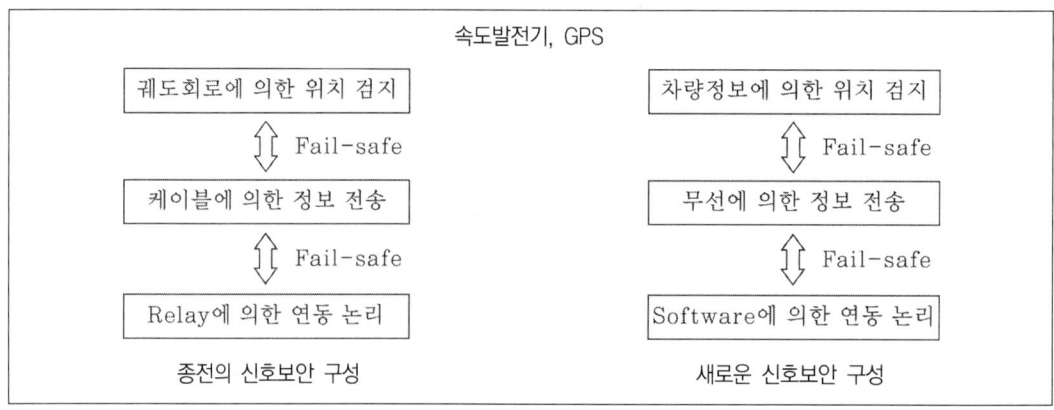

[과거의 신호보안 시스템과 새로운 신호보안 시스템의 구성 차이]

이러한 지상주체 신호시스템을 근본적으로 바꾼다고 하는 것이 새로운 차상 신호보안 시스템이다. 이 시스템의 기본 개념은 연동논리는 종전과 같으나, Software 중심으로 구성하고, 열차의 위치검지는 지상에서가 아닌 차상에서 하고, 정보 전송도 무선을 사용하며 경우에 따라서는 범용 무선을 이용하는 구성으로 되어 있다.

지상신호 방식인 종전의 신호보안 시스템과 새로운 차상신호 방식의 신호보안 시스템의 구성에 대한 차이를 그림으로 표시하면 위의 표와 같다.

차량에서 열차의 위치검지를 하기 위해서는 열차의 절대위치 파악이 필요하며, 그것은 지상에 설치되어 있는 Transponder에서 하고, 거기에다 차상에 탑재되어 있는 속도발전기의 거리정보에 의해 보정을 하면 차상에서 위치를 파악하는 것이 가능하게 된다. 또한 GPS에 의한 위치검지를 이용하면 그 외의 수단이 없더라도 차량의 위치를 차량 스스로에서 파악하는 것이 가능해진다. 단, GPS에 의한 위치 검지는 터널 안이나 빌딩음지 등에서는 위치측정이 되지 않으므로, 위성 배치나 노선 형상에 따라서는 측정위치의 정확도가 나빠지는 경우가 있어 이

것을 해결하지 않으면 실용화는 할 수가 없다. 현재는 Software 처리에 의한 해결 방법이나, 속도발전기와의 병용 방법 등 각종 열차위치 검지 정밀도 향상 및 검지의 신뢰성 향상의 검토는 계속되어지고 있다. 보통 흔히는 인공위성에 준하는 것을 쏘아 올려서 이를 이용하여 측정위치 정밀도 향상, 안정성을 꾀하는 방법도 연구가 되어 지고 있다.

정보전송에 무선을 사용하는 사례는 무선기술, IT의 발전에 따라 철도분야에서도 여러 분야에서 다양하게 발전되고 있으나, 무선에 의한 정보전송을 직접, 열차의 주행제어에 이용하도록 하는 시스템의 개발이 시급하다. 이러한 시스템을 일반적으로는 CBCT(Communication Based Train Control) 시스템 또는 무선통신을 기반으로 한 열차제어 시스템이라고 불리고 있으며 세계 모든 나라들이 경쟁적으로 개발을 추진 중에 있으며, 유럽에서는 EU 국가 간 열차 직통운행을 위해 ERTMS라는 철도 전용의 무선통신을 이용한 무선통신기반 차상신호 시스템을 개발하여 사용하고 있고, 일본과 우리나라도 다 범용의 무선 적용도 포함하여 철도 전용으로 사용할 무선통신 주파수를 할당받았으며, 이 주파수를 이용한 신호 시스템의 개발이 진행 중에 있다. 범용무선의 경우는 무선에 의한 정보전송 보안과 안전 확보가 중요한 요소가 된다.

우리나라도 철도 전용으로 할당된 800MHz 대역의 주파수를 사용하는 초 고속화에 적용하기 위한 KRTMS나 범용의 Giga 통신망을 이용한 차상 신호시스템도 개발 중에 있으며, 일본에서도 전용무선을 이용한 열차무선시스템으로서 JR동 일본이 실용화한 STSCS가 있다. 이 시스템은 열차의 위치검지를 기본적으로는 차상의 속도발전기로 하고, 지상에 설치한 지상자에서 보정하는 것으로 하여 정밀도와 신뢰성을 향상시키고 있다. 그래서 그 열차위치 속도정보를 전용무선을 통해서 지상측의 거점(據點)장치로 전송하여 각 열차의 위치, 속도에 의해 해낭 열자의 진로, 속도 패턴을 결정하고 열차에 전송하는 시스템으로 종래의 궤도회로는 전혀 사용하지 않는 새로운 신호보안 시스템으로 개발 중에 있다.

한편, GPS에 의한 열차위치 검지를 기본으로 하여, 그 위치, 속도 정보를 범용 무선에 의해 중앙지령 장치로 전송하여 각 열차의 위치, 속도로부터 해당 열차의 진로를 결정하여 열차로 송신하는 시스템의 개발도 하고 있다. 이 시스템의 경우 GPS에 의한 열차위치 검지의 정밀도, 신뢰성의 문제, 범용무선을 사용하는데 따른 정보전송의 신뢰성, 안전성 등의 문제가 있으나 여러 가지 노력으로 현재 실용 단계에 가까이 가고 있다고 할 수 있다.

2.6.7 전력전자(Power Electronics) 기술

가. Power Electronics
1) 전력전자의 의미와 특징

20세기 초에 전자관(電子管)의 출현으로 시작을 열었던 Power Electronics의 파도는 제2차 세계대전 직후의 Transistor의 발명, 이에 뒤이어 연속해서 IC, LSI, 게다가 VLSI, ULSI의 개발에 의해 폭발적인 힘을 얻어, 통신·정보 처리로부터 계획·제어 그에 더해서 가전 전자제품을 포함한 거의 모든 분야를 망라하는 기술혁신의 가장 큰 역활자가 되었다.

일반적으로 Electronics라고 하면 정보나 신호를 취급하는 Device로서의 Micro Processor나, 장치로서의 Personal Computer나 AV 기기 등을 생각에 떠올리는 사람이 많을 것이다. 여기서 중요한 것은 전달되고 처리되어지는 내용이 정보이며, 에너지나 Power(전력)은 2차적인 요소에 지나지 않는다는 것이다. 이에 대해서 Power Electronics는 문자와 같은 상태인 Power의 Electronics로서, 에너지나 전력이 직접적인 대상이라는 점에서 중요한 의의를 가지는 것이며, 그 중심이 되는 기술은 "Power 반도체 Device를 이용한 전력의 변환과 제어에 관한 기술이다" 라고 이야기할 수 있을 것이다.

Power Electronics의 특징으로서는 다음과 같은 점을 들 수가 있다.
① 1개로 수 십 V, 수 A인 것부터 수 kV, 수 kA인 것까지 가능한 Thyristor나 Power Transistor 등의 Power 반도체 Device가 주역이다.
② 이 Power 반도체 Device를 통상 수 십 Cycle부터 수 천 Cycle로 반복하여 On · Off 동작을 시켜서 전력의 변환·제어를 고효율로 실현하는 것이다. 단, 이 때문에 고조파 성분이 발생되어지기 때문에 이에 대한 대책이 필요하게 된다.
③ 상위 시스템과 일체화 되어진 아주 세밀한 전력의 제어가 가능하게 되어져 전원이나 전동기 제어시스템의 고성능화를 실현하는 것이 가능하다는 것이다.

이러한 특징을 살려서 Power Electronics는 가정전기, 정보·영상 기기, OA, FA 분야로 부터, 산업·수송의 각 분야로부터 새로운 에너지에 이르는 넓은 분야에서 까지도 아주 중요한 역할을 담당하고 있다. 이와 같은 Power Electronics는 Power(전력, 전기기기)와 Electronics(전자, 반도체)와 이들을 결합한 Control(제어)의 3개의 기술 위에 세워진 실용 학문적(여러 학문 분야의 협동적·종합적)인 분야라고 할 수 있다.

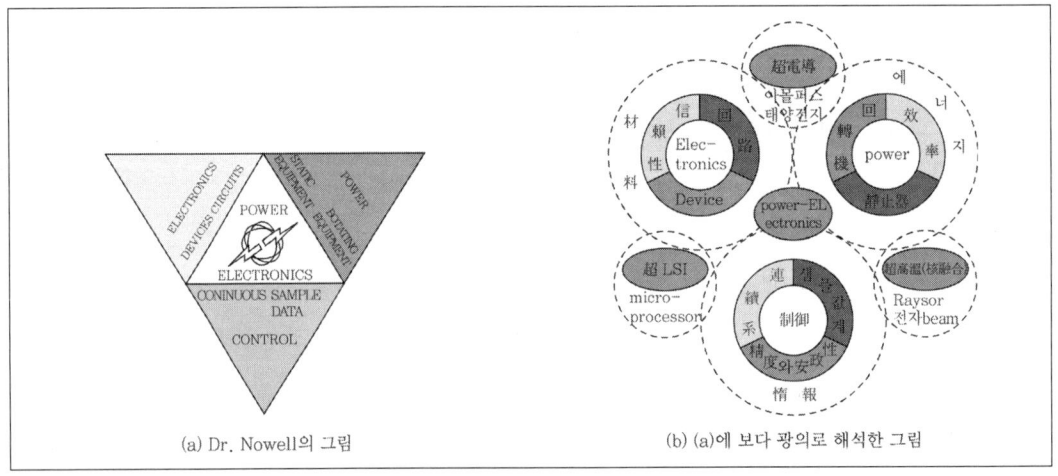

(a) Dr. Nowell의 그림　　(b) (a)에 보다 광의로 해석한 그림

[3대 기술분야의 결합으로서의 Power Electronics]

위 그림(a)은 미국 Westinghouse사의 故 Dr. Newell이 1973년에서의 강연 도중에 표시한 것으로 이것을 잘 표현하고 있다. 이 3가지의 기술은 각각 에너지, 재료, 정보라고 하는 보다 커다란 기본기술에 연결 되어져 있어 [그림 (b)]와 같이 쓰는 것도 가능하다.

2) 전력의 변환과 제어

Power Electronics의 기본 기능이 전력의 변환과 제어인 것은 위에서 기술한 바와 같다. 그러면 전력의 변환과 제어란 무엇인가?

전력은 기본적으로는 에너지의 양이며, 그 형태에는 주파수(직류도 포함), 상수, 전압, 전류라고 하는 정보량도 포함되어 있다. 전력의 변환이라고 할 때에는 아래 [그림 1(a)]에 표시한 바와 같이 에너지의 흐름에 중점을 두고서 전력의 형태를 변화시키는 것을 의미한다. 이 경우에는 변환에 따른 에너지 손실은 최소인 것이 바람직하다. 즉 효율 100%의 변환이 가장 이상적이다.

이에 대해서 전력의 제어라고 하는 것에서는 아래 [그림 1(b)]와 같이 제어입력에 대한 출력의 관계, 즉 정보의 흐름이 Key Point가 된다. 이 경우에는 가능한 한 적은 수의 제어입력으로 필요한 전력을 정확하게 지연 없이 제어 가능한 것으로 만드는 것이 가장 이상적이라고 생각된다.

따라서, 단지 교류를 직류로 변환하는 것만을 예로 들면, 전력의 변환이지만, 실제로는 출력의 전압·전류를 일정하게 유지시키고, Program에 맞추어서 조정하는 경우와 같이 전력의 변환과 제어를 동시에 수행하며, 두 가지를 모두 서로 밀접하게 떨어지지 않도록 일치시키는 것이 많이 있다. 이와 같은 경우, 전력을 직접 취급하는 변환장치와 그 출력을 조정하는 제어장치가 [그림 2]와 같이 조합되어져서 전력의 변환·제어 시스템을 구성하도록 하고 있다.

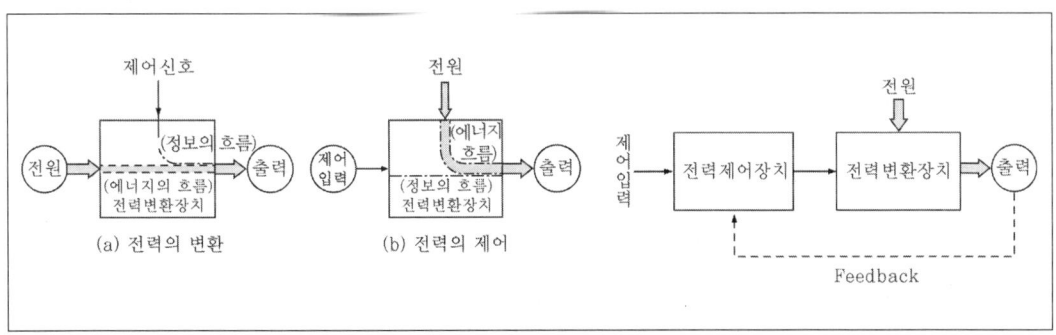

[그림 1] 전력의 변환과 제어의 기본기능   [그림 2] 전력의 변환·제어 시스템구성

가) 스위치에 의한 전력의 변환과 제어

대 전력을 취급하는 전형적인 예는 전력회사의 전력계통이다.

종전의 기술에서는 일단 발전기에서 나온 전기에너지의 제어는 차단기에 의한 회로의 개폐가 주체가 된다. 이와 같은 On-Off 제어에서는 정상 시에 스위치에서 발생하는 손실은 거의 0이 되어, 대 전력을 좋은 효율로 전송하는 것이 가능해진다.

[표 1] 전력스위치와 선형증폭

	(a)	(b)반도체스위치	(C)선형증폭기
소자	기계식스위치	Thyristor, Transistor (On·Off 동작)	Transistor (선형동작)
기호	(기계식 기호)	(Thyristor, Transistor 기호)	(Transistor 기호)
동작	저속 On·Off	반복되는 On·Off	선형증폭
제어	On·Off 제어	Pulse변조	순시치 연속제어
손실	아주적다	적다	많다
주용도	대전력의 개폐, 절환차단기, Relay등	전력의 변환·제어 Chopper Inverter등	Audio증폭기 소출력 Subo증폭기 등
파형	ON/OFF	(펄스파형)	(정현파형)

그러나, 기계적인 조작이므로 빈도가 높은 고속 동작은 불가능하므로 동작 회 수나 수명에도 제약이 있다([표 1(a)]). 한편, 품질을 중요시하는 Audio Amp와 같은 경우에는 입력신호에 충실하게 추종할 수 있는 출력이 요구 된다. [표 1(c)]에 표시한 선형증폭기가 이에 해당하며, 양호한 출력파형이 얻어지지만, 내부 손실이 크고, 발열 때문에 대전력을 취급하는 것은 불가능하다는 단점이 있다.

Power Electronics는 이러한 두 가지 문제점을 해결하여, 이상적인 전력의 변환·제어를 실현하는 것으로서 [표 1]에서 보듯이 반복되는 On·Off 동작이 가능한 소자를 주역으로 한 기술이다. 즉,

① 무손실이라는 요구에 대응해서는 On·Off 동작을 기본으로 하고
② 제어성의 요구에 대응해서는 반복되는 고속 On·Off 동작에 의한 Pulse 변조에 의해서 촘촘하고 세밀한 출력제어를 하는 것이다.

Power 반도체 Device는 이 두 가지의 기본적인 요구를 만족시키기 위한 이상적인 고속 On·Off Switch에 가장 가까운 것으로서, Power Electronics가 가장 중요한 Device로서 활약하면서, 그 발전을 지탱하고 있는 근간이다. Device에 대한 소개에 들어가기 전에 전력의 변환과 제어에 대해서 기본적인 사항을 정리해 보고자 한다.

나) 전력변환의 기본방식

전력변환을 수행하는 기본방향은 위 [그림 1]에 표시한 것과 같으며, 구체적으로 전원과 출력사이를 직류와 교류의 조합으로 표시한 것이 [표 2]이다.

[표 2]의 각각의 칸에서 위 쪽이 변환형식의 명칭, 아래 쪽([ ])이 변환장치 또는 회로의

명칭이다. 아래에 이 표에 표시되어진 5개의 전력변환 기본방식에 대해 상세히 설명하고자
한다.

① 순 변환(교류-직류 변환)

교류를 직류로 변환하는 것을 순 변환 또는 정류라 부르며, 이것을 하는 장치가 순 변환 장치 또는 정류 장치이다. 영어로는 관용적으로 Converter라고도 불려지며, 이 말은 전력변환 전체를 표현하므로 정확히는 흐름을 조정한다고 하는 의미인 "정류"에 대응되는 Rectification이 사용되어지고 있다.

[표 2] 전력변환의 기본방식

출력 \ 입력(전원)	교류	직류
직류	순(順)변환(정류)[정류장치]	직류변환 [직류 Chopper]
교류	주파수변환 [Cyclo-Converter, Matrix Converter]	역변환 [Inverter]
	교류전력조정[교류전력조정장치]	

② 역변환(직류-교류변환)

순 변환의 반대로, 직류를 교류로 변환하는 것을 역 변환이라고 부르며, 이것을 하는 역변환 장치는 Inverter라고 부른다. 이 중에서 광범위하게 출력의 주파수를 바꾸는 것이 가능한 것을 가변 주파수 Inverter라고 부르며, 교류전동기의 가변속 구동에 획기적인 혁신을 가져왔던 것이다.

③ 주파수 변환(교류-교류변환)

교류를 주파수가 다른 교류로 변환하는 것이다. 순 변환과 역 변환을 조합시켜서도 변환이 가능하며, 직접 주파수변환을 하는 것으로는 Cyclo-Converter나 Matrix Converter가 있다.

④ 직류변환(직류-직류변환)

직류를 끊고 Chopping(잘게 짜르다)하여, Pulse열로서 출력전압·전류의 평균값을 제어하는 것으로 직류 Chopper라 불리는 것이다.

직류전원으로 동작한다는 점에서는 역변환과 기술적으로 공통되는 것도 많이 있다. Inverter로 직류를 교류로 변환하고, 변압기의 권수비로 전압을 승압하고, 정류하여 직류로 만드는 방식도 있으며, 이를 DC-DC Converter라고 부르고 있다.

⑤ 교류 전력조정

일정 주파수의 교류전원에서, 점호 위상을 바꾸어서 교류 출력의 조정을 하는 것이다.

다) 전력제어의 기본방식

전력의 변환에 따른 전력제어의 기본 방식은 다음과 같다.

a) Pulse 변조

반복적인 On·Off 동작에 의해서 만들어지는 Pulse 배열에 있어서, On 시간과 Off 시간의 비율을 변화시켜서 평균전력을 조정하는 방식으로서 일정 전압의 직류를 전원으로 하는 Chopper나 Inverter의 경우에 사용하는 기본 방식이다.

① Pulse폭 변조(PWM : Pulse Width Modulation)

[그림 4(a)]와 같이 동기(同期) T를 일정하게 하고, 입력에 따라서 스위치의 On 시간(Pulse 폭)을 변화시키는 변조방식으로 직류 Chopper의 가장 기본적인 제어방식이다.

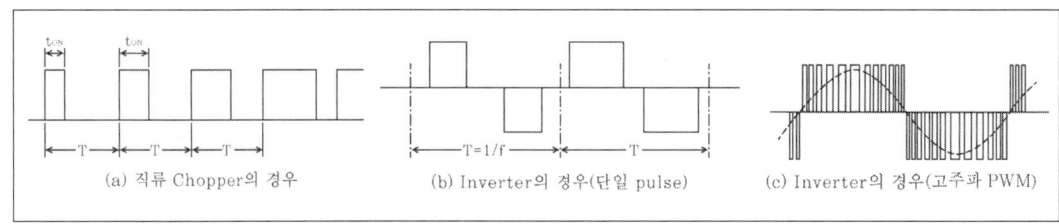

[그림 4] Pulse 폭 변조(PWM)

Inverter의 경우에도 [그림 4(b)]와 같이 Pulse 폭 변조에 의해서 교류 출력의 기본파 성분을 변화시키는 것이 가능하다. 또한, [그림 4(c)]와 같이 고주파 Pulse 폭 변조에 의해서 고조파 함유율이 낮은 교류출력을 얻는 것도 가능하다.

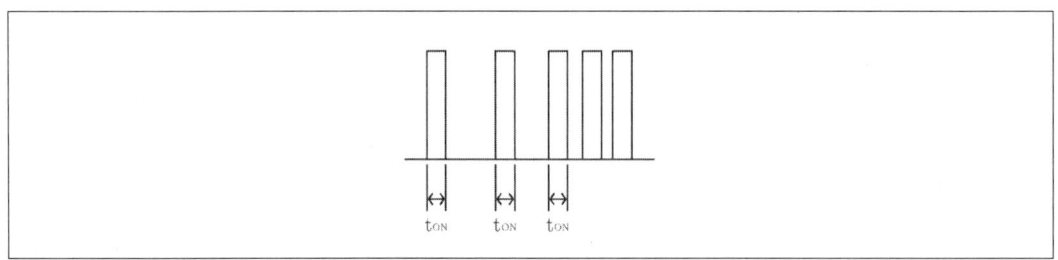

[그림 5] Pulse 주파수 변조(PFM)

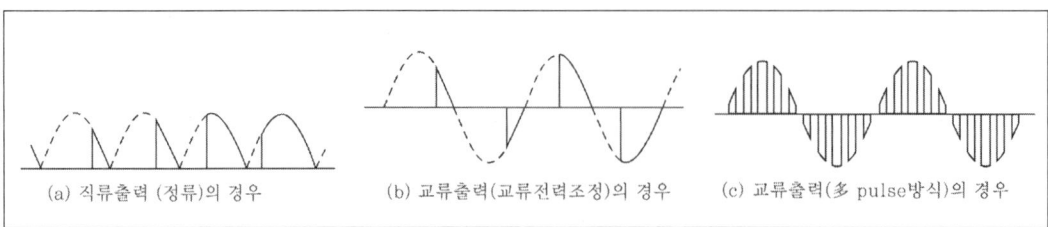

[그림 6] 점호(点弧) 위상제어

② Pulse 주파수 제어(PFM : Pulse Frequency Modulation)

[그림 5]와 같이 펄스의 On 시간을 일정하게 하고, 입력에 따라서 반복하는 주파수를 변화시켜서 출력의 평균치를 제어하는 방식이다.

b) 점호 위상제어

교류를 전원으로 하는 정류회로, Cyclo-Converter 및 교류 전력 조정회로에서 전력 제어의 기본방식은 [그림 6]의 (a)나 (b)에 표시한 바와 같은 점호위상 제어로서, 이 것은 전원전압의 정현파 반파를 1개의 펄스로 본 펄스폭변조로 생각할 수 있다. 이 방식에서는 점호 위상만이 제어되어지므로 교류 출력의 경우 기본파성분에서 위상 지연이 만들어 짐과 동시에 고조파 함유율도 높아지게 된다. 이에 비해 [그림 6(C)] 와 같은 다 펄스 방식을 사용하면 이를 대폭적으로 개선할 수 있어 많이 이용되고 있다.

3) 이상적인 Switch로서의 Power 반도체 Device

앞에서의 설명으로 Power Electronics의 사명인 전력의 변환과 제어를 높은 효율로 시행하는 데에는 필요로 하는 크기의 전압 및 전류를 고속으로 On과 Off 가능한 전력 Device가 필요하다는 것을 이해할 수 있을 것이다. 그럼, 이 항에서는 Power Electronics 회로에서 기본 동작시에 발생하는 Switch의 내부 전력손실을 가능한 한 제로로 하는 이상적인 스위치에 대해 검토한 후에 실제 사용되어지고 있는 Power반도체 Device의 개요에 대해 소개하고자 한다.

가) 스위치에서 발생하는 손실과 이상적인 스위치의 조건

① 스위치에서 발생하는 전력손실

[그림 7]은 반도체스위치(Transistor)를 반복해서 주기 T로 On·Off하는 기본회로이다. 여기서 스위치 S를 흐르는 전류의 순시 값을 i, p에 걸리는 전압을 v라고 하면, 스위치에서 발생하는 내부 손실의 순시값은 다음과 같은 식으로 나타낼 수 있다.

$$p = vi \quad (1.1)$$

기본동작 파형은 그림 8과 같이 되며, p의 1주기 평균값 $\bar{p}$는 다음과 같은 식이 된다.

$$\bar{p} ≒ \frac{t_{on}}{T}v_{on}I_L + \frac{t_{off}}{T}E_s i_{off} + \overline{p_{s1}} + \overline{p_{s2}} \quad (1.2)$$

단, v_{on} : 스위치 On 시의 내부전압강하 (포화전압)

i_{off} : 스위치 Off 시의 누설전류 (Cut-Off 전류)

t_{s1} : On에서 Off로의 switching 시간

t_{s2} : Off에서 On으로의 switching 시간

p_{s1}, p_{s2} : t_{s1}, t_{s2}의 시간 내에서 발생하는 과도손실의 평균값

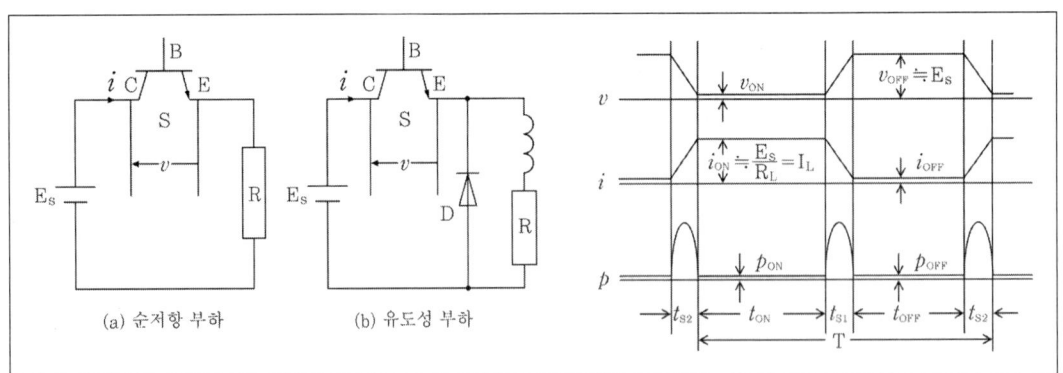

[그림 7] Power반도체 Switch의 기본회로　　　[그림 8] 전력 스위치의 기본 동작

위 식 (1.2)에서 문제가 되는 것은, Pick값이 큰 제 3항과 제 4항이다. 순 저항 부하인 경우에 과도 시의 전압·전류의 변화가 [그림 9]의 (a)와 같이 직선적이라고 가정하면, On 에서 Off로 가는 Switching 시간에서의 전압·전류의 순시 값은 다음과 같은 식으로 나타 낼 수 있다.

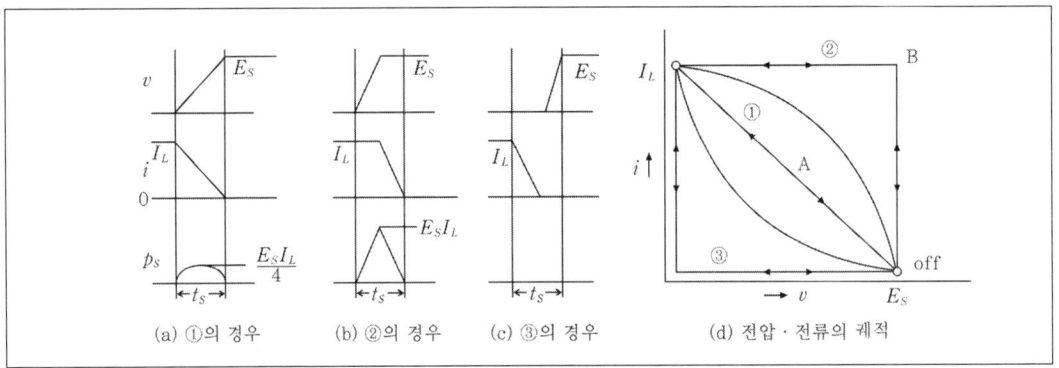

[그림 9] 스위칭 시의 전압·전류의 궤적과 과도손실

$$v = E_s \frac{t}{t_{s1}}, \ i = I_L(1 - \frac{t}{t_{s1}}) \qquad (1.3)$$

$$v = E_s \frac{t}{t_{s1}}, \ i = I_L(1 - \frac{t}{t_{s1}})(1.3)$$

따라서, 과도 시의 내부손실 p_s는 $p_s = E_s I_L \frac{t}{t_{s1}}(1 - \frac{t}{t_{s1}})$ (1.4)가 되고 그 평균값 $\overline{p_s}$는 다음과 같은 식이 된다.

$$\overline{p_s} = \frac{1}{T}\int_0^{t_s} p_s \, dt = \frac{1}{6} E_s I_L \frac{t_s}{T} \quad (1.5)$$

실제로는 부하가 유도성인 경우가 많아서, [그림 7(b)]와 같이 Diode D를 접속한 회로가 이용되므로 과도 시의 동작은 다르게 된다.

L/R이 T보다 충분히 큰 경우에 Transistor switch S가 On에서 Off가 되는 과도상태를 생각해 보면, Base전류의 감소에 의해 S의 내부저항이 증가하여 Collector와 에미터(Emitter)간의 전압 v는 상승하며, L에 축적되어진 에너지에 의해서 부하전류는 계속해서 S에 흐른다. 전압 v가 E_s에 도달하는 때에 p_s는 Pick값인 $E_s \times I_L$이 된다.

그 후, 부하전류는 D로 분류(分流)를 시작하여 S의 전류 i는 감소하고, t_s 시간 후에는 모두 D로 옮겨져 0가 된다.

Off로 부터 On으로의 과도 시에는 반대로 전류는 증가하고 전압은 떨어지는 형태의 궤적을 그리고 있다. 어느 쪽의 경우에서라도 그 사이의 전류·전압의 변화를 직선적이라고 가정하면, [그림 9(b)]와 같이 과도 손실 p_s는 $E_s \times I_L$를 정점으로 하고, t_s를 아랫변으로 하는 삼각형이 되고, p_s는 $E_s \times I_L \times \dfrac{t_s}{2T}$가 되어 순저항 때의 식 (1.5)의 3배가 된다. [그림 9(d)]는 과도 시의 전압·전류의 궤적을 표시한 것으로서, 순 저항 부하의 경우인 ①번 그래프인데 반해, 유도성 부하에서는 ②번 그래프와 같이 궤적이 외측으로 넓어져서 Pick값인 $E_s \times I_L$을 지나게 된다. 이러한 궤적이 Device의 안전동작 영역(SOA : Safety Operation Area)을 벗어나지 않도록 할 필요가 있다. 실제로 전류(轉流)회로나 Snapper 회로로서 만들면서 과도 손실이 제로가 되는 무손실 스위칭 궤적인 ③번에 가까운 스위칭을 시현시키려고 하는 노력도 이루어지고 있다. 이 경우의 전압·전류 파형은 [그림 9(c)]처럼 된다.

② 이상적인 스위치의 조건

동작 시의 내부 손실이 "0"인 스위치를 이상적인 스위치라고 했을 때, 구비해야 할 이상적인 스위치의 조건은 다음과 같은 3가지요소이다.

Ⓐ $i_{off} = 0 : \dfrac{i_{off}}{I_L} \to 0$ (완전 Off 조건)

Ⓑ $v_{on} = 0 : \dfrac{v_{on}}{E_s} \to 0$ (완전 On 조건)

Ⓒ $t_s = 0 : \dfrac{t_s}{T} \to 0$ (무 손실 Switching)

각 요소 항목의 좌측 부분은 이상적인 조건으로 실제로 이것을 완전하게 만족하는 것은 존재하지 않으므로, → 로 표시된 것이 현실적인 조건이 된다. 그 외에 제어성의 양호함이나 고 신뢰성으로 긴 수명일 것, 또한 소형·경량으로 저렴한 가격일 것 등이 요구되어 진다. 이처럼 이상에 가장 가까운 현실의 스위치가 Power 반도체 Device이다.

나) Power반도체 Device의 개요

① Diode

[그림 10]에 표시한 바와 같이 p층과 n층의 2층으로 이루어진 다이오드는 반도체 Device로서 가장 기본적인 것이다.

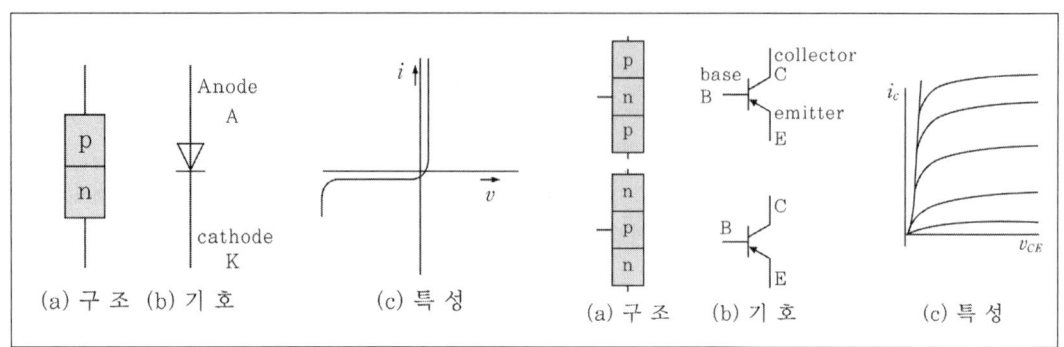

[그림 10] Diode [그림 11] Bipolar Transistor

다이오드는 p층으로부터 n층을 향해서 전류가 흐르며, 역방향으로는 전류가 흐르지 않는다고 하는 정류 기능을 가지고 있다. 이 같은 정류 기능을 가진 스위치를 Valve라고도 부른다. 다이오드는 2단자 소자로서 자기 스스로는 제어 기능을 가지고 있지는 않다.

② Transistor

다이오드는 pn접합 1개로 된 기본 Device이지만 통상적인 Bipolar Transistor는 [그림 11]과 같이 pnp 또는 npn이란 2개의 pn접합을 지니고 있어서 증폭작용을 발휘할 수 있다는 것이 가장 큰 특징이다.

Transistor는 1947년 말에 미국의 Bell연구소에서 발명되었으며, 그 후의 Electronics 시대를 여는 기수가 되었다.

본래는 선형증폭기능을 가진 Device이었으나, Power Electronics에서는 Switch Off에 해당하는 Cut Off 상태와 Switch On에 해당하는 충분한 Base 전류를 흘리는 포화상태로서 동작시키는 것을 이용하여 스위치로서 사용하고 있다.

이상적인 스위치로서 생각하는 경우는, Off 시의 누설전류, On 시의 포화전압, 또한 동작속도, 신뢰성 등 매우 우수한 성능을 지니고 있다. 단, 어떠한 경우에도 다음 장에 기술되어 있는 안전 동작 영역(SOA)을 벗어나는 일이 없도록 주의해서 사용할 필요가 있다.

트랜지스터 중에는 높은 입력 Impedance를 가진 전계효과형 Transistor(FET : Field Effect Transistor)가 있으며, 이것은 아주 적은 입력으로 제어가 가능하다는 특징이 있다.

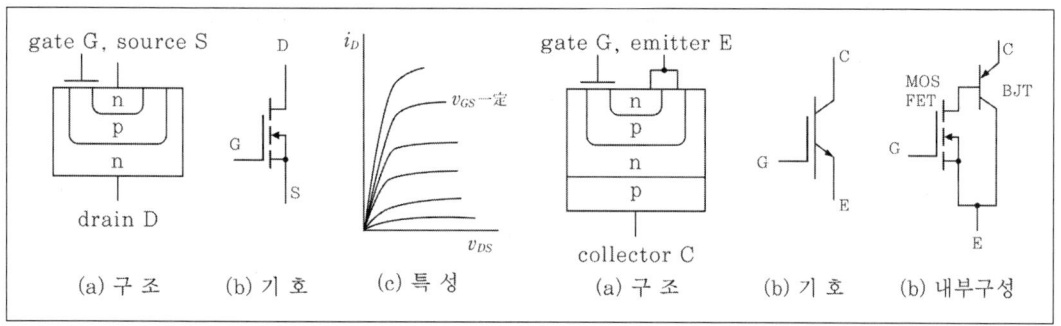

[그림 12] MOSFET   [그림 13] IGBT

특히, [그림 12]에 표시한 MOS(Metal Oxide Semiconductor) FET는 절연 막을 통해서 전압입력으로 제어가 가능하여 실용상에는 이점이 많다.

또한, 최근에는 양 쪽의 특징을 가지는 것으로, [그림 13]과 같이 입력부에는 MOSFET, 출력부에는 Bipolar Transistor를 사용한 IGBT(Insulated Gate Bipolar Transistor)의 대용량화·고성능화가 추진되어져 넓은 분야에서 많이 사용되어지고 있다.

③ Thyristor

[그림 14]에 표시한 바와 같이 구조적으로는 트랜지스터보다 1개 층이 증가된, pnpn의 4개 층으로 되어 있고, 기계적으로는 정류작용을 지닌 Valve Device이다. 내부 구조적으로는 [그림 14]의 (d)에 표시한 바와 같이 2개의 Bipolar Transistor가 Cascade(직렬접속)접속되어진 형태로 만들어 진 것으로서, 내부에서 정 귀환(Positive Feedback)으로 작동하여 Flip Flop동작을 하는 것이다.

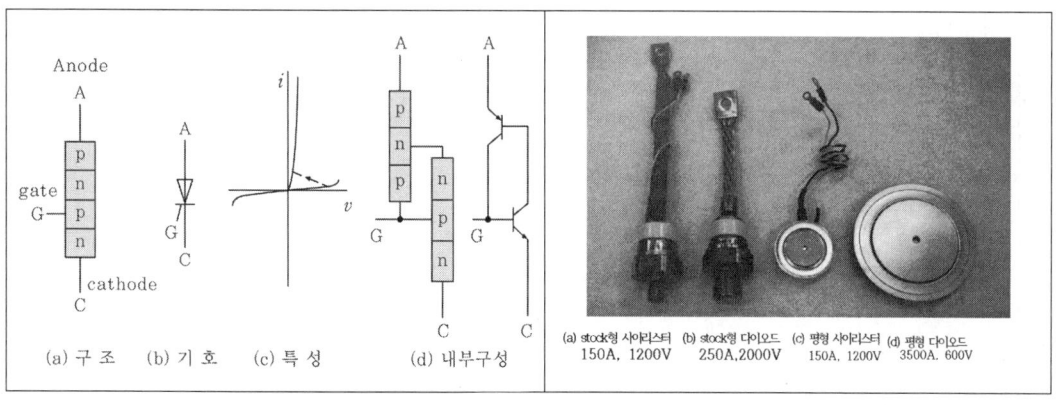

[그림 14] Thyristor   [그림 15] 대전력용 싸이리스터의 외관

이 때문에 본질적으로는 On과 Off 두 개의 상태가 안정된 동작점이 되어, 전력의 변환과 제어를 하는 스위치로서 적합한 것으로서, 그 탄생 초기부터 높은 신뢰성을 발휘하고 있다.

싸이리스터라고 하는 명칭은 pnpn의 4개 층으로 구성되어진 반도체 Device의 총칭으로서, 1963년에 IEC에서 정식으로 결정되어진 것이며, 그 구조와 기능상으로 구분된 여러 가지 종류의 Device가 실제 사용되어지고 있다. 먼저 최초로 등장한 것은 Gate없는 2단자 소자로서의 pnpn 스위치이었으며, 이것은 벨 연구소에서 트랜지스터 연구 도중에 깜박했던 우연으로 해서 4층 Device가 가능했던 것이 계기가 되어 탄생되어졌다고 전해지고 있다. 그 1년 후인 1957년에 Gate로서 Turn On 제어가 가능한 SCR(Sillicon Controlled Rectifier), 즉 역저지 3단자 싸이리스터가 GE사에서 출시되어, Power Electronics 발전의 주역을 담당하는 매체가 되었다.

그 후 Gate에 의한 Turn Off 기능도 동시에 지닌 GTO(Gate Turn Off Thyrister)나, 이것을 개량한 GCT(Gate Commutated Turn Off Thyrister)가 출현하여, 대용량의 Inverter나 Chopper에의 적용으로 그 용도를 넓히는 연구가 추진되어지고 있다.

그리고 빛(光)에 의해서 점호하는 광 Trigger Thyristor는 고전압 분야에서의 응용에 귀중한 보배가 되고 있다. 거기에다 쌍방향의 전류를 취급하는 것도 가능한 TRIAC과 같은 Device도 나타나 교류 스위치로서 많이 사용되어지고 있다.

이와 같이 여러 종류의 싸이리스터가 있으나, 통상적으로 단지 싸이리스터라고 하는 경우에는 역저지 3단자 싸이리스터, 소위 SCR을 지칭한다고 생각해도 무방하다.

④ Power Module

최근에는 Device 단일 몸체가 아니라, 복수의 소자를 일체화한 Module로 개발되어져 많은 용도에서 실제 사용되어지고 있다. 주 회로 전체를 1개로 통합한 Inverter Module이나, 제어부에 IC를 조립해 넣은 IPM(Intelligent Power Module)이 요즈음 많이 알려져 있다.

[표1.3] Power 반도체 Device의 발전

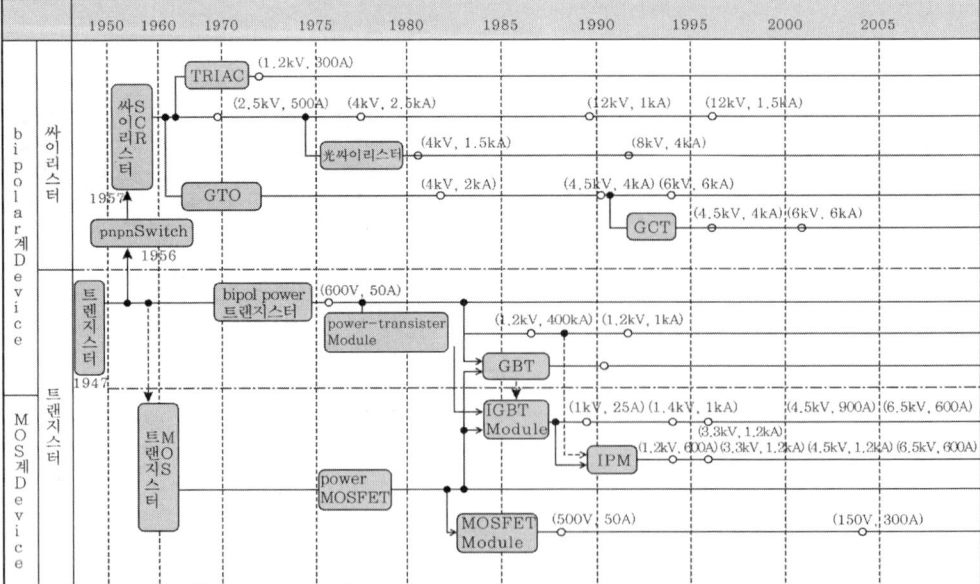

이상의 Power 반도체 Device 발전의 모습을 [표 1.3]에 표시하였다. 또한, 위 [그림 15]는 Stock형과 평형의 대 전력용 Diode와 Thyrister의 외관을 나타낸 사진이다.

최근에 많이 이용되어지고 있는 Power Module에 대해서는 다음 나.항에서 자세히 소개하고자 한다.

4) Power Electronics의 응용분야

Power Electronics는 당장 산업, 사회, 가정과 모든 분야에 널리 침투하여, 많은 사람들의 생활 기반을 지탱하는 중요한 기능을 담당하고 있다.

[그림 16]은 출력 용량과 동작 주파수를 축으로 해서 표시한 Power Device의 적용 범위와 이들의 대표적인 응용 사례를 표시한 것이다. 응용 사례는 전원으로서의 응용과 전동기 구동으로서의 응용이라는 두 가지로 크게 나뉘어진다.

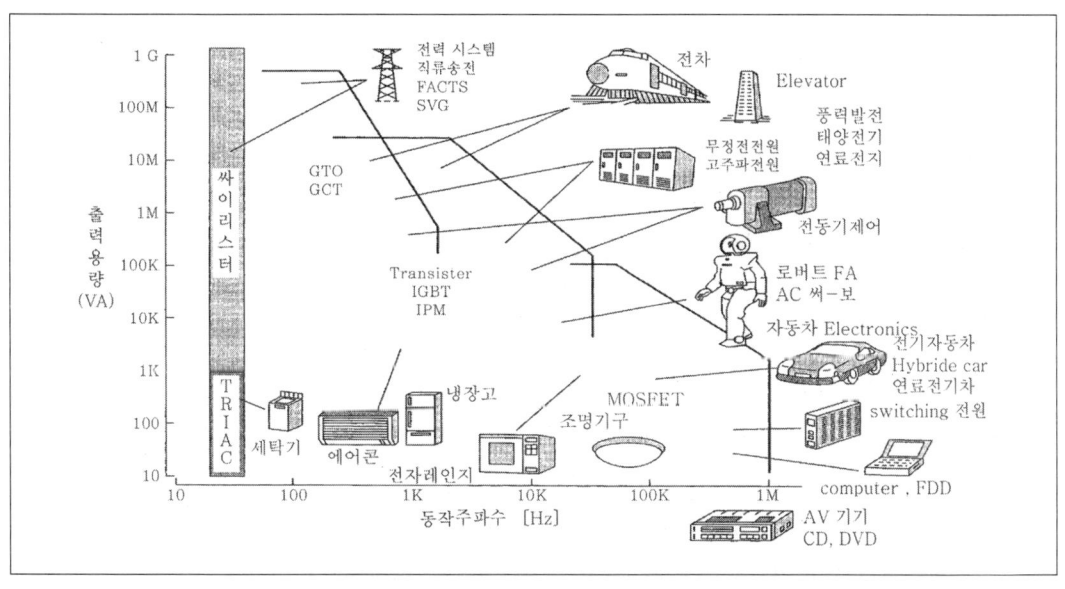

[그림 16] Power Device와 대표적인 응용 예

가) 전원시스템에의 응용

전원에서 가장 용량이 큰 것이 발전·송변전·배전을 포함한 전력계통에의 응용으로서, 수은정류기에 의해서 시작된 직류송전도 지금에 와서는 싸이리스터가 주역이 되어 지고 있다.

교류계통에서도, 무효전력 조정을 하는 SVG(Static Var Generator)나 새로운 시스템으로서 FACTS(Flexible AC Transmission System) 등도 Power 반도체 소자를 이용한 것으로서 실용화가 추진되고 있다.

그리고, 태양전지, 연료전지. 또는 풍력발전, 더해서는 Fly Wheel이나 초전도 코일을 이용한 전력저장시스템 등의 새로운 에너지시스템에서도 직류-교류간의 전력변환이 필요하게 되어 이 분야에서의 Power Electronics의 역할은 매우 크다.

병원이나 Computer 등의 중요한 시설이나 장치의 전원으로서 무정전 전원장치(UPS : Uninterruptible Power Supply)가 알려져 있으며, 이것도 전지와 Inverter에 의해서 실현되어지고 있다. 또한 각종 장치의 직류전원으로서 DC-DC Convertor나 Switching Regulator가 활용되고 있다. 그 외에도 전기화학용의 대 전류 직류전원, 유도가열로나 조명용의 고주파전원, 전기가공기용의 Pulse전원 등에서도 Power electronics기술이 지대한 공헌을 하고 있다.

나) 전동기 구동시스템에의 응용

전동기의 구동분야에서는 VVVF(Variable Voltage Variable Frequency) Inverter를 이용한 교류전동기의 가변주파수 구동방식이 빠르게 발전하고 있어, 종전의 직류전동기를 대신해서 주역의 자리를 차지하고 있다.

최근에는, 철강의 압연용 대용량 가변속구동도 교류방식으로 되어, 고성능화와 보수·Maintenance의 간소화도 달성하고 있다.

그리고, 일반적으로 널리 사용되어지고 있는 Fan이나 Pump에도 가변 주파수 구동방식이 채용되어, 에너지 절약과 성능향상에 공헌하고 있다. 또한, 공작기계, 로버트나 자동창고 등의 자동화 장치에도 인버터구동에 의한 교류전동기가 많이 사용되고 있다.

전기철도에서도 1970년대에 지하철부터 도입이 시작된 Chopper 방식의전차가 1980년대에 들어서는 Inverter 전차로 주역이 바뀌었고, 신간선에서도 최신의 "노조미"에서는 교류전동기 구동이 채용되어지고 있다. 개발이 진행되고 있는 Linear Car도 교류 가변주파수 구동방식이다. 그리고, 수직적인 교통시스템인 엘리베이터도 교류화가 진행되어, 각 지역의 고속 엘리베이터 실현에도 일익을 담당하고 있다.

Gasoline Engine 주체의 자동차에서도, 전자화로의 변화와 발전에 따라서 Power Electronics가 많은 장치들에서 이용되어지고 있으며, 본격적인 응용은 저공해 차로서 기대를 받고 있는 전기자동차나 하이브리드 차, 연료전지 자동차 등에서 이루어지고 있다.

여기서도 교류전동기로의 구동이 가장 중심이며, 특히 고효율화와 경량화 및 가격을 낮추는 것이 핵심 과제이다.

가정이나 사무실에서도 여러 곳에서 Power Electronics 기술이 사용되어지고 있다. Inverter 에어콘이 대표적인 예로서 IGBT Module의 진보와 맞물려서 널리 보급되어지고 있다. 그리고 VTR, CD, FDD, 광 Disc, DVD등 Tape나 Disc의 구동에도 Brushless Motor라고 불려지고 있는 소형 교류전동기가 이용되면서 소형·고성능화가 이루어지고 있다.

이상과 같이 Power Electronics는 넓은 분야에서 자동화 추진에서, 생산성 향상에서, 에너지 절감의 실현에서, 신에너지의 발굴에서, 또한, 생활환경의 정비향상과 지구환경 보존에도 공헌하고 있다.

이처럼 인류와 사회를 지탱하는 한 축이 Power Electronics인 것이다.

나. Power 반도체 Devices

Power 반도체 Devices는 1950년대 중반쯤에 정류 다이오드나 싸이리스터의 탄생으로 부터 시작되었다. 이들 디바이스는 1960~1980년대에 가정전기 제품부터 산업기기·중전기 Plant에 이르는 넓은 분야의 진보와 발전에 크게 공헌하였다.

다음으로, Bipolar Transistor, GTO, GCT 등의 자기 Turn Off형 디바이스의 고성능화가 진행되었고, 특히 바이폴라 트랜지스터는 1980~1990년대에 전력 전자분야를 이끌어가는 견인차적인 디바이스로 사용되어졌다.

MOS계 디바이스는 MOSFET와 IGBT가 있으며, 이 Devices로서 동작이 보다 세밀화 되어지면서 전압의 저감 등이 추구되어지고 있다.

IGBT는 1980년대 중반에 출현하여, 성능개선이 아주 빠르게 이루어졌다.

IGBT Chopper를 사용하기 쉬운 Package로 조립된 Power Module은 각종 제품이 생산되면서부터 이 IGBT는 전성기를 맞이하고 있다.

이들 각종 파워 디바이스와 다음 세대의 디바이스에 대해 뒤에서 자세히 소개하고자 한다.

1) 정류다이오드

다이오드는 [그림 10]에 표시한 바와 같이 PN접합을 1개 가지고 있는 반도체로서 정류기용, 기준전압용, 가변용량용 등 여러 가지 종류가 있다.

전력변환에 사용되어지는 Power 반도체 디바이스로서의 다이오드는 그 대부분이 정류를 목적으로 하는 것으로서 바르게 말하면 정류 다이오드라고 불린다. 그리고 이 정류다이오드에는 일반 정류용과 고수파용이 있다.

상용주파수 정도의 저주파수인 전원의 정류에는 일반정류용 정류다이오드가 사용되어지며, 수백 Hz 정도 이상의 주파수인 전원의 정류나, Inverter, Chopper회로의 환류용 Diode, Snapper Diode에는 고주파용이 사용되어 지고 있다. PN 접합의 다이오드 이외에 n형 시리콘에 금속 얇은 막을 형성한 구조의 SBD(Schottky Barrier Diode)가 있다.

SBD는 저압(일반적으로 150V 이하)이며, New Pola형의 디바이스이므로 고속 Switching 동작과 낮은 순 전압 강하라고 하는 특징을 가지고 있어, 스위칭 전원의 2차측 정류용 등에 많이 사용되고 있다.

가) 정류 다이오드의 구조

정류다이오드는 큰 직경의 Silicon Webber의 개발에 다른 대용량화와 pn접합 단면의 구조나 이것을 피복하는 기술(Passivation기술)의 진보에 따라 고 내압 및 대용량화가 진행되어져 왔다. 현재는 시리콘 직경 150㎜로서 내압은 6,000V, 전류용량으로서는 7000A Class의 것까지 생산되어지고 있다.

[그림 2.1]에 대용량 정류다이오드의 기본구조 예를 표시하였다.

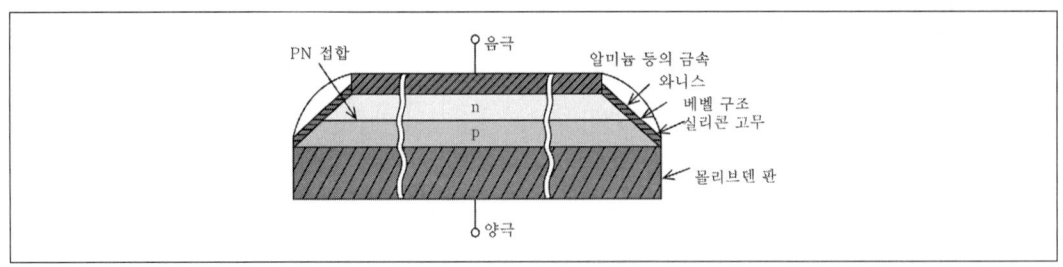

[그림 2.1] 정류diode element의 단면구조

높은 내전압의 다이오드에서는 pn접합의 단면(노출부)에 전계가 집중되므로, 그 부분이 pn접합 내부의 항복전압보다 현저히 낮아진다.

이러한 현상을 피하기 위해 접합의 단면을 [그림 2.1]에 표시한 것과 같이 경사를 주어서 가공하여, 표면전계를 내부의 전계보다 충분히 적게 하기 위한 Bevel 구조가 채용되어졌다.

한편, 시리콘 조각(Chop)의 단면은 와니스나 시리콘고무로 피복시켜서 보호하고 있으므로 내전압과 신뢰성 확보 측면에서 우수하다. 이 방법은 수 십 A 이상의 고전압·대전류의 다이오드에 채용되어지고 있다.

그리고, 이 단면을 유리로 피복하는 방법(Glass Passivation형)이나 Card Link라고 불리는 절연 층으로 고압부분을 둘러싸는 방법(프레나 구조)등의 방법도 채용되어지고 있다. 어느 쪽도 2000V 이하의 비교적 저전압으로 소·중전류 용량인 다이오드에 적용되어지고 있다.

대 전력용 정류 다이오드의 외형 구조로는 stud형과 평형([그림 2.18] 참조) 및 Module형이 있다. 스터드(송곳)형 정류다이오드는 방열 Pin의 취부를 나사를 밀어 넣어 만들어서, 열을 나사부분으로부터 방열하는 방법으로 400A Class까지의 다이오드에 적용되고 있다. 평형 정류 다이오드는 방열 핀을 다이오드의 양면에 압착 접속하는 가공접합구조로서 Si Chop에서 발생하는 열을 상하 양면으로 발열시키는 것이 가능하다는 특징을 가지고 있어서, 평형은 같은 웨바를 이용해도 Stud형에 비해 1.2~2배의 전류를 흘릴 수 있으므로 대용량의 디바이스로 아주 적합하다. 이 가공접합 구조형태는 납땜을 이용하지 않으므로 납땜할 때의 열 피로라고 하는 문제를 제거할 수 있었으며, 이로 인해 다이오드나 싸이리스터의 대용량화와 신뢰성 향상에 큰 공헌을 할 수 있었다.

정류 다이오드의 구조를 대전력 다이오드를 예로 들어서 설명해 보자.

대전력 다이오드는 싸이리스터([그림 2.18] 참조)와 동일한 구조를 가지고 있다. 씨리콘(Si) Chop에는 Silicon과 열팽창 계수가 거의 동일한 몰리브덴(Mo)판이 경(硬)납땜 되어진다. Stud형의 경우에는 이것을 은 등의 고온 납땜에 의해서 동(銅)전극에 접착하거나, 또는 스프링으로 가공하는 방법이 사용되고 있다. 씨리콘 Chop에 몰리브덴 판을 접착하는 이유는 씨리콘 Chop를 직접 동 전극에 접착하면 두 금속의 열팽창계수 차이에 의해서 Chop에 커다란 응력이 가해지므로 이것을 줄이기 위한 것이다.

나) 정격과 특성

일반 정류용 다이오드의 예로서 2800V, 1000A 평형의 정격과 특성을 [표 2.1]에 표시하였다.

[표 2.1] 정류다이오드의 정격과 특성

① 최대정격

기 호	항 목	조 건	정격값	단위
V_{RRM}	pick반복 역전압		2,800	V
V_{RSM}	pick비반복 역전압		3,100	V
$V_{R(DC)}$	직류전압		2,240	V
$I_{F(AV)}$	평균순(順)전류	상용주파수, 정현반파 180° 연속통전 T_f=101℃	800	A
I_{FSM}	Surge순전류	60Hz 정현반파 1cycle 파고치, 반복하지 않음	14	KA
T_j	접합온도		-40~+150	℃
T_{stg}	보존 온도		-40~+150	℃
	압축접착력강도	추천값 14.7	13.2~17.6	KN

② 전기적 특성

기 호	항 목	측 정조 건	최소	표준	최대	단위
I_{RRM}	역전류	T_j=150℃, V_{RRM}인가	-	-	30	mA
V_{FM}	순(順)전압강하	T_j=25℃, I_{FM}=2500, 수시측정	-	-	1.65	V
$R_{th(j-f)}$	열저항		-	-	0.04	℃/W

각 항목의 정의와 사고방식은 싸이리스터와 마찬가지이므로 뒤의 3)항을 참고하기 바란다.

다) 정류다이오드의 고속 Switching화

정류 다이오드에 順전류(정방향 전류)를 흘린 후에 역 전압을 인가한 경우의 음극전압과 전류파형의 예를 [그림 2.2]에 표시하였다.

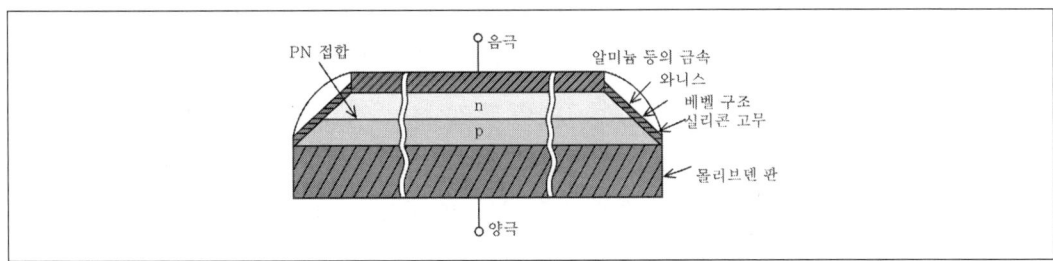

[그림 2.1] 정류diode element의 단면구조

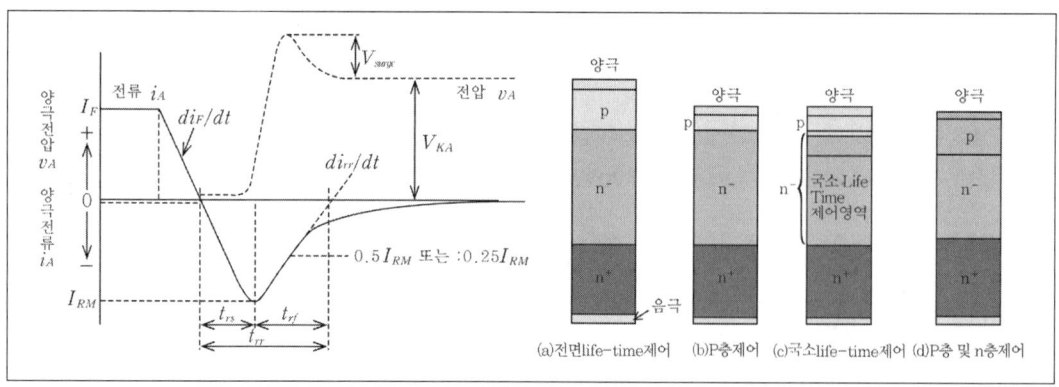

[그림 2.2] 정류 다이오드의 역 회복 시 전압·전류 특성과 정의   [그림 2.3] 정류 다이오드의 고속

 이와 같이 역 전압이 인가되어도 내부에 남아있는 잉여 Carrier(정공)가 소멸할 때까지 역방향으로 전류가 흐르며, 이 전류를 역 회복(Recovery) 전류라고 부르고, [그림 2.2]에서 정의되어진 역 회복 전류의 통전시간 T_{rr}는 역 회복 시간이라고 부른다.

 상용주파 응용에서는 이 역 회복 전류의 Pick값 I_{RM} 및 T_{rr}이 적고, 거기에다 역 회복 기간 중의 손실(역 회복 손실 E_{rr})이 적은 다이오드, 즉 고속다이오드가 요구되어졌다.

 다이오드의 고속화를 위해서는 전에는 금이나 백금 등의 중금속을 다이오드 Chop 전면에 확산하여 캐리어의 라이프 타임을 짧게 하는 방법이 채용되어졌다([그림 2.3(a)] 참조). 이 방법에 의해 과잉 캐리어의 축적이 억제되고, 게다가 캐리어의 감속도 빠르게 할 수 있었으므로 역 회복 전류 및 역 회복 시간을 단축할 수 있었다. 역 회복 시에 발생하는 써지전압 V_{surge} 및 Noise는 I_{RM}과 역 회복 전류의 감소율 $\dfrac{di_{rr}}{dt}$의 영향을 받으므로, I_{RM}의 억제와 동시에 $\dfrac{di_{rr}}{dt}$도 적게 하는 것이 필요하다. 이 역 회복 전류의 감소율을 완화하는 것을 Soft Recovery화(Soft회복)라고 부르며, $F_{RRS} = \dfrac{t_{rs}}{t_{rf}}$를 역 회복 Softness 계수라고 부른다. F_{rrs}가 적은 만큼 역 회복 전류의 파형이 Soft하여 Surge 전압의 발생이 적어지게 된다.

 정류 다이오드의 고속화와 Soft Recovery화라는 양쪽을 달성하기 위해서, [그림 2.3(b)]와 같이 양극 p층의 폭을 얇게 하고, 또한 그 농도를 낮춘다든지, [그림 2.3(c)]와 같이 헬륨(He) 등의 가벼운 이온을 양극 측의 n층 일부분에 조사하여 국소 라이프타임 제어를 함으로써, 캐리어 밀도의 최적화를 하는 등의 방법이 시행되어지고 있다.

 [그림 2.3(d)]는 특히 고내전압 다이오드에 채용되어지고 있는 구조로서 p층의 불순물 농도를 낮추는 방법을 이용해서 I_{RM}을 저감한다.

또한, n+층을 두껍게 하여 불순물의 농도 구배를 완화하는 방법을 이용하여 역 전압을 인가할 때 공핍층(空乏層)이 증가하는 것을 완화함으로써 $\frac{di_{rr}}{dt}$ 을 억제하고 있다.

[그림 2.4]에 개발 중인 새로운 다이오드의 기본 구조를 표시하였다.

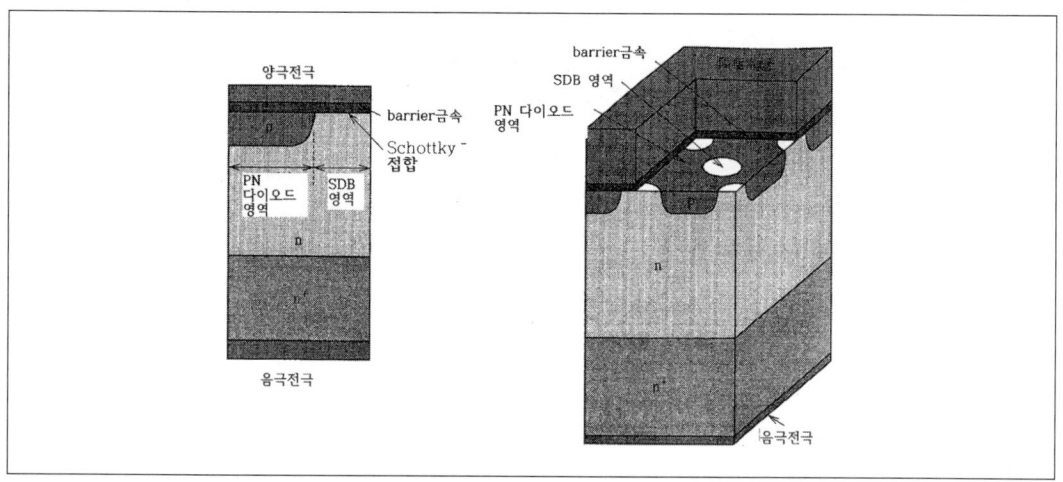

[그림 2.4] MPS 다이오드의 기본구조

pn 다이오드의 양극 측에 Schottky 접합을 매립한 구조를 가지고 있으며, MPS(Merged PIN Schottky)다이오드라고 불리고 있다.

저 전류 영역에서는 Schottky Barrier Diode(SBD)에 가까운 동작을 하므로 순 전압 강하(통전 시의 전압강하)가 적어지고, 그 외에도 역회복 전류가 적고, 또한, 역 회복 시의 발진이 억제되어 진다.

그리고, 대전류 영역에서는 pn 다이오드로서 동작하므로 순전압 강하가 적다고 하는 특징을 가지고 있다.

이 구조는 높은 내전압과 고속 스위칭 그리고 Soft Recovery인 다이오드로 제조가 가능하므로 주목을 받고 있다.

정류 다이오드는 전력변환장치에서는 필수적인 디바이스이므로 앞으로도 순전압 강하의 저감과 고속스위칭화가 계속 진행될 것이다.

2) Power Transistor와 MOSFET

Bipolar Power Transistor는 Audio제품, 전장품, 소형전원 등의 분야에서 예전부터 사용되어져 왔다. 1970년대 후반에 들어서는 산업기기용으로서 고 내전압 화와 전류용량의 증대가 진행되었고, 한편으로 파괴내량이 큰 폭으로 개선되어졌다.

그 후 냉각체의 취부 부분이 절연되어서 취급이 용이한 Power Module형의 것이 제품화 되고, 1980년대에 들어서 비약적인 발전을 이루었다.

Bipolar Power Transistor(Power Transistor라고 표기)는 자기 Turn-Off 기능을 가지고 있으므로 싸이리스터에서 필요로 하는 전류(轉流)회로가 불필요하다는 특징을 가지고 있다. 이 때문에 인버터나 쵸-퍼 등을 중심으로 산업기기, 대형 전기기기, 에어콘 등의 가전제품, 그 외의 넓은 분야에서 사용되어지면서, 이들 제품 및 장치의 성능향상, 소형화, Cost-Down 등에서 대변혁을 가져왔다.

그 후 IGBT의 출현과 그 발전에 따라서 1990년대 중반부터 IGBT에 그 주역의 자리를 확실하게 물려주었지만, 그래도 Bipolar Transistor는 Power Electronics 발전이란 점에서 매우 큰 역할과 위치를 점하고 있다는 점은 틀림이 없다.

MOSFET(Metal Oxide Semiconductor Field Effect Transistor)는 MOS Gate로 인해 구동전력이 적고, 빠르므로 고주파용 디바이스로서 주목을 받으면서 개발이 이루어졌다.

저전압의 MOSFET는 낮은 On 전압화와 고속도화의 양쪽이 모두 용이하므로 소·중 용량의 전원에 사용되고 있으며, 고내전압의 MOSFET는 고속성을 갖도록 하여 고전압 스위칭 전원 등에 사용되어지고 있다.

MOSFET에서는 계속해서 보다 한층 낮은 On 전압화와 저손실화, 대용량화, 고속도화를 추구하는 신제품의 개발이 진행되어지고 있다.

가) Power Transistor

종전의 파워트랜지스터는 고 내전압화가 곤란하고, 직류전류 증폭율 H_{FE}가 낮으며, 스위칭 속도가 늦고, 파괴내량(안전동작 영역, SOA : Safety Operation Area)이 적은 등의 문제가 있었다. 이 때문에 Silicon Chop구조의 개발 및 개량과 LSI 제조 기술을 응용하여 Patten의 미세화를 이룩하면서, 산용용으로서 사용이 가능한 제품으로 실현이 가능해 졌다.

① 구조

높은 내전압으로 파괴내량이 큰 파워 트랜지스터의 구조로서 [그림 2.5(a)]에 표시한 Collector층에 높은 비 저항층(高非抵抗層)(n-로 표시했다)을 설치한 npn-n이라는 구조가 고안되어지면서, 파워트랜지스터의 성능은 비약적으로 향상되어졌다.

높은 내 전압화와 동시에 H_{FE}를 낮게 해줌으로서 600~1600V의 트랜지스터에서는 H_{FE} 저하를 보완할 목적으로 증폭용 트랜지스터를 내장한 소위 말하는 다링톤(Darlington) 구조가 채용되어졌다. [그림 2.5(b)]는 Chop의 외관(Planner형 다링톤 구조, 1000V, 75A Class)의 예이다.

이와 같이 Chop 단면은 가드링(Girdling : 순환피막)이라 불리는 구조로 내압이 확보되고, 또한 산화막으로 피복되어져 높은 신뢰성이 유지되어진다.

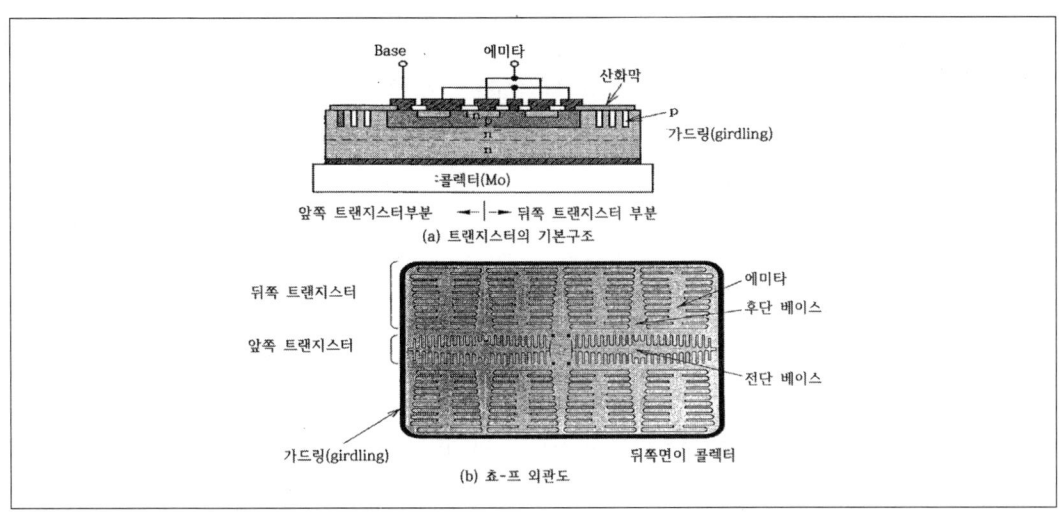

[그림 2.5] 트랜지스터의 기본구조와 쵸-프(Chop) 외관도

② Power Bipolar Transistor의 대표적인 특성

Ⓐ 출력특성과 직류전류 증폭율 H_{FE}

콜렉터와 에미터 사이의 출력특성은 [그림 2.6]과 같이 좌측의 직선부분(포화영역이라 불린다)과 이것보다 우측의 거의 정전류 특성을 표시하는 부분(불포화영역 또는 활성영역이라 불린다)으로 되어있다.

파워 트랜지스터는 주로 On-Off Switching 동작에 사용되어지므로 포화영역에서의 전압강하 $V_{CE(sat)}$이 중요한 특성이 된다. 이 포화영역에서의 전류 증폭율, 즉 직류 전류증폭율 H_{FE}를 [그림 2.7]에 표시하였다

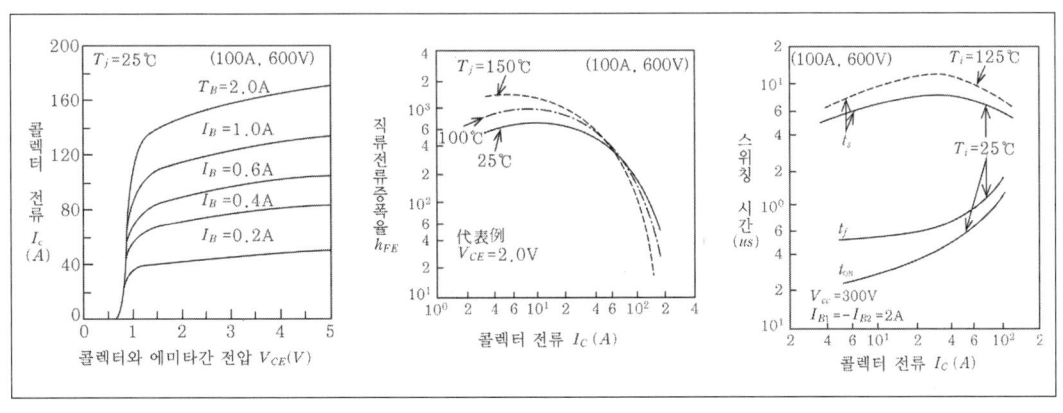

[그림 2.6] 트랜지스터의 출력특성　　[그림 2.7] 트랜지스터의 직류전류 증폭율특성　　[그림 2.8] 트랜지스터의 스위칭시간과 콜렉터전류

이와 같이, H_{FE}는 콜렉터전류와 접합온도에 의해 변하며, 전류가 큰 영역에서는 전류의 증가와 접합온도의 상승과 함께 H_{FE}는 떨어진다.

H_{FE}는 응용측면에서는 큰 경우가 바람직하지만, 다른 특성과의 균형측면에서 통상 100~300 정도로 억제되어진다.

Ⓑ 스위칭 특성

트랜지스터가 Turn-On된다든지 Turn-Off할 때의 시간 지연을 각각 턴 온 시간 t_{on} 및 턴 오프 시간 t_{off}라고 부르고 있다. 이들은 콜렉터전류나 베이스전류의 조건에 따라 변한다.

t_{off}는 또한 축적시간 t_s와 하강시간 t_f로 나뉘어진다. [그림 2.8]은 600V 100A Class의 트랜지스터(다링턴 구조)에서의 스위칭 시간과 콜렉터전류 I_c와의 관계를 표시하고 있다.

턴 온 시간 t_{on}과 턴 오프 시의 하강시간 t_f는 I_c의 증가에도 불구하고 길어지며, 축적시간 t_s는 I_c가 어느 일정한 값 이상이 되면 반대로 짧아지게 된다. 트랜지스터는 이러한 스위칭 시간이 짧은 만큼 높은 주파수에서 동작하는 것이 가능하다, 예를 들어 [그림 2.8]의 특성을 가진 트랜지스터라고 하면 수 kHz의 동작주파수까지 사용이 가능하다.

Ⓒ 안전동작 영역(SOA)

트랜지스터에서는 소정의 전압·전류범위에서 사용하고 있다면 파괴되지 않는 것으로, 소위 "안전"하게 사용가능한 범위이다. 이것을 안전동작 영역(SOA : Safety Operation Area)이라고 부르며, 순 바이어스 SOA, 역 바이어스 SOA, 단락 SOA의 3가지 종류가 있다. 일반적인 스위칭 응용에서는 뒤에 있는 2가지의 SOA가 중요하다.

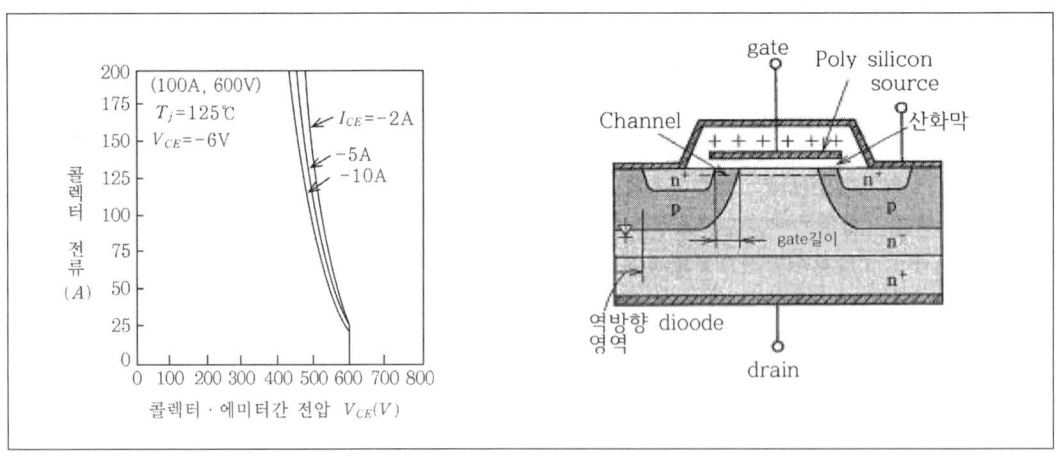

[그림 2.9] 역바이어스 SOA　　　　　　[그림 2.10] MOSFET의 기본구조(VDMOS)

역 바이어스 SOA는 트랜지스터의 베이스를 역 바이어스하여 턴 오프할 때의 안전동작 영역이다. [그림 2.9]와 같이 턴 오프 시의 역바이어스 전류 I_{B2}를 Parameter로 하여 표시되어진다. 트랜지스터 턴 오프 시의 주 전압과 주 전류의 궤적이 이 SOA의 바깥쪽에서 나타나면 트랜지스터가 파괴될 위험이 있다. 단락 SOA는 장치의 사고 또는 이상동작 시에 트랜지스터에 단락 전류가 흘렀을 때의 내량을 표시하며, 전원 전압, 베이스 구동 조건, 통전 펄스폭 등으로 규정되어 진다.

예를 들어, 600V 100A Class의 트랜지스터에서는 전원전압 V_{cc}=400V에서 수십μs 사이의 단락에 견디는 것이 가능하다. (조건 : 베이스 순전류 I_{B1}=1.5A, 베이스 역전류 I_{B2}=-2A)

나) Power MOSFET

MOSFET의 개발 역사는 1962년 이전으로 매우 오래되었다. 그 후 LSI의 미세한 Patten기술이 MOSFET에 적용되면서, 1980년경부터 급속한 진보를 이루었다. MOSFET는 전압구동형의 디바이스이며, 한편으로 고속스위칭특성을 가지고 있으므로 응용장치의 고주파화, 제어회로의 저 손실화와 간소화 등이 가능하게 되었다. 이 때문에 Power MOSFET는 스위칭 전원이나 각종 콘버터, 인버터 등의 비약적인 발전을 재촉하여, 이들의 성능향상, 고효율화, 비용절감 등에도 크게 공헌하였다.

① 구조

MOSFET의 기본 구조로서는 횡 형태와 종 형태가 있으며, 각각에 대해서도 여러 가지의 구조로 고안되어져 있다.

Power MOSFET의 한 가지 예로서, VDMOS(Vertical Double diffused Metal Oxide Silicon : 종형 이중확산 MOS)라고 불리는 MOSFET의 기본 구조를 [그림 2.10]에 표시하였다.

이 구조는 종형으로, p층 부와 Source 부를 이중 확산에 의해 자기정합(自己整合 : 스스로 꼭 맞춤)적으로 성형한 것이므로, 이와 같은 이름으로 불린다. MOSFET는 [그림 2.10]과 같이 Source와 Drain 사이의 시리콘 표면 위에 1000Å 정도의 얇은 산화막(SiO_2)을 통해서 Gate 전극을 형성한 것이다. 이 Gate와 Source 사이에 정(+)의 전압을 인가하면 Gate에는 Gate 용량에 의해서 정(+)의 전하가 축적되어진다. 그 결과 Gate면에 대응하는 측에는 동일한 양의 부(-) 전하가 축적되어지게 된다. 그 전하의 분포 영역은 전자가 적지 않은 p층도 포함되어 있으므로 p층에도 부의 전하가 발생한다. 반도체에서 많은 부의 전하를 가지는 것을 n형이라 한다. 따라서 Gate부가 정으로 충전되어진 경우 Gate에 대면하는 p층 게이트 쪽의 아주 적은 영역은 p층 내에 있어도 n형으로 변화되었다고 봐도 좋다. 이 변화영역을 Channel이라고 부르며, 이 찬넬은 단지 저항체로서 작용한다.

이와 같이 MOSFET는 게이트 전극의 바로 아래에서 유기되어지는 찬넬을 통해서 전자가 이동하여 전류가 흐른다고 하는 소위 다수 캐리아인 Unipolar형 Device이다. 이 때문에 전류 용량은 찬넬 폭에 비례하며, 찬넬의 길이에 반비례 한다.

Power Device로서 이용하는 데는 찬넬 길이의 단축과 동시에 찬넬 폭의 증대, 즉 단위 면적당에서 보다 많은 수의 MOSFET Segment를 집적할 수 있는 구조로 만들어 대전류화 하는 것이 필요하게 된다. 한편, 높은 내 전압화를 꾀하기 위해서는 n^-층(Drift층이라 불린다)의 불순물 농도를 낮출 필요가 있다.

이것은 이온저항을 증대시키는 것이 되므로 높은 내전압의 디바이스를 얻으려면 큰 면적의 Chip이 필요하게 된다.

② 주요특성

ⓐ 출력특성

Power MOSFET의 기본적인 출력 특성을 [그림 2.11]에 표시하였다.

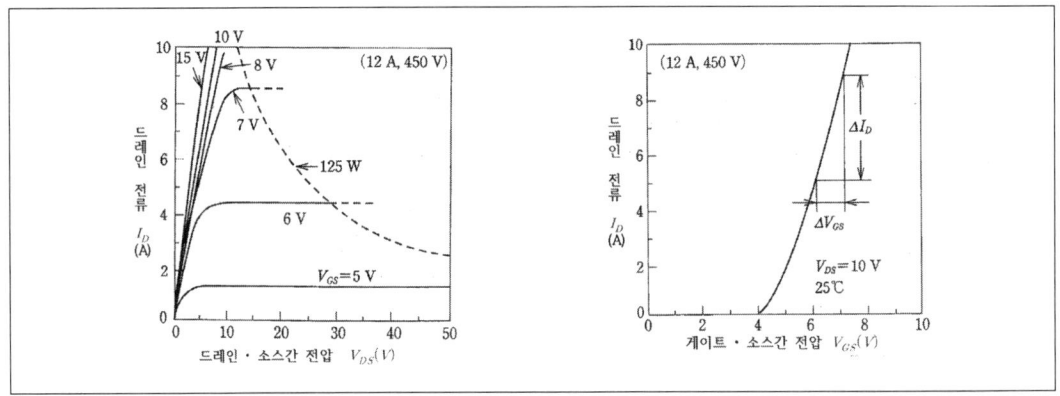

[그림 2.11] Power MOSFET의 출력특성   [그림 2.12] Power MOSFET의 전달특성

Power MOSFET의 출력특성은 두 개의 영역으로 나뉘어진다. [그림 2.11]에서 좌측의 직선부분은 On 또는 선형영역이라고 불리며, 거의 정 저항으로 Drain과 Source간 전압의 증가에 비례하여 전류가 증가한다.

거기에다, 드레인과 소스 간의 전압을 올리면 드레인 전압을 증가해도 전류가 거의 일정하게 되는 포화영역이라고 불리는 영역이 된다(이 포화영역은 Transistor 출력특성의 경우와 부르는 것이 다르므로 주의가 필요하다). 이것은 Device 내부에서 Channel Pinch Off 현상이 발생하여 전류가 억제되어지기 때문이다.

ⓑ Gate 특성

Gate와 Source사이는 Silicon의 산화막으로 절연되어져 있어 입력저항은 $10^{10}(\Omega)$ 정도로 매우 높다. [그림 2.12]에 표시했듯이 Power MOSFET의 게이트 전압을 증가시키면서, 그 값이 소정의 값 이상이 되면 Drain에 전류가 흐르기 시작한다. 그 게이트 전압을 Gate·Source간 임계값(Threshold 전압) $V_{GS(TH)}$ 이라고 한다. 이 Gate·Source간의 임계값 전압은 온도가 높아지면 적어진다. 또한, [그림 2.12]에서 게이트 전압에 대한 드레인전류의 기울기($g_m = \dfrac{\triangle I_P}{\triangle V_{GS}}$)를 상호콘덕턴스라고 부른다.

ⓒ 스위칭 특성

Power MOSFET는 다수 Carrier Device이므로 소수 Carrier의 축적에 따른 지연시간이 없어서 Bipolar Transistor에 비해서 매우 빠른 스위칭 특성을 지니고 있다.

이 MOSFET의 스위칭 시간은 주로 기생(寄生) 용량성분에 의해 정해진다. 즉, 게이트·소스간 및 게이트·드레인 사이에 있는 용량의 충·방전 시간에 비례하므로 신호원의 임피던스와의 곱인 시정수에 의해 정해진다. 따라서 Turn-On의 지연시간은 게이트전압이 입력신호에 의해서 그 게이트와 소스간 임계전압으로까지 충전되어지는 시간이다. 가동(立上)시간은 게이트 전압이 게이트·소스간 임계값 전압으로부터 직선영역을 지나서, 소정의 드레인 전류를 통전하는데 필요한 전압이므로, Turn-On의 지연시간은 게이트전압이 입력 신호에 의해서 그 게이트·소스간 임계전압으로까지 충전되어지는 시간이 된다. 즉 이 가동(立上)시간은 게이트 전압이 게이트·소스간의 임계값 전압으로부터 직선영역을 지나서, 소정의 드레인 전류를 통전하는데 필요한 전압(5~8V)까지 충전하는 시간이다. 반대로 Turn-Off의 지연시간은 게이트전압을 Over Drive 전압(10V)으로 부터 능동영역(5~8V)으로까지 방전 하는데 필요한 시간이므로 하강시간은 게이트 전압이 능동영역으로부터 게이트·소스간의 임계값 전압까지 방전하는데 필요한 시간이 된다.

ⓓ 전극간의 용량

Power MOSFET의 각 단자 사이에는 게이트·소스간의 용량(입력용량)과 드레인·소스간의 용량(출력 용량)이 있다.

선형 MOSFET에서는 On 저항을 적게 하기 위해 게이트 전극이 메쉬 형태로 되어 있어 게이트 면적이 크게 되므로 이들 용량은 크다.

ⓔ On 저항의 온도 의존성

On 저항은 드레인 전류가 증가해도 약간 크게 되는 정도이지만, 온도에 대해서는 크게 변해서 125℃에서는 25℃에서 보다 약 2배로 증가 한다

ⓕ 드레인·소스간 다이오드

Power MOSFET는 [그림 2.10]에 표시한 바와 같이 구조적으로 Drain과 Source 사이가 pn접합 다이오드로 구성되어 진다. n찬넬 MOSFET의 경우 소스 전압이 드레인 전압에

대해서 정 전위가 되는 때에 도통하고, 최대정격의 드레인 전류와 같은 정도의 전류를 흘리는 것이 가능하다. 그리고, 이 다이오드의 역 회복 시간은 짧아서 0.1~1μs 정도이다.

ⓖ 안전동작 영역과 파괴내량

Power MOSFET의 On 저항은 (5)항에 기술한 바와 같이 온도에 대해 정(+)의 특성을 가진다. 이 때문에 찬넬 내의 일부에서 국부적으로 온도가 상승해도 그 부분의 On 저항이 증가하여 전류가 감소하므로 열에 의한 전류집중이 이루어져 열폭주가 일어나기 어렵다. 따라서 바이폴라 트랜지스터에 비해서 안전동작 영역이 넓어서 바이폴라 트랜지스터에서 문제가 된 안전동작 영역에서의 고전압 영역저하가 없으며, 손실과 열저항(또는 과도 열저항)에 의해 규제를 받게 되어있다.

③ MOSFET의 낮은 On 저항화

MOSFET의 On 저항은 [그림 2.10]의 소스측에서 보면 n^+층 저항, 찬넬저항, n^-층 저항, 드레인측 n^+층 저항, 그 외 전극, 배선 등이 있다. 일반적인 MOSFET에서는 그 중에서도 찬넬 저항과 n^-층 저항이 가장 큰 값을 갖게 된다. 이를 개선하기 위해서는 Patten을 미세화하여 Cell의 Size를 소형화하고, 찬넬의 밀도를 높이는 것이 효과적이다. 또한, [그림 2.13]과 같은 Trench 구조로 함으로써 한층 더 미세화와 고밀도화가 가능해질 수 있다.

또한, Trench 구조에서는 [그림 2.10]의 Planer구조에서 존재하는 접합 FET효과가 없으므로 그만큼 On 저항이 낮아진다. 이 때문에 트렌치구조는 저압에서부터 고압의 MOSFET까지 널리 채용되어지고 있다.

이러한 기술을 구사해도 MOSFET에는 [그림 2.14]에 표시된 바와 같이 주 내전압(主耐電壓)과 On 저항으로 정해지는 Si Limit라고 불리는 물리적인 한계값이 있다. 이 한계값을 타파하기 위해 Multi-RESURF(Multi Reduced Surface Field) 효과를 이용한 최저 On 저항 MOSFET의 연구·개발이 진행되어지고 있다.

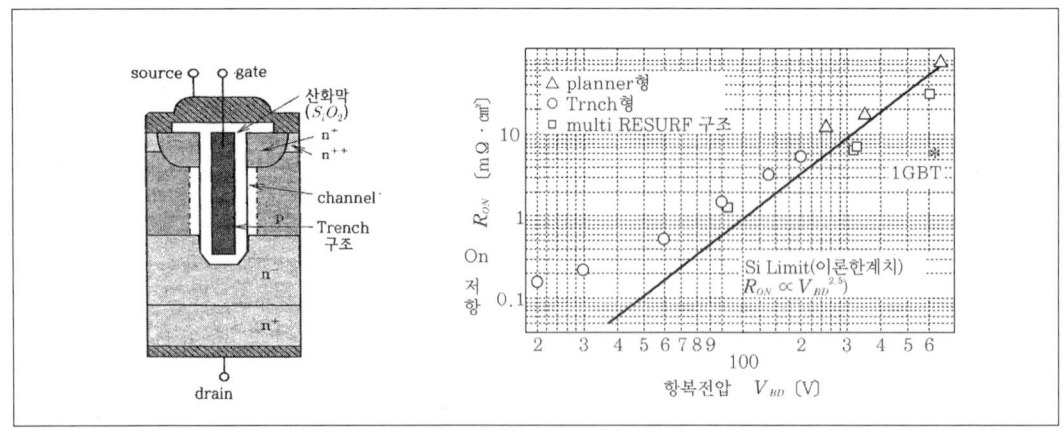

[그림 2.13] Trench 구조 MOSFET   [그림 2.14] 각종 MOSFET의 주 내전압과 On 저항의 관계

Multi-RESURF 구조란 [그림 2.15(a)]에 표시한 것처럼 매우 얇은 p층과 n층을 교대로 반복함으로써 만들어진다. 여기서 아랫부분인 n^+ 층이 정(+)로 상부의 p층이 부(-)로 되는 전압을 인가하면 이 pn의 교대로 반복된 층이 똑같이 완전하게 궁핍화(窮乏化) 되어져서 [그림 2.15(a)]에 표시한 사다리꼴 형태의 전계부분을 얻을 수 있으며 이로 인해 [그림 2.10]과 같은 옛 구조인 n^- 층 보다도 1단계 높은 농도에서도 높은 전압을 유지하는 것이 가능하다. 농도를 높게 할 수 있다는 것은 On 저항을 낮추는 것을 의미하므로, 이 구조의 채용으로 전압을 높게 하는 것과 낮은 On 저항화라는 이 두 가지를 다 할 수 있는 것이 가능해졌다.

이러한 새로운 MOSFET로서는 Super Junction MOSFET, Cool MOS, STM(Super Trench power MOSFET) 등이라고 불리는 것들이 개발되어지고 있다. 앞의 두 종류는 單결정 기판 위에 같은 종류의 결정을 성장시키는 방법으로 n층과 p층을 쌓아올려서 구성하는 등의 방법이 발표되어지고 있다.

STM은 [그림 2.15(b)]와 같이 트렌치부분을 만들고, 이 트렌치부분을 통해서 n과 p의 불순물을 조사(照射)하여 np층을 구성한다.

STM에서는 Break-Down전압이 300V로서 $5m\Omega \cdot cm^2$가 얻어지는 것으로 알려지고 있다. [그림 2.14]에는 이러한 새로운 MOSFET의 시험제작 결과도 표시되어 있으며, Si 리미트를 초과한 낮은 On 저항 디바이스로서의 실용화도 기대되어지고 있다.

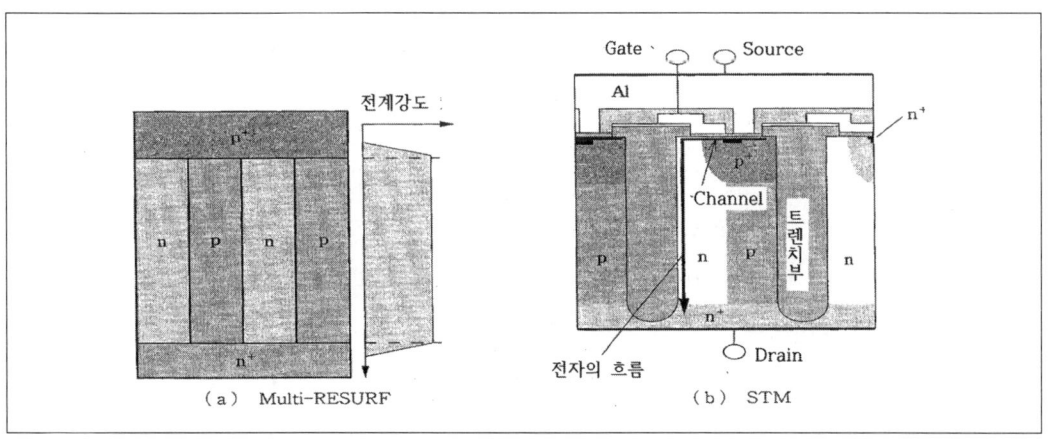

[그림 2.15] Multi-RESURF와 STM의 구조

3) Thyristor

싸이리스터(Thyristor)는 1956년에 미국의 GE사에서 발표된 이후 그 성능, 종류 등의 전반에 걸쳐서 큰 발전을 이루어왔다.

발표 당시의 전류 정격은 불과 10A정도, 전압정격은 수 백 V이었으나, 싸이리스터 설계기술의 발전과 반도체 제조 Process 발전에 힘입어서 아래 [그림 2.16]과 같이 전류정격은 5,000A, 전압정격은 12kV로까지 확대되었다.

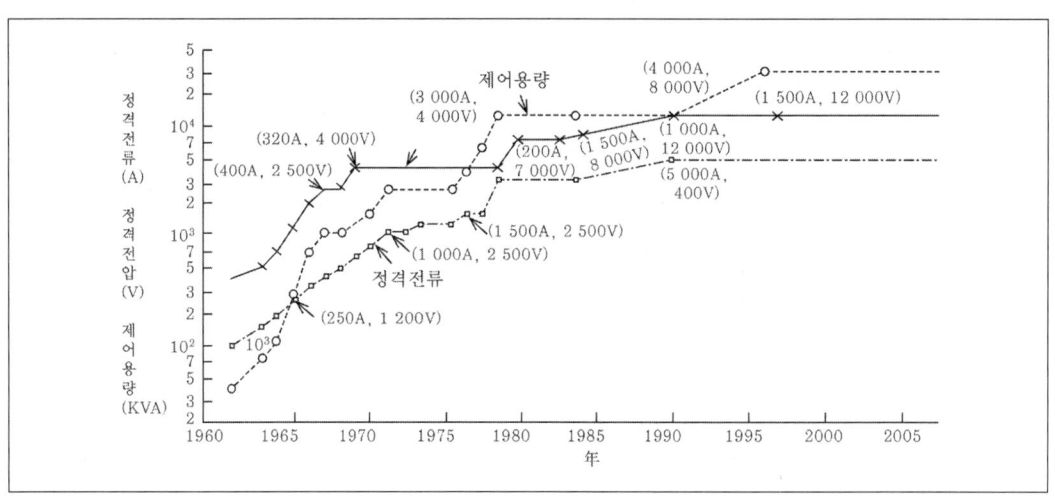

[그림 2.16] 싸이리스터(일반용)의 용량에 따른 발전

종류도 다양해져서 고속형 싸이리스터, 광트리거 싸이리스터, 트라이악, 역도통 싸이리스터, GTO(Gate Turn Off Thyristor), GCT(Gate 轉流 싸이리스터) 등이 만들어졌다.

싸이리스터는 다른 반도체디바이스에 비해서 아래와 같은 특징이 있다.

① 고전압 및 대전류 디바이스를 얻기가 쉽다.
② 단시간 전류내량이 크다.
③ 제어전력비가 크다.

이러한 특징을 가지고 있으므로 대전력 디바이스로서 독자적인 발전을 지속해 왔다. 이 때문에 1990년대 중반까지는 Power Electronics를 이끌어가는 중심적인 디바이스로서 생활기기로부터 산업기기 및 중전기 기기에 이르기까지 널리 사용되어져 왔다.

그 후 IGBT의 발전으로 그 주역의 자리를 넘겨준 것으로서, 특히 고전압 및 대전류 분야에서는 아직도 필수적인 다바이스로서 사용되어지고 있다.

가) Thyristor의 종류

싸이리스터는 "3개 이상의 pn접합을 가지고 Off 상태 및 On 상태의 2가지의 안정적 상태를 유지하는 것이 가능하고, Off 상태에서 On 상태로 또는 On 상태에서 Off 상태로 옮기는 것이 가능한 디바이스"라고 정의되어 있다. 이와 같이 광범위한 정의이므로 각종 싸이리스터가 개발되고 생산되어 1960~1990년대에 이르기까지 싸이리스터의 전성시대를 이루게 되었다.

현재 생산되고 있는 싸이리스터는 3단자(양극, 음극, 게이트)를 가지고 있는 것이지만, 게이트단자를 갖고 있지 않는 2단자의 형태도 제어 회로용으로 한 때는 많이 생산되었다.

주 전극(양극, 음극)간의 역저지 특성에 대해서는 아래와 같은 4종류가 있다.

① 順내전압과 같은 저지특성을 가진 것(역저지형)

② 거의 가지고 있지 않은 것(역도전(導電)형)

③ 적극적으로 역전류를 흘리는 것이 가능한 것(역도통(逆導通)형)

④ 역방향으로도 스위칭이 가능한 것

3단자인 것으로는 각 항목별로 아래와 같은 이름으로 불리고 있다.

①항은 역저지 3단자 싸이리스터, ③항은 역도통 3단자 싸이리스터, ④항은 쌍방향 3단자 싸이리스터(TRIAC), ②항은 특별한 호칭은 없으나 GTO나 GTC로서 제품화되고 있다.

이들 3단자 싸이리스터의 "3 단자"는 통상 약칭해서 불려지고 있다.

그리고 넓은 의미의 싸이리스터와 잘못 해석할 우려가 없는 한 역저지 3단 싸이리스터인 것을 단지 "싸이리스터"라고 약칭한다.

싸이리스터는 일반적으로 전기신호로 Trigger하지만, 광에너지로 트리거하는 광트리거 싸이리스터도 있다.

광트리거 싸이리스터는 직류송전 등의 고전압 변환장치에서 다수의 싸이리스터를 직렬 접속하는 경우에는 주 회로와 신호계의 절연이 용이하게 된다는 점에서 고내전압 및 대 전류용의 것들이 생산되어지고 있다.

거기에다, 열에너지에 의해 트리거하는 싸이리스터, 즉 소정의 온도까지 상승하면 Turn-On하는 감열(感熱) 싸이리스터도 생산되어 온도 스위치로서 사용되어지고 있다.

싸이리스터를 Turn-Off할 때의 스위칭 속도 즉, Turn-Off 시간으로 분류하면 턴오프 시간이 특별히 규정되어 있지 않은 일반용 싸이리스터와 턴오프 시간이 규정되어져 있는 고속 싸이리스터가 있다. 일반용은 상용주파수에서의 정류나 교류제어에 사용되어지고, 고속 싸이리스터는 Inverter나 Chopper 등에 사용된다. 이 고속 싸이리스터에는 Turn-Off 시간이 짧은 역저지 싸이리스터나 GTO, GCT 등이 포함된다.

나) 싸이리스터의 구조

싸이리스터의 Chip은 수백 μm의 두께로 그 크기는 1㎜각(角)인 작은 것으로부터 직경 150㎜의 커다란 원판형태인 것까지 있다.

pnpn인 기본 구조는 p형 또는 n형의 불순물을 고온 가운데서 열을 확산시키는 확산법에 의해 만들어진다. 이 기본구조에는 pn접합의 형성방법, 접합표면의 보호막의 종류에 따라 [그림 2.17]에 표시한 바와 같이 3가지 종류가 있다.

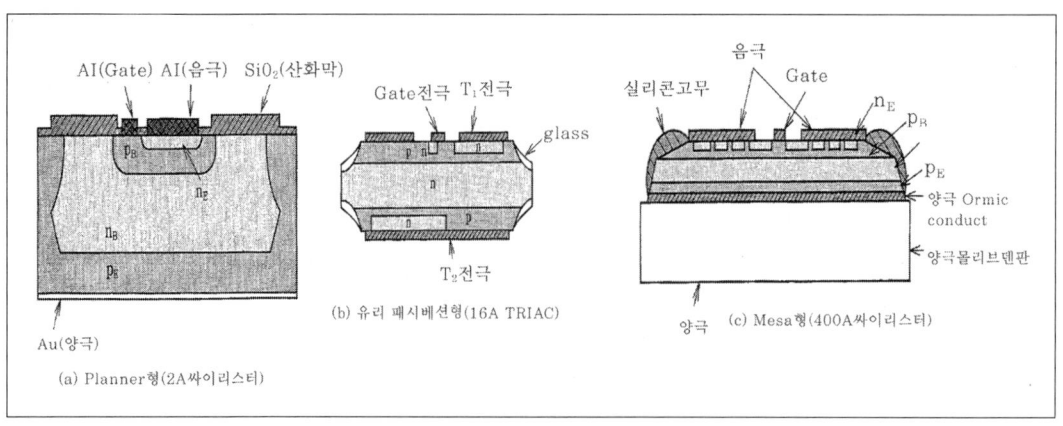

[그림 2.17] Thyristor Element의 구조

[그림 2.17(a)]는 pn접합의 단면이 모두 위쪽 면으로 노출되어 있고, 그 단면을 실리콘 산화막(S_iO_2)와 같은 화학적으로 안정된 절연물을 입힌 Planner 형태인 것의 단면구조이다.

[그림 2.17(b)]는 접합단면이 횡방향으로 노출되어 있고 Chip의 종방향 상하 양쪽으로부터 깎아낸 접합단면으로 유리막을 피착시킨 Mesa 형태의 Glass 패시베이션형이다.

[그림 2.17(c)]는 접합 단면이 [그림 2.17(b)]와 마찬가지로 횡방향으로 노출되어 있으나, 니스(Vanish)나 시리콘 고무 등에 의해 접합단면을 피복한 Mesa형이다. 높은 내전압의 디바이스에서는 정류다이오드와 마찬가지로 표면전계 집중을 완화시키기 위해서 접합 단면을 2개의 경사로 나눈 베벨(Bevel)구조가 사용되어진다.

[그림 2.17(a) (b)]인 Chip은 주로 수지 Mold형이나 Power Module형으로, 그리고 [그림 2.17(c)]는 세라믹 패케이지형의 싸이리스터에 사용되어진다. 이들 Chip의 전류용량은 [그림 2.17(a)]가 수A이하, (b)가 수A~수십A, (c)는 수십~수천A의 범위이다.

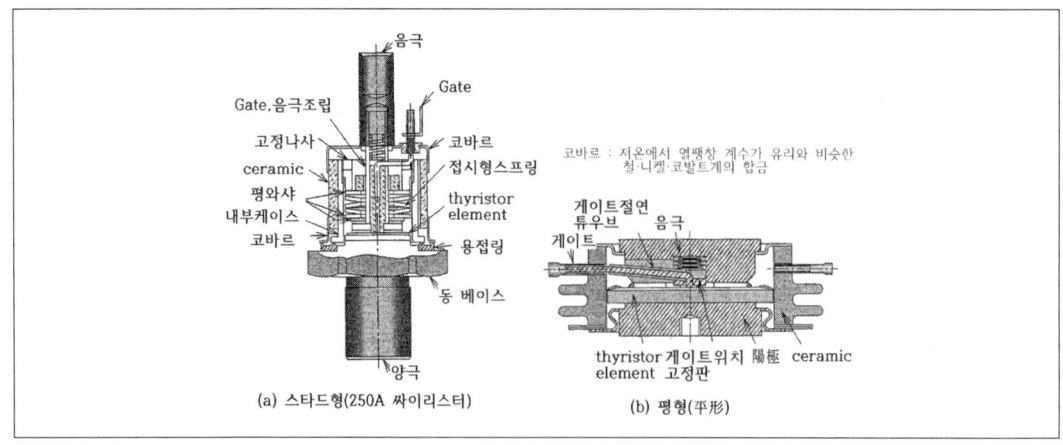

[그림 2.18] Ceramic Package형의 싸이리스터의 내부 구조

[그림 2.18(a)]는 [그림 2.17(c)]의 칩을 이용한 Ceramic Package형의 싸이리스터 내부 구조를 표시한 것이다.

[그림 2.18(a)]는 방열핀으로 나사에 의해 취부하는 스타드(Stud)형이다.

칩은 몰리브덴 판에 납을 부착시킨 다음 접시형 스프링을 이용하여 압축접속으로 고정시키고, 세라믹과 코바르, 철니켈, 철 등의 금속 상자로서 완전하게 공기를 밀봉하였다.

[그림 2.18(b)]는 양쪽 면에서 방열핀을 일정한 압력으로 압력을 가해서 취부하는 평형 싸이리스터의 단면구조로서 평형 다이오드와 동일한 구조이다.

Stud형 싸이리스터의 전류용량은 10~400A, 평형은 100A 이상에 사용되어지고 있다.

다) 싸이리스터의 정격과 특성

반도체의 정격이란 일반적으로 반도체가 충분히 동작 가능하기 위한 전기적, 열적, 기계적 및 환경에 대한 한계조건이며, 정격 값을 초과하면 파괴를 동반할 가능성이 있다. 한편, 특성은 정격과 다르게 소정의 조건 하에서의 성질을 표시한 것으로 파괴를 동반하지는 않는다.

① 온도정격

온도정격에는 정격 접합온도와 정격 보존온도의 2가지가 있다.

정격접합온도 T_j는 반도체의 사용 상태에서의 정격 및 특성뿐만이 아니라 장기간의 사용에 견디는가 하는 등의 신뢰성의 관점으로도 결정되어진다.

통상적으로 최고치와 최저치로 표시되며, 125℃(또는 150℃)와 -40℃로 지정되어져 있다. 접합온도가 정격최고 접합온도를 초과하면 Break-Over 전압의 현저한 저하, Off 전류 및 역전류의 급증, Turn-Off 시간의 극단적인 승가가 발생된다. 한편 정격최저 접합온도보다 낮아지면, 기계적인 열 왜곡에 따른 씨리콘의 갈라짐, Break-Over 전압의 저하 및 싸이리스터가 트리거하기 어렵게 되는 등이 문제가 발생한다.

정격보전온도 T_{stg}는 싸이리스터를 보전해 둘 경우의 한계 값으로서 상한 값과 하한 값으로 정해지게 된다.

② 전압정격

역저지형 싸이리스터의 양극특성은 [그림 2.19]에 표시한 바와 같이, 순방향 및 역방향 모두 정해진 전압까지 전압을 저지하지만 거기에다 더 전압을 높게 하면 순방향에서는 Switching(Break-Over)이 발생되어 On 상태로 이행하게 된다.

역방향에서는 급격하게 전류가 증가하는 항복(Break-Down)이라고 불리는 현상이 발생된다. 그리고 순방향과 역방향 모두 이와 같은 영역까지 전압을 높게 하면 싸이리스터는 파괴되는 경우가 있다.

이러한 사용 한계가 정격전압이며, 순방향에서는 정격피크 반복 Off 전압 V_{DRM}, 역방향에서는 정격피크 반복 역전압 V_{RRM}이라고 불리어 진다. 정현파 1 Cycle 또는 그 이하의 단기간에서 반복이 없는 경우에는 정상의 정격값보다 높은 전압에 견디는 싸이리스터가 많다. 이 정격은 순·역방향에 대해 각각 정격 피크 비반복 Off 전압 V_{DSM}, 정격 비피크 반복 역전압 V_{RSM}이라고 불리며, 정격피크 반복 Off(역) 전압보다 10~20% 정도 높은 값으로 결정되어지게 된다.

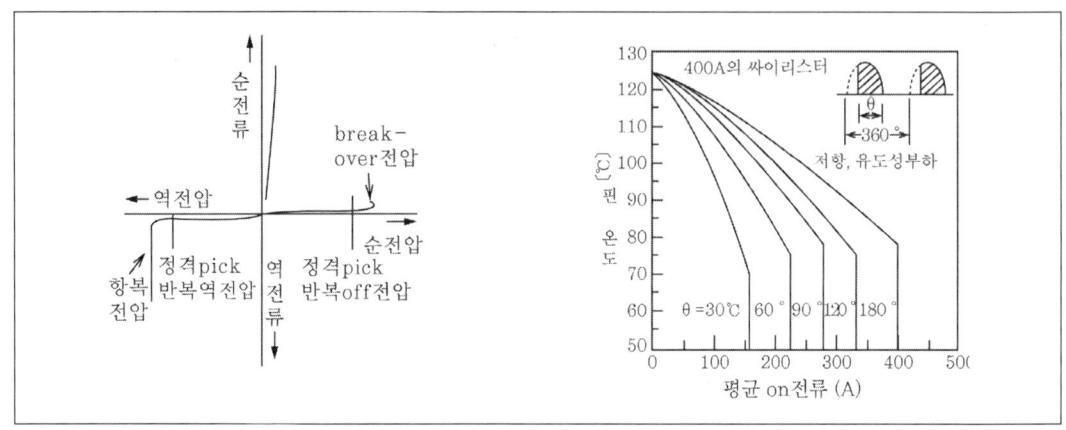

[그림 2.19] 싸이리스터의 양극 특성   [그림 2.20] 평균 On 전류의 한계치(단상반파)

③ 전류정격

Ⓐ 정격 평균 On 전류

싸이리스터가 On 상태일 때의 허용전류의 최대치로서, 상용 주파수의 단상 반파전류를 흘렸을 때 1 싸이클에 전해지는 평균값을 정격평균 On 전류 $I_{T(AV)}$라고 부르며, 이것을 정격값으로서 정했을 때에는 통전 각 180°에서의 Case온도 또는 주변온도로서 지정되어 진다.

실제로 사용하는 경우에는 정격 값 1점만으로는 사용할 수 없으므로 [그림 2.20]과 같이 통전 각을 파라메타로 해서 전류와 온도와의 관계로서 표시되어진다. [그림 2.20]은 각각의 통전 각에서 통전전류와 허용 핀 온도와의 관계를 표시하고 있다. 적절한 방열 핀을 취부하여 냉각하여 이 핀 온도 이하로 억제하여 사용하지 않으면 안된다.

Ⓑ 정격 Surge On 전류

상용주파수의 반파로서 1 싸이클 또는 지정된 싸이클 수에서 파괴되지 않고 흐를 수 있는 전류치를 정격 Surge On 전류 I_{TSM}이라고 부르는 피크 값으로 표시하고 있다.

본래 이 정격은 사고전류를 상정하여 전해진 것으로서 Fuse나 Breaker 등과의 보호협조를 취하기 위해 사용되어진다.

따라서 반복하지 않는 것이 조건이며, 허용인가 횟수는 겨우 100회 정도로 작다. 이것은 칩이 매우 고온에 노출되어지므로(접합온도가 300℃정도까지 상승하는 것이 있다) 싸이리스터에 무엇인가 Damage로 남는 것이 있기 때문이다.

ⓒ 정격임계 On 전류 상승률($\frac{dI_T}{dt}$ 정격)

싸이리스터의 Turn-On은 [그림 2.21]에 표시한 바와 같이 Gate의 근처에서부터 시작하며, 0.03~0.1㎜/㎲의 속도로 전체 면으로 확장되어져 간다. 한편 주 전류는 Turn-On 시간 수 ㎲이하 사이에서 모두가 끌어올려져 가기 때문에 Turn-On 초기에는 전체 전류가 게이트 근처에 집중되며, 그 Turn-On 영역에서의 단위 면적당의 전력손실은 매우 크게 된다. 이 턴-온시의 손실이 한도를 초과하여 커지게 되면 게이트 근처가 국부적으로 과열되고, 용해되어 싸이리스터가 파괴되게 된다.

이 턴-온 손실을 규제하는 수단으로서 턴-온 시의 전류 상승율을 규정하고 있다. 이것이 정격임계 On 전류 상승률이며 통상적으로 $\frac{dI_T}{dt}$ 정격이라고 불려진다. $\frac{dI_T}{dt}$ 는 [그림 2.22]에 표시한 바와 같이 피크 값의 1/2에 도달할 때까지의 시간을 t_1으로 하여 다음과 같이 규정되어 진다.

$$\frac{dI_T}{dt} = \frac{1}{2} \times \frac{I_{TM}}{t_1} \qquad (2.1)$$

$\frac{dI_T}{dt}$ 내량을 향상하는데는 초기 턴-온 면적을 크게 하는 것이 필요하므로 이를 위한 보조 Gate 구조가 사용되어진다.

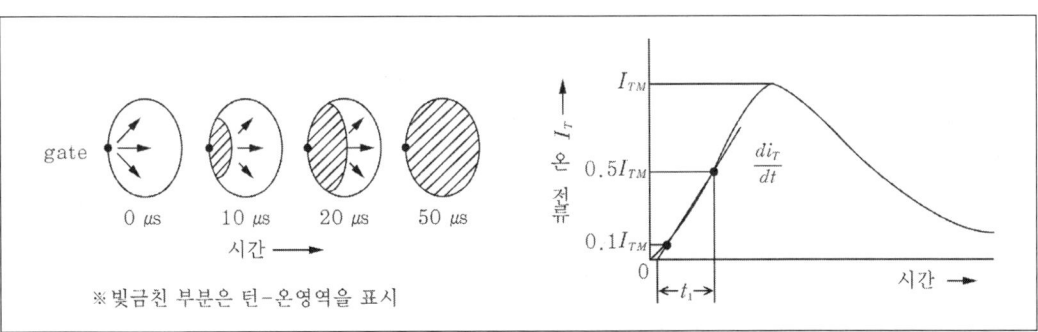

[그림 2.21] 싸이리스터 턴-온 영역의 확장   [그림 2.22] 정격임계 온 전류상승율을 규정할 때의 온전류 파형

이것은 전류용량이 적은 보조싸이리스터를 내장하여 게이트 전류를 싸이리스터 내부에서 증폭하여 게이트 근처의 음극을 일제히 그리고도 균일하게 트리거 시키는 구조이다. 그리고 회로측으로서는 Gate Trigger전류 규격 값의 몇 배인 게이트 전류로 구동하는 방법(High Gate Drive)이 있으나, 초기 턴-온 면적이 커지므로 $\frac{dI_T}{dt}$ 내량이 증가한다.

④ 정(靜)특성

Ⓐ 오프 전류와 역전류

싸이리스터가 저지상태일 때 양극·음극간에는 적은 누설전류가 흐르며, 이 순방향의 누설전류를 Off 전류, 역방향의 누설전류를 역전류라고 부른다.

[그림 2.23]에 표시한 바와 같이 접합온도가 상승하면, 오프전류 및 역전류가 증가한다. Break-Over 전압은 접합온도의 상승과 함께 높게 되지만, 극도로 상승(150℃ 정도)하면 급격히 저하하기 시작한다.

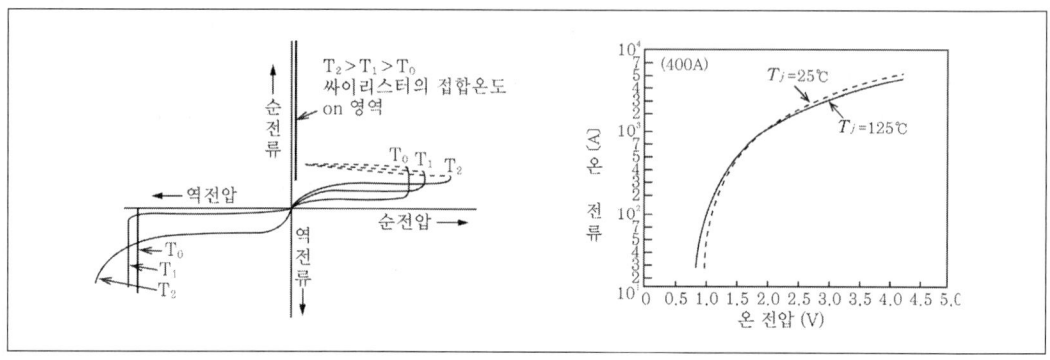

[그림 2.23] Off 전류 및 역전류의 온도에 대한 영향   [그림 2.24] On 전압 특성

Ⓑ On 전압

싸이리스터가 On 상태에서, On 전류를 흘렸을 때 발생하는 전압이 On 전압으로, 이것은 정류다이오드의 순전압 강하에 해당한다. On 전압 특성의 예를 [그림 2.24]에 표시하였다.

이와 같이 On 전압은 전류가 적은 영역에서는 온도가 낮은 쪽이 높으나 전류가 큰 영역에서는 반대가 된다. 2개 곡선의 교차점을 Cross-Point라고 부르며, 이 크로스 포인트는 전류용량이나 Silicon Chip 따라서 다르게 된다.

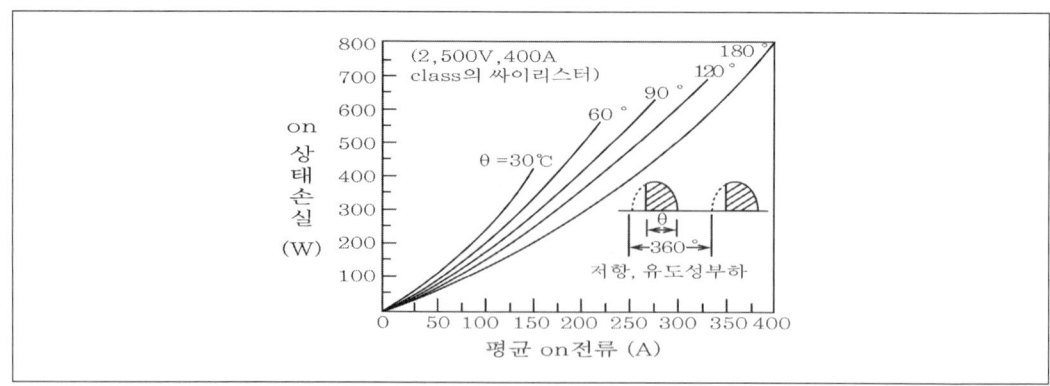

[그림 2.25] On 상태 손실특성(단상반파)

On 전압은 싸이리스터의 전력손실만이 아니라 병렬운전 시의 전류 불평형을 결정하는 중요한 특성의 하나이다.

전류 불평형을 좋게 하기 위해서는 가능한 한 On 전압 특성이 잘 맞는 싸이리스터를 조합시켜서(일반적으로 병렬 싸이리스터 간 On 전압의 차이가 0.05~0.1V 이하) 사용할 필요가 있다.

ⓒ 전력손실

싸이리스터에서 발생하는 손실에는 On 전류 통전 시, On 전압 또는 역전압 인가 시, Switching 시에 각각 발생하는 3가지 종류의 손실이 있다.

On 전압 및 역전압에 의한 전력손실은 통산적인 사용 상태에서는 적으므로 무시할 수 있다. 400Hz 이하의 동작 주파수에서는 스위칭 손실도 적어서, On 전류 통전에 의한 전력 손실이 대부분을 차지하므로 대표적으로 On 상태의 손실만으로 나타낼 수가 있다. 그러나 1KHz 이상인 고주파 영역에서는 스위칭 시, 특히 Turn-On 시의 손실이 증대된다. 통상적인 On 전류에 의한 손실(On 상태 손실)은 On 전압 특성([그림 2.24] 참조)으로부터 전압 v와 전류 i의 적분 값으로서 계산된다. 이 전력손실을 [그림 2.25]에서 정현반파 및 방형파(사각형파)에 대해서 통전각을 파라메타로 하여 표시하였다.

그리고, 고주파 동작 시에 문제가 되는 Turn-On 시의 손실은 Turn-On 시간 내에서 발생하는 Turn-On 손실과 Turn -On한 후에 Turn-On 영역이 점점 확장되어갈 때의 확장에 따른 손실의 합으로서 표시되어 진다.

Turn-On 시간 내의 손실은 순시전압과 순시전류의 곱의 적분 값으로 구해진다. 확장손실은 확장 기간 중의 과도적인 On 전압(과도 On 전압)과 전류의 곱의 적분 값으로서 구할 수 있다.

Ⓓ 保持(Holding)전류와 랙칭 전류

싸이리스터는 일단 On 상태가 되면, On 상태를 계속해서 유지하려는 성질이 있으며, 이 On 상태를 확보하는 데에는 정해진 전류 이상의 전류를 계속 흘려줄 필요가 있다. 이것이 Holding전류 I_H이다.

또한, 싸이리스터는 Off 상태에서 On 상태로 이행되어질 때에는 이 보지전류보다도 커다란 정해진 전류를 흘리지 않으면 Off 상태로 되돌아 가버린다. 이 한계전류가 랙칭(Laching)전류 I_L이다. 따라서, 랙칭 전류는 턴 온 시에 그 온 상태를 계속해서 유지하기 위한 한계전류 값이다.

⑤ 스위칭 특성

Ⓐ 임계 On 전압 상승율($\frac{dv}{dt}$ 특성)

Off 상태인 싸이리스터의 양극-음극 간에 가파르게 상승하는 전압 ($\frac{dv}{dt}$)을 인가하면 Break-Over 전압이 낮아져서 On 상태로 이행하게 된다. 이것은 싸이리스터의 각 pn접합에 접합용량이 있기 때문이며, 그 콘덴서 분 C에 가파르게 상승하는 $\frac{dv}{dt}$의 전압을 인가하면 $C \cdot \frac{dv}{dt}$의 크기인 충전전류가 접합 전체면에 흐르게 된다. 이 전류가 Gate전류를 흘린 경우와 동일한 효과를 지녀서, $\frac{dv}{dt}$가 크면 클수록 그만큼 On 상태로 이행하기 쉽게 되는 것이다. 이 On 상태에 이르는 한계점에 다다른 전압변화율을 "임계 Off 전압 상승률"이라 부르며, 이러한 현상을 총칭해서 "$\frac{dv}{dt}$ 특성"이라고 부른다.

임계 Off 전압 상승률은 [그림 2.26]에 표시한 바와 같이 지수함수 파형의 전압을 인가했을 때 최종 전압 값의 63.2%인 전압△V를 시정수 τ로 나눈 값으로 정해지고 있다. 이러한 $\frac{dv}{dt}$ 특성은 [그림 2.27]과 같이 종축에 break-over전압 V_{BO}, 종축에 대수 눈금의 $\frac{dv}{dt}$를 취한 Graph로 표현되어진다.

임계 Off 전압 상승률은 접합온도가 높게 되면 낮아지므로 트리거 오류를 방지할 목적으로 스내퍼를 강화하여 전압상승율을 낮추는 등의 대책을 취하고 있다.

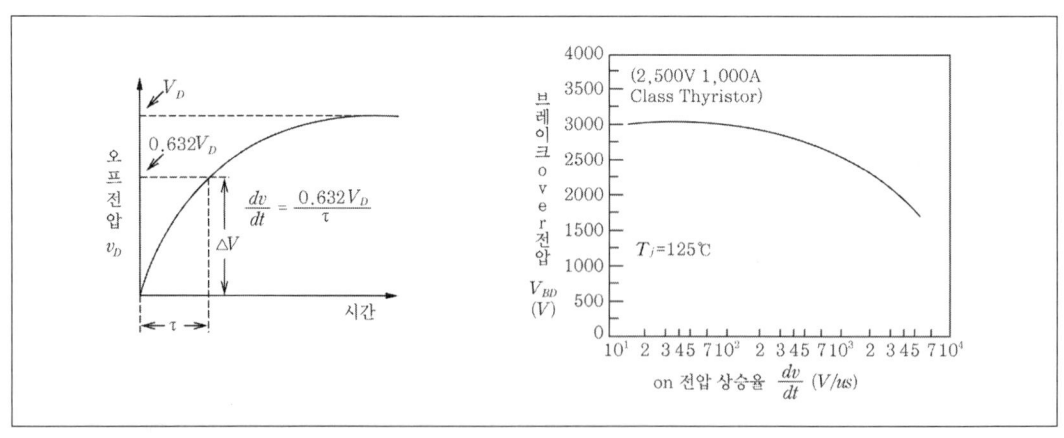

[그림 2.26] dv/dt의 정의(지수함수법)   [그림 2.27] 싸이리스터의 dv/dt 특성

Ⓑ Turn-On 시간

싸이리스터의 턴 온 시간 t_{gt}는 [그림 2.28]에 표시한 바와 같이 지연시간 t_d와 입상시

간 t_r의 합으로 되어 있으므로, 게이트 신호가 인가되고서(정확하게는 게이트전류 입상의 10%)부터 Off 전압이 10%로 낮아질 때까지의 시간으로 정의되어진다.

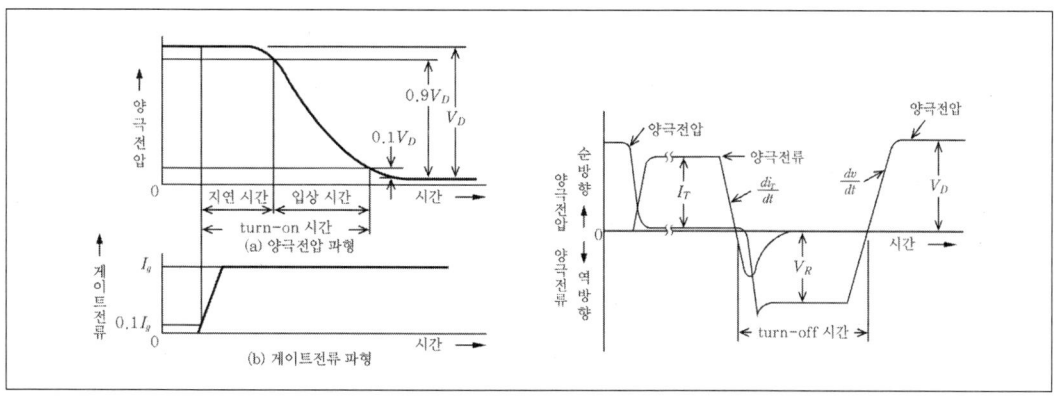

[그림 2.28] Turn-On 시간의 정의   [그림 2.29] Turn-Off 시간

Turn-On 시간은 게이트 전류의 영향을 강하게 받아서, 그 입상 속도나 Peak전류 값이 크게 되면 짧아지게 된다. 싸이리스터를 턴 온 가능한 최대한 아주 미세하게 적은 게이트 전류로 트리거하면, 지연시간이 길게 되어 턴 온 시간은 50~100μs까지도 증가한다. 턴 온 시간 단축을 위해서는 가동(立上)이 빠르면서도 게이트 트리거 전류의 3~5배의 커다란 트리거 전류로 구동(High Gate Drive라고 불림)을 할 필요가 있으며, 이 경우 턴 온 시간은 수 μs가 된다.

그리고 싸이리스터를 직·병렬 접속하는 때에는 각 싸이리스터 사이의 전압과 전류의 평형을 취하기 위해서는 턴-온 시간을 가능한 한 같게 하는 것이 필요하므로, 이러한 High Gate Drive가 행해지고 있다.

ⓒ 턴-오프 시간

싸이리스터가 On 상로 있는 상태에서 Off 상태로 이행되어서 다시 순 전압을 저지할 수 있는 상태로 돌아가는 것을 턴-오프라고 부르며, 턴-오프 시키기 위해서는 [그림 2.29]에 표시한 바와 같이 양극과 음극 사이에 역 전압을 소정시간 이상을 인가할 필요가 있다. 싸이리스터를 턴-오프시키는데 필요한 최소한의 역전압 인가시간 폭이 턴-오프시간 t_{gq}이다.

턴-오프 시간은 접합온도, 온 전류의 peak값 I_T와 감소율 $\frac{di_T}{dt}$, 역전압 V_R, 재인가 전압상승율 $\frac{dv}{dt}$와 오프전압 V_D의 영향을 받으며, 이들 요인의 증가는 어느 것이라도 턴-오프 시간을 길게 만든다, 특히 접합온도의 영향은 더 현저하다.

통상 상용주파수의 위상제어에 사용되어지는 싸이리스터의 턴-오프 시간은 100~수백μs이며, 특히 턴-오프 시간을 짧게하는 것을 목적으로 하여 설계·제작되어진 고속 싸이리스터에서는 수μs~50μs 정도이다. 인버터회로, 쵸-파회로에 사용되어지는 싸이리스터는 전류(轉流)회로를 소형화하기 위해 가능한 짧은 시간의 턴-오프 시간을 가진 것이 바람직하다. 그리고, IGBT나 GCT의 진보에 따라서 인버터나 쵸-파용으로는 싸이리스터를 대신하여 이러한 새로운 파워 반도체 디바이스가 사용되어지게 되면서 고속싸이리스터의 생산은 점차 줄어들게 되었다.

⑥ Gate 특성

Ⓐ Trigger특성

싸이리스터를 오프상태에서 On 상태로 트리거하는 방법으로는 게이트신호를 인가하는 방법을 사용한다. 이러한 트리거에 필요한 최소한의 직류 게이트전압과 게이트전류를 각각 게이트 트리거전압 V_{GT}, 게이트 트리거전류 I_{GT}라고 부르며, 게이트 트리거 전류는 양극전압과 접합온도의 영향을 받아서, 이들이 적어지는 만큼 트리거감도도 나빠지게 된다. 이 때문에 게이트트리거 전압 및 전류의 규격값은 정격전압이나 정격 최고접합온도와 같은 트리거하기 쉬운 조건이 아니라, 6V, 25℃라고 하는 트리거하기 어려운 조건으로 규정되어진다. 실제의 게이트회로에서는 턴-온 시간의 단축과 $\frac{di_T}{dt}$ 내량의 향상 등을 고려하여 게이트 트리거 전류 규격값의 몇 배의 진폭이면서 10μs 이상인 진폭을 가진 게이트전류가 인가되어 진다.

Ⓑ 非 트리거 특성

게이트의 전압과 전류를 인가한 때 오-프 상태에서 온 상태로 이행하지 않는 한계의 게이트전압, 게이트전류를 각각 게이트 비 트리거전압 V_{GD}, 게이트 비 트리거전류 I_{GD}라고 부르고 있다. 이것은 외부회로로부터의 노이즈에 의해서 싸이리스터가 오 동작하는 것을 방지하기 위해서 정해 놓은 것이다. 이 규격은 싸이리스터의 트리거하기 쉬운 조건, 결국 정격전압의 1/2의 전압으로, 그리고 정격 최고접합온도로서 규정되어지는 것이 일반적이다.

⑦ 열특성

싸이리스터의 전력손실은 거의 씨리콘 쵸-파에서 발생한다.

거기에서 발생된 열은 싸이리스터 케이스로부터 방열 핀을 통해서 외기로 방산되어진다. 이 열 흐름의 "흐르기 어려움"을 표시하는 것으로서 열저항 R_{th}가 사용되어지며, 표 2.2와 같이 전기회로에 대응시켜서 생각할 수 있다. 접합온도는 이 열저항과 전력손실의 곱으로서 산출되어진다.

[표 2.2] 열회로와 전기회로의 대비

열 회로	전기회로
온도 [℃] ↔ 전 압 [V]	
전력 손실 [W] ↔ 전 류 [A]	
열저항 [℃/W] ↔ 저 항 [Ω]	

그리고, 시리콘 쵸-파 및 그 주변의 전극, 케이스에는 열용량이 있어, 전력손실이 급변해도 접합온도는 즉각적으로 거기에 추수(追隨)하지 않고, 어느 일정시간의 지연을 동반하고 상승한다.

[그림 2.30]은 열특성을 전기의 등가회로로서 표현한 것이며, 각 정수는 싸이리스터의 구성 재료와 그 체적으로부터 계산이 가능하다.

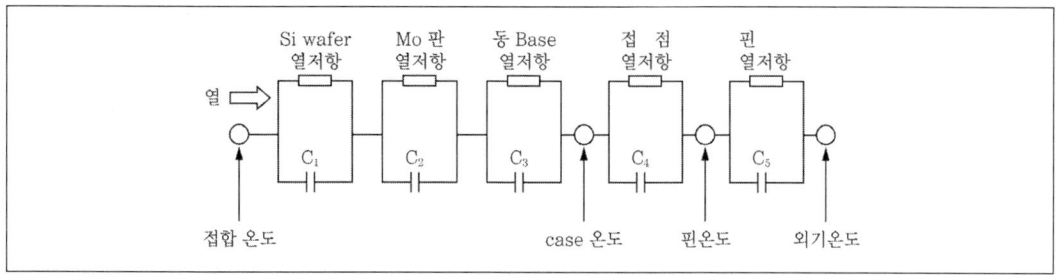

[그림 2.30] 열특성의 전기적 등가회로

위와 같은 등가회로로부터 시간에 대한 열의 응답을 구한다.

열의 과도응답은 과도열 임피던스 Z_{th} 라고 불리며, [그림 2.31]과 같이 1ms부터 포화되는 시간까지로 표시된다. 과도 열 임피던스의 포화 값은 간단히 열저항이라고 과도 시의 표현과는 구별하여 표현하고 있다.

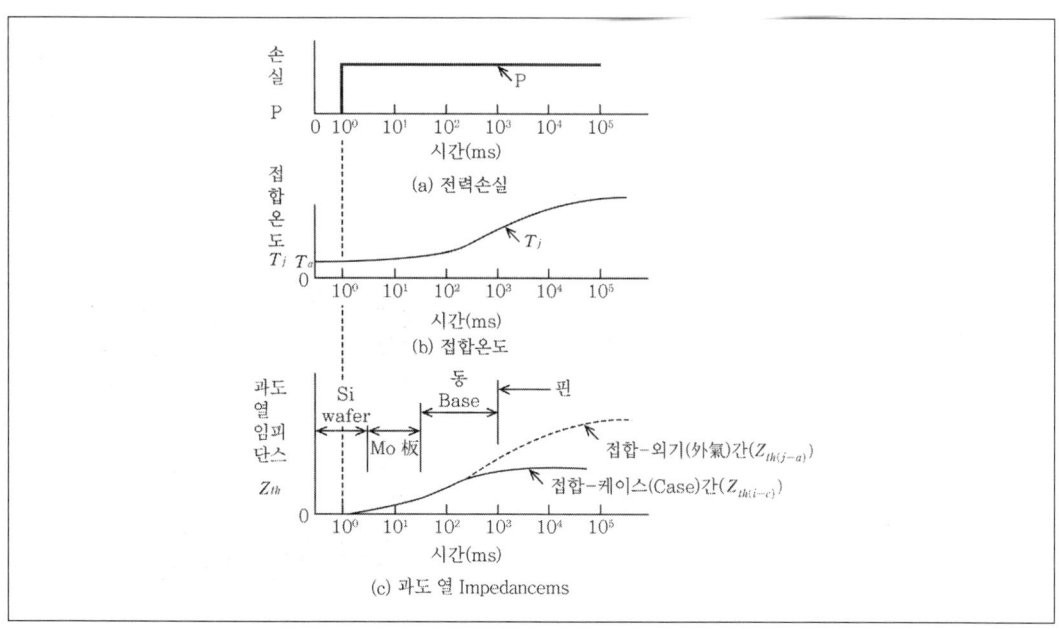

[그림 2.31] 싸이리스터의 열특성

4) Gate Turn-Off Thyristor와 Gate 轉流 싸이리스터

Gate Turn-Off Thyristor(GTO)는 1960년대 전반부터 시판되기 시작하여, TV의 수평 편향(偏向) 회로용 Device 등에 사용되어졌다.

1970년대 후반에 들어서서, 고내전압, 대전류의 GTO가 개발되어지고, 전류(轉流)회로가 불필요한 자기소호용 싸이리스터로서 주로 전기철도 구동용의 대용량 인버터, Chopper 등에 채용되어졌다.

1990년대에 들어서, GTO를 더욱 개선시킨 GCT(Gate Commutated Turn-Off Thyristor : Gate 전류(轉流)싸이리스터)가 개발되어졌다.

이러한 IGBT와 GCT의 출현으로 인해서 GTO는 이러한 디바이스에게 역할을 대신하도록 하면서, 그 역할은 점차 축소되어 가고 있다.

가) GTO의 구조와 특성

GTO는 통상적인 싸이리스터와 마찬가지로 pnpn의 4층 구조를 가지며, Gate의 순전류 및 역전류에 의해 Turn-On 및 Turn-Off가 가능한 디바이스이다. 이러한 스위칭 특성의 향상을 위해서, Element Patten의 미세화(微細化)와 단면구조의 개발이 이루어졌다. GTO는 Turn-Off 특성 이외의 정격과 특성은 모두 싸이리스터와 같으므로 여기서는 중복을 피하기 위해 GTO 특유의 특성에 대해서만 설명하고자 한다.

① 구조

통상적인 싸이리스터는 On 상태가 되면 양극전류를 보지(保持)전류 이하의 저 전류로 내리거나, 주 전류를 역전(逆轉)하지 않으면 Turn-Off시키는 것이 불가능하다. 이에 반해서 GTO는 부(-)의 Gate 신호를 인가하는 것에 의해 pnpn 구조 가운데서 pnp 트랜지스터 부 또는 npn 트랜지스터부의 한쪽의 트랜지스터 기능을 On 상태로 유지하는 것이 불가능하게 되는 한계까지 떨어지는 것을 이용하여 자기 Turn-Off 기능을 가지게 하는 것이다. [그림 2.32]에 GTO의 기본적인 구조를 표시하였으며, Element의 외관은 [그림 2.33]에 표시하였다.

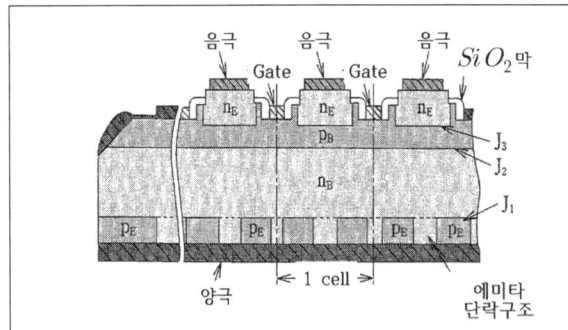

[그림 2.32] GTO의 기본구조(에미타 단락형)

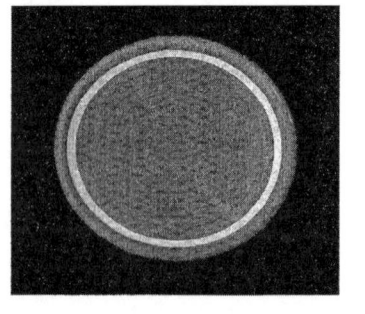

[그림 2.33] GTO의 시리콘죠파 패턴
(4500V, 3000A Class 에미타단락형)

이 구조는 에미타 단락형으로서, J_1 접합에서 역전압을 저지하는 것이 가능하지 않아서, 역방향의 전압은 거의 없으므로 역유도형이라 불려진다. 역유도형 GTO는 On 전압이 낮고, 누설전류가 적으며, Turn-Off 특성 및 온도특성이 양호한 등의 장점이 있다.

또한, 전압형 인버터 등에 사용되는 용도에서는 GTO와 역병렬로 고속 다이오드가 접속되어지므로 GTO의 역전압이 불필요하기 때문에 역유도형이 사용되고 있다.

② Turn-On 특성

GTO는 음극구조가 미세 패턴으로 되어 있어, 1A Class의 싸이리스터(Cell이라고 불린다)가 Silicon Wafer 내에서 병렬운전 되어지는 것과 마찬가지 상태가 된다. 이들 각각의 미소 싸이리스터에 게이트 전류가 흐르므로, GTO를 턴 온 하기 위해서 필요한 Gate Trigger 전류는 커지게 된다. 그리고, GTO의 턴 온 시간은 게이트 전류의 영향을 받아, 게이트 전류가 작으면 턴 온 시간이 길게 된다.

또한, 그와 같은 상태에서는 국부적인 전류집중이 일어나 GTO가 파괴되는 경우도 있다. 이와 같은 파괴를 막고. 또한 급격히 상승하는 주전류의 입상(높은 $\frac{di}{dt}$)에도 견딜 수 있도록 하기 위해서는 GTO 칩(Chip)의 음극 면을 넓게 턴 온 시키는 것이 필요하게 되며, 이와 같은 목적을 달성하기 위해 게이트에 한 순간에 커다란 전류(게이트 트리거 전류 값의 10배 정도의 Pick값으로 입상 시간이 $1\mu s$ 정도)를 흘리는 High Gate Drive방식이 이용되게 된다.

한편, GTO는 그 구조에 따라서는 Turn-On 후에도 계속해서 적은 게이트 전류를 공급함으로써, 각 미소 싸이리스터의 온 상태가 유지될 수 있어, 정상상태의 On 전압은 낮아지게 된다. 그러므로 일반적으로는 Turn-On 후에도 게이트 트리거 전류 규격값의 1.5배 정도의 게이트 전류를 계속해서 흘리면서 사용되고 있다.

③ Turn-Off 특성

GTO를 빠르게 Turn-Off시키는 데에는 GTO 내부에 축적되어진 정공과 전자에 대응되어지는 과잉 캐리아를 빠른 턴-오프처럼 빠르게 외부로 방출할 필요가 있다. 이를 위해서 [그림 2.34]에 표시한 것처럼 매우 가파르게 올라가는 게이트 부(−) 전류를 흘릴 필요가 있다.

[그림 2.34]에서 부(−)인 게이트 전류가 10% 입상되어진 점에서부터 양극전류가 10% 감소할 때까지의 시간을 축적시간 t_s, 10%인 점으로부터 전류파형에 잘록함이 있는 점(변곡점)까지를 하강시간 t_f라고 규정한다.

또한, Tail 전류가 흐름을 완료하는 순간까지 실제로는 부(−)의 게이트 신호를 없애도 On 상태로 되돌아가지 않게 될 때까지의 시간을 Tail 시간 t_{tail}이라고 규정하고 있다.

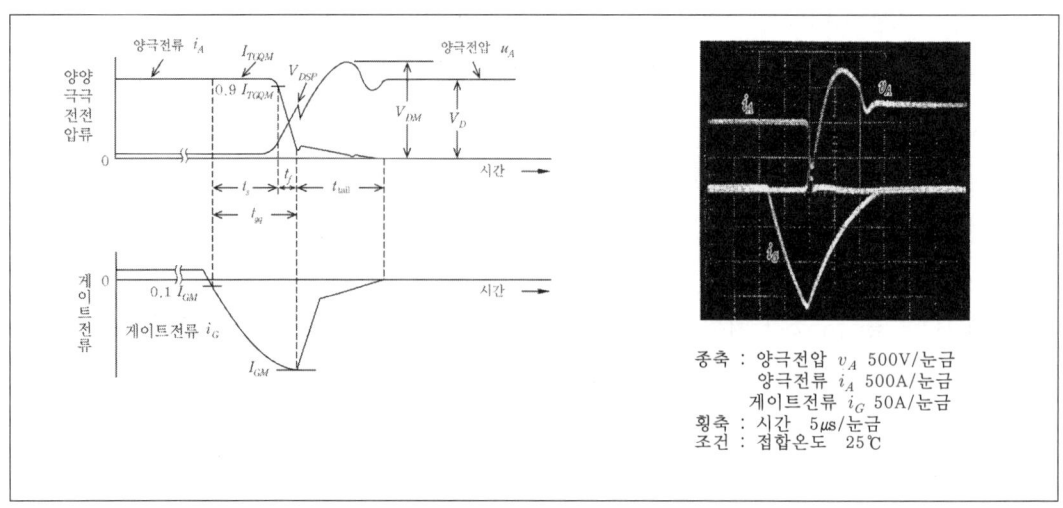

[그림 2.34] Turn-Off 시의 동작파형   [그림 2.35] GTO의 Turn-Off 동작파형

Turn-Off 시간 t_{gq}는 축적과 하강시간인 t_s와 t_f의 합을 말하며, t_{tail}은 제외된다. [그림 2.35]는 2,500V, 1,000A Class GTO의 Turn-Off 동작 시 발생하는 파형의 예를 보여주고 있다. 이 그림의 경우에서는 양극전류 I_{TGQM}=1,000A를 Turn-Off하는 데에 필요한 Gate 전류 I_{GM}은 165A로서 Turn-Off 이득(I_{TGQM}을 I_{GM}으로 나눈 값)은 6.1, 턴 오프 시간(t_{gq})는 8.5μs이다. [그림 2.34]의 스파이크전압(V_{DSP}으로 표시한 부분)은 주회로의 배선의 Inductance, 스내이퍼(Snapper) 회로([그림 2.43(a)] 참조)의 Inductance와 스내이퍼 회로에 나누어 흐르는 전류의 입상, GTO 자체의 하강시간에 기인하여 발생하는 것으로서, 양극전류의 차단특성에 커다란 영향을 미치게 된다. 또한, 턴 오프 시간은 양극전류의 영향을 받아서, 양극전류가 크게 됨과 동시에 턴 오프 시간은 길어지게 되고, 턴 오프의 이득은 양극전류의 상승과 함께 증가하게 된다.

④ Gate Turn-Off 전하

GTO의 턴 오프는 앞에서 설명한 바와 같이 양극전류(온 전류)에 의해 발생한 정공(正孔) 및 전자(電子)對를 부(-)인 게이트전류를 흘려서 끌어내는 형태로 이루어진다. 이 값을 전기량으로 표시한 것이 게이트 턴-오프 전하 Q_{gq}이며, 게이트 부전류의 파형에서 시간 적분하여 다음과 같이 근사 값으로 구할 수 있다.

$$Q_{gq} = \frac{1}{2} \times I_{gq} \times t_{gq} \qquad (2.2)$$

이 전하(電荷)는 게이트 회로의 전원용량 및 콘덴서를 결정하는 데에 중요한 특성이다.

부(-)의 게이트전류 입상률이 일정한 경우, [그림 2.36]에 표시한 바와 같이, 게이트 턴 오프 전하는 양극차단 전류에 거의 비례하여 증가한다.

부(-)의 게이트전류 입상률을 크게 하면, 외부로 끌어내는 전하량이 커지므로 Turn-Off 시간은 짧아진다. 그리고 게이트 부(-) 전류의 Pick값(I_{GM})이 증가하므로 Turn-Off 이득율은 감소한다.

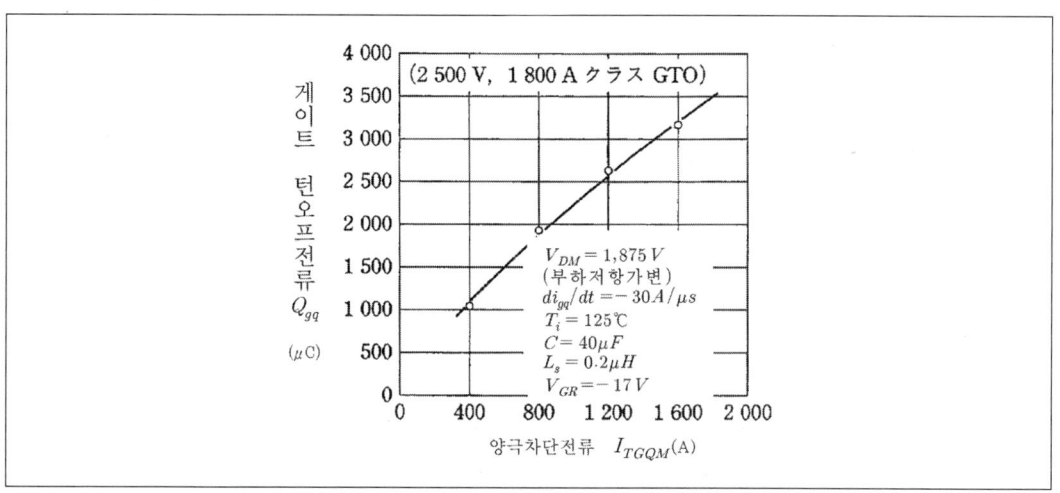

[그림 2.36] GTO의 Gate Turn-Off 전하와 양극차단전류와의 관계

⑤ Snapper 회로와 Turn-Off 특성

GTO의 Turn-Off 시에 매우 가파르게 올라가는 형태의 전압이 인가되면 전력손실이 커지고, 국부적으로 집중되어 파손이 뒤따르게 된다.

이것을 피하기 위해 GTO와 병렬로 콘덴서, 저항 및 다이오드 등으로 이루어진 Snapper 회로가 접속되어진다. ([그림 2.43(a)] 참조)

Snapper 회로는 양극전류를 분류시켜 GTO에 가해지는 전압상승율을 낮추게 만들므로 Turn-Off 시에 발생하는 전력손실을 경감시켜서, 양극전류 차단능력을 높이는 것을 목표로 하고 있다. 따라서 이 Snapper 회로 배선의 부유(浮游)인덕턴스는 아주 적게 억제할 필요가 있다.

[그림 2.34]의 Spike 전압 V_{DSP}는 앞에서 설명한 바와 같이 양극전류가 감소하여 스내이퍼회로에 분류하는 기간 동안의 전류변화율과 스내이퍼회로 배선의 부유인덕턴스에 의해 발생한다. 이 스내이퍼전압 V_{DSP}의 크기는 GTO의 파손과 밀접하게 연결되어있다. V_{DSP}가 일정한 값을 초과하면 GTO는 파손되지만, 그 파손점을 정량적으로 표시하는 것

은 상당히 곤란하다. 그 이유는 V_{DSP}가 ① Turn-Off 시의 전류의 줄어듦, 즉 하강시간이라고 하는 자체의 특성과 ② 외부회로 배선의 부유인덕턴스가 관계되어 있는 등이다. 게다가 하강시간은 양극전류, 게이트 부(-)전류, 접합온도의 제반 조건의 영향을 받는다. 한편 응용측면에서 보면, 스내이퍼 회로 배선의 부유인덕턴스를 억제시키면 V_{DSP}의 발생이 적어져서 그만큼 전류차단특성이 향상되므로 배선의 부유인덕턴스는 적게 하는 것이 바람직하다.

일반적으로 이 부유인덕턴스의 값은 수 µH 이하로 Order한다.

[그림 2.37]은 V_{DSP}와 스내이퍼 회로 배선의 부유인덕턴스와 관계의 예를 표시한 것이다. 스내이퍼 회로의 배선이 길어지면 배선의 부유인덕턴스가 크게 되어, 스내이퍼 회로의 전압흡수효과가 약해져서 V_{DSP}가 높게 된다. 따라서 같은 콘덴서를 이용해도 GTO의 차단특성을 낮게 만들어버린다.

스파이크(Spike) 전압은 스내이퍼 회로 콘덴서의 영향을 받아, 콘덴서를 크게 하면 전압흡수 효과가 양호해져서 V_{DSP}가 낮아지게 된다.

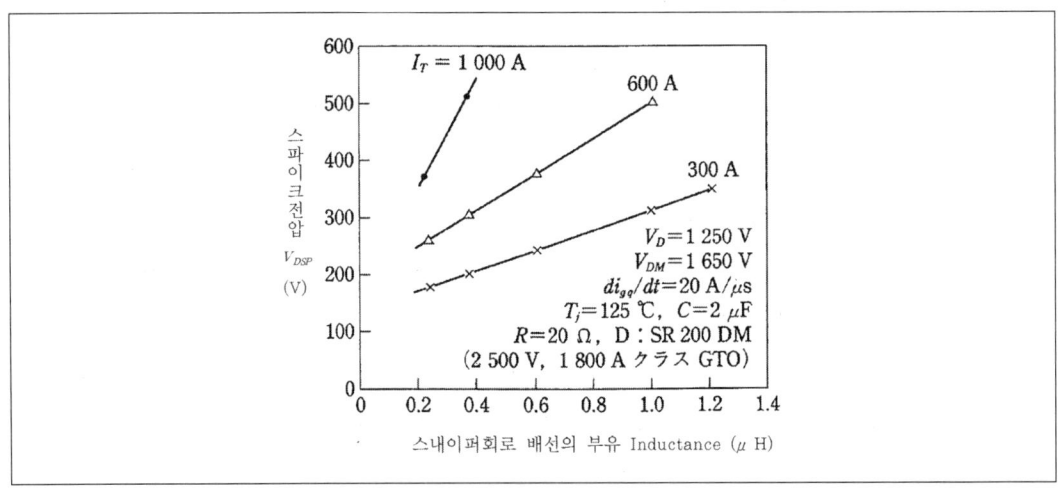

[그림 2.37] 스파이크전압과 스내이퍼 회로의 부유인덕턴스

[그림 2.38]에서 스내이퍼 회로의 콘덴서 용량과 차단 가능한 양극전류의 한계값과의 관계를 예로 표시하였듯이 콘덴서를 크게 하면 양극차단 전류는 커지게 된다. 또한, 콘덴서 내부의 인덕턴스가 커지면 콘덴서 효과가 적어지므로 주의할 필요가 있다.

[그림 2.39]에 양극차단 전류와 스파이크 전압과의 관계를 표시하였다. 양극전류가 증가 하면 V_{DSP}가 크게 되어 GTO의 차단한계에 근접하는 것을 표시하고 있다. 또한, 스내

이퍼회로에 사용하는 다이오드는 Turn-On 특성, 다시 말하면 입상특성이 나쁘면 V_{DSP}가 높아지므로 입상특성이 빠른 다이오드를 이용해야만 한다.

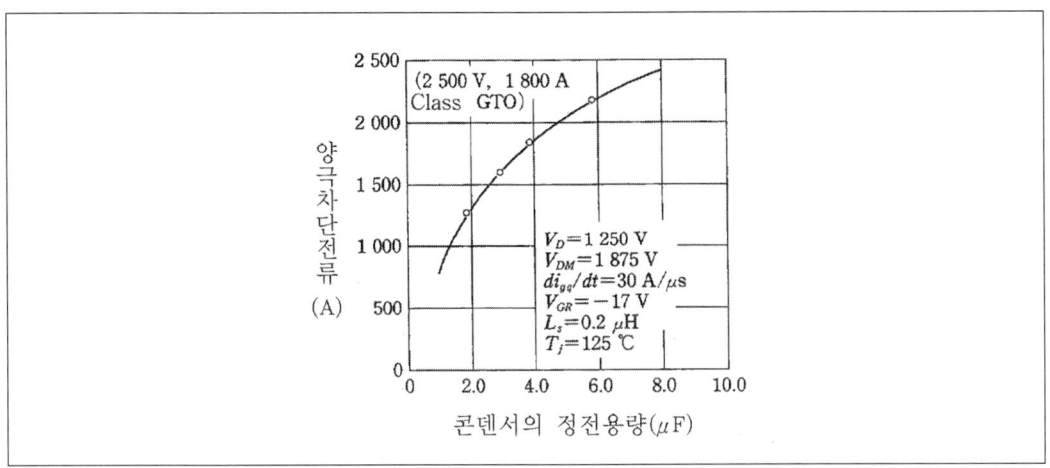

[그림 2.38] 양극차단전류와 스내이퍼 회로 콘덴서의 정전용량과의 관계

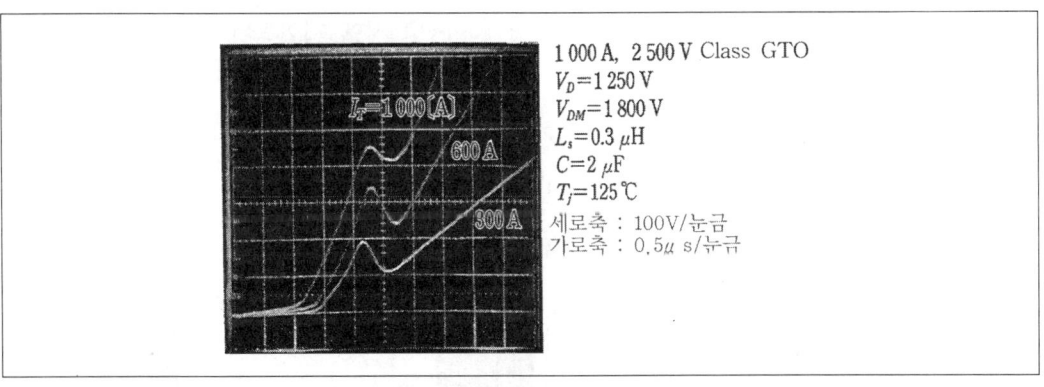

[그림 2.39] 양극차단전류와 스파이크 전압과의 관계

⑥ dv/dt 특성

GTO는 게이드와 음극 사이에 커다란 부(-)전류를 흘려서 Turn-Off시키기 때문에 싸이리스터로 사용되어지고 있는 음극측의 단락 에미터(Emitter)구조는 채용되지 않는다. 이 때문에 급준(急峻)한 입상전압(dv/dt)가 인가되면 오류 Trigger의 우려가 있다. 이 문제를 방지하기 위해 Off시에는 게이트와 음극 사이에 2~10(V)정도의 부(-) Bias를 주어서 사용한다.

나) GCT의 동작과 특성

GTO의 특성을 더 개선하여 게이트로부터 음극전류를 일괄해서 빨아내는 것으로 하여 고속으로 Turn-Off를 가능하게 한 Device가 GCT이다.

Turn-Off 시에 모든 양극전류를 게이트에 흐르게 함으로서 Turn-Off 이득(GTO의 항 참조)은 1이 되고, Turn-Off 시간은 GTO의 약 1/10로 짧고, GTo와 마찬가지로 고전압·대전류화가 가능하기 때문에, 초대용량의 Motor제어, 전력계통설비, 전기철도, 그 외의 고전압·대용량의 변환장치에 사용되고 있다. 그리고, GCT와 역병렬로 다이오드를 하나의 Chopper내에 구성시킨 역도통 GCT나 역방향에서도 고전압을 지닌 역저지 GCT도 생산되어지고 있다.

① GCT의 동작

GCT는 GTO와 동일한 구조로서, Turn-Off 시에는 [그림 2.40]에 표시한 바와 같이 양자 모두 함께 동작한다. 한편, GCT의 Turn-Off 동작은 GTO와 전혀 다르다.

GTO에서는 같은 그림(b)에 표시한 바와 같이 Turn-Off 시에 있어서 게이트와 음극 사이에 부(-)의 전압을 인가하여 게이트 회로에 수십 A/μs의 구배를 가진 게이트 부(-)전류를 흘린다. 이와 같이 해서 일반적으로 주전류의 1/5 정도의 Pick값인 게이트 부(-)전류를 흘려서 싸이리스터의 동작을 정지시켜서 Turn-Off시킨다.

한편, GCT에서는 [그림 2.40(C)]와 같이 Turn-Off 시에 게이트와 음극사이에 매우 큰 전류상승율(수 천 A/μs)의 부(-)전류를 흘려서 주전류를 게이트로 전류(轉流)시킴으로써, Device의 동작을 단숨에 정지시켜서 Turn-Off되도록 한다. 따라서 GTO의 Turn-Off 시간은 수 십 μs인데 반해서 GTC는 수 μs로 매우 짧다.

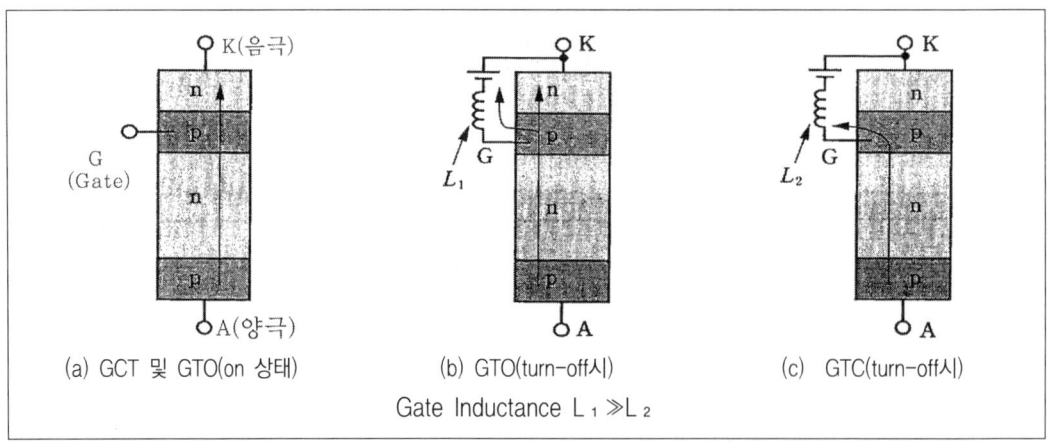

[그림 2.40] GTO와 GTC의 동작원리(전류가 흐르는 방향)

GTC의 Chip설계에 있어서는, Turn-Off 시에 각 Cell(GTO항 참조)에 Balance가 좋고 또한 균일하게 전류를 흘리는 것을 목표로 하여, 단위 Cell의 구조 및 게이트와 음극간의 패턴(Patten) 등에 대한 생각들이 이루어지고 있다.

그리고 일반적인 GCT는 GTO와 마찬가지로 Emitter 단락구조(그림 2.32 참조)가 채용 되어지고 있어, 낮은 On 전압화와 고속 Switching화가 이루어지고 있다. 이러한 종류의 GCT는 역내전압이 없으므로 역도전형(逆導電形) GCT라고 불리워진다.

앞에서 설명한 바와 같이 GCT에서는 인상이 큰 게이트 부(-) 전류를 흘리기 때문에 게이트회로의 인덕턴스는 충분히 적(GTO의 경우의 1/100 정도)을 필요가 있다.

거기에다, 게이트로부터 주전류와 동일한 Pick값의 전류를 인출하기 때문에 그 게이트 회로는 순시전류 용량이 큰 전원이라야만 한다. 이와같은 게이트 제어회로를 GCT에 취부한 GCT Unit의 외관을 [그림 2.41]에 표시하였다.

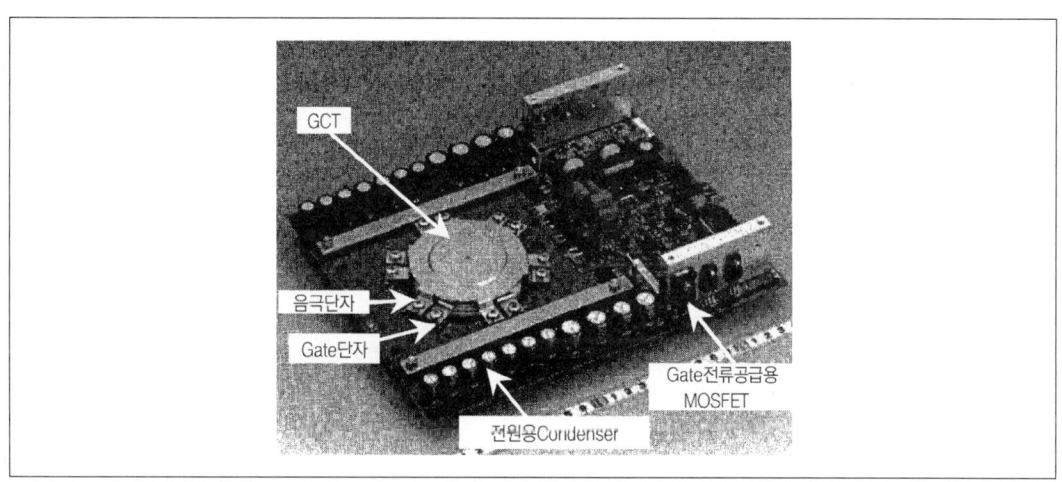

[그림 2.41] GCT에 Gate 구동회로를 취부한 Unit의 외관(6,500V, 800A SGCT)

이와 같이 다수의 콘덴서를 병렬로 접속하고, 한편, 병행배선을 이용하여 전원의 대용량화와 배선의 부류인덕턴스의 저감을 도모하였다. 그리고 MOSFET를 병렬접속하여 Switch의 대전류화와 고속화를 도모하고 있다.

② Turn-Off 특성

GCT Turn-Off 시의 파형 예(4500V, 3000A Class의 경우)를 [그림 2.42]에 표시하였다. 이와 같이 게이트 부(-)전류는 약 5000A/μs의 입상형태이며, 음극전류 3000A를 Gate로 전류(轉流)하여 싸이리스터를 정지시킨다. 그 후 잔류 Carrier가 외부로 배출되어서 음극전류가 급격히 감소하고, GCT는 Turn-Off한다. [그림 2.42]에서는 축적시간 t_s는 2.8μs, 하강시간 t_f는 0.8μs로서, GTO와 비교하면 매우 짧다.

GCT에서는 그 내부의 모든 Cell이 고속으로 Turn-Off하므로 전류 집중이 대폭 경감되고, 이에 따라 큰 전류제어 능력 결국 큰 Turn-Off 내량을 지닌다. 이 때문에 [그림 2.43]에 표시한 바와 같이, GTO에서는 필수적이었던 Turn-Off 시의 dv/dt 제어용 Snapper회로가 GCT에서는 불필요하다든지, 간단한 Clamp회로를 사용하는 것이 가능하다. GCT는 GTO에 비해서 고속의 Switching이므로, 보다 고주파 동작이 가능하고, 직·병렬 접속이 용이하고, Turn-Off 시의 di/dt 제어용 양극 Reactor의 소형화가 가능한 등의 특징을 가지고 있다. 이러한 특징을 있으므로 장치의 전력손실 저감과 고효율화, 소형화, 고주파화에 의한 고성능화 등이 실현 가능하다.

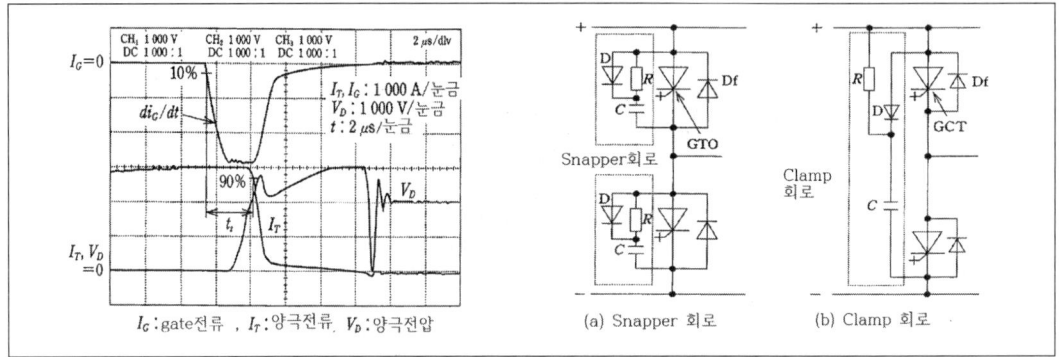

[그림 2.42] GCT의 Turn-Off 파형   [그림 2.43] Snapper와 Clamp 회로(Invertor의 1상분)

③ 역도통형 GCT

전압형 인버터에서는 위에 기술한 역도전형 GCT와 역병렬로 고속 다이오드(Free Flowing(환류) Diode [그림 2.43]의 Df)가 접속되어져 사용되어진다. 역도통형 GCT (RCGCT : Reverse Conducting GCT)는 이 구성을 하나의 Chopper로 실현한 것으로서, 역도전형 GCT와 고속 Diode를 동일한 Wafer에서 역병렬로 구성한 것이다. [그림 2.44]는 6kV, 6kA Class RCGCT Chip의 외관이다.

이처럼 중심부에 다이오드를 배치하고, 분리대로 분리하여 그 외측에 역도전형 GCT를 배치하고 있다. 이러한 RCGCT를 채용함으로서 예전의 환류다이오드가 생략 가능하므로 장치의 부품 개 수를 대폭적으로 감소시킬 수 있어, 장치의 소형, 경량화와 고신뢰도화가 가능하다.

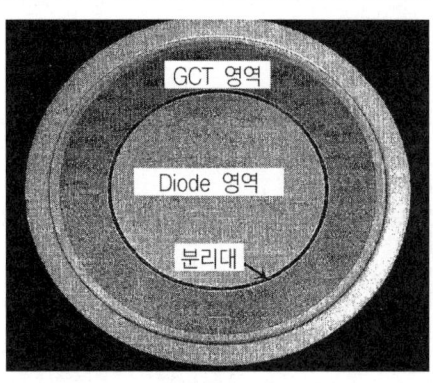

[그림 2.41] GCT에 Gate 구동회로를 취부한 Unit의 외관(6,500V, 800A SGCT)

④ 역저지형 GCT

역도통형 GCT는 역방향으로 대부분 내압을 가지고 있지 않는데 반해, 역저지형 GCT (RBGCT : Reverse Blocking GCT)는 역방향에 대해서도 순방향과 동일한 내전압을 가지고 있다. 이 때문에 대칭형 GCT(Symmetrical GCT)라고도 불리며, SGCT라고 불려지는 것이 많으므로 여기서도 이에 따른다.

SGCT는 역도전형 GCT와 다이오드가 직렬로 접속되어진 등가회로 구성을 지니고 있으므로, On 전압은 양쪽 전압강하의 합에 가까운 값이 되는 역도전형 GCT의 값 보다도 크게 된다. 따라서, On 전압의 저감이 필요하다. 그리고 이 등가적인 직렬접속 다이오드의 역회복 시에 발생하는 Surge 전압의 억제와 역회복 손실의 저감이 필요하며, 이를 위해 역회복 시간의 단축과 Software free화가 필요하다. 이러한 목적으로 일반적으로는 Chip 전체에 금이나 백금 등의 중금속을 확산하여 Carrier의 Lifetime을 단축시키는 방법이 취해지고 있다. 한층 더 개량하기 위해 하는 n_B층(그림 2.32 참조)의 1개소 또는 2개소에 Proton(양성자)을 조사(照射)하여 국부적으로 Life Time을 짧게 제어시킨다. 이 방법에 의해 On 전압을 낮게 제어하는 등으로 Turn-Off 손실 E_{Off}의 저감, 역 회복 시간 t_{rr}의 단축, Soft Recovery화, 역회복 손실 E_{rr}의 저감이 달성되어지고 있다. 현재 6.5kV, 1500A 까지의 SGCT가 생산되어지며, 주로 전류형 Invertor에 사용되어지고 있다. 전류형 Invertor에 SGCT를 사용함으로서 종전의 역도전형 GCT와 직렬로 접속되어져 있던 다이오드가 불필요해지고, 게다가 SGCT의 고성능화와도 어울려서 장치의 성능향상, 소형 경량화가 이루어지고 있다.

[그림 2.45]는 GTO, 역도전형 GCT, 역저지형 GCT를 사용한 경우의 손실 예를 표시한 것이다. 이와 같이 GTO를 사용한 전압형 Invertor에 비해 역도전형 GCT를 사용함으로

써 약 40%의 손실이 저감되고, 역저지형 GCT를 사용한 전류형 Invertor에서는 절반 이하의 손실이 된다.

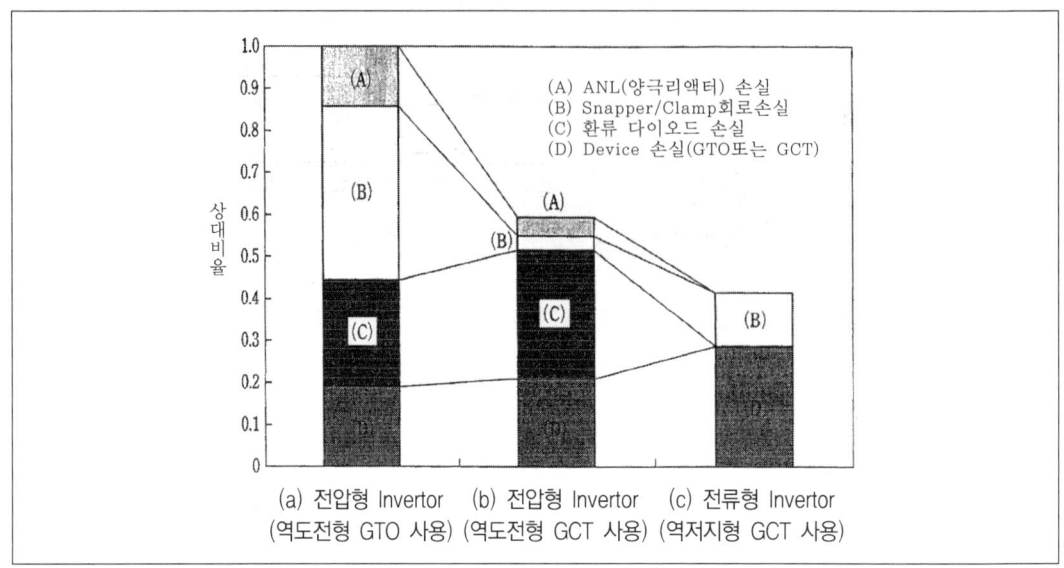

[그림 2.41] GCT에 Gate 구동회로를 취부한 Unit의 외관(6,500V, 800A SGCT)

2.7 경전철의 종류별 개요 및 특징

2.7.1 LRT 및 SLRT(Street Light Rail Transit : 노면전차)

가. 개요

　LRT에 사용되는 차량을 LRV(Light Rail Vehicle)라 하며, LRT란 용어는 1970년대 미국 운수성이 노면전차의 부활을 검토하면서 스트리트카(Street Car)라는 이미지를 바꾸고자, LRT로 부르기 시작한 것으로 경전철이란 용어가 여기서 시작되어 LRT를 경전철 전체를 이르는 말로 그 의미가 넓어졌으며 철제차륜의 LRT는 SLRT라고 구분하여 칭하기도 한다.

　SLRT는 아래 사진과 같이 도시 내 고속대량 수송철도로서 노면전차와 같이 도로 위를 주행하지만, 대개가 도로와 분리된 전용궤도로서 도로 노면 상에 레일을 부설하고 차량을 주행시키는 노면철도로서 궤간은 762㎜, 1,067㎜, 1,435㎜의 3종류가 있고 정거장 간격은 200~300m, 레일은 45kg HT레일, 51kg 홈붙이 레일, 56kg 혼륜 홈붙이 레일이 사용되며 SLRT에 이용되는 차량은 SLRV(Street Light Rail Vehicle)라고 부른다.

　또한 이 SLRT는 1960년대 중반부터 도시의 자가용차 급증으로 노면전차의 승객 감소와 교통체증의 증대가 도시교통의 문제점으로 대두되면서 자가용차에 가까운 기능을 갖는 새로운 공공교통기관으로 자가용차의 의존도를 줄이기 위해 1량 또는 2~3량 편성으로 자동차 교통과 분리한 철제 궤도의 철제차륜 주행이 대부분이지만 콘크리트 전용선로에 고무차륜을 이용하는 방식도 있으며 이 궤도를 도로면과 일치시켜 설치하고 도로 위를 일반 교통수단인 버스 등과 함께 운행하도록 하고, 예전과 달리 최신 기술을 도입과 소음이 적고 가감속 성능이 높은 차량을 운행하면서 기존의 노면전차는 Motorization의 진행에 따른 노면교통의 정체와 더불어 그 대부분이 폐지되고, 개량형 노면전차가 인구가 20~30만 정도의 수송수요가 그다지 많지 않은 중, 소도시에 교통 효율을 높이기 위한 새로운 시스템으로 부활한 것이다. 이러한 SLRT는 지하의 경우에는 아주 낮은 지하(지하1층)에 설치할 수 있어 설비도 간단하고 건설비도 저렴하며 공기단축이 가능하다.

또한 시가지에는 도로의 중앙에 선로를 설치하고 교차점 부근에 승강용 플랫폼을 설치하는 방법을 취하고 있으며, 교외에는 전용궤도를 설치하는 방법으로 건설하고 있다. 트램(Tram Car)으로도 불리기도 하며, 특히 전차선이 없이 밧데리를 이용하는 방식은 별도로 무가선 트램이라고 부른다. 국내에서는 자동차교통의 급격한 발달과 도시 교통체제의 정비과정에서 자취를 감추었으나 독일, 스웨덴, 영국 등 유럽지역과 미주, 러시아 등지에서는 철도분야의 진보된 기술을 적용·보완하여 효율 높은 도심철도 교통 수단으로 발전시킨 신도시철도시스템으로 주행장치는 차륜-레일간 소음저감을 위해 고무패드층이 내적된 철제 탄성차륜을 적용하고 차량 간의 연결부 하단에는 관절대차(Articulated Bogie)를 설치하여 작은 곡선반경의 선로에서도 유연하게 달릴 수 있도록 발전되어가고 있다는 점이 다르다.

나. SLRT의 특징

① 노면전차는 도시의 대량수송 시스템(광역교통망, 우리나라 지하철 1, 2호선 등)과 비교하면 수송력, 속도 등은 떨어지지만, 일반적인 도로를 이용하므로 역 설비, 인프라(Infrastructure), 신호시스템을 단순하게 할 수 있어 건설비가 대폭적으로 절감된다.
② 자동운전 및 승강이 용이하고 긴 에스컬레이터를 이용할 필요가 없어 접근성이 우수하다.
③ 승차감이 좋고 대기오염을 일으키지 않는다.
④ 지하철이나 같은 신교통시스템인 AGT에 비해서 건설 및 운영비가 저렴하다.
⑤ 저상식 대차를 사용하므로 승하차가 용이하고 방음차륜, 롱레일을 사용하므로 소음이 적다.
⑥ 활주 재 점착 시스템, 비상제동은 전자흡착레일 브레이크를 사용하여 찰상을 방지하고 있다.
⑦ 스티어링 대차를 이용하여 급곡선($R=25m$)에서의 운행능력이 우수하다.
⑧ 신호시스템 탑재하여 차간 간격 90초, 최고속도는 70~80km/h까지 운행이 가능하다.
⑨ 표준 궤도를 사용하면 일반철도와의 호환이 가능하다.

다. SLRV의 특징
① 아주 낮은 저상부터 고상(高床)까지 모두 가능하다.
② 2량부터 7~8량 까지 연결하는 조합이 가능하다.
③ 전원은 직류, 교·직류 양용 모두 가능하며, 속도도 저속과 고속 모두가 가능 하다.
④ SLRV 저상차량은 고령자, 신체장애자가 이용하기 편리하며, 휠체어 등의 승하차도 가능하고, 노상에서의 승하차 시 차량 바닥면과의 단차가 작기 때문에 승하차 시간이 단축되어 표정속도의 향상에 효과가 있다.
⑤ 높은 플랫폼을 설치할 필요가 없어 건설비가 저감된다.

라. 일본의 무가선 트램

일본에서 운행되고 있는 "Hi! Tram"이라고 불리는 Hybrid Interoperable-tram이라는 가선과 차재 에너지 축적장치에 의한 하이브리드(Hybrid) 전원형의 차량(전력리사이클 차량) 기술은, 전철화 구간에서의 회생 실효를 방지하여 에너지 회생이용에 의한 에너지 절약, 무가선 주행 기술에 의한 전철화/비전철화 구간의 상호운전을 실현 가능하게 해주는 기술이다.

2003년 8월에 리튬 이온 2차 전지를 탑재한, 중고 노면전차를 개조한 에너지 회생형 무가선 배터리 트램의 시험 차량을 공개하였으며, 2005년 2월에는 가선 하이브리드(Hybrid) 전철로서 재공개하였다.

2005년 6월부터는 NEDO 기술개발기구로부터의 위탁계약에 근거하여 「에너지 회생 이용 배터리 구동형 에너지절약 LRV 차량(2005~2007년)」의 연구개발을 추진하여 LRV 신차를 완성하고 연구소 내의 주행 시험에 의한 확인과 수정을 마치고 2007년 10월에 공개하였다. 아래 사진은 그 하이브리드 차량의 외관과 충전 모습이다.

1) 회생 축전형 트램의 개발 사유

가) 환경 관련의 법제 제정(에너지 절약 및 환경)

개정된 에너지 절약법은 화물수송 사업자에 대해서 에너지소비 원단위의 절감을 향한 에너지 절약계획 책정이 사실상 의무화 되어져서, 에너지 소비량 절감, 공해제로(Zero Emission), 저공해(Emission)화가 요구되어졌으며, 2005년 6월에는 경관법의 시행으로 관광 지구에서의 경관 배려가 중요해 졌다.

나) LRT 보조 제도의 진전

세계적인 LRT도입 움직임과 현상에 발맞추어 도시 내 노면의 공공 교통으로서 LRT가 재검토되어 왔다. 법제 측면에서도 이에 대한 제도의 대폭적인 진전이 있어서, 2000년에는 차량을 대상으로 한 「교통 Barrier free법」이 제정되었고, 2005년에는 LRT 종합정비 사업으로서 LRT시스템의 정비비 보조가 이루어지면서, 2006년 4월에는 일본에서는 최초의

LRT라고 부를 수 있는 토야마 라이트 레일이 개통되었다.

다) 도시 간 교통과 도시 내 교통의 제휴

고령화 사회로의 진전과 함께, 무질서한 개발을 중지하고 중심 시가지에 다시 사람을 집약적으로 살 수 있게 하는 「Compact City」 건설을 목표로 하여, 핵심 도시를 중심으로 마을 조성의 재검토가 이루어져 여기저기에서 Park and Ride 구상이나 중심 시가지에서의 철도관련 교통기관의 신규 도입 또는 부활이 검토되어졌다.

공공 교통으로서의 재래철도와 도시 내선의 제휴, 상호 직통 운행을 실현하기 위한 트램트레인 차량이라고 하는 시스템의 개발 요구에 대응하기 위해 이 방식이 개발되어졌다.

[하이! 트랩(Hybrid Interoperable-team)]

[선자선으로부터의 급속 충전
(배터리 충전 전류 1000A~60초 이상)]

2) 무가선(가선 하이브리드(Hybrid)) LRV의 효용

무가선 Tram의 각 구간별 효능을 살펴보면 다음과 같다

가) 가선 하이브리드(hybrid) 주행을 하는 가선 구간에서는
① 회생 실효 방지와 축전 재이용에 의한 에너지 절약
② 변전소 피크 파워의 감소에 의한 설비 부담의 경감
③ 축전 파워에 의해 가속을 보조하여 시격 단축
④ 상용 브레이크를 모두 회생제동화(化) 함
⑤ 이종 전원이나 비 전철화 구간에의 직통 운용에 의한 환승저감
⑥ 가선 정전 시의 자력 이동에 의한 여객 봉쇄 방지
⑦ 전기 에너지로 일원화 되어 액체나 기체를 취급하지 않아서 보수가 용이하다.

⑧ 가선 구간에서의 축전 잔량 조정이 용이

나) 배터리 주행을 하는 무가선 구간에서는
① 엔진을 사용하지 않으므로, 전기 구동 시의 판타그래프 습동에 따른 소음이 없어지게 되어 거리에서의 저공해, 저소음 주행이 가능
② 자가 회생에 의한 에너지 절약 및 1회 충전 주행거리의 증가
③ 귀선 고조파 문제의 원인 근절
④ 가선이 불필요하므로 이에 소요되는 노선 건설비의 일부 저감
⑤ 전력공급 설비가 없어져 상하 치수가 협소한 구간에도 노선 부설이 가능
⑥ 교차로 등에서 차 높이가 높은 대형 자동차의 통행 저해의 방지 가능
⑦ 도시 경관의 향상
⑧ 지역 행사 저해의 방지(행사차량)

3) 무가선 LRV 「Hi-tram」의 개요

가선과 차재 배터리에 의한 하이브리드(Hybrid)주행이 가능하므로 전차선이 가선된 궤도선 구간과 무가선 구간인 철도선 구간을 상호직통 운용(Interoperability)을 행하는 트램이라는 의미의 머리글자를 취해서, 또한, 높은 가감속 속도에 의한 건강한 주행이라는 의미로, 「Hi Tram(하이! 트램)」이라고 명명하였다.

가) 차량 주요 제원
① 차체
Ⓐ 운전실만 고상 부분이고 나머지는 초저상 차체이다.
Ⓑ 차의 끝단 경사부에 주 배터리를 수납하는 구조로 설계되어 있다.
② 대차 부분
Ⓐ 궤도를 이용한 선구에서의 주행을 고려하여 차축이 달린 일반적인 보기 대차로 구성되어 있다.
Ⓑ 가선 구간인 궤도 선에서의 최소 곡선반경 14m에 대응하도록 모든 축을 구동축으로 하는 것으로 하였으며, 무가선 구간인 철도선에서의 속도는 70km/h로 주행이 가능하게 되어 있다.
Ⓒ 주행시험 시에는 제1축(판타 측)을 륜 중 횡압 측정 축으로 설정하였다.
③ 주회로
Ⓐ 각종 전원(직류 1500V, 600V가선, 600V배터리)에 대응할 수 있는 다전원 하이브리드(Hybrid) 구성으로, 무전압 가선에서의 역 가압을 방지하기 위한 컨버터·인버터 시스템을 채용하였다.
Ⓑ 컨버터는 가선 측 초퍼와 배터리 측 초퍼로 이루어졌으며, 직류 중간에 회로를 삽입

시키고 부하 측에는 인버터 2대와 SIV 보조 전원장치를 배치하였다.
ⓒ 가선 측의 초퍼는, 가선 전압 1500V시에는 강압 동작을, 600V시에는 승압동작을 하여 중간회로 전압을 750V로 제어하고 있다.

④ 주 배터리
Ⓐ 리튬이온 밧데리-30Ah셀의 8개셀 직렬모듈을 21직렬, 4병렬로 구성하여, 전체전압은 600V, 용량은 120Ah(75kWh)로 하였다.
Ⓑ 모듈들을 모두 모듈별로 강제 공냉식으로 만들어서 급속 충전 시에도 배터리 온도 상승을 억제시킴으로써 수명에 주는 영향을 작게 하고 있다.
ⓒ 주 배터리는 차 끝단 경사 부에 우선 배치하고, 나머지를 운전석 승무원 측 후부와 상부에 분산 배치하였다.

⑤ 에너지 표시 화면(모니터 연산 장치), GPS 멀티 화면
Ⓐ 에너지 표시 화면에는, 배터리 전압, 잔량, 온도, 하이브리드(Hybrid) 동작 시의 에너지의 흐름, 속도 등의 정보가 표시된다.
Ⓑ 현재의 잔량이라면 어디까지 배터리로 주행 가능한지에 대한 정보나 정류소에서의 충전 필요 시간도 표시한다.
ⓒ GPS 멀티 화면은, GPS 지도정보, 지붕 위나 차 내의 CCD 영상, TV 영상을 표시할 수가 있다. 팬터그래프의 승강 확인용으로도 사용된다.

⑥ 충·방전 제어
Ⓐ 역행 및 회생 시에는 가선전압이 설정 값에 도달한 단계에서 배터리와의 전원공급이 시작된다.
Ⓑ 가선 전류 제한의 설정으로, 가선에 공급하는 전류를 연결 값 이하로 억제할 수 있다.
　㉮ 통상 가선구간에서는, 배터리 전압이 설정범위를 넘으면, 50~100A 정도의 완만한 충전에 의해 잔량이 자동조정 된다.
　㉯ 길이 수m의 강체 가선이 설비된 충전 정류소에서는, 배터리 충전전류 500A나 1000A라고 하는 대전류에서 정차 중에 급속 충전이 가능하다.
　㉰ 2~3km 주행 후 충전 정류소에서 1분 정도 충전하는 것으로, 무가선 주행을 계속할 수 있다.
　㉱ 가선 구간에서 배터리 풀 충전에 가까운 상태로 무가선 구간으로 진입하고, 무가선 구간을 주행한 후에는 가선 구간에서 판타그래프를 이용하여 배터리를 주행 중에 충전할 수 있다.
　㉲ 경관 중시 구역이나 교차점 등 시가지 중심부에서는 무가선 주행으로, 전용 궤도에서는 가선 하이브리드(Hybrid) 주행으로 운행함으로써 에너지 절약 운행이 가능하다.

[표 1] 차량(Hi-tram) 주요 제원

구 분	제 원	구 분	제 원
형 식	LH02	궤 간	1067mm
정 원	44명(좌석정원 20명)	공차중량	24.0t
차체 치수 길이	12,900mm×너비 2,230mm ×높이 3,800mm (판타그래프의 접은 높이)	대차 형식	FS601형(코일 스프링 간접 마운트 볼스터레스 대차)
초저상부 높이	350 mm(궤도면)	주전동기 제어변환기	전압형 3상 브릿지 2레벨 PWM 인버터(150kVA×2대) (속도 센서리스 벡터 제어)
브레이크 방식	회생 축전 병용 형 전기 지령식 공기브레이크 방식	구동 방식	평행 카르단신 중실축 (TD이음새) 식 주전동기 3상 유도전동기 60kW×4대
전원 방식	가공전차선직류 : 1500,600V 주배터리 : 직류 600V	주배터리	600V-120Ah(72kWh) 망간계 리튬이온 2차 전지
가선·주배터리 하이브리드 (hybrid)변환기	전압형 3상브릿지 2 레벨 PWM컨버터(600kVA×2대) (전류가역 승강압 초퍼 제어)	최고속도	40km/h(궤도선), 70km/h(철도선)
가속도	4.0km/h/s (hybrid모드), 2.5km/h/s (배터리 모드)	감속도	4.4km/h/s(상용 최대·보안), 5.0km/h/s(비상)
기어비	72/11＝6.545	차륜직경	660mm(계산 630mm)

나) 성능평가를 위한 연구소 내에서의 주행 시험 개요

① 배터리만 이용한 연속 주행 시험

Ⓐ 속도 40km/h까지의 약 250m마다 발진과 정지를 반복하는 반복 시험을 실시했다.

Ⓑ 배터리 단자전압을 680V에서 525V까지 주행하는 때에는, 주행시간 7,480초(2시간 4분 40초)에 배터리 용량의 56.5%를 사용하여 주행거리 32.8km, 평균 회생율 48% 이상이라는 결과를 얻을 수 있었다.

Ⓒ 회생율은, 배터리 단자로부터의 방전 전력량(보기분도 포함)에 대한 충전 전력량의 비율(돌아온 비율)로서 계산하고 있다.

② 강체 가선으로부터의 급속 충전 시험(직류 1,500V가선)

Ⓐ 강체 가선으로부터 판타그래프를 개입시켜, 배터리전류 1,000A로 60초 이상의 급속 충전을 수행

Ⓑ 급속 충전 종료 후의 온도 상승은 최대로 3℃로 억제할 수 있어서 판타그래프 점에서의 충전 전력량은 42.8MJ, 배터리 단자에서의 충전 전력량은 35.6MJ이 얻어지면서, 급

속 충전시의 에너지 변환 효율이 83.2%라는 결과를 얻을 수 있었다.

ⓒ 배터리 충전전류 500A-3분 이상의 충전에서도, 급속충전 시의 에너지 변환 효율이 86.6%가 되었다.

마. LRT방식과 기존 지하철 방식과의 비교

이 방식의 사진 및 사용하고 있는 곳과 기존 지하철방식과의 비교는 아래 표와 같다.

① 해당 방식의 사진

[LRT 및 TRAM]

② 기존 지하철 방식과의 비교

기존 중전철인 지하철 방식과 LRV 방식을 비교해 보면 아래 표와 같이 급구배 및 급곡선에서의 차량운행 측면에서 더 우수한 것을 알 수 있다.

항목	시스템 특성 및 성능	기존 도시철도 시스템 특성
1량당 승객정원	75명~100명	124~160명
차량 편성	2량 또는 3량 고정편성(최대 4량)	6량,10량 고정편성
승객 수송능력	17,000명~25,000명/시간	23,000명~65,000명/시간
차륜 형태	소형 철제탄성차륜	표준 철제차륜
최고 운행속도	70~80km/h	80~90km/h
최대 등판구배	4.5~6.0%	기존지하철 최대 3.5%
최소 곡선반경	25~40 M	180 M
운전 방식	1인 수동운전 또는 자동운전	2인 수동운전
차량 중량(1량당)	18톤~27톤 (기존 지하철차량의 65~70%수준)	28톤~39톤

③ 해외 운영 사례

이 방식을 사용하는 나라는 아래와 같이 유럽 및 미국뿐 아니라, 아시아에서도 일부 사용

중이다.
- Ⓐ 프랑스 : 그레노블 LRV, 낭뜨 LRV 등
- Ⓑ 영국 : 런던 도크랜드 DLR, 맨체스터 Metro Link선 등
- Ⓒ 독일 : 프랑크프르트 U3, 뒤셀도르프, 쾰른 K4000, 만하임, 본, 보쿰 Tram 등
- Ⓓ 오스트리아 : 비엔나 Metro Tram 등
- Ⓔ 미주 : 볼티모아 LRT, 포틀랜드 MAX, 산타클라라 LRV, 피츠버그 LRV, 세인트루이스 LRV 등
- Ⓕ 기타 : 쿠알라룸푸르 STAR LRT(말레이지아) 등

2.7.2 안내궤조식 철도(AGT : Automated Guideway Transit)

가. 개요

안내궤조식 철도는 고무주행차륜과 안내차륜을 가지는 전기차가 주행 답면의 측면이나 중앙에 설치된 안내궤조에 연해서 주행하는 방식으로, 급전전압은 대개 DC 750V가 많이 사용되고 있으며, 안내궤조는 중앙식의 경우 주행 답면의 중앙에 1본의 H형강을 이용하여 I형으로 설치되고 있고, 차량은 이 안내차륜에 의해 약 200kg의 압력으로 안내궤조의 양측에서 밀면서 주행하게 된다.

전차선은 강체복선식으로 설치되며 (+)측은 제3궤조, (-)측은 안내궤조를 이용하여 정, 부 2조의 집전장치로 상면 접촉방식으로 집전하고 있다.

무인자동대중교통이라는 의미에서 APM(Automated People Move)이라고도 부르며, 일본에서는 이 시스템을 「신교통시스템」이라고 부르기도 한다.

이처럼 AGT란 선로 측면이나 중앙에 설치된 Guide Way에 의해 무인자동운전이 가능하도록 만든 시스템으로 차륜의 종류에 따라 철제차륜 AGT, 고무차륜 AGT라고 구분하여 부르며, 대개는 "고가 위의 전용궤도에 소형경량의 고무타이어 부착 차량을 컴퓨터에 의해 운행 관리하는 고무차륜시스템"을 지칭하며, 이 경우 철제차륜 AGT는 철제차륜경전철이라고 독립적인 명칭으로 부르기도 한다.

이 방식은 다음과 같은 특징을 가지고 있다.
① 소음 및 진동이 작다.
② 점착계수가 크고, 가·감속 속도가 크며, 브레이크 시의 미끄럼이 작다.
③ 대차구조 및 스프링 장치가 간단하여 경량화 할 수 있다.
④ 궤도구조가 간단하여 유지비가 저렴하다.

[고무차륜 AGT]　　　　　　　　　　　　[철제차륜 AGT]

나. 고무타이어식 AGT 시스템

아래 사진과 같이 기존 도시철도에 사용되는 철제레일 대신 콘크리트 또는 특수 철판 형태의 평면궤도 위를 일반자동차와 유사한 고무바퀴를 장착한 주행장치로 운행하는 시스템으로서 차량이 승무원 없이 독립된 자동안내궤도를 따라 컴퓨터에 의해 무인으로 자동 안내·운전되는 시스템을 말한다. 고무타이어를 사용하므로 급구배 등판능력과 급커브에서 곡선추종성이 좋고 철제바퀴에 비해 주행소음과 진동을 줄일 수 있다는 것이 장점이며, 주행장치는 자동차와 유사한 주행기능에다 차량이 궤도중앙 또는 측면에 설치된 안내판을 따라 곡선 또는 분기선로에 유도되도록 안내, 조향(Steering)기능을 모두 가지고 있다.

또한, 여기에 사용되는 고무타이어는 펑크 시에도 차량의 균형이 유지될 수 있도록 금속제 보조륜이 내장된 특수구조로 되어 있어서 유사시 승객의 안전에 대한 대비도 고려되어 있다.

우리나라는 경전철에서는 처음으로 경산에 시험선을 설치하여 이를 기준으로 정부가 2000년 기준을 제정하였으며, 의정부 경전철 등에 이 방식이 사용되어졌다.

다. 철제차륜 AGT(철제차륜 경전철) 시스템

일반 지하철과 같이 철제차륜을 이용하여 레일 위를 운행하도록 되어 있는 방식으로 우리나라에서는 김해경전철이 이 방식으로 운행되어지고 있다.

이러한 철제차륜 방식은 철제차륜이 가지고 있는 궤도를 이용한 신호방식의 사용이 가능하다는 점이나 고무차륜 주행답 면에서의 미끄러짐 등이 없다는 측면에서 강점을 가지고 있다.

그리고 기존 중전철 시스템에 비해 안내궤조를 가지고 있으며 차량이 작고 편성이 2~3량 편성이어서 급구배 급곡선의 운행에 유리하다는 점 외에는 큰 차이가 없다.

라. 다른 방식과의 비교

1) 고무차륜 AGT방식과 기존 중전철 도시철도시스템과의 비교

고무차륜 AGT방식과 기존 중전철 방식을 비교해 보면 아래 표와 같으며 앞에서 설명한 LRT방식과 큰 차이가 없음을 알 수 있다.

항목	AGT 시스템	기존 도시철도
1량당 승객정원	48~110명	124~160명
차량 편성	2량 또는 3~6량 고정편성	6량,10량 고정편성
승객 수송능력	7,000명~25,000명/시간	23,000명~65,000명/시간
차륜 형태	고무타이어 주행륜 + 안내륜	철제 차륜
최고 운행속도	60~80km/h	80~90km/h
최대 등판구배	5.0~7.5%	기존지하철 최대 3.5%
최소 곡선반경	30~35 M	180 M
운전 방식	무인 자동운전(비상시 수동운전)	2인 수동운전
차량 중량(1량당)	18톤~19톤 (기존 지하철차량의 50~55%수준)	28톤~39톤

2) 철 레일/철차륜 방식에 대한 고무 차륜/콘크리트궤도 방식과의 비교

철제차륜에 비해서 고무차륜이 가지고 있는 장점과 단점은 아래와 같으며, 이는 LRT방식에서 철제차륜과 고무차륜 방식에서도 같이 적용된다.

가) 장점

① 소음이 없다.
② 점착계수가 높고 급구배 운행이 가능하다.
③ 자동차와 같이 급곡선 주행이 가능하다.
④ 승차감이 좋다.

나) 단점

① 조타장치가 모든 축에 필요하기 때문에 원가상승과 유지보수가 증가되고 승차감이 저하된다.
② 주행저항이 높고 에너지 절약 측면에서도 불리하다.
③ 고무차륜의 수명이 최대 10만km 정도로 짧고, 고무의 마모 등 공해 문제가 발생한다.
④ 콘크리트 궤도에 코류게이션(Corrugation)이 발생하여 승차감 저감이나, 유지보수 측면에서 어려움이 있다.
⑤ 고무차륜 본래의 점착계수가 충분히 활용이 않되고 우천이나 눈이 올 때는 철제차륜 이하로 되기 때문에 급구배는 둘 수 없다.
⑥ 최고속도는 60km/h 정도로 낮고 가속도와 감속도는 높게 잡을 수는 있으나 노면이 젖어 있으면 저하하기 때문에 보안상 그다지 높게 설정할 수가 없다.
⑦ 하중제한이 있으며 이상시 수송력에 탄력성이 없다.
⑧ 궤도를 신호회로나 귀전류 회로로 사용할 수 없다.

라. 해외 운영사례

아래와 같이 독일, 프랑스, 미국 및 일본 대만 등의 세계 각국에서 많이 사용되고 있는 방식이다.

① 일본 : 동경임해선, 요코하마 Seaside선, 히로시마 Astram선, 나리타공항셔틀 등 11개 노선
② 프랑스 : 릴르 시, 오를리공항, 툴루즈 등 4개 노선
③ 독일 : 프랑크푸르트 마인공항셔틀 등
④ 미주 : 마이애미, L.콜리나스 등 4개 도심, 시카고공항 등 13개 공항 셔틀노선, 부시가든 등 위락공원 노선 등

기타 : 싱가폴 창이공항 셔틀, 대만 타이페이 Mucha선 등

2.7.3 모노레일(Monorail) 경량 전철

가. 개요

모노레일 시스템은 열차가 1개의 궤도나 빔 등의 주행로(走行路 : Treacheries) 위를 고무타이어 또는 강재차량이 레일에 의해 지지되거나 매달려 운행되는 단일 궤도형의 교통수단으로서 차량의 지붕부분이 매달려 운행되는 현수식(懸垂式 Suspended Type)과 차량의 하부부분이 궤도위에 안내되는 과좌식(跨座式 Straddle Type)의 두 가지 방식이 있다.

모노레일의 궤도는 일반적으로 고가교에 설치되며 운행속도는 30~50km/h이고 최대 속도는 80km/h 정도이다. 운전방식은 일반적으로 유인운전(1인) 시스템이며 운전시격은 120~150초 정도이고, 전력공급은 보통 DC 1,500V 방식으로 하고 있다.

우리나라에서는 처음으로 대구지하철 3호선이 과좌식으로 설치되어 운행 중에 있다. 일본에서는 오랫동안 「유원지의 놀이기구」라는 이미지가 강했으나, 1964년 일본 최초의 본격적인 도시 모노레일로서 도쿄모노레일 하네다선(羽田線:과좌식)이 하네다공항과 도심을 연결하여 개통되었다. 모노레일은 기존 철도사업법에 의해 건설되었지만, 1972년 11월 「도시모노레일 정비의 추진에 관한 법률」이 제정되어 최근에는 이 법률에 따라 모노레일 건설이 추진되고 있다.

이러한 모노레일은 다음과 같은 특징을 가지고 있다.

① 안전도가 높고, 탈선의 위험이 없으며 안전속도가 매우 높다.
② 급기울기, 급곡선 운전에 용이하며, 대기오염, 소음, 진동 등의 공해가 적으나 다른 교통기관과의 환승이 어렵다.

이러한 특징 때문에 빌딩이 많은 도심에서 노선 선정이 어렵다는 점을 극복할 수 있다는 장점이 있어 일본의 경우 대도시 운송수단으로서 각광을 받고 있는 시스템이기도 하다.

그러나, 대부분이 고가로 이루어져 있어 사고 발생 시의 대처에 어려움이 많다는 것과 분기기의 작동이 어렵다는 점은 큰 단점으로 작용하고 있다.

나. 현수식(Suspended Type)

차량이 모노레일에 매달려가는 형태로 운행되는 시스템으로서 다음과 같은 장단점을 가지고 있어 과좌식보다는 많이 사용되고 있지 않은 방식이다.

1) 장점
   ① 차량의 중심이 주행면보다 하부에 있으므로 좌우의 안정을 유지하는데 중력을 이용할 수 있어 상부 궤도의 구조물을 간소화 할 수 있다.
   ② 차체의 높이가 낮으므로 승강장을 낮게 할 수 있다.
   ③ 궤도의 주행 면을 풍우에 대해서 보호할 수 있으므로 천후에 관계없이 고무차륜의 높은 점착계수를 이용할 수 있다.

2) 단점
   ① 횡풍이나 분기기 통과 시에 발생하는 차체의 동요를 억제하는 장치가 필요하다.
   ② 지지주의 높이가 높게 되고 지표면을 주행할 수 없으므로 상시 지지주와 상부 구조물이 필요하다.
   ③ 터널 또는 토사절취 등의 단면이 비교적 크다.
   ④ 차량의 구조가 복잡하다.
   ⑤ 복선에서는 지지 주 때문에 선로간격이 커진다.
   ⑥ 고무차륜을 사용하므로 동결 및 강우 시에 점착성능이 악화된다.
   ⑦ 비상시 승객의 대피 통로 및 보안 대책이 미흡하다.

다. 과좌식(Straddle Type)

차량이 모노레일에 걸터앉은 형태로 운행되는 시스템으로서 특히 노선선정의 제한이 비교적 적다는 측면에서 일본에서는 대도심 교통 수단으로서 많이 사용되고 있으며, 그 장단점은 다음과 같다.

1) 장점
   ① 차량의 중심이 주행 면보다 상부에 있으므로 중력을 이용할 수 없으며 수평 안정차륜이 필요하다.
   ② 상부 궤도면의 구조물이 비틀림을 받으므로 견고하게 건설되어야 한다.
   ③ 주행면을 풍우에 대해서 보호하는 것이 곤란하다.
   ④ 지지주 높이가 비교적 낮아 경제적이며 지표면에서도 주행이 가능하다.
   ⑤ 노선선정의 제한이 비교적 적다.
   ⑥ 선로간격은 일정치 이상이면 충분하고 현수식에 비해 좁게 할 수 있다.
   ⑦ 차고의 구조가 비교적 간단하다.

[현수식모노레일]　　　　　　　　　　　　[과좌식모노레일]

라. 기존 지하철 방식과의 비교

모노레일과 도시철도(중전철)를 비교해 보면 주요 내용은 아래 표와 같으며 모노레일은 일반 도시철도(중전철)에 비해 다음과 같은 장단점을 가지고 있다.

1) 장점

① 일반적으로 고무차륜을 사용하므로 소음이 작고 승차감이 양호하다.
② 점착계수가 커서 가속도 및 감속도를 크게 할 수 있고 급구배도 비교적 용이하게 주행할 수 있다.
③ 일반적으로 용지가 정거장과 지지 주 개소 이외에는 특별히 필요 없고 도시 공간을 입체적으로 활용 할 수 있다.
④ 건설비가 저렴하고 공사기간이 짧다.

2) 단점

① 단위차량의 수송력이 일반 도시고속철도에 비해서 적다.
② 분기기의 구조가 복잡하다.
③ 유지보수 시에 전용의 기계시스템이 필요하여 불리하다.
④ 사고 시의 상황대처가 어렵다.

그래서 모노레일의 화재나 사고 시 상황대처를 위해 아래 그림과 같이 구조차를 이용하거나 선로 아래에 구조차량을 배치하고 로프나 비상 하강장치를 이용하여 대피하는 방식을 사용하고 있다.

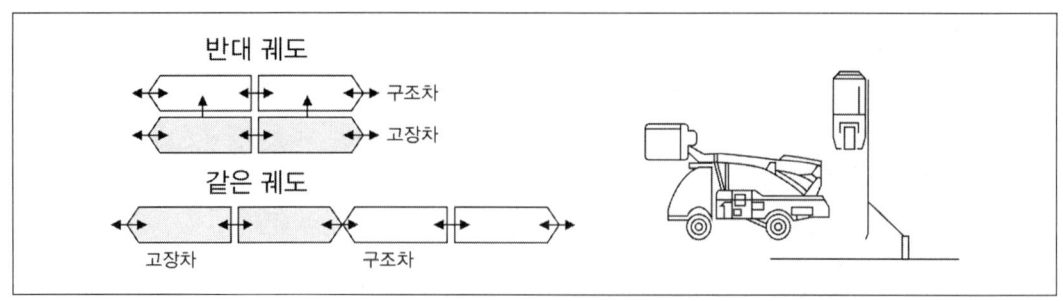

[모노레일에서의 구조방식]

[모노레일과 기존도시철도시스템과 비교 표]

항목	모노레일	기존 도시철도
1량당 승객정원	50명~120명	124~160명
차량 편성	2량~6량 고정편성	6량,10량 고정편성
승객 수송능력	12,000명~20,000명/시간	23,000명~65,000명/시간
차륜 형태	주행/안내용 고무타이어	철제 차륜
최고 운행속도	65~80km/h	80~90km/h
최대 등판구배	6~6.5%	최대 3.5%
최소 곡선반경	50~55 M	180 M
운전 방식	1인수동운전(무인자동운전 실용화)	2인 수동운전
차량 중량(1량당)	10톤~16톤 (기존 지하철차량의 30~45%수준)	28톤~39톤

마. 해외 운영사례

① 일본 : 동경, 지바, 오사카, 쇼난 등 14개 노선
② 미주 : 디즈니월드, 탐파공항, 뉴와크공항 셔틀 등
③ 기타 : 호주의 시드니, 독일의 H-Bahn 노선 등

2.7.4 LIM(Linear Induction Motor) 경량전철

가. 개요

　기존 도시철도시스템의 구동기술은 차륜-레일 간의 물리적인 마찰에서 발생하는 점착효과 Adhesion)를 이용하여 전동기의 회전력을 차량의 추진력으로 변환시켜 사용하는데 비해서, 선형 유도모터 시스템의 구동기술은 아래 그림 및 사진과 같이 종래의 원통형 회전식 전동기를 평판모양으로 선형화시킨 유도전동기를 차량의 주행장치 하부 부착하고, 안내레일 중간에 설치된 전자기 작용판(Reaction Plate)과의 상호 전자기현상으로 생기는 반발, 흡인력을 전기적으로 변환하여 차량에 직선 운동력을 주는 차상 1차 리니어 방식의 구동원리를 이용한 것이다.

이와 같은 선형유도전동기를 장착한 신도시철도 시스템은 회전형 전동기를 장착한 차량에 비해 궤도와 차륜의 점착력 대신 리액션 플레이트(Reaction Plate)와의 사이에서 발생하는 전자력을 추진력으로 사용하는 자기 부상열차와 동일한 추진방식으로 운행하는 비점착 구동방식의 교통기관이므로 등판능력이 우수하여 급곡선과 급구배 노선에 대한 주행 성능이 우수하며, 리니어모터는 평판모양의 전동기이므로 차량하부를 낮출 수 있어서 적은 터널 단면에서도 일정한 차량공간을 확보할 수 있으므로 대량의 수송수요가 필요하지 않은 경우에는 수송 수요에 적합한 차량단면으로 소형화하여 터널단면을 축소할 수가 있기 때문에 도시철도 건설비중 1/2을 차지하는 토목공사비 절감효과가 있고 소음을 감소시킬 수도 있다. 특히 지하구간이나 장거리 터널구간이 많은 노선에서 토목공사비의 절감효과(터널 단면적을 약 65%까지 축소가능)를 크게 기대할 수 있으며, 눈이나 비 등의 기후조건에 관계없이 급경사의 선로를 운행할 수 있어 구릉 형태의 도시지역이나 지하로 계획하는 노선에 적용하면 노선계획 시 최적의 경로를 설정할 수 있는 효과적인 시스템으로서 리니어 지하철 또는 소단면(小斷面) 지하철이라고도 불린다.

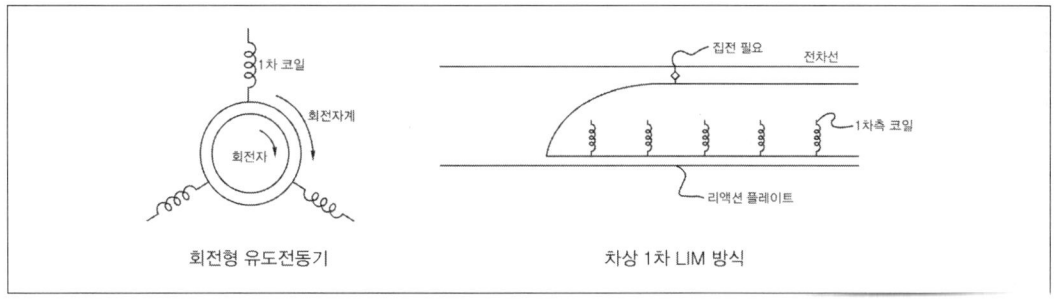

[LIM형 선형전동기 방식 개념도]

[미국 JFK(공항) 분기장치]   [미국 JFK(공항) LIM 차량]

우리나라에서도 이 LIM방식의 경전철에 대해서 고속화를 포함하여 기계연구원에서 지속적인 연구 개발이 이루어지고 있으며, 용인경전철과 대전 엑스포 등에서 아래 사진과 같이 이 방식이 건설되어 운용 중에 있다.

[용인시의 LIM]　　　　　　　　　　[한국기계연구원의 LIM]

이 LIM방식 경전철은 다음과 같은 장단점을 가지고 있어 일본에서는 "리니모"라는 이름으로 도심의 교통수단으로 특히 대심 지하철에서 많이 사용되어지고 있으며, 이 방식을 일반 지하철과 비교하여 정리하면 아래 표와 같다.

1) 장점
　① 동력 전달 장치가 불필요하므로 소음 및 진동 특성이 우수하다.
　② 차량의 상면 높이가 낮아져 터널 등의 건설비 절감 효과가 있다.
　③ 효율이 높고 비 점착 구동 특성상 기후의 영향을 거의 받지 않는다.

2) 단점
　① 리액션 플레이트의 발열로 인한 터널 내 온도가 상승한다.
　② 곡선 선로를 통과할 때 안내륜이 마모 된다.

[LIM방식과 기존 지하철방식과의 비교표]

항목	시스템 특성 및 성능	기존 도시철도 시스템 특성
1량당 승객정원	60명~130명	124~160명
차량 편성	2량~6량 고정편성	6량,10량 고정편성
승객 수송능력	25,000명~30,000명/시간	23,000명~65,000명/시간
차륜 형태	소형 철제탄성차륜	표준 철제차륜
최고 운행속도	80~90km/h	80~90km/h
최대 등판구배	5.3~7.5%	기존지하철 최대 3.5%
최소 곡선반경	50~70 M	180 M
운전 방식	무인 자동운전(비상시 수동운전)	2인 수동운전
차량 중량(1량당)	14톤~22톤(기존 지하철차량의 50~55%수준)	28톤~39톤

다. 해외 운영사례
① 일본 : 동경 도영12호선, 오사카7호선 등
② 캐나다 : 밴쿠버 Skytrain, 토론토 Scarborough노선
③ 미주 : 디트로이트 시 도심 DPM시스템, 휴스턴 인터콘티넨탈공항, 워싱턴D.C. WED-PM시스템 등

2.7.5 기타 방식의 경전철시스템

가. PRT(개인용 무인전차시스템 Personal Rapid Transit)

PRT란, 3~6명 정도의 승객을 실어 나르는 승용차 정도의 차량이 전용궤도를 이용하여 13~55km/h의 속도로 운행되는 시스템이다.

미국, 독일, 일본 등에서 지난 약 20년간을 활발하게 연구 개발하여 실용화 단계에 이른 개인용 경전철시스템으로서, 미국의 Raython사에서 개발한 PRT가 가장 실용화에 근접하여 활발한 활동을 진행하고 있다. 과거 여의도에 이 시스템의 도입을 구체적으로 추진한 적도 있으며, 현재 서울의 강남구, 송파구 및 세종 시의 일부지역에서도 이 PRT 도입을 검토 중에 있다.

이러한 무인전차의 전 세계적 운행상황은 아래와 같다.
① 프랑스 : Lille 1(1983), Lille 2(1989), Lyon D(1992), Toulouse A(1993)
② 일본 : Osaka(1981), Tokyo Waterfront(1995)
③ 영국 : London Docklands Light Railway(1987)
④ 캐나다 : 밴쿠버의 Sky Train(1986) 등

나. Guideway Bus System(궤도버스)

버스가 궤도 또는 선로 위를 운행하는 시스템으로서 기존 버스 시스템의 편리함과 서비스를 개선하여 개발된 버스전용 궤도가 설치된 형태이다. 유도장치와 제어장치를 가지고 있으며, 주거지 및 도심에서는 일반버스처럼 운행하지만 전용의 선로를 이용하므로 고속으로 운행이 가능하다는 것이 큰 장점이다.

버스전용의 궤도를 만드는 방법을 취함으로써 이 전용 도로에서는 가이드웨이 시스템에 의해 자동운전이 되도록 한 시스템이다.

일반 버스를 전용의 선로와 일반 도로를 겸용하여 운행하는 세종시의 BRT(BusRapid Transit)도 이 방식의 일종이라고 할 수 있을 것이다. 이 버스를 경유나 가스가 아닌 밧데리에 의해 운행하는 것을 일부에서는 TRAM방식이라고도 하지만 전용의 궤도를 차량으로 운행하는 방식이 아닌 버스라는 점에서 가이드웨이 버스라고 부르는 것이 타당할 것이다.

[가이드웨이 버스]

다. VONA(Vehicle Of New Age)

도시 내의 교통 정체해소 및 신도시와 기존도시를 연결하는 통근 수송수단으로 개발된 방식으로 근거리용 수송시스템이며, 속도는 지하철과 일반자동차의 중간 정도이다. 이 방식은 안내궤조식이며 고무주행차륜 4개와 각각에 수평안내 차륜이 구비되어 있으며 차체는 알루미늄재에 의한 골조와 FRP재 등에 의한 외장으로 구성되어 경량화되어 있다.

이 VONA 시스템의 역 구성은 아래 그림과 같이 양단 역의 승강장이 원형으로 배치되고 그 바깥쪽의 도너츠(Donuts)부분이 시속 2km 정도로 회전하면 역에 진입한 열차는 승강장과 동일한 속도로 이동하고 그 사이에 승객들은 마치 차가 정차한 것과 같이 승하차를 할 수 있어 정지하지 않고도 승하차를 할 수 있다는 장점이 있다.

VONA시스템의 운전제어는 프로그램에 의한 자동운전 장치(무인운전)를 구비하여 무인 및 유인 운전도 가능하며, 운전제어시스템으로는 완전한 중앙 집중제어방식으로 열차 감지, 폐색, 신호 등을 취급하는 운전보안시스템과 열차집중제어, 열차번호 등을 취급하는 운행관리시스템 및 서비스 관련시스템으로 구성되어져 있다.

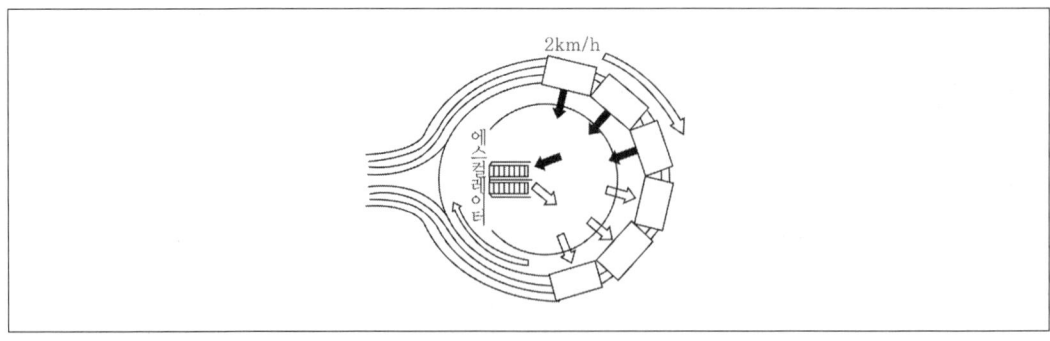

[VONA 시스템의 역 구성]

라. DMV(Dual Mode Vehicle)

JR 북해도가 개발 중인 시스템으로 거의 실용화 단계에 와 있는 시스템이다.

이 시스템은 통상의 Micro Bus를 개조해서 도로만이 아닌 선로도 주행되도록 한 Bi Modal System이다. 일반 도로는 버스로서 주행하고 선로 상으로 들어간 때는 Mode Interchange부(아래 좌측 그림 참조)에서 차체의 앞 뒤에 격납되어 있던 철제차륜(철도의 차축이 붙은 차륜)을 선로 위로 내려서 차량의 앞쪽에 있는 고무타이어는 부상시키는데, 앞 뒤의 차축이 붙어있는 철제차륜 2조와 차체 후방의 고무타이어중 좌우 1개의 바퀴로 차체를 지지하는 것으로서 안내는 재래의 철도와 같은 형태인 철제차륜과 철제레일로 하는 방식이다. 이 때 차량후방의 고무타이어와 철제차륜의 하중 분배를 자동적으로 설정하여 고무 타이어로 부터의 구동력을 추진에 이용하고 있다.(아래 우측 그림 참조)

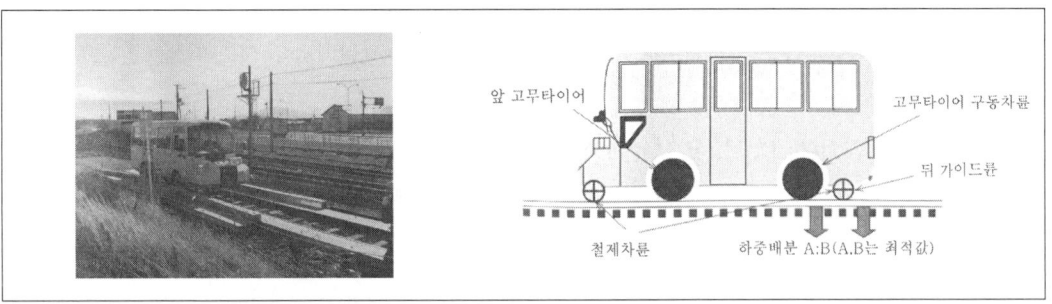

[Mode interchange부분(도로→철도)의 예]   [선로주행을 할 때 DMV의 하중배분의 예]

이 시스템에서는 안전성 측면에서 보면 철도차량으로서의 탈선에 대한 안전성 외에 고무타이어가 선로 위를 주행하는 것에 대한 안전성도 고려해야만 한다.

또한, 중량이 가벼운 차량이므로 차량과 레일간의 불완전한 접촉으로 인한 열차의 위치 검지에 대한 부적합 해소에도 노력이 필요하다.

그리고, 도로에서 선로로, 선로에서 도로로, 모드가 다른 Mode Interchange부에서의 주행 안전성을 확보하기 위한 구조에 대해서도 추가적인 검토가 필요하다.

현재는 JR 북해도 국토교통성이 기술평가 위원회를 시행하여 최종적인 기술평가를 하고 있는 단계이며, 동시에 각 지역에서 실증시험(富士市의 岳南철도, 高線森町의 南阿蘇철도, 惠那市의 明知철도, JR北海道의 釧鋼線 등)을 통하여 지방철도의 지방선 구간에 대한 도입을 위한 준비가 거의 막바지에 이르고 있고 전해진다.

유럽에서는 이 방식과 유사한 시스템으로서 고무타이어로 주행하는 트로리 버스 와 같은 형식으로 중앙에 1본의 레일을 매입하고 차량에 탑재되어 있는 후렌지가 있는 철제차륜으로 안내방향을 제어하여 주행하는 Tire-Durm이라는 시스템이 실용화되어져 있다.

이 시스템이 운용 중인 예를 들어보면 아래와 같다

① 다렐 몽페랑에서 주행 중인 Trans-role
② TVR은 Trolly Pole을 내리고, 안내차륜을 차내에 격납하고, 차내의 Battery에 의해 전기 버스로서 주행하는 것으로 남서핀란드에서 일부 운영 중에 있다.

[낭시에서 주행중인 TVR]

[다렐몽페랑에서 운행중인 트랜스 롤]

마. Eco Light(위치에너지 이용 시스템)

Eco Light는 기존의 코스타 기술을 응용한 위치에너지를 이용한 교통시스템으로 단거리수송을 전제로 한 교통시스템이다. 이 시스템은 차량의 구동 및 제동기구를 지상 측에 설치하여, 차량을 경량화 함과 동시에 궤도구조물 등도 경량화함으로써 차량운행에 필요한 에너지나 구조물 건설에 필요한 비용을 절감한 것으로 에너지 절약, 비용 최소화를 실현하고 있는 시스템이다.

이 시스템은 현재 공공교통수송기관으로서의 실용화를 향한 연구개발이 진행 되고 있는 중이다.

1) 시스템의 특징

Eco Light의 가장 큰 특징은, 차량 운행에 위치에너지를 이용하고 있는 것으로서 위치에너지를 만들어 내기 위해 차량을 감아올리는 장치가 필요하며, 그 장치는 다른 궤도계의 시스템에는 없는 것이다. 기존의 코스타와 마찬가지로 차량이 Compact하며, 15m의 급 곡선도 주행이 가능하게 되어 있다. 그 외에 지상 측에 배치한 기계식의 브레이크로 차량을 정지시키는 점도 다른 교통시스템에는 없는 사양이다.

2) 시스템의 개요

Eco Light는 기존의 공공교통과의 연계를 도모하는 것을 전제로 한 비교적단거리에 사용되는 공공교통시스템이므로, 최고운전속도는 40km/h 정도이며, 승차정원도 최대 1편성 당 50~80명 정도로 되어 있으며, 이 시스템을 구성 하는 중요한 장치로는 차량, 궤도, 권상장치, 제동장치 등이 있다.

시스템의 기본사양은 아래 표와 같다.

[Eco Light 기본사양]

구동방식	위치에너지	승차정원	12인/량
운행방식	한쪽방향에 의한 루-프방식	최급구배	250‰(상향) 140‰(하향)
최고운전속도	40km/h	최소곡선반경	15m

　차량은 차체와 대차로 구성되어 있으며, 차체와 대차 사이에는 진동을 저감시키기 위한 2차 스프링 이외에도 대차테두리에는 브레이크용 라인이 장착 되어 있다. 아래 사진은 시험을 위해 제작된 차량의 사진이다.

　궤도는 Steel-Pipe를 사용한 2본의 궤도로 차량을 지지하는 구조로서 경량화를 도모하고 있으며, 권상장치는 위치에너지를 만들어내기 위한 중요한 장치로서 콘베어 체-인 권상방식, 와이어 로-프 권상방식이나 리니어 모터 권상 방식 등 여러 가지 방식이 있으나, Eco Light에서는 실용화 시점에서 와이어 로-프 방식이 유력한 후보로 되어 있다.

[에코 라이트의 시험제작 차량]

　제동장치는 PM(Permanent Magnet) 브레이크 및 공기압을 사용한 기계식브레이크로 구성되어 있다. 차량은 바로 앞에서 PM브레이크를 통과할 때 횡에 작용하는 전자유도에 의해 감속한 후 공기압에 의해 횡을 좌우에서 끼워 넣어 정지시키는 방식이 채용되어져 있다.

　그 외에 GPS를 이용한 Eco Light용 관제제어방식 등에 대해서도 검토가 되고 있으며, Eco Light의 운행 기본은 Loop선에 의한 단방향 운전을 전제로 하고 있으나, 단선의 양방향운전이니 복선 등에 대해서도 검토가 이루어지고 있다.

바. IMTS(Intelligent Muti-mode Transport System)

　IMTS는 버스로서 도로 위를 주행하지만 전용궤도 위에는 지중에 매립된 자기(磁氣) Marker를 읽어서 안내벽과 비접촉으로 자동 주행하는 시스템으로서, 2005년 일본의 愛·地球박람회에서 회의장내 수송에 사용했었다. 이 시스템은 기본적으로는 안내방향 제어를 자동조타시스템에 의해 전용궤도 위에서도 안내벽 없이 주행 가능하지만, 자동 조타가 고장 난 경우를 대비하여 차 내에는 안내륜이 탑재 되어져 있고 궤도 위에는 안내벽이 설치되어져 있어서, 도로 상에서도 자기 Marker를 매입 한다든지 안내벽을 설치해야 하므로, "자동차나 버스의 주행 라인 을 점유하는 개량이 필요하다"라고 하는 단점 때문에 실용화에는 실패하였으며, 이를 해소하기 위해 도로 위에 그려진 흰 선을 광학식 센서 등으로 읽어 들여서 기본적으로는 자동 주행을 하고, 자동조타가 고장이 난 경우에는 차내에 탑재되어 있는 비상 제동장치 에 의해 정지시키는 것이 가능한 bi-modal 교통시스템이 현재 일본의국토교통성 등에 의해 개발되고 있다.

[기계연결 운행중인 바이모탈시스템]   [백색선검지 바이모탈차량의 개요]

사. 케이블카(도시형 삭도)

공중에 가설된 로프에 운반 기구를 매달아서 사람과 물건을 나르는 시스템으로서 전에는 대개 산악지 등에서 관광목적으로 이용되어 왔지만, 도시형 삭도는 이 시스템을 도시교통에 대응하는 시스템으로 개량한 것이다. 지상과 공중에 면적을 최소로 차지하고, 정시 운행이 가능하며, 비용도 적게 들며, 급경사에서도 운행이 가능하기 때문에 노선을 융통성 있게 운영할 수 있는 환경 친화적인 시스템이라고 할 수 있다.

아. 트로리 버스(무궤도 전차)

무궤도 전차는 가공복선식의 전차선에서 차량이 집전장치를 통하여 전력공급을 받아 레일을 이용하지 않고, 노면 위를 주행하는 버스형 차량의 수송기관이다.

귀환회로로 레일을 이용하지 않으므로 정·부 두 선의 전차선에서 트로리를 통해 전력을 공급하게 된다. 또한 전차선이 없는 지역에서는 버스로 전차선이 있는 지역에서는 전차로서 운행하는 경우도 있다. 전차선은 저속이므로 대부분 직접 조가방식을 사용하고 있다.

[케이블카] [트로리버스]

이러한 경전철시스템들의 각 방식별 특징을 비교하여 정리하면 아래 표와 같다.

종류	운행방식	주요특징	도입적지
노면전차	- 도로노면에 레일을 부설하여 혼용 운행하는 방식 - 유인운전	- 기존의 신호운영시스템 이용가능 - 간단하게 완성되는 시스템 - 저속주행 필요 - 건설비 및 운영비 저렴	- 도시내 기관교통
모노레일	- 1개의 주행로 위해 차량이 과좌 또는 현수하여 주행하는 고가구조	- 전용공간이 소규모 - 급곡선, 급기울기 가능 - 안전도, 승차감 양호	- 버스로 대응할 수 없는 구간 - 도시내 기관교통 - 도로 상공에 도입
AGT	- 고무바퀴 차량이 가이드웨이에서 무인운전으로 운행	- 무인운전 가능 - 소음, 진동 저감 - 표정 속도 저하	- 버스로 대응할 수 없는 구간 - 도시내 기관교통 - 도로 상공에 도입
리니어 지하철	- 소단면 지하철로 지하철 운행방식과 동일	- 단면축소로 공사비 저렴 - 급곡선, 급기울기 가능 - 보수용이 - 최고속도 양호	- 거점 도시간 수송
HSST	- 자기부상식	- 급곡선, 급기울기 가능 - 저 진동성 저소음성 - 최고속도양호 (100km/h)	- 거점 도시간 수송
도시형삭도	- 케이블카 - 공중에 가설된 삭도에 의해 운반	- 급커브와 장대스판 가능 - 전용공간 협소 - 건설비 저렴	- 특정 2개소 거점간 수송
트로리 버스	- 전기로 운행되는 버스	- 기존 버스대비 수송력, 정시성, 가속성능 향상	- 버스교통 개선 효과
가이드웨이 버스	- 버스 전용궤도로 운행	- 교외부 유연한 노선계획 - AGT 도입의 단계적설비 가능	- 버스 네트워크가 집중되는곳

3 틸팅 차량

3.1 틸팅 기술

자전거나 모터사이클을 타고 커브 길을 돌 때 몸을 안쪽으로 기울이면 쉽고 빠르게 커브를 돌 수 있는 것과 같이, 차를 곡선 안측으로 기우려서 원심력의 영향을 최소화시키는 원리이다.

철도차량이 곡선을 주행하면 원심력의 영향을 받아 바깥쪽으로 기우려지려고 하는 경향을 가지게 되는데, 이러한 현상은 통과속도가 높을수록 커지게 된다. 이러한 영향을 줄이기 위해 바깥쪽의 궤도를 안쪽보다 높게 하는 캔트를 주게 되는데, 이러한 캔트는 $C = 11.81 \dfrac{V^2}{R} - C'(mm)$ 의 식에서 보듯이 통과속도의 제곱에 비례하여 커지게 된다.

그러나, 저속열차 혹은 신호관계로 열차가 정지 또는 서행하는 경우에 높은 캔트에서는 반대로 곡선 내측으로의 전도 위험이 있으며 승차감도 아주 나빠지게 되므로 캔트를 주는 것도 일정한 한계가 있게 된다.

그래서 이러한 원심력에 대응하기 위해 캔트의 부족량을 열차의 차체를 안쪽으로 기울여서 보충하는 방법을 채용한 것이 틸팅열차로서, 현재 세계 14개국에서 사용 중이며. 우리나라도 충북선에서 차량시험까지 마쳤으나 사용되지는 않고 있다.

이러한 틸팅열차는 곡선에서의 승객의 승차감 향상과 속도향상 효과를 얻을 수 있어서 선로를 그대로 둔 상태에서도 운행시간이 단축되며, 곡선구간에서의 가감속이 줄어서 에너지도 절감된다.

3.1.1. 원리

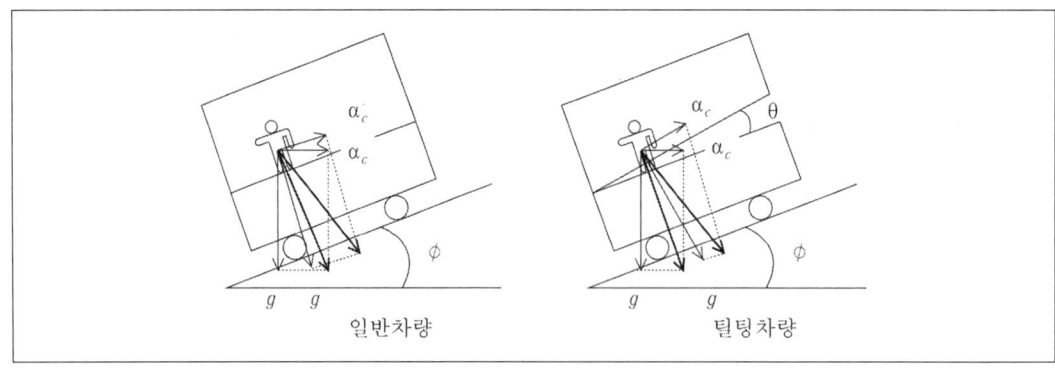

[틸팅차량의 원리]

위 그림에서 α_c는 차량의 원심가속도, g는 중력가속도이며, ϕ는 캔트에 의한 각 θ는 틸팅차가 틸팅을 주는 각도이다.

이 그림에서 곡선통과 시에 승객이 느끼는 횡가속도 α_f를 살펴보면, 수평상태에서의 횡가속도에서 캔트에 의한 효과를 제외한 값이 되므로 일반차량의 경우에는 $\alpha_f = \alpha_c - g\phi$이 되고, 틸팅 차량의 경우에는 캔트 값이 틸팅된 값만큼 증가하게 되므로 $\alpha_f = \alpha_c - g(\phi+\theta)$가 되는 것을 알 수 있다.

위 식에서 알 수 있듯이, 차체 틸팅으로 승객이 느끼는 횡가속도가 틸팅 각이 크면 클수록 감소하게 된다.

그러나 차량의 탈선, 선로에 미치는 영향, 승차감 등을 고려하여 현재 운행 중인 틸팅 차량의 최대 틸팅각은 약 8°이고, 최대 틸팅 각속도는 약 4(°/sec)이다. 이 조건을 적용하면 20~30% 정도의 속도향상이 가능하다.

3.1.2. 틸팅차의 분류

가. 제어방식

1) 자연 틸팅식

차체의 회전축과 자체의 무게 중심점을 서로 어긋나게 배치하여 곡선 상에서 자체가 자동적으로 기울어지도록 하는 방식으로서, 어떠한 제어장치도 없으므로 제어기기 고장에 따른 감속이나 사고의 우려가 없고, 기술적으로 간단하다는 장점도 있지만 횡방향의 요동이 제대로 감쇄되지 않거나, 곡선에 따라 발생하는 원심력과 실제 차량의 기울임 정도가 어긋나는 경우가 많아 승차감이 아주 나빠지게 된다는 단점도 있어, 현재는 거의 사용되지 않는 방식이다.

2) 강제 틸팅식

자연 틸팅식의 문제점을 해결하기 위해 선로 조건에 따라 최적의 기울이는 각도를 컴퓨터를 통해 산출하여 이 각도만큼 차체를 기울이는 방식으로서 요동이 적고 승차감이 양호하다는 장점이 있는 반면에, 제어계통에서 고장이 발생하는 경우에는 감속운행의 문제가 생기는 부분이 있어 모든 나라들이 이를 기본설계 단계에서 Fail-Safe를 적용하여 극복하고 있다.

나. 틸팅메카니즘

1) 공기스프링식

대차 좌우에 설치된 차체를 지탱하는 공기스프링의 내압을 제어하여 적절한 각도까지 차체를 기울이게 하는 방식이며, 스페인의 탈고객차에 적용되고 있는 방식으로, 이 방식의 간이 형태가 일본 신간선 N700계 전동차에서 사용되어지고 있다.

1960년대부터 구상되기 시작하여 서독의 국철에서 1973년에 12량을 시험 제작한 403형으로 불리는 동력분산방식 고속차량의 볼스터리스 대차에서 가장 먼저 적용하였으며, 최대 틸팅 각도가 2°인 틸팅 장비가 탑재되었다.

이것은 시험만으로 끝나고 양산은 되지 않았으나, 이 방식에 대한 기본적인 구조는 거의 확립 되었으며 저비용으로 틸팅 차량을 구현할 수 있는 방법으로 세계의 주목을 받았었다.

틸팅의 회전 중심이 공기스프링과 같은 높이로서 틸팅 시에 차량 한계를 초과하기 쉬우므로 영업차량의 최대 틸팅 각도를 2°로 억제할 수밖에 없어서 다른 방식에 비해 틸팅 각도가 작다.

특별한 틸팅 장치가 불필요하며, 기존 공기스프링 대차의 설계만 약간 변경하여 Feed-back 또는 Feed-forward하는 제어장치만 추가하여 틸팅 차량을 만든 것이므로, 경량이고 저비용이며, 틸팅 각도 2°의 경우에도 25km/h정도의 속도 향상이 실현되어 비용에 대한 효과는 충분히 있었다.

2) 링크식

대차의 접속부에 링크 구조와 Actuator를 설치하여 차체를 기울게 하는 방식으로서 영국의 APT, 이탈리아의 ETR계 틸팅 차량, 펜돌리노 등 주로 유럽계 차량과 여기에 영향을 받은 차량에 채용되어져 있는 방식이다. 우리나라의 틸팅 차량인 TTX도 펜돌리노의 영향을 받아 이 방식을 채택하여 제작되었다.

3) 베어링식

차체와 대차 사이에 베어링과 구동 면을 두어 슬라이딩하게 만든 방식으로서 일본의 재래선 틸팅 차량의 대 다수가 이 방식을 채택하고 있다.

3.2 해외의 틸팅열차

합리주의를 표방하고 있는 유럽에서는 기존선에다 적은 개량비로 고속화할 수 있는 철도의 신기술로 이러한 틸팅 기술을 받아들여서, 다양한 형태의 틸팅열차가 운행 중에 있다.

3.2.1 일본(Series 281)

JR북해도의 Super 북두(北斗) 281 협궤열차는 장거리 디젤전동차 형식의 틸팅차량으로서, 최고속도는 130(km/h)이고 총 탑승인원은 353명이다.

삿뽀로~하꼬다테 구간 318.7km(표정속도 106.8km/h)로 2시간 59분에 운행하고 있으며,

1993년 10월부터 양산되기 시작하여 10년이 넘었으므로 신뢰성은 충분히 확인된 차량이라고 할 수 있을 것이다.

이 차량을 개선한 283차량이 삿뽀로~쿠시로간 348.5km를 운행하고 있다.

281차량의 전두 부의 운전실이 높게 되어 있는 것은 비상충돌 사고 시 운전사를 보호하기 위한 것으로 일본에서 Good-design상을 수상한 바도 있다.

3.2.2 독일(Regio-Swinger 612)

Regio-Swinger 612(또는 VT 612)는 1997년부터 상업운전을 시작한 최고속도 160km/h의 차량으로서 전기-기계식 Tiling Actuator(Nei-control-E)를 탑재하였으며, 100~150km 정도의 거리에서 여객을 수송하기 위해 제작된 차량이다.

디젤-액압식(Disel-Hydraulic)구동방식을 채택하여 차량 당 1.5~2ton 정도를 경량화 시켰으며, 동차형식으로 높은 가속능력($0.77㎡/s$)으로 급제동 능력을 갖추고 있어 곡선부가 많고 경사가 심한 비전철화 구간에 적합한 차량이다.

3.2.3 영국

틸팅을 처음 개발하여 영업운행을 시도한 국가이다.

영국은 철도의 종주국으로 잘 계획된 철도를 보유하고 있어서 신선 건설보다는 합리적인 방법인 틸팅을 활용한 고속화를 채택하였다.

영국 국철 산하기관인 영국철도기술연구원(British Railway Research Institude) 주도로 틸팅시스템이 개발되었다. 초기에는 가스터빈 동력을 사용하는 시험용 틸팅차를 개발하였으며, 영업운행을 위한 APT(Advanced Passenger Train)는 1978년에 개발을 완료하고 1981년 12월부터 영업운전을 시작하였다.

1978년 12월 7일 영국의 전 지역에 가혹한 겨울 추위가 계속되었을 때 스코틀랜드에서 눈보라에 얼어붙은 선로 위에서 시험하다가 탈선되면서 정치와 언론에서 이 기술을 위험한 시스템으로 매도하기도 하였다.

이 APT는 동력집중식 전기차량으로 당시 최신 기술을 적용한 첨단열차이었으나 영업운전 기간 동안에도 습기가 동결된 선로에서 유압제동 문제 등으로 제 속도를 내지 못하거나, 때로는 운행 자체가 취소되기도 하여 당국이 재정지원을 끊음으로 영업 현장에서 은퇴하는 비운을 겪게 되었으며, 현재는 요오크의 철도박물관에 전시되어 있다.

1999년에 Virgin Train회사는 FIAT/ALSTHOM의 Pendulum(진자, 흔들이)을 적용하지 않은

Roller Kinematic의 틸팅 메카니즘을 이용한 Pendolino 차량의 개발을 이탈리아에서 운영되는 "Pendolino"의 기술을 도입하여 추진하였으며, "Voyage(여행, 항해의 의미)" 라는 이름의 열차로 2004년 9월에 개통식을 갖고 영업을 시작하여 West Coast Main Line에서 53량을 운영 중에 있다.

이 차량은 8°의 강제 틸팅 방식을 적용하여 곡선부에서 승객들에게 곡선 운행의 감각을 약 25% 정도는 남기게 함으로써, 9°의 자연 틸팅으로 인해 발생되었던 문제점들을 보완하였다. 25kV 방식의 전기시스템, 설계 최고속도 225km/h, 최대 5.100kW의 견인전동기를 장착한 동력분산식 전기차량으로서, 9량 1편성으로 되어 있으며 축 하중은 14.7ton이었고, 곡선을 감지하는 센서로는 자이로스코프와 횡가속도 센서를 사용하였다.

이것은 영국에서 실패한 기술이 이태리로 건너가 발전한 뒤에 다시 영국에 상륙한 아주 아이러니한 경우이다.

3.2.4 이탈리아(ETR 460 Dissel ETR)

ETR(Electro TReno)시리즈로 명명된 이탈리아 FIAT사의 틸팅열차는 진자(振子)라는 의미를 가진 "Pendolino"라고 불리고 있으며, 현재와 같은 시스템을 갖춘 틸팅열차는 ETR 450으로서 이 열차는 영국에서는 실패한 APT기술을 적용하여 실용화한 차량이다. 1988년 영업노선에 투입하였으며, 영국에서의 동력 집중식을 동력 분산식으로 변경하여 제작한 전기차량으로 유압식 능동 틸팅제어시스템이 장착되어져 있다.

자이로스코프센서로 곡선을 감지하여 8°까지 차체의 경사가 가능하며, 최고 250km/h로 주행이 가능한 차량으로서 산악지대가 많은 지역에 아주 적합하다.

이 ETR 450은 그 후 460, 470, 480. 490으로 지속적으로 Up-Grade 되어졌다.

이러한 이탈리아에서의 Pendolino 틸팅시스템에 대한 연구는 1967년에 처음 연구를 시작하여, 1970년대 1세대인 ETR 401이 개발되었으며. 1980년대에는 2세대인 ETR 450과 VT 610이 개발되었고, 1992년에는 3세대인 ETR 460/470/480, S 220(핀란드), IC-NEITECH(독일), CP(포르투칼), RENFE IC 2000(스페인)이 개발되어 그 기술이 세계로 뻗어나가게 되었다.

이처럼 이탈리아의 틸팅차는 유럽에서 가장 인정받는 능동형 틸팅제어 차량으로 외국에서도 구입하여 운영하는 등 다양한 운영 경험을 가지고 있는 것이 최대 장점이라고 할 수 있을 것이다.

3세대인 ETR 460 차량은 1996년부터 상업시운전을 시작하여 가장 빠른 틸팅차일 뿐 아니라 신뢰성을 인정받아 외국에서도 많이 사용되는 대표적인 틸팅차이다.

가. 노선

1) 밀라노~로마~나폴리 구간의 776km는 노선을 신설하고 나머지 구간은 기존선을 개량하여 여객과 화물을 혼용하여 수송하고 있다.
2) 로마~피렌체 구간 개요
   ① 거리 : 262km
   ② 설계속도 : 300km/h
   ③ 최대구배 18/1000
   ④ 최소 곡선 반경 : 5,450m
   ⑤ 건설기간 : 1970~1989년
   ⑥ 운영회사 : FS

나. 건설배경

밀라노~로마~나폴리를 연결하는 주 간선 구간의 수송능력이 한계에 도달 하여 이 구간의 수송수요 증가를 선로개선과 고속차량 개발로 해결하기 위해 이 틸팅 차량이 개발되어졌다.

다. ETR 차량시리즈 주요제원

점차 Up-Grade되고 있는 ETR차량의 시리즈별 주요 제원을 보면 아래 표와 같다.

차종	ETR450	ETR460	ETR470	ETR480	ETR500
영업개시년도	1988년	1995년			1999년
최고속도(km/h)	250	250	200	250	300
최대견인력(KN)	180	207	358.7	208	
차량편성	1P8T	3P6T	3P6T	3P6T	2P8T 2P11T
가선전원	3kV(DC)	3kV(DC)	3kV(DC) 15kV(AC)	1.5kV(DC) 25kV(AC)	1.5kV(DC) 3kV(DC) 25kV(AC)
추진제어방식	인버터	Chopper 인버터	인버터	Chopper 인버터	
편성 총길이(m)	183.6	236.6	236.6	236.6	
차체 폭(m)	2.75	2.8	2.8	2.8	
좌석수(인)	344	478	478	478	
공차중량(ton)	403	445.4	460	422	664/520
축중(ton)	12.5	13.5	13.9	13.5	17
틸팅시스템	강제틸팅	강제틸팅	강제틸팅	강제틸팅	없음

3.2.5 독일(ICE-T, ICT-VT)

독일의 ICE-T, ICT-VT 차량은 ICE의 서비스를 연계할 목적을 가진 기존 간선용의 차량으로 개발된 것이다.

가. ICE-T

최고속도가 230km/h로서, 외형이나 내부 구조, 승차감 등이 ICE와 거의 동일하여 ICE와 서비스를 연계하도록 함으로써 승객들이 서비스 차이를 느끼지 못할 정도로 만들어졌으며, 향후 Inter-City(IC)와 Inter-Region차량의 대체용으로서 사용할 예정이다.

나. ICT-VT

전철이 되어 있지 않은 구간을 운행하기 위한 200km/h급의 디젤-전기식의 차량이다.

다. ICT의 특징

이러한 ICT는 수송수요에 탄력적으로 대응하기 위해 8량, 7량, 6량, 5량 등의 다양한 기본 편성을 가지고 있으며, ICT, ICE 2, IC 3 등과의 중련운전도 가능하도록 만들어져 연계수송에 문제가 없도록 제작되었다.

3.2.6 스웨덴(X 2000/SJ)

스웨덴도 1968년부터 틸팅열차에 대한 연구를 시작하였으며, SJ와 ASEA(현재의 AD Tranz) 사이의 협력개발을 통해 혹독한 기후에 적합한 틸팅열차를 개발하여 1986년에는 20량의 제작 주문이 이루어졌다.

1989년 제작된 이 열차는 1990년 영업운전을 시작하였으며, 이 기술의 명칭은 제작 초기에는 X2이었으나 구입한 고객이 X2000으로 명명하였다.

가. 노선

이 스웨덴의 X2000이 운행되고 있는 노선은 다음과 같다.
1) 스톡홀롬 ~ 예테보리 : 456km
2) 스톡홀롬 ~ 말뫼 : 599km
3) 스톡홀롬 ~ 파룬 : 250km

나. X 2000의 특징

X2000은 기존 선로를 그대로 이용하면서도 곡선부에서 전보다 약 25~30% 정도의 속도를 향상시킬 수 있도록 틸팅대차에 조향장치를 적용하여 곡선부에서 횡압을 저감시킨 전기유압

식의 틸팅시스템을 적용하여 승차감이 매우 높다.

또한, 이 틸팅 동력차(기관차)와 부수 객차, 동력차 반대편에도 운전실이 있는 부수객차로 편성된 전기차량 형식으로서, 1990년~1996년 사이에 납품된 42편성의 차량이 표준궤간을 사용한 AC 15kV 구간에서 운행되고 있다.

이 차량의 주요 제원을 보면 다음과 같다.

1) 동력차의 최대 견인력 : 4,000kW
2) 비동기 견인전동기 제어방식 : GTO Thyrister 제어방식
3) 승객 수송용량
   가) 4량 1편성(최소) : 236명
   나) 6량 1편성(최대) : 318명(1P 5T)
4) 6량 1편성 차량의 제원
   가) 열차길이 : 165m
   나) 차량의 폭 : 3,080㎜
   다) 차체의 재질 : Stainless steel
   라) 최대중량 : 390(ton)
   마) 동력차 축 중 : 18.3(ton)
   바) 부수차량 축 중 : 13(ton)
   사) 열차최고속도 : 210(km/h) (영업 속도 200km/h)[시험 최고속도 : 275km/h]
   아) 능동 유압틸팅시스템 채택
   자) 최대 유효 틸팅각 : 8°
   차) 차륜직경 : 1,100/880 ㎜

3.2.7 미국(Acela)

미국에서 유일한 고속 노선인 NEC(North East Corridor)에 투입된 차량이며, 캐나다 Bom Bardier의 틸팅 기술과 프랑스 GEC-ALSTHOM의 동력기술을 합쳐서 제작된 차량으로서 주요 제원은 아래와 같다.

1) 차량편성 : 8량 (2M+6T : M+T+T+T+T+T+T+M)으로 편성
2) 승객 수송용량 : 345명
3) 최대 출력 : 9200kW
4) 최고 속도 : 240km/h
5) 최대 유효 틸팅각 : 6.5 °

3.2.8 스위스(Inter-city Neigezug(ICN))

스위스에서 최근에 운행을 시작한 ICN 틸팅 차량은 최고속도 200km/h급에서는 가장 진보된 틸팅 시스템을 채택하고 있는 차량으로서 주요 제원은 다음과 같다.

1) 차량편성 : 7량 (4M(동력차)+3T(부수차) : M+M+T+T+M+M)
2) 궤간 : 표준궤간 사용
3) 전압 및 출력 : 15kV 교류 $16\frac{2}{3}Hz$을 사용하고 있으며, 최대 5200(kW)의 Power(GTO Converter)를 가지고 있다
4) 좌석수 : 465석(1등석 131석, 2등석 334석)
5) 총 열차길이 : 188(m)
6) 차량 폭 : 2.82(m)
7) 차량중량 : 355(ton)
8) 최대축중 : 15(ton)
9) 최대속도 : 200(km/h)
10) 틸팅메카니즘 : 전기-기계식
11) 최대 유효틸팅 각도 : 8°

3.2.9 포르투칼(Pendoluso/CP)

Iberian 궤간인 1,668mm의 광궤에서 운용되도록 설계된 차량으로서 주요 제원을 보면 다음과 같다.

1) 차량편성 : 6량(4M(동력차)+2T(부수차))
2) 전원 및 출력 : 25kV 교류 50Hz를 사용하고 있으며, 최대 4000kW의 Power(GTO Inverter 비동기전동기)를 가지고 있다.
3) 좌석수 : 301석
4) 총 열차길이 : 159m
5) 차량 폭 : 2.92m
6) 차량중량 : 공차 : 299ton, 열차 차중 : 325ton
   ※ 공차 : 차량에 들어가는 연료, 냉각수, 오일 등을 모두 채우고 예비타이어 까지 장착한 상태의 차량중량 (공차중량 : CVW, Curb Vehicle Weight로 표현)
   ※ 영차 : 차량에 승객이 완전히 탄 상태의 차량중량
7) 최대 축중 : 14.6ton

8) 틸팅 방식 : FIAT형식 유압식
9) 최대 유효틸팅 각도 : 8°

3.2.10 노르웨이(BM 71)

BM 71은 스웨덴의 X2000 차량을 기본으로 AD Tranz에서 제작하였으며 1998년~1999년에 Oslo 주변 노선에 16량을 투입하여 운행하기 시작하였으며, 이 차량의 주요제원은 아래와 같다.

1) 차량편성 : 4량 1편성 전기동차 형식 (3M+1T)
2) 가선전압 : 15kV 교류 $16\frac{2}{3}Hz$
3) 정격 출력 : 2646(kW)
4) 최고 속도 : 210(km/h)
5) 좌석수 : 226석
6) 총 열차길이 : 108(m)
7) 차량 폭 : 3.048(m)
8) 차량중량 : 208(ton)
9) 최대축중 : 16.5(ton)[동력차], 15(ton)[부수차]
10) 틸팅 방식 : 유압식
11) 최대 틸팅 각도 : 7.5 °

3.2.11 스페인(Alaris)

이탈리아 ETR 460 차량을 기본으로 스페인의 하부 구조 및 요구 사항에 맞추어 ETR을 제작한 FIAT사에 의해 제작된 직류방식의 틸팅 전기동차로서, 마드리드~발렌시아 구간에서 운행되고 있다. 이 차량은 유럽의 다른 차량과 달리 차체의 폭이 커서 실내 공간이 쾌적하고 모든 의자가 회전 가능하며 등받이도 기울어지는 구조이고 등받이에 작은 탁자가 부착되어 있다.

대차는 ETR 460의 대차를 수정 설계한 것으로서 코일스프링에 의한 1차 현가장치와 Flex-Coil 방식의 2차 현가장치로 되어 있으며, 모든 대차에는 차체 경사용 틸딩 Actuator와 횡 방향 능동제어 현가장치가 장착되어 있다.

또한, 견인전동기는 차체 하부에 설치되어 있으며 대차의 후위 축을 카르단 샤프트를 통해 구동하는 방식을 채택하고 있다.

이 차량의 주요 제원은 다음과 같다.

1) 차량편성 : 3량 1편성(M+T+M)
2) 가선전압 : 3kV 직류
3) 궤간 ; 광궤인 1,668㎜[포르투칼과 동일]
4) 정격 출력 : 2040kW[3kV DC]
5) 최고 속도 : 220km/h
6) 좌석수 : 160석
7) 총 열차길이 : 81.2m
8) 차량 폭 : 2.92m
9) 차량중량 : 총 152ton을 균등 분배하기 위해 모든 차량에 전장품이 장착되어 있다.
10) 최대축중 : 15ton
11) 틸팅 방식 : FIAT사 방식에 근거한 유압식
12) 최대 틸팅 각도 : 8°

3.2.12 중국(DMU)

최고속도 160km/h급의 DMU 틸팅차를 개발하여 현재 시운전 중에 있으며, 최고속도가 200km/h급인 EMU 틸팅차는 설계가 완료되어 있는 상태이다.

차량편성은 2M+6T로 되어 있으며, 틸팅방식은 전기-기계식의 Actuator를 적용하였고, 부수차에는 자기조향장치 및 강제조향장치가 3량에 장착되어 있다.

3.2.13 슬로베니아(Train SZ 310)

이 차량은 3량 1편성 (M+T+M)으로 되어 있으며, 가선전압은 직류 3kV 방식이고, 궤간은 주변국과 같이 1,668㎜의 광궤를 사용하고 있으며 최고속도 200km/h로 운행되고 있으며, 차량 중량은 총 151.4ton이지만 스페인과 같이 전장품이 3량에 분포되어 있어 하중을 균등히 분배되는 구조로 만들어져 있으며, 주요 제원은 다음과 같다.

1) 정격 출력 : 2000kW
2) 좌석수 : 167석
3) 총 열차길이 : 81.2m
4) 차량 폭 : 2.92m
5) 최대축중 : 15ton
6) 틸팅 방식 : 유압식

7) 최대 틸팅 각도 : 8°

3.2.14 핀란드(S 220)

이 차량은 6량 1편성(4M+2T : M+M+T+T+M+M)으로 되어 있으며, 가선전압은 교류 25kV 50Hz 방식이며, 궤간은 주변국과 같은 광궤이지만 1,524㎜로 조금 작은 광궤를 사용하고 있으며, 최고속도 220km/h로 1995년부터 운행되고 있는 차량으로서 그 주요 제원은 다음과 같다.

1) 정격 출력 : 4000kW
2) 좌석수 : 264석(2+1의 형태)
3) 총 열차길이 : 159m
4) 차량 폭 : 3.2m
5) 차량중량 : 334(ton)
6) 최대축중 : 14.6(ton)
7) 틸팅 방식 : FIAT 시스템인 유압식을 사용
8) 최대 틸팅 각도 : 8°

3.2.15 프랑스

프랑스 철도는 기본적으로 고속 신선을 건설하는 것으로 고속화를 하였으나 경제가 침체되고 고속차량의 투자 이익이 파리에서 가까운 곳 일수록 줄어드는 현상이 발생하기 시작하자 틸팅열차에 대한 반대를 철회하라는 압력이 가해지기 시작하여 SNCF와 GEC ALSTHOM이 TGV South-East에 FIAT의 틸팅시스템을 적용하는 프로젝트를 수행하면서, GEC ALSTHOM이 개발한 틸팅 메카니즘의 적용을 NG(New Generation) TGV 중에서 2층 객차인 TGV-NG 차량은 게이지 문제로 틸팅 메카니즘의 적용이 불가능하므로, 단층객차 3편성에다만 틸팅 옵션을 적용하여 적용성에 대한 시험을 하고 있는 중이다.

3편성 중에서 2편성은 고속전용선에서는 360km/h로 그 외 기존선에서는 220km/h로 운행하도록 설계되었는데 여기에 틸팅을 적용한 가장 큰 이유는 곡선부에서 고속에서도 승차감을 향상시키기 위해서였다.

또한, 고속철도 차량을 250km/h 이상의 고속차량과 250km/h 이하의 틸팅 고속 차량으로 구분하고 있다. 이 중에서 틸팅 고속차량은 고속철도와 같은 수준의 안락도를 제공하며 투자비용은 상당히 적으면서 여행시간 측면에서 보면 300~350km/h로 운행하는 고속철도가 여행시간을 반으로 줄일 수 있다면 틸딩을 적용하면 곡선 부를 20~30% 증가된 속도로 주행할 수 있어 약 10~15% 정도만 단축이 가능해 진다. 그러나 소요시간 1분당 투자비용은 TGV의 경우 2~2.5억 프랑이, 틸팅의 경우 0.1~1.2억 프랑이 소요되므로 틸팅으로 하는 경우는 약 10% 정도의 투자로 목적이 달성되므로 상당히 경제적이라는 것을 알 수 있다. 그러나 이러한 틸팅 비용은 기존 인프라 개선에 소요되는 비용으로 각 노선마다 다르다는 특징이 있다. 만일 SNCF가 기존선에서 최소 160km/h 이상의 속도로 운행하고자 한다면 모든 건널목을 제거해야 하는데, 건널목 1개소 당 평균 2천만프랑(5백만~7천만 프랑)이 소요되어 Paris~Clemont 간에는 건널목이 110개소나 되므로 약 20억 프랑이 추가로 소요되어지는 것을 알 수 있다.

그리고, GEC ALSTHOM은 새로운 틸팅의 감지 시스템을 개발하고 있으며, 최대 틸팅 각이 8°인 일반적인 형태를 취할 예정이다.

가. TGV 차량의 형태

볼스터를 2차 현가장치 아래에 설치하였으며, 이는 FIAT의 ETR470, Bombardier의 American Flyer와는 다른 구조를 가지고 있으며 차체와 대차를 분리하기 쉬운 구조로 되어 있다.

또한, 중요한 요소의 하나인 Actuator는 몇 년 내에 모든 시스템이 전기장치화 되어져 가격도 낮아지고, 크기도 작고 가벼워지며, 신뢰성도 향상되어져서 궁극적으로는 Maintenance-Free로 가는 것을 목표로 하고 있다.

TGV-NG의 틸팅 버전에서는, 기존 TGV보다는 1톤이 가벼운 16톤 축중으로 제작하여 틸팅으로 인한 궤도의 부담을 경감시켰다.

일반적으로 틸팅의 채용은 차량 가격을 약 10% 증가시키지만 TGV-NG의 경우에는 기존 TGV에 비해 새로운 재료, 시스템, 생산방법을 적용함으로써 가격은 더 낮아질 것이다.

170억 프랑을 투자한 TGV-NG 고속 노선 중에서 1단계인 Paris~Vandiers간의 270km가 완공되면, 처음으로 TGV East의 Strabourg노선에서 운행할 예정이며 기존선만 운행되는 틸팅 TGV는 Paris~Limoges 노선이 될 것이다.

곡선부의 감지는 차량 선두부의 중앙처리장치에서 이루어지고, 횡가속도, 수평면에 대한 기울기, 자이로의 회전, 차량의 속도가 측정되면 이 정보를 이용하여 컴퓨터가 각 차량을 독립적으로 틸팅시키도록 하고 있다.

최고 4°/sec의 틸팅으로 승객의 불편을 최소화하고 곡선부에서의 시간지연을 해소하기 위해 매우 빠른 응답특성을 가지고 있는 장치를 채용하고 있다.

나. 틸팅 차량 제작 시 고려되어야 할 사항

프랑스에서 틸팅을 제작하면서 고려되어야 할 기술의 각 분야별 중요한 사항과 경제적 측면에서의 사항들을 정리한 것을 보면 아래와 같다.

1) 기술적인 측면
   가) 차량분야
     ① 가감속도의 성능향상
     ② 차체 경량화
     ③ 차체 중심저하
     ④ 판타그래프 개선
     ⑤ 주행 장치 및 제동장치의 개량
   나) 시설분야
     ① 완화곡선의 개선
     ② 레일의 장대화
     ③ 분기기 안정화
     ④ 최소 곡선반경의 증대
     ⑤ 선로보수작업의 기계화
     ⑥ 급 곡선 부분의 완화
   다) 신호분야
     ① CTC 및 ATC장치 개량

2) 경제적인 측면
   ① 틸팅차량의 적용을 위해서는 틸팅이 제작기술과 곡선의 직선화(R=800미만의 일부 개량)와 비전철 구간의 전철화가 필요하다.
   ② 기존선 활용하여 속도를 향상시키므로 고속신선 건설보다 경제적으로 유리하다.

이처럼 세계 여러 나라들의 틸팅을 살펴보았던 것을 정리해 보면, 세계의 모든 나라들은 고속화를 추진하면서 크게 두 가지로 방식으로 고속화를 하고 있으며, 프랑스, 독일, 일본과 같은 고속철도 선진국들은 고속열차의 운행으로 고속화를 실현하고 있는 반면에 이탈리아, 스웨덴, 스페인, 영국 등의 유럽 국가들은 틸팅 차량을 운행하여 고속화를 추진하고 있다는 것을 알 수 있다. 그러나 고속열차를 운행하든지 틸팅 열차를 운행한다고 해서 다른 한 가지 방법은 전혀 시행하지 않는 것은 아니라는 것도 역시 알 수 있었다.

참고로 아래에 각 나라별 틸팅의 보유기술과 차량을 표로 정리하였다.

1) 고속철도 열차

국가	열차종류	최고운행 속도(km/h)	표정속도(km/h)
프랑스	TGV	300	239~245.6
독일	ICE	285	180~192.4
일본	신간선	275	222.9~230.4
스페인	AVE	270	193.4~217.9
이탈리아	ETR 450	250	154.1~163.7
영국	IC 225	201	168.9~171.1
미국	Metroliner	201	150~157.3
스웨덴	X 2000	200	162.5~175.1
오스트리아	Super-cin	200	120.3~125.8
러시아	ER 200, Zus 159	200	125.2~140
오스트레일리아	Rivermia XPT	160	128.5
폴란드	G. Zuge EC sobeski	160	121.9~127.7
스위스	Euro-city	160	113.8
유고슬라비아	Rapid 121	160	109.2
멕시코	TNR	160	108.3
캐나다	Metropolis	153	137.4~145.4
아일랜드	Z Zuge	145	123
핀란드	inter-city EP 78	140	120.9~130.2
포르투칼	Alia	140	115.9
덴마크	Lyulog	140	112.9
인도	Shatab express	140	

2) 운행 중인 틸팅차량

상용 년도	국가	대차	제작사	속도 (km/h)	틸팅방식	Actuator	적용차종
1995	이탈리아	ETR460	FIAT	250	강제링크	유압식	ETR,ICT, S220
1990	스웨덴	X2000	ABB	210	강제링크	유압식	X2000
2000	미국	Acela	Bombadier	240	강제링크	유압식	Acela,LRC
1997	독일	VT611	Adtanz	160	강제링크	전기식	VT611, VT612
2000	독일	ICT-VT	Siemens	200	강제링크	전기식	ICT-VT
2002	프랑스	TGV-Pendula	ALSTHOM	220/320	강제링크	전기식	TGV-Pendula
2001	이탈리아	ICN	FLAT-SIG	200	강제롤러	전기식	ICN Virgirn rail
1997	일본	Series283	Fuzi	130	강제베어링	공압식	Series283

3.3 국내의 틸팅열차

기존선을 고속 신선을 건설하지 않고 고속화하기 위해 200km/h로 운행이 가능한 틸팅 차량을 개발하여 충북선, 중앙선 등에서 시험을 완료하였다.

국내 철도 차량산업은 차체 경량화, 부품의 국산화 및 표준화, 400km/h의 해무 및 틸팅 등과 같은 한국형 고속철도의 개발 추진으로 크게 나누어 시행되고 있다.

차체의 경량화 부분은 강재 및 스테인레스 강재의 차체를 알미늄 압출재를 이용한 골조 및 외판이 일체형으로 되어 있는 알미늄 차체로 개발하는 것으로서 이 기술은 표준화 전동차, 한국형고속철도(산천), 광주지하철 등에 적용하였다.

부품의 국산화 및 표준화 부분은 각 운영기관별로 다양한 부품을 표준화하여 부품조달이 용이하고 제작사들도 원가절감이 가능하도록 하는 것으로서, 예를 들면 TGV를 기반으로 추진 장치 및 제동장치의 성능을 향상시켜 국산화하고 이를 산천 차량에 장착한 것을 들 수 있다.

그 다음 고속철도 개발 중에서 개발된 틸팅의 제원 및 기술들을 아래에 기술하였다.

가. 틸팅차량 열차 편성 및 주요제원

1) 사용노선 : 중앙선(표준궤간 1435㎜)
2) 전기방식 : AC 25kV 60Hz(전압변동 19~27.5kV)
3) 열차편성

   ① 시제편성 : $T_C + M_1 + M_2 + M_2 + M_1 + T_C$

   ② 9량 편성 : $T_C + M_1 + M_2 + D + M_1 + M_2 + M_2 + M_1 + T_C$

   ③ 12량 편성 : $T_C + M_1 + M_2 + T + M_1 + M_2 + D + M_2 + M_1 + M_2 + M_1 + T_C$

4) 환경조건

   ① 외기온도 : -35℃~+50℃

   ② 습도 : 5~100%

   ③ 최대 강우량 : 120㎜/h[414㎜/day]

   ④ 최대 강설량 : 125㎜/h[2960㎜/day]

   ⑤ 풍속(지상 10m 기준) : 연속 45m/s, 돌풍 50m/s

   ⑥ 고도 : 해발 1,000m

5) 열차 성능

   ① 최대 출력 : 2,400(kW)이상($M_1 + M_2$)

   ② 설계최고속도 : 200(km/h)[최고운행속도 180(km/h)]

   ③ 가속도 : 0.5(㎧) 이상

   ④ 감속도 : 1.0(㎧) 이상(비상)

⑤ Jerk : $0.7(m/s^3)$ 이하
⑥ 최대 틸팅 각도 : 8°
⑦ 제어전압 : 직류(100V : 70~110V)
⑧ 보조회로 전압 : $3\phi 3w\ 380\,V,\ 60Hz$

나. 차량 외형

준 고속 차량이므로 K-TGV보다는 적으나 큰 공기저항이 가해지므로 공기역학적 측면을 고려하여 전두부 형상으로 설계되었으며, 향후 해외수출을 감안하여 세계 최고수준의 기술 확보와 한국의 고유기술을 상징할 수 있는 한국적인 고유모델로 개발하였으며 그 주요 내용들을 보면 다음과 같다.

1) 차량 단면의 곡선부 간섭 검토

가) 편의량 계산

중앙선 선로조건에서 차량 중심과 단부에서 차량의 편의량을 계산해 보면

아래 그림에서 L_1은 대차 중심간 거리(15,900㎜)이고, L_2가 대차 중심에서 차량 단부까지의 거리(3,365 ㎜)라고 하면

차량의 전체길이는 $L_1 + 2L_2 = 15.9 + (2 \times 3.565) = 15.9 + 7.13 = 23.03(m)$가 된다.

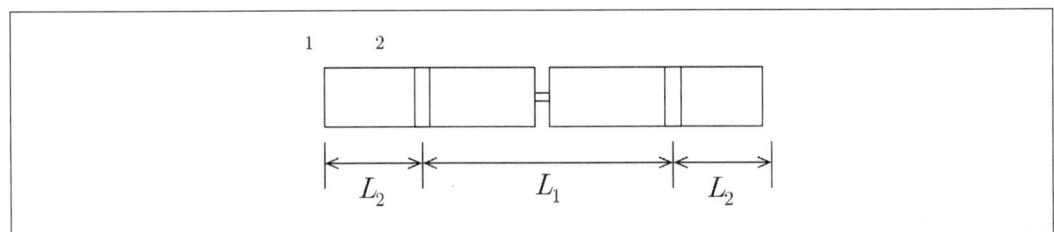

[차량 2량의 길이]

여기서 중앙선의 선로 최소 평면곡선 반경인 R=250m를 적용하여 편의량을 계산해 보면 차량 중심과 편단부에서의 편의량은 각각 아래와 같은 값이 된다.

① 차량중심에서의 편의량(d_1)

$$d_1 = (\frac{L_1}{2})^2 \times (\frac{1}{2R}) = (\frac{15.9}{2})^2 \times (\frac{1}{2 \times 250})$$
$$= 0.126405\,(m) = 126.4\,(mm)$$

② 차량단부에서의 편의량(d_2)

$$d_2 = \frac{L_2 \times (L_2 + L_1)}{2R^2} = \frac{3.565 \times (15.9 + 3.565)}{2 \times 250}$$
$$= 0.138785(m) = 138.79(mm)$$

나) 최대운동량 예측

　최대 틸팅 각이 8°이므로 최대 틸팅 시에 레일 면에서 본 경사각은 틸팅 각에서 차량 현가장치의 롤 각을 빼면 되므로 8°-2°=6°가 된다. 이것은 레일 안쪽으로 8° 기울어지고 레일 바깥쪽으로 2°만큼의 틀림이 발생한다는 것을 의미한다.

　이 때, 대개의 경우 레일 안쪽으로의 기울기는 (-)부호를, 레일 바깥쪽으로의 기울기를 (+)부호로 정의하고 있으므로 레일 면에서 본 차체의 틸팅 각도는 약 -6°가 된다. 이 값을 캔트 부족량으로 환산해 보면,

$C_d(Tilting) = 1435mm \times \sin 6° = 149.998 ≒ 150(mm)$ 가 된다.

　즉, 틸팅 차량이 최대 틸팅 각인 8°로 주행하는 속도에서 레일 면에서 본 캔트의 부족량은 일반 차량의 캔트 부족량 100㎜에다 틸팅 차량의 캔트부족량 150㎜를 합한 것과 등가가 되어 캔트 부족량은 250㎜가 된다.

　예를들어, 스웨덴 철도(SJ)의 경우를 보면, 일반차량의 캔트부족 허용기준은 100㎜이고, 틸팅차량의 캔트부족 허용기준은 245㎜로 되어 있다.

　여기서, 최대 등가 캔트부족량을 위에서 계산한 250㎜로 가정하고 최대 운동범위를 계산해 보면 다음과 같이 되는 것을 알 수 있다.

① 횡방향 변위계산
　Ⓐ 궤도오차에 의한 차륜과 레일간의 횡변위 : 이 값은 궤도 줄틀림 값에 차륜/레일간의 유간과 차륜/레일간의 마모 값을 더해서 계산하므로 16+8+20=44㎜가 된다.
　Ⓑ 차량 제작오차는 차체 및 조립오차, 무게중심 편기량 등을 감안하여 약 10㎜를 계상한다.
　Ⓒ 등가 캔트부족량(250㎜)에 의한 차량 현가장치의 최대 횡변위 값은 약 50㎜를 감안한다.
　이 세 종류의 값을 합한 전체 횡방향 변위량은 44+10+50=(-)104㎜가 된다.

② 롤각 변위계산(곡선 외측)
　Ⓐ 등가 캔트부족량(250㎜)에 의한 차량 현가장치의 최대 롤 각 변위는 위에서 +2.0°로 정의하였으며,
　Ⓑ 차체 롤각을 감안해 최대 틸팅이 이루어진 경우의 각 변위는 틸팅각에서 차량 현가장치의 롤각을 빼면 되므로 8°-2=(-)6°가 되고
　Ⓒ 차체 요(Yaw) 각 변위에 의한 횡변위 추가

차륜의 답면과 레일의 형상 및 간격으로 인해 차량이 곡선의 선로를 진입하거나 진출할 때 아래 그림과 같이 전 후위 대차 상부의 최대 횡 변위가 서로 반대방향으로 발생할 수 있으며 이 때가 차체의 요각이 최대가 된다.

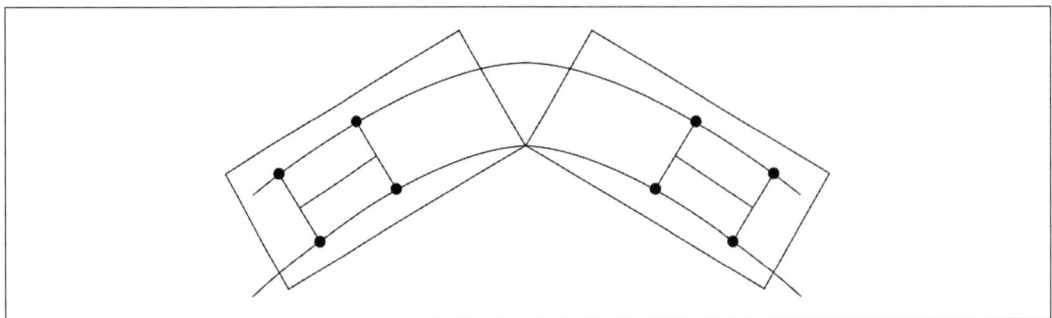

[곡선부에서의 전후부 대차의 위치]

이 요각변위에 의한 횡 변위 추가는 요각변위의 회전 중심이 차량 길이 방향으로의 중심이 되므로 차량의 단부에서만 발생하게 된다.

다) 틸팅 차에서 최대운동이 발생되어 간섭이 우려되는 곳(최대 횡변위 발생)
  ① 정상적인 틸팅이 이루어질 경우
    Ⓐ 차량 단부의 측 하부
    Ⓑ 차량 중심부의 측 상부
  ② 틸팅제어 실패 시(현가장치에 의해 +2°의 롤각 생성)
    Ⓐ 차량 단부와 중심부 모두 측 상부
  이 값들은 검토해본 결과 모두 건축한계 내에 있어 문제가 없었다.

라) 곡선로 주행 시 차량의 최대 운동량
  ① 차량 단부 :
    차량 운동량 + 차량 편기량 + Yaw 운동량 = 104 + 57.8 + 46.7 = 208.5㎜
  ② 차량 중심부 :
    차량운동량 + 차량편기량 = 104 + 57.8 = 156.7㎜

다. 차체

고속화에서 주행성능 향상 및 에너지 절약이라는 측면에서 보면 철도차량의 경량화는 매우 중요한 요소이다. 이를 실현하기 위해 차량 차체를 철강재료에서 스테인레스 재료로 경량화를 도모하였다.

참고
세계 각 국의 철도

세계 각 국의 철도 현황은 시시각각으로 변하고 있으며 때문에 현황을 작성하기가 아주 어렵다.

그러나, 2014년 정도의 자료이지만 당시를 기점으로 철도의 현황을 살펴봄으로서 향후의 철도 시장을 잘 관찰할 수 있으리라 생각되어 이 자료는 참고로 게제 하고자 한다. 특히 고속철도를 중심으로 현황을 작성하였으며, 각 지역별로 시장 현황 및 주요국의 프로젝트나 차량 등에 대해 기술하였다.

향후 자료가 확보되면 이 책을 업데이트 할 때 다시 한 번 정리를 하고 싶다. 또한 자료로서, 이 자료가 당시의 현황을 제시한 자료로 이용된다면 하는 바람이다.

1 철도기술시장

세계의 철도시장과 각국의 철도자료들은 하루가 다르게 변화하고 있어 이를 최신자료로 정리하는 것이 아주 어렵다.

그러나, 2014년 정도의 자료이지만 당시를 기점으로 철도의 현황을 살펴봄으로서 향후의 철도 시장을 잘 관찰할 수 있으리라 생각되어 이 자료는 참고로 게재하고자 한다.

1.1 개요

여객운송과 화물운송의 지역적 분포를 살펴보면 여객의 경우에는 아시아지역 내에서의 중요도는 증대되는 반면, 북미지역에서의 비중은 점차 낮아지고 있으며, 화물운송의 경우 아시아와 CIS국가지역에서는 철도가 중심적 역할을 수행하나 서유럽의 경우에는 타 운송수단의 보조역할을 하는 정도이다.

또한, 철도산업은 차량, 노반 등의 인프라산업, 전철전력, 신호제어 등의 시스템 기술로 구분되며, 사업이 장기간에 걸쳐 시행된다는 특징이 있어 건설 시의 사업 관리나 건설 이후의 사후관리(After Sales Services) 및 운용 등의 중요성이 높아지고 있는 추세이다.

이러한 철도시장의 지역적 분포를 보면 EU로 통합된 철도망을 만든 서유럽 지역이 여전히 최대 규모의 시장이며, 북남미 지역과 CIS국가들의 개량사업 이외에 아시아·중동지역의 신선 건설, 북미의 고속철도 건설계획 및 추진 등과 중국의 대규모 철도투자 등으로 인해 연평균 5% 정도는 성장하고 있는 추세이다.

이들 지역별 전철화에 따른 성장률 및 신규 사업 등을 살펴보면 아래 표와 같다.

이 자료를 보면 앞에서 설명한 세계의 전철화 자료와는 약 1만km정도의 차이가 있으며 유지보수는 지역별로 기술개량 기준 및 운영방식 등이 서로 상이하여 지역별로 많은 편차가 있으니 이는 통계의 차이나 기준의 차이로 생각하고 참고 자료로 활용하였으면 좋겠다.

[표-1] 전철화 총 연장 및 발전도

지 역	총 연장(km)	점유율%	발전도(2007~2011)
서유럽	101,800	34.7	+4.5
동유럽	38,000	13.0	+4.0
북미	5,100	1.7	+6.5
중남미	2,300	0.8	+14.5
아시아	58,800	20.0	+27.5
아프리카/중동	14,400	4.9	+8.5
CIS	69,500	23.7	+2.1
호주/태평양	3,500	1.2	+4.5
총 계	293,400	100	+9.0

[표-2] 신규 및 개량사업

지 역	신규·개량사업 시장규모 (100만 EUR)	발전도(2007~2009)	발전도(2009~2011)
서유럽	870	+9~10	+10~12
동유럽	320	+8~9	+6~8
북미	120	+12~14	+8~10
중남미	70	+16~18	+13~15
아시아	800	+12~13	+13~14
아프리카/중동	60	+70	+6~8
CIS	170	+3~5	+7~9
호주/태평양	40	+15~17	+/−0
총 계	2,450	+11~13	+10~12

[표-3] 유지 보수

지 역	유지보수 시장규모 (100만 EUR)	발전도(2007~2009)	발전도(2009~2011)
서유럽	530	+3~4	+3~4
동유럽	170	+3~4	+2~3
북미	10	+3~4	+3~4
중남미	≤10	없음	없음
아시아	250	+4~6	+7~9
아프리카/중동	10	+4~5	+3~5
CIS	260	+3~4	+2~3
호주/태평양	≤10	없음	없음
총 계	1,250	+3~4	+4~5

1.2 철도시장

철도시장은 철도차량의 연구개발, 제작, 판매 및 유지보수와 관련된 분야뿐만 아니라 토목, 건축, 전력 및 신호통신 등의 인프라 산업과도 연계된다.

철도차량의 수요는 항상 신규수요가 발생되며 이를 제작하기 위한 원자재 산업이 수반되는 한편 국내외 판매를 위한 금융과 무역 등이 동반되는 종합산업이다.

사회간접자본(SOC)의 성격이 강하여 국가기간산업으로 불리며 철도건설과 관련된 토목, 궤도, 신호통신, 철강, 차량 등의 대단위 투자가 요구되는 산업 분야이다.

또한, 프로젝트의 성격상 용지비와 토목공사비가 전체 사업비의 절반 이상을 차지하고 있어 이 분야를 외국기업에게 맡길 경우 국내 산업발전을 기대하기 어렵다.

궤도, 전기통신, 신호 등과 차량은 서로 밀접한 관계가 있어, 상호 보완적으로 발전해 가고 있으므로 새로운 기술이 없는 국가에서는 이 분야를 국내기술로서 행하기에는 어려움이 많아 대개 턴키로 발주 하거나 따로 발주를 하더라도 선진 기술력을 갖춘 외국 기업의 참여가 꼭 필요하다.

또한, 철도와 같은 대형 프로젝트는 체계적이고 효율적인 추진을 위한 사업관리제도의 도입이 추가로 더해져 가는 추세이다.

2016년 197조인 시장이 2019년에는 250조원이 넘는 금액으로 증가하고 있으며 지속적으로 증가할 것으로 예상된다.

또한, 경전철(LRT)은 차량, 신호, 기반시설물이 넓은 범위의 다른 시스템적 특징을 갖고 있다. 또한 경량전철 차량(LRV)이란 단어가 사용되는 경우는 주로 도시의 운송수단(도시-교외, 도시-도시 간 운행을 포함)으로 대부분이 직류 600V, 750V, 1,500V 의 전압으로 구동되며, 축중은 10t, 차체 폭은 2.65m를 초과하지 않는다, 라는 특징을 가지고 있으며 이 때의 차량(Vehicle)은 열차 유닛을 의미 하며, 개개의 차량을 의미하는 것이 아니다.

가. 고속철도

1) 정의

고속철도는 일반적으로 200km/h이상의 속도로 운행되는 열차와 그 주변의 철도시설을 지칭하나, 최근에는 약 200km/h에 약간 못 미치는 속도의 틸팅 열차도 고속철도로 분류되고 있기도 하다. 또한, 세계 최초의 고속철도는 1964년 개업한 일본의 도카이도 신칸센이며, 세계에서 제일 많은 열차를 수출하는 고속철도는 테제베이다.

2) 특징

가) 고속철도 평균 연장

고속철도는 300~750km의 운행구간에서 타 교통수단보다 경쟁력이 있는 것으로 보고되고 있으며 주요 국가별 고속철도 평균 운행구간은 아래 표와 같다.

국가	길이	비고
일본	257km	대도시 간을 연결하는 단거리 정차장이 많음
독일	320~380km	중거리 여객운송 중심으로 운영
이탈리아	320~380km	
스페인	320~380km	
프랑스	454km	대도시를 연결하는 장거리 운영이 중심

나) 인프라상 특징

고속철도망을 구축하는 방법을 보면 대개 아래와 같은 4가지 방법이 사용되어지고 있다

① Type 1 : 기존선과는 별도로 네트워크 구축하는 방법(일본, 스페인)

② Type 2 : 기존선과 고속철도노선을 통합 운영하는 방법(독일, 이탈리아)

③ Type 3 : 별도의 고속철도노선은 없으나, 운행시간 단축을 위해 기존 노선에서 틸팅열차를 운영하는 방법(영국, 체코, 슬로베니아)

④ Type 4 : Type 1과 Type 2의 병합(프랑스, 한국)

다) 인프라 분야 전망

2020년경 유럽 내 고속철도 네트워크는 장거리 노선의 30% 정도를 구성하게 될 것으로 예상되며, 서유럽 지역에서만 신선이 11,500km, 개량선이 14,000km, 연결노선은 2,500km36 정도에 이를 것으로 추정하고 있다. 고속철도는 차량산업과의 연계성 및 다른 열차와의 호환성 부족으로 인해 많은 제약이 있으나, 이러한 제한요소를 감수하지 않고는 진행되기 어려운 특징도 가지고 있다.

라) 시장개요 및 전망

고속철도의 시장을 기술력에 따라 자체의 기술력으로 고속철도를 건설하고 발전시켜온 기술선진국과 운영이나 건설을 시작한지 그리 오래되지 않은 고속철도 진입국가, 그리고 현재 건설 중이거나 계획 중인 관심국가로 구분해 보면 아래와 같다.

① 고속철도 선진국가 : 독일, 프랑스, 일본, 중국

② 고속철도 진입국가 : 한국, 대만, 스페인

③ 고속철도 관심국가 : 인도, 러시아, 브라질, 호주, 미국

중국은 후발 국가이지만 현재 400km/h이상의 고속철도를 건설하여 운영할 수 있는 국가로 발전하였으며, 지속적인 투자와 건설을 하고 있어 선진국으로 분류하였으며, 스페인은 오래 전 고속철도를 건설하여 운영 중에 있지만, 자국의 기술이 크지 않아 진입국가로, 미국은 일부 고속철도를 운행 중이나 그 비중으로 볼 때 아주 적어 관심 국가에 포함하였다.

마) 고속철도 시장

비용감소와 기회 확대를 위해 독일과 프랑스의 철도기업들은 고속철도 건설사업(HTE-The High Speed Train Europe)에서 합작 추진을 하고 있으며, 유럽에서는 차량교체, 신선건설 및 개량으로 지속적인 수요가 있을 것으로 판단된다.

아시아에서는 일본의 차량교체, 한국 중국 인도 등의 노선연장 등으로 인해 지속적인 성장이 예상되며, 미국, 인도, 호주 등은 가장 유망한 고속철도 건설 예상 국으로, 아직은 계획 수립이나 이제 막 착공을 시작하는 등 향후 시장 전망이 밝은 국가이다.

또한, 1964년 도카이도 신간선으로 일본이 고속철도의 첫 서비스를 시작한 이래 2015년에는 약 17조원 규모로 성장하였으며 기후변화 등에 대응하기 위한 친환경 장거리 교통수단으로 고속철도가 부각되어 급격히 성장하고 있다.

이처럼 세계 각국이 고속철도 차량 및 인프라 개발에 매진하고 있으며 이에 따라 총연장도 지속적으로 증가해 가고 있고, 프랑스, 독일, 일본, 중국 등이 치열한 속도 경쟁을 벌이고 있는 중이다.

우리나라도 400km/h급인 해무 개발 등으로 그 뒤를 추격하고 있다.

유럽의 고속철도 연장은 1990년에 약 1,000km에서 2020년에는 22,000km로 늘어날 것으로 예상되며, 스페인은 전체인구의 90%가 고속철도역 반경 50km 내에 거주할 수 있도록, 2020년까지 10,000km 확충할 계획을 가지고 투자를 계속하고 있다.

미국은 대도시간 핵심 교통축에 대해 125~250mile/h 수준의 열차운행이 가능 하도록 시설 투자 확대 추진하고 있으며, 일본은 500km/h의초고속 열자 운행을 검토 중이고, 중국도 고속철도 노선의 1.2만km 확충과 400km/h 운행 등 지속적으로 투자를 확대하고 브라질 등 해외철도 건설 시장에도 적극적으로 참여하고 있다.

나. 도시철도

1) 도시철도 시장

2015년 기준 약 25조원/년 규모로 고속철도 시장보다 크고, 2010년에는 중량전철이 65.4%이지만, 경전철(경량전철)의 신규 사업 발주량이 3.2%로 중량전철보다 빠르게 성장하고 있는 추세이다.

경전철은 유럽을 중심으로 일본, 싱가포르, 말레이지아, 미국, 캐나다 등에서 운행 중에 있으며, 해외 경전철 시장의 시스템별 분포는 AGT 13%, LIM 1.4%, 모노레일 9.4%, 트램이 나머지 76.2%를 차지하고 있고 운행되고 있는 도시는 334개 정도이다.

지역별로 보면 중국은 경전철이 도입된다면 가장 큰 시장으로 부상될 예상이며, 서유럽은 세계에서 가장 큰 LRV 시장이고, 동유럽은 노후차량에 대한 교체수요는 많으나 자금조달 능력 부족으로 어려움을 겪고 있다.

미국의 경우 LRV가 과거 급격히 증가했으나, 어느 정도 완성되어 현재는 주춤하고 있으며, 아시아에서는 대부분이 LRT가 주요 대중교통 수단이 아니고, 버스나 중량전철 등이 주류를 이루고 있어 경전철의 도시 내 철도 시스템으로서의 향후 잠재성은 매우 높다.

다. 주요 국가별 동향

1) 일본

JR 동일본 철도는 적극적인 인수합병을 통해 철도차량관련 사업을 계열사 형태로 운영함으로써 안정적인 부품공급 체계의 구축 및 신뢰성 향상을 도모하고 있으며 사업의 다각화를 통해 운영의 안정성과 수익 다변화를 꾀하고 있다.

2) 프랑스

Alsthom의 노하우, 경험, 자원 등의 활용을 극대화하는 Local Life Service Network를 구축을 위해 철도차량 유지보수 작업장을 설치 중에 있어서, 이것이 완성되면 Alsthom 철도차량 유지서비스 이용이 매우 편리해 질 것으로 예상된다.

3) 영국

2035년까지 기술발전 계획을 수립하고 이를 단계적으로 추진하고 있으며, 특히 소음감소, 의자의 안락감 향상을 통한 승차감 향상, 비용절감을 위한 최적의 궤도도상 연구, 고속화물열차 개발, 궤도와 휠의 인테페이스 연구 등을 적극적으로 추진하고 있다.

라. 철도 차량

1) 일반

차량은 개발, 생산, 납품을 포함한 신규 사업(OEM) 과 판매 후 사업으로 구분되며 모든 예비부품과 차량 운영 후의 유지보수, 재생과 같은 서비스 활동들을 포함하고 있다.

경전철 차량(LRV)의 제조자에는 대개가 전통적인 차량 제작사와 화차의제작사가 포함되어 있다. 그 중에서 Bombardier, Alsthom, Siemens가 가장 크며, 이 밖에 Skoda, Ansaldo, Breda, 러시아 등의 지역제작사가 있다.

현재는 Siemens와 Bombardier가 세계 시장을 지배하고 있으나, 점차 점유율이 줄어들고 있으며, 오히려 Alsthom은 특히 서유럽 차량의 주요 공급자로서 점유율을 높여가고 있는 추세이다.

이러한 경량전철 차량의 신규 조달 요인으로는 신규 경전철 프로젝트의 증가와 30~45년된 노후 차량의 교체 시기 도래 등을 들 수 있다.

한국의 경우 철도차량 부품 및 인프라 부분의 작은 소재들은 대표적인 중소기업 중심의 산업으로 적은 시장 규모 및 다품종 소량 생산 구조로 인해 경제성과 수익성에는 한계가 있어서, 전체 매출액 중 철도비중이 60%가 넘는 업체는 50개에 불과한 실정이다.

이러한 문제를 해결하기 위해서는 수익성 제고를 위한 사업영역의 다각화 및 적극적인 기술개발 투자를 통한 자체 기술력 확보를 통해 세계시장으로의 진출을 모색할 필요가 있다고 보인다.

2) 국내

이러한 국내 시장을 보다 자세히 살펴보면, 국내 차량 부품 및 장치관련 제조업체는 2007년 이후 2010년까지 지속적으로 사업체 수와 종사자 수가 증가하고는 있으나 대부분이 임직원 수가 70인 이하인 중소기업이며, 현대로템(주)가 차량독점 제작업체로 부품제작 업체인 중소기업 시장을 물량배정 방식으로 지배하고 있으며, 철도선진국의 많은 차량부품이 수입되고 있는 실정이다. 특히 고속차량용의 차륜은 유럽 등에서, 일반차량(EL, DL)의 차륜은 중국에서 제작된 제품을 수입하여 사용하고 있으며, 대부분이 단조품이나 비 합금으로 열처리하여 제작되고 있다. 2010년을 기준으로 국내에서 운영 중인 철도 차량은 18,464량으로 고속철도가 5%, 동력차가 17.5%, 객차 6.2%, 화차가 70%이며, 신선건설과 전철, 복선화가 지속적으로 추진 중에 있어 신규 수요는 계속해서 늘어날 전망이다. 2010년 철도차량산업 매출액은 17,964억원으로 2009년 14,499억원에 비해 약 8% 정도 증가하였으며, 철도차량의 주요 수출 품목은 전동차이고, 주요시장은 튀지니 122백만$, 터키 107백만$, 카자흐스탄 85백만$, 브라질 79백만$, 인도 75백만$ 순으로 완성차가 주를 차지하고 있다

반대로, 2010년 수입총액은 146백만$로 독일이 36백만$, 프랑스가 35백만$, 미국 17백만$, 중국이 11백만$ 순으로 부품이 주 수입 품목을 이루고 있다.

3) 국외

유럽은 세계철도연맹 기준(UIC), 일본은 자체기준(JIS)을 적용하여 자국 내에서 생산하여 사용하고 있다. 2016년를 기준으로 하여 보면 세계 3대 차량 제작사인 Bombardier, Siemens, Alsthom의 점유율이 39.5%로 대부분을 차지하고 있으며, 10여개의 2위권 업체들이 추격하는 가운데 중국의 차량업체들이 중국의 내수 시장을 바탕으로 22.7%로 급성장 하고 있고, 한국의 로템은 0.7%로 세계 차량시장에서 15위 정도를 차지하고 있다.

마. 철도기술

1) 국내

연구개발은 속도개선 위주의 차량시스템 개발에 치중되어 있으며, 친환경 기술, 신호/통신, 인프라 및 운영효율 등의 분야에 대한 투자는 차량에 비해 미흡한 것이 사실이다. 그러나 최근에는 고속종합검측시스템, 무선통신 기반의 신호시스템, 검수효율화, 신뢰성향상 기술개발 등에 대한 투자가 많이 증가하고 있는 추세이다.

특히 고속철도 분야에서는 2004년 4월 경부고속철도 1단계 구간에 KTX 영업운전을 시작

하여 세계에서 5번째 고속철도 운행국가가 된 이후에 KTX의 기반기술을 바탕으로 한국형 고속철도 개발을 위해 G7 고속철도 기술개발 사업을 추진하여 최고속도 350km/h의 동력집중식의 한국형 고속 열차 HSR-350X를 개발하였으며, 이 차량은 주요핵심장치의 92% 국산화하였으며, 세계에서 4번째로 421.4km/h 돌파한 기록을 세웠고, 이 HSR-350X를 기반으로 하여 국산화된 고속열차 KTX-산천을 개발하여 지금 운행 중에 있다.

또한, 최고속도 430km/h급의 동력 분산식 고속철도인 "해무"도 개발 중에 있으며, 속도향상을 위한 추진시스템경량화기술개발도 추진 중이다.

그리고, 철도전용의 무선주파수를 할당 받아 KTX 주요장치인 무선통신을 기반으로 한 열차제어시스템의 국산화개발, 설계기술 확보, 검수장비 국산화를 위한 정부 차원의 연구개발 과제를 추진 중에 있어 향후 국산화된 자재로 세계시장에서 경쟁력을 확보할 수 있을 것으로 생각된다.

2) 국외

가) 고속철도 기술

고속철도 분야의 독자적 기술보유 국가는 일본, 프랑스, 독일이 대표적이며 후발주자인 중국이 공격적인 R&D투자를 통해 기술 개발에 참여하여 저임금, 저비용으로 고속화의 기록 갱신과 자국의 제품개발을 통해 선진국대열에 합류하고 있으며 그 뒤를 한국 등이 세계 고속철도 시장점유를 위해 기술개발경쟁을 벌리고 있다.

WOR(Wheel On Rail) 철도의 최고속도는 TGV가 2007년 4월 3일 파리~스트라스부르그 신설 선에서 달성한 574.8km/h가 최고기록이다.

또한, 속도향상에 따른 궤도 부담하중 최소화를 위해 동력분산식의 채택 및 알미늄 차체, 복합재료 적용확대, 구성품 단일화 등의 차량경량화로 축중 감소에 주력하고 있으며, 기존 선을 최대한 활용하는 것을 통해서 수익성 제고 및 승객서비스 향상을 도모하고 있다

나) 그 외

차량의 고속화, 지능화, 승객의 편의성 및 안전성향상, 운용비용의 최소화 노력 및 차량 유지보수 비용의 최소화, 운용 효율성 증대를 위한 표준모듈시스템 적용, 그리고 기존선 운행을 위한 틸팅시스템 외에 성능향상이 가능한 선로 최적적용시스템 도입 등에 지속적인 투자를 하고 있다. 또한, 신기술은 상업열차에 직접 적용하기 전에 시제차량 개발단계에서 시범적용하고 조건별 시험으로 검증, 보완하는 전략으로 시행착오를 최소화하고 있다.

이러한 측면에서 우리나라도 최근 시험선을 준공함으로써 이러한 시제차나 각종 국산 자재 등에 대한 시험을 지속적으로 추진할 수 있는 기반이 마련된 것은 매우 고무적인 일이라 할 수 있으며, 이를 통해 검증된 국산제품으로 해외시장을 개척할 수 있으리라 생각된다.

2 지역별 철도시장

2.1 서유럽지역

가. 개요

인구는 약 4억명 정도로 주요철도관련 국가는 18개국 정도이다.

전통적으로 철도가 도심지역 교통수단으로 활용되던 지역으로 효율성이나 기능적인 측면에서도 철도수요가 아주 높다.

1인 당 평균 GDP는 약 23천(EUR)로 높은 편이며, 정치적으로는 타 지역에 비해서는 안정적이고 경제성장은 현재 저성장 추세이다.

전체 노선길이는 약 184천km 정도이며 일본을 제외하고는 세계적으로 가장 높은 수준의 선진기술을 보유하고 있다.

독일, 스위스, 벨기에 등의 노선밀도가 가장 높고, 독일, 프랑스 등은 대표적인 철도기술 선진국을 포함하고 있는 지역이다.

철도는 도로·항공운송에 비해 중요성이 낮아지고 있었으나, 최근 서유럽의 고도 산업화 국가들 사이에서 철도운송 수요가 높아짐에 따라 부흥기를 맞고 있기도 하다. 이 지역의 철도시장의 특성을 살펴보면, 생산 공장들이 저임금의 동유럽이나 아시아로 이전하고 있는 추세이며, 북미 및 아시아지역 철도관련 생산업체(일본, 한국)들의 유럽 진출로 인해서 장기 적인 경쟁이 심화될 것으로 예상되기도 한다.

철도 운용 측면에서 보면 철도청 및 많은 영세 민간철도회사가 지역 내에 존재하고 있어 화물, 지역·통근서비스 등 운송서비스에서의 경쟁이 증가해 가고 있으며, 비용측면에서도 대부분 국내 산업에서 조달되던 것이 비용 절감을 위해 글로벌 소싱으로 변해가고 있으며 기업들도 핵심기술 사업이나 노동집약적인 사업에 집중하는 형태로 변해가고 있다.

나. 인프라 및 전철화

고속철도 네트워크 개량을 통한 노선 네트워크가 스페인, 프랑스, 이탈리아를 중심으로 발전해 가고 있으며, 도심교통 수단으로 지하철 및 경전철선의 건설이 현안사항으로 대두되어지고 있다. 향후 스페인, 이탈리아 등의 국가에서 자본집약적인 고속철도 건설이 추진될 것으로 예상되어 진다.

인프라는 이미 잘 구축되어 있는 상태이므로, 유지·보수사업이 신규나 개량사업보다 큰 비중을 차지할 것으로 예상된다.

독자적인 전철화 사업은 비교적 적으며, 궤도의 개량 사업과 협조하여 동시에 진행되는 경향이 있다.

경전철은 세계에서 가장 큰 경전철 차량 시장이며, 프랑스, 독일 등에서 최근 국가적으로 큰 신규 사업들이 추진 중에 있다.

다. EU

초고속열차의 운행을 확대하고 있으며 프랑스 SNCF가 TGV로 이탈리아 및 스페인 선로를 연장하고 있는 것처럼 회원국 상호간에도 서로 경쟁을 하고 있는 중이다.

EU는 유럽 내 운송 인프라 구축을 강화하는 계획을 다음과 같이 발표하였다.

① 2030년까지 주요 인프라 구축 완료
② 2050년부터 유럽 전체를 30분 내외로 접근 가능하도록 계획
③ 2014년~2020년까지 총 260억 유로를 투입하여 아래와 같이 9개의 간선망을 구축하여 주요 도심을 철도로 연결하는 15,000km 구간의 고속철도를 건설하는 사업을 추진할 예정이다.

 Ⓐ 스칸디나비아 – 지중해 구간

  유럽의 남·북부를 연결하는 경제권의 대표적인 주요 축으로서 핀란드, 스웨덴, 독일, 알프스산맥, 이탈리아를 연결하며. 독일의 남부공업단지, 오스트리아, 이탈리아를 거쳐 몰타의 발레타까지 연결하는 구간이다.

 Ⓑ 북해 – 발트해 구간

  발트 해 동부 연안항구와 북해 항구를 연결하는 것으로서 핀란드와 에스토니아 구간은 페리로 연결하고 발트 해 인근 3개국 및 폴란드, 독일, 네덜란드, 벨기에를 육로와 철로로 연결하는 것으로, 주요 프로젝트는 발트 레일(Rail Baltic)로 에스토니아의 탈린, 라트비아의 리가, 리투아니아의 카우나스와 폴란드 북동부 간을 연결하는 철도사업이다.

 Ⓒ 북해 – 지중해 구간

  영국제도와 유럽 대륙 간을 효율적으로 연결하는 것이 목표로서. 아일랜드와 영국을 시작으로 네덜란드, 벨기에, 룩셈부르크를 거쳐 프랑스 남부 지중해 해안까지 연결하는 것으로 베네룩스 및 프랑스 내륙의 수로를 포함하며, 북해 항구를 비롯해 마스강, 라인강, 스켈트 강, 센느강, 손강, 론강 유역과 포쉬르메르 항과 마르세유항 간의 복합운송 체계를 제공하는 것이다.

 Ⓓ 발트 – 아드리아해 구간

  가장 중요한 유럽 횡단 육로 및 철로사업 중 하나로서, 폴란드 남부, 비엔나와 브라티

슬라바, 알프스 동부와 이탈리아 북부에 위치한 공업 단지들을 통과하며, 발트해와 아드리아해를 연결하는 것이다.

Ⓔ 동 지중해 구간

북해, 발트해, 흑해, 지중해의 해상 인터페이스를 연결하여 항구와해안 고속도로의 효율적인 활용을 극대화하고, 엘바섬을 내륙 수로로 포함시켜서 독일 북부, 체코, 파노니아 지역 및 유럽 남동부 간의 복합 운송 체계를 더욱 강화시키는 것이 목적으로 하여, 이 네트워크는 그리스에서 키프로스 섬까지 확장시키는 것이 된다.

Ⓕ 라인강-알프스 지역 구간

유럽에서 물동량이 가장 많은 운송 망 중의 하나로서, 네덜란드 로테르담과 벨기에 안트워프의 북해 항구에서 지중해 연안의 제노바까지 연결되며, 스위스, 라인-루허 지역과 라인-마인-네카르 지역 내의 주요 경제 중심지역 및 이탈리아 북부 밀라노를 통과하게 되며, 라인강이 내륙 수로로 포함되게 된다.

Ⓖ 대서양 구간

센느강을 내륙수로로 포함하고, 고속철도와 기존 철도를 통해 이베리아 반도 서부와 파리 르아브르, 루앙, 만하임/스트라스부르 항구들을 연결하는 구간이다.

Ⓗ 라인 강~도나우 강 구간

마인 강과 도나우 강 수로를 중심으로, 스트라스부르와 프랑크푸르트의 중심부에서 독일 남부, 비엔나, 브라티슬라바, 부다페스트, 흑해를 연결하는 것으로 뮌헨에서 프라하, 질리나, 코시체, 우크라이나 국경지대까지가 주요 구간이다.

Ⓘ 지중해 구간

이베리아 반도에서 헝가리와 우크라이나 간 국경지대를 연결하며, 스페인, 프랑스 지중해 연안을 통과해 이탈리아 북부, 알프스 동부, 슬로베니아의 아드리아해 연안, 크로아티아, 헝가리를 연결하는 구간으로서 주요 철도 프로젝트는 리옹-토리노와 베니스-류블랴나 구간이다.

이들 사업이 이루어질 경우의 사업에 대한 효과를 살펴보면

Ⓐ 물적 자원 이동이 촉진되어 산업 환경이 개선되어 접근성이 불리했던 국가들도 새로운 수출길이 열릴 것으로 기대된다.

Ⓑ 철도와 수로(해상)을 중심으로 발전시켜 2050년까지 CO_2 배출량을 60% 절감하는 것이 목표이다.

Ⓒ EU회원국 간의 인프라시설 수준차이를 줄여 유럽통합을 촉진시킬 수 있다.

라. 독일
1) 일반현황

 신형 IEC3 차량인 BR407을 2015년 7월부터 승인된 16개 편성부터 독일~프랑스 간의 국제선에 투입하여 운행하고 있으며, 최고속도 350km/h인 차세대 고속열차 ICE 4를 발표하는 등 고속차량 개발과 병행하여, 프랑스 알스톰이 제작한 지붕에 설치된 수소연료탱크를 이용하여 생산된 전기로 구동하며, 소음이 적고 배출가스도 거의 없으며, 1회 수소충전으로 600~800km 주행이 가능한 수소열차가 2017년부터 니더작센 주의 북스테후데~쿡스하펜 구간에서 상용운행 되고 있다.

[ICE4]　　　　　　[수소열차'코라디아 이린트(Coradia iLint)']　　　　　　[ICE]

 ICE(InterCity Express)는 독일철도(Deutsche Bahn)에서 운영하는 고속철도이며, 독일의 주요 도시들을 연결하며, 유럽 주요도시를 운행하는 유로시티도 있다.

 전용열차는 독일의 지멘스 AG와 캐나다의 봄바르디어 사가 제작하고 있으며, 최신형 ICE 3으로 최고 300km/h까지 낼 수 있었다.

 1998년 에세데 참사에도 불구하고, 세계에서 가장 안전한 고속철도라는 평가를 받고 있다.

 독일의 고속철도는 철저한 합리주위에 바탕을 두고 있다. 예를 들면 선로용량이 부족한 곳에서는 선로를 개량하여 새로 개발한 ICE 열차를 운행하고 신선 건설이 필요한 만큼만 신선을 건설하되 재래선에도 전철화 구간에는 ICE 차량을 집어넣어 서비스 지역을 확대해 나가는 방식을 채택하고 있다. 특히 신선을 건설하거나 선로개량(곡선을 펴는 것)보다 차량을 ICE-T처럼 Tilting구조를 도입하여 개량하는 것이 경제적으로 유리하다고 판단되면 Tilting 차량을 집어넣어 경제성을 극대화하고 있다.

 전철화 되지 않은 구간에는 디젤 Tilting 차량인 ICE-VT를 투입하여 속도 향상을 꾀하는 등 독일인다운 합리주위가 바탕에 깔려있다.

2) 운행

가) 독일 종단 노선

북부와 남부지역을 연결하는 핵심노선은 6개가 있으며, 그 주요기착 도시는 다음과 같다.(2007년 기준)

① 함부르크－하노버－카셀－프랑크푸르트－만하임 또는 칼스루에－프라이부르크－스위스 바젤(ICE 20호선) 또는 슈투트가르트 (ICE 22호선)

② 함부르크(또는 브레멘)－하노버－카셀－뷔르츠부르크(또는 뉘른베르크)- 잉골슈타트－아우크스부르크－뮌헨 (ICE 25호선)

③ 함부르크-베를린- 라이프치히－뉘른베르크－아우크스부르크(또는 잉골슈타트)－뮌헨 (ICE 28호선)

④ 베를린－브라운슈바이크－카셀－프랑크푸르트－만하임(또는 칼스루에)－프라이부르크(또는 슈투트가르트－울름－아우크스부르크－뮌헨까지의 ICE 11호선)－스위스 바젤 (ICE 12호선)

⑤ 네덜란드 암스테르담 또는 도르트문트－뒤스부르크－뒤셀도르프－쾰른－프랑크푸르트 국제공항－만하임(또는 칼스루에)－프라이부르크(또는 슈투트가르트－울름－아우크스부르크-뮌헨까지의 ICE42호 선)－스위스 바젤(ICE 43호선)

⑥ 네덜란드 암스테르담－뒤스부르크－뒤셀도르프(ICE 78호선, 또는 벨기에 브뤼셀－아헨－쾰른을 연결하는 ICE 79호선)－쾰른－프랑크푸르트－뷔르츠부르크－뉘른베르크－뮌헨(ICE 41호선)

나) 독일 횡단 노선

동부와 서부지역을 연결하는 핵심노선은 3개가 있으며, 주요 기착 도시는 다음과 같다.

① 베를린－하노버－빌레펠트－도르트문트－에센－뒤스부르크－뒤셀도르프－쾰른－본 (ICE 10호선)

② 드레스덴－라이프치히－에르푸르트－프랑크푸르트－마인츠－비스바덴(또는 다름슈타트－만하임－카이저스라우테른－자르 브뤼켄)(ICE 50호선)

③ 드레스덴 －라이프치히－에르푸르트－카셀－도르트문트－에센－뒤스부르크－뒤셀도르프－쾰른(ICE 51호선)

다) 독일 기타 노선

9개의 핵심노선 외에, 독일 주요도시들을 연결하는 중거리 노선들은 다음과 같다(2007년 기준).

① 베를린－로슈톡(신설)

② 함부르크－킬
③ 브레멘－올덴부르크
④ 쾰른－아헨(에서 벨기에 브뤼셀까지 연결됨)
⑤ 코블렌츠－트리어
⑥ 만하임－카이저스라우테른－자르브뤼켄에서 프랑스 파리(동역)까지 연결노선 신설
⑦ 슈투트가르트－징겐에서 스위스 취리히까지 연결됨
⑧ 뮌헨－가르미쉬－파르텐키르헨(오스트리아와의 국경도시, 이탈리아로의 관문)
⑨ 뉘른베르크－파사우에서 오스트리아 빈까지 연결

라) 독일 단거리 노선

아래 5개 노선들은 짧은 거리에 위치한 중심도시들을 연결하며, 이용 빈도가 매우 높다.
① 아우크스부르크－뮌헨 (바이에른 초고빈도노선)
② 도르트문트－에센－뒤스부르크－뒤셀도르프－쾰른(라인지역 초고빈도노선)
③ 함－부퍼탈－쾰른
④ 프랑크푸르트－만하임(독일전국에서 이용 빈도가 가장 높은 노선)
⑤ 칼스루에－프라이부르크－스위스 바젤

마) ICE-Sprinter

'이체 스프린터'(ICE-Sprinter)는 아침과 저녁의 출퇴근 시간대에 독일의 중소도시는 정차하지 않고 대도시만을 연결하는 초고속 급행열차이다.
① 베를린－프랑크푸르트 간을 무정차 운행하는 직통열차로 3시간 46분이 소요된다.
  (아침노선 : ICE 1091, 오후노선 : ICE 1093.)
② 프랑크푸르트－베를린 간을 무정차 운행하는 직통열차
  (아침노선 : ICE 1092, 오후노선 : ICE 1090.)
③ 함부르크－하노버－프랑크푸르트(ICE 1071, 아침 노선으로 3시간37분이 소요된다.)
④ 함부르크－에센－뒤스부르크－뒤셀도르프－쾰른
  (아침노선으로 ICE 1034, 반대방향 노선은 1035. 3시간 44분이 소요된다.)
⑤ 른－프랑크푸르트－뉘른베르크－뮌헨(ICE 1021, 아침노선으로 3시간 56분이 소요된다.)

바) 국제 노선

몇몇 노선은 주요 노선과 갈라져 인접한 국가로 연결된다.
① 뒤스부르크 중앙역에서 네덜란드 암스테르담 중앙역까지
② 쾰른 중앙역에서 아헨과 벨기에의 리에주를 거쳐 브뤼셀 미디역/남역까지
③ 자르브뤼켄 중앙역에서 프랑스 보르쿠르를 거쳐 파리 동역 까지

④ 스위스 바젤 SBB 역에서 인터라켄 동역까지
⑤ 스위스 바젤 SBB 역에서 취리히 중앙역까지
⑥ 슈투트가르트 중앙역에서 스위스 샤프하우젠을 거쳐 취리히 중앙역 까지
⑦ 뮌헨 중앙역에서 오스트리아의 쿠프슈타인을 거쳐 인스브루크 중앙역 까지
⑧ 뮌헨 중앙역에서 오스트리아 잘츠부르크 중앙역 또는 린츠중앙역을 거쳐 비엔나 서역 까지
⑨ 파사우 중앙역에서 오스트리아 린츠 중앙역에서 비엔나 서역까지

3) 차량

ICE 차량의 첫 세대인 ICE1은 동력집중식의 차량으로 차량편성 양쪽에다 동력차를 붙이고 중간에는 객차를 10~12량 붙이는 형식이었으나 다음 세대인 ICE2로 오면 차량을 더 짧고 가볍게 하기 위해 동력차 1대를 차량편성 한쪽 끝에 붙이고 반대편에는 운전실이 붙은 객차를 붙여 전후 어느 쪽으로든지 운전하는 것은 가능하게 하고 있다.

이 경우 큰 수송력이 필요하면 2개의 차량편성을 바로 자동연결기로 연결하여 승객을 2배로 수송할 수 있게 하였고, 선로 분기역에서는 필요하다면 2개의 열차로 나누어 각각 다른 방향으로 달릴 수 있게 함으로써 차량편성의 무게를 줄이고 싱글 혹은 더블로 운행이 가능하게 함으로써 약 20% 정도의 에너지 절약이 가능하게 되었으며, 열차 시각표의 융통성도 높일 수 있었다.

그러나, 1998년 6월 3일의 ICE1 차량의 열차 사고가 있었다. 원래의 ICE1 차량편성은 모든 차량의 바퀴가 프랑스의 TGV나 일본의 신간선차량처럼 일체형 차량이었으나 진원이 아닌 차륜에 의해서 발생하는 진동을 없애기 위해 1996년에 이를 개량하여 차륜을 외륜과 내륜으로 나누고 그 사이에 고무링을 삽입한 차륜을 객차 중 약 2/3 정도의 차량에 사용하였다. 그러나 1998년에 이 차륜 중 하나가 외륜이 깨지는 비극적인 사고가 발생함으로써, 다시 모든 차량에 원래의 일체형 차륜을 사용하게 함으로써 차륜의 개조를 통해 진동을 해결해 보려는 독일 철도 기술자들의 노력은 수포로 돌아가고 진동문제는 아직 해결되지 않고 있다.

또한, 제3세대 차량인 ICE3는 운행이 가능한 최고속도를 330km/h로 높이고 40‰의 급구배에서도 운행이 가능하도록 제작되며. 이를 위해 동력 집중식에서 동력 분산식 차량으로 전환하였다.

ICE3와 똑같은 구조를 가지면서 차량에 Tilting시스템을 도입하여 곡선이 많은 기존 재래선에서 속도향상을 꾀한 것이 ICE-T(Inter City - Triebwagon의 약자)차량으로서, 곡선을 펴기 위해서는 투자비가 너무 많이 들기 때문에 차량의 개량을 통해서 속도향상을 꾀한 것으로서, ICT-VT 차량에도 마찬가지로 전철화 되지 않은 구간의 속도향상을 위해 개발된 디젤 차량이다.

[ICE-1]

[ICE-2]

[ICE-V]

[ICE-3]

지멘스 벨라로(Siemens Velaro)는 독일의 동력분산식의 고속철도 차량의 한 종류로서 독일 철도에서 운행되고 있는 ICE 3를 기반으로 하고 있으며 ICE 3와는 달리 벨라로는 지멘스의 완제품이다.

스페인의 국영 철도회사인 렌페가 최초로 고속열차 AVE의 노선망에 도입하기 위해, 벨라로 E(AVE S-103)의 편성을 발주 하였다.

러시아 철도에서는 모스크바-상트페테르부르크, 모스크바-니즈니 노브고로드 구간 각 노선에 광궤용 벨라로 루스(Velaro RUS)의 도입이 예정되어 있기도 했다.

[지멘스벨라로]

[벨라로E]

독일 철도에서 프랑스 LGV 라인 로누선의 개통이나 벨기에, 스위스 등의 주변국의 노선 연장용으로 사용된 것이 벨라로 D로서 2008년 12월에 8량 15편성에 총 4억 9,500만 유로의 계약이 성립되었다.

2011년 10월에 최초의 편성이 인도되었고, 2012년까지 모두 15편성이 인도되었다.

1편성 당의 정원은 485명으로 ICE3와 동일한 수준이지만, 세부사양이 다르다.

2001년, 스페인 국영철도인 렌페에서는 AVE S-103이 되는 벨라로 E의 발주를 하였다. 이는 모두 26 편성으로 바르셀로나-마드리드 간의 고속철도의 신선 노선용으로, 당초 예정한 최고속도 350km/h, 소요 시간 2시간 25분의 운행은 시스템의 형편상 아직 시행되지 못하고 있으며, 현재 최고속도 300km/h, 소요 시간 2시간 38분으로 운행 하고 있다.

최초의 편성은 2005년 7월에 수령되어 2006년 1월부터 시험주행이 진행되었고 2006년 7월 15일, 마드리드~사라고사 선의 과달라하라와 카라타유 사이에서 스페인 국내철도로는 최고 속도인 403.7km/h를 기록 하였다.

2006년 5월 19일에 지멘스는 8편성의 벨라로 RUS를 30년간 점검계약을 포함하여 총 6억 유로로 모스크바-상트페테르부르크, 모스크바-니즈니노브고로드 구간을 최고속도 250km/h로 운행하기 위한 차량을 러시아와 계약하였다.

이 벨라로 RUS 차량은 러시아 광궤 및 러시아의 자연 환경에 맞추어 설계되어 차체 폭이 33cm 늘어난 3,265㎜이다.

전체 편성 중 4편성은 직류 3kV와 교류 25kV 구간 모두를 운행할 수 있고, 나머지 편성은 직류 3kV만 지원하는 것이었다.

편성 길이는 10량 편성 250m로 정원은 600명이며, 차량의 제조개발은 독일의 얼랑겐 등의 지역에서 제작되었다.

이 직류용으로 만들어진 4편성은 2009년 모스크바-상트페테르부르크 간의 노선에 투입되었고, 직·교류 4편성은 2010년부터 모스크바-니즈니노브고 로드 구간에 투입되었다.

[벨라로 RUS]

[벨라로 CRH3]

또한, 2005년 9월에 중화인민공화국 철도부는 베이징-텐진 간의 고속철도 전용으로 60 편성의 벨라로를 발주하였다.

이것이 벨라로 CRH3로서 8량 편성이며 벨라로 E와 사양은 비슷하지만, 30cm 정도 차체폭이 더 넓고, 50% 이상의 좌석은 2+3으로 배치되어 정원이 600명으로 다른 벨라로 시리즈에 비하면 대량 수송용 사양이다.

지멘스와 탕산 궤도객차가 공동 제작하는 것으로 2008년 4월 11일에는 중국에서 라이센스 생산된 최초의 편성이 보급되었으며, 2008년 6월에 베이징-텐진 고속철도 선상에서 394.3km/h의 최고속도를 기록하였다.

마. 프랑스

테제베(TGV : Train à Grande Vitesse)는 프랑스의 고속철도이다.

유럽에서 가장 먼저 고속철도(TGV)를 건설하였으며, 세계에서 최고의 순간 최고 속도인 574.3km/h의 기록을 보유하고 있는 나라이다.

동남선, 북선, 대서양선 등으로 나뉘어 있으며, 영국에서 벨기에를 통과하는 국제열차인 "유로스타"와 스페인 AVE, 한국 KTX의 기초모델이기도 하다.

2022년부터 상용화를 목표로 운영비 20% 감축, 에너지는 최소 25% 감축이 가능한 차세대 TGV개발에 SNCF와 Alsthom이 공동으로 참여하여 개발 중에 있다.

1) 일반현황

1981년 프랑스 국철(SNCF)은 유럽 최초의 고속열차 전용선 LGV(Ligne à Grande Vitesse)를 파리와 리옹 사이에 개업했다. 그 후 파리를 중심으로 남쪽으로는 발랑스, 북으로는 릴을 경유하여 벨기에의 브뤼셀 및 영불해협터널 입구인 칼레까지, 서쪽으로는 르망 및 뚜르까지 고속철도를 건설하였다.

재래선에 바로 진입하도록 국내 및 스위스와 벨기에의 주요 도시까지 고속열차의 네트워크를 넓히고 있다.

테제베는 재래선과 동일한 궤간 1,435㎜을 채용하고, 교류 25,000V,50Hz로 전철화 하였으며, 최고운전속도는 270km/h에서 320km/h이다.

TGV는 시험 속도 574.8km/h를 기록하였으며, 상업운행속도는 320km/h, 350km/h의 차량이 개발되고 있다.

2) TGV 개발역사

1981년 개통된 프랑스의 고속철도 차량은 개발단계를 기준으로 세대를 구분해 볼 수 있다.

제1 세대 차량은 TGV-SE(Sud-Est)로 현재 TGV의 기본이 되었으며, 직류전동기로 최고속도는 260km/h로 운행되었다.

제2 세대 차량은 TGV-A(Atlantic), TGV-R(Reseau)는 동기 전동기를, 그리고 Euro-Star는 유도전동기를 사용하고 있으며, 최고속도는 300km/h로 운행되고 있다.

제3 세대 차량은 TGV-D(Duplex)로 전체시스템의 특성은 2세대 차량과 같으나, 객차를 2층으로 제작하여 수송효율을 45% 증가시켰으며. 2001년 6월에 개통한 지중해선에는 TGV-SE, TGV-R 그리고 TGV-D를 개조한 차량을 투입하였다.

제4 세대 차량은 AGV로 TGV 특성인 전·후부에 동력차를 배치하는 동력 집중식에서 동력을 전체적으로 분산시키는 동력분산식을 채택하는 획기적인 변화가 추진되고 있다.

3) 운행

가) 테제베의 속도 기록 변천사

제2차 세계대전 후 교류전철화기술의 개발을 시작으로 331km/h의 고속시험 등 철도의 근대화를 추진하게 되었으며, 그러다 일본 국철(현재 JR)이 만든 신칸센에 자극을 받은 SNCF는 TGV개발을 1970년대부터 시작되게 되었다.

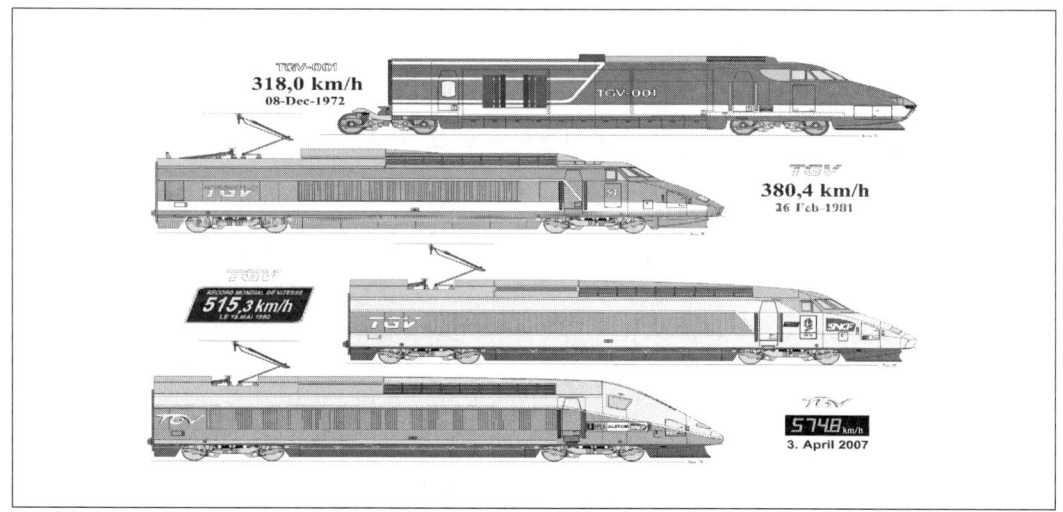

[테제베의 속도 기록]

처음에는 고속에서의 집전을 피하기 위해 가스터빈을 동력으로 계획하여, 1972년 가스터빈을 채용한 시제차량 TGV001을 개발하였으며, 1972년 12월 8일의 시험운행에서 최고속도 318km/h를 기록했으나 시험기간 중 오일쇼크가 발생해 동력을 전기로 변경하게 되었다.

1981년 파리와 프랑스 제 2도시인 리옹을 연결하는 410km의 고속 신선을 개업하면서 TGV시대의 막이 열렸으며 당시 최고속도는 270km/h이었다.(먼저 고속화를 시작한 신칸센은 1992년에야 300계가 운행하면서 겨우 갱신하게 된다.)

그 당시 대서양선 51편성은 380.4km/h를 기록했다.

1989년, 300km/h로 선로를 개량하면서 신칸센보다 속도경쟁력을 더욱 높일 수 있었다.

1990년 5월에는 테제베 동남선에서 329편성이 515.3km/h를 기록하였으며, 2007년 4월 3일, 테제베 듀플렉스는 574.8km/h를 기록하면서 현재까지는 세계신기록으로 기록되어져 있다.

나) 운행노선

① 파리 동남선

파리-리용-지중해를 잇는 PLM(재래선)은 프랑스 인구의 40%가 이용할 수 있는 전략상 주요 노선으로, 70년대 초에 이미 선로의 용량이 한계에 다다랐으며 속도도 여객열차가 160km/h 정도로, 늘어나는 수송수요에 대처하기 위해서는 복복선화가 필요하였으나 엄청난 공사비 때문에 이의 시행은 거의 불가능에 가까웠다.

프랑스 국철(SNCF)은 빠리와 리용, 남동 프랑스를 연결하는 새로운 고속선로를 건설한다고 하더라도 이에 소요되는 비용은 PLM 재래선 개량비의 약 40%에 불과하고, 고속신선으로 많은 여객들이 옮겨간다면 저속열차나 화물열차는 기존선으로도 충분하다는 생각에서 새로운 고속철도를 건설하였다.

일본의 고속철도 신간선이 재래선과는 독립하여 건설된 것과는 달리, 파리 남동선은 기존의 국내철도망과 상호직통 운전이 가능하도록 그 일부로서 건설되어 고속신선을 통과한 후 신형 TGV차량은 국철 전철선 어디든지 운행하는 것이 가능하게 되었다.

파리 남동선과 리용 바이패스선, 론-알프스선 등 신선의 총 길이가 538km인데 반해 TGV차량의 운행노선은 신선길이의 5~6배에 이르며 50개 도시(스키 시즌에는 60개 도시)의 총 3000만 주민들에게 TGV서비스를 제공하고 있다.

파리 남동선의 설계 최고 속도는 300km/h이지만 영업 최고속도는 270km/h이다.

또한, 고속 신선은 파리의 리용역 남쪽 29km지점인 뤼쟁무와 시에서 시작하고 뤼쟁무와 시로 부터 115km지점인 생 플로랑땡까지 1983년(생 플로랑땡에서 샤또네까지는 이미 1981년에 1차로 완성되어 있었다)에 완공됨으로서 빠리 남동선이 개통되었다.

그리고 2개의 중간 역은 기점으로부터 274km에 있는 르크루소 몽샤낭과 334km 지점의 마꽁-로쉐이다.

② 론-알프스선 및 리용 바이패스선

론-알프스선의 제 1단계(리용 바이패스선이라고도 함)는 몽따네에서 쌩껑땡-팔라비에까지의 38.0km로 1992년 말에 개업하였고, 발랑스까지의 제 2단계는 1994년에 완공하여 개업했다.

총 121km인 이 고속신선은 몽따네를 기점으로 하여 샤똘라 공항을 향해 동남쪽으로 리용으로부터 샹베리로 가는 기존선과 쌩껑땡-팔라비에서 접속하고, 남쪽으로 발랑스 바로 위 지점에서 기존의 PLM선과 접속되어진다.

몽따네에서 쌩껑땡-팔라비까지의 선로 대부분은 노선속도가 300km/h이고, 남부구간에서는 곡선, 터널, 구배로 인해 270km/h이다.

발랑스에서부터 남쪽으로 아비뇽까지의 구간과, 서쪽으로 몽뻴리에까지의 구간 및 동쪽으로 마르세유까지 2000년 6월 개통되어 이 지방의 TGV서비스는 획기적으로 향상되었다.

③ TGV A(Atlantique)

파리-서부프랑스 LINE이 1989년에, 파리-남부 프랑스 LINE이 1990년에 운행을 개시하였다.

105편성의 TGV A가 운행 중에 있으며, 1990년 5월 최고속도 515.3km/h의 세계신기록을 수립하기도 하였다.

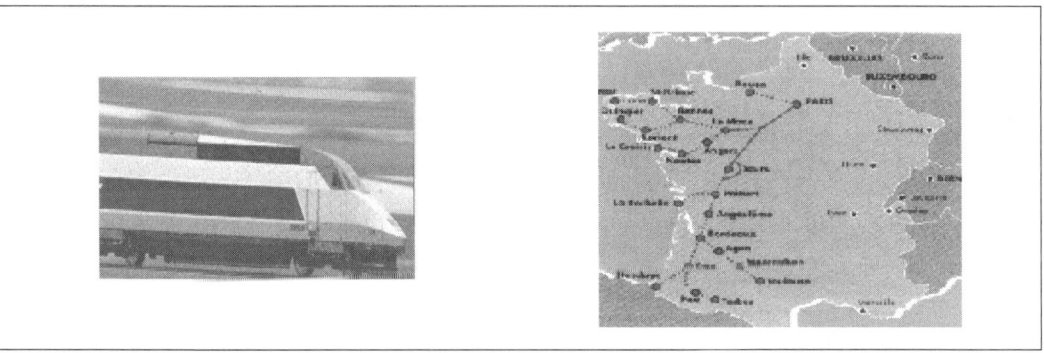

[프랑스 TGV-A 차량외관 및 노선도]

운행되는 차량의 외관과 노선은 위 사진과 같으며 차량의 특성은 다음과 같다.

Ⓐ Main Characteristics

㉠ 동력차 2량

㉡ 객차 10량

㉢ 승차인원 : 485명(1등석 : 116명, 2등석 : 369명)

㉣ MOTOR BOGIES : 4 Set

㉤ TRAILER BOGIES : 11 Set

㉥ 견인전동기 : 8 Set(동기전동기)

㉦ 총중량 : 484 ton

Ⓑ Power Source : 교류·직류 겸용
　　　㉠ 직류 1500Volt
　　　㉡ 교류 25kV 50Hz : 프랑스 철도청(SNCF) 구간
　　Ⓒ Maximum Power : 8800kW
　　Ⓓ 운행속도 : 300km/h
　④ TGV R(Reseau)
　TGV A의 개량 형으로 벨기에와 네덜란드의 3,000V DC 구간을 운행할 수 있도록 하였고 신호도 개선되었다.

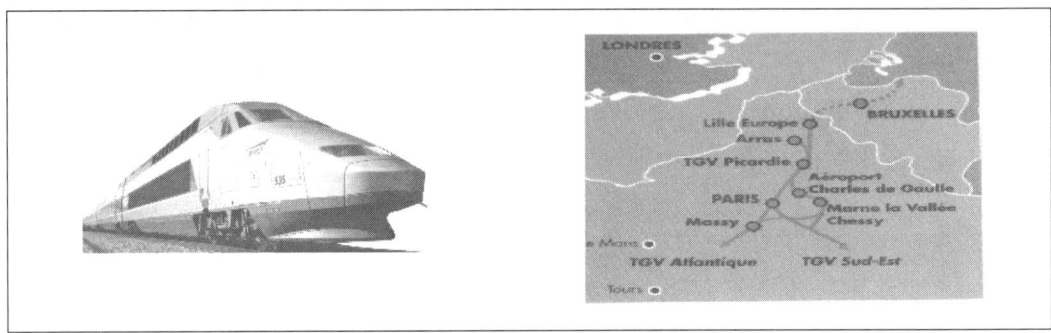

[TGV-R 차량외관 및 노선도]

　운행되는 차량의 외관과 노선은 위 사진과 같으며 차량의 특성은 TGV-A보다 객차가 2량 줄어서 다음과 같다.
　　Ⓐ Main Characteristics
　　　㉠ 동력차 2량
　　　㉡ 객차 8량
　　　㉢ 승차인원 : 377명(1등석 : 120명, 2등석 : 257명)
　　　㉣ Motor Bogies : 4 Set
　　　㉤ Trailer Bogies : 9 Set
　　　㉥ 견인전동기 : 8 Set(동기전동기)
　　　㉦ 총중량 : 416 ton
　　Ⓑ Power Source : 교류·직류 겸용(3가지 전원용)
　　　㉠ 직류 1,500 Volt
　　　㉡ 직류 3,000 Volt
　　　㉢ 25kV-50Hz AC : 프랑스철도청(SNCF) 구간, 벨기에 구간
　　Ⓒ Maximum Power : 8,800 kW
　　Ⓓ 운행속도 : 300 km/h

⑤ 탈리스(Thalys)

　Thalys는 프랑스-벨기에-네덜란드-독일 사이를 운행하는 고속 전철로서, 이 Y자 형태의 노선은 4개국에 걸쳐 있으며, 파리-브뤼셀-퀼른 간을 3시간 5분에, 파리-브뤼셀-암스테르담을 2시간 5분에 연결하고 있으며. 각기 다른 4개국의 철도망을 달리기 위하여 4종류 Power source를 수용할 수 있도록 설계되었다.

 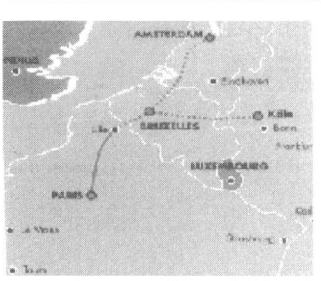

[TGV 탈리스 차량외관 및 노선도]

　운행되는 차량의 외관과 노선은 위 사진과 같으며 차량의 특성은 TGV-R가 비슷하나 4종류 전원을 사용할 수 있는 점이 다르며 상세한 내용은 다음과 같다.

　Ⓐ Main Characteristics
　　㉠ 동력차 2량
　　㉡ 객차 8량
　　㉢ 승차인원 : 377명(1등서 : 120명, 2등석 : 257명)
　　㉣ Motor Bogies : 4 Set
　　㉤ Trailer Bogies : 9 Set
　　㉥ 견인전동기 : 8 Set(동기전동기)
　　㉦ 총중량 : 416 ton
　Ⓑ Power Source : 교류·직류 겸용(각각 2가지씩 4 전원용)
　　㉠ 직류 1,500 Volt
　　㉡ 직류 3,000 Volt
　　㉢ 교류 25kV-50Hz
　　㉣ 교류 15,000 Volt 16 2/3Hz
　Ⓒ Maximum Power : 8,800 kW
　Ⓓ 운행속도 : 300km/h

⑥ TGV Duplex(Double Deck TGV)

　종전에 비하여 동일한 Infrastructure를 가지고 약 45% 증가된 인원을 수송할 수 있도록 2층 객차 구조로 되어 있으며, SNCF의 혼잡구간에서 운행되고 있다.

1996년 최초로 1편성이 완성되었으며, 전체 백여 편성의 Double Deck가 운행되고 있다. 차량의 외관과 그 상세 특성은 다음과 같다.

Ⓐ Main Characteristics
  ㉠ 동력차 2량
  ㉡ 객차 8량
  ㉢ 승차인원 : 545명(1등석 : 197명, 2등석 : 348명)
  ㉣ Motor Bogies : 4 Set
  ㉤ Trailer Bogies : 9 Set
  ㉥ 견인전동기 : 8 Set(동기전동기)
  ㉦ 총중량 : 380 ton(알루미늄 차체)
  ㉧ 전장 : 200 meter

[TGV Duplex 차량 외관]

Ⓑ Power Source : 교류·직류 겸용
  ㉠ 직류 1,500 Volt
  ㉡ 교류 25kV-50Hz(프랑스 구간)
Ⓒ 운행속도 : 300 km/h

⑦ 차세대 고속전철 AGV(Automotrice a Grande Vitesse)

AGV 차량의 주요 혁신은 동력을 열차에 분산 배치하는 동력 분산식을 채택한 것이다. 분산식의 채택으로 열차를 모듈화(Modular Design)하여 노선별 수송 수요에 탄력적으로 대응할 수 있다는 특성을 가지고 있다.

동력 분산식을 고속열차에 적용한 것은 일본의 신간선 열차와 이태리의 팬돌리노(Pendolino), 독일의 ICE 3 등에도 채택되었다.

관절형 고속열차가 축 중 17톤을 초과하지 않으면서도 동력을 분산시킨 방법이 혁신적이라고 말할 수 있다.

동력을 분산시킨 AGV는 동일한 열차 길이에서 기존 TGV보다 9% 증가된 좌석수를 갖게 된 것으로서 외관은 아래 사진과 같다.

[AGV 차량]

AGV의 주요시스템별 특성을 살펴보면 다음과 같다.

Ⓐ 추진시스템 : 동력분산식에 적합하도록 기존의 추진전동기보다 용량이 적은 600kW 유도전동기를 사용하였으며, IGBT(Insulated Gate Bipolar Transistor) 전력반도체를 사용하여 최고운행속도를 시속 320km와 350km가 가능하도록 하였다.

Ⓑ 승차감의 향상 : 알스톰(Alsthom)사는 TGV가 300km/h로 주행할 때에 발생되는 진동 궤도부담과 동일하게 작용하는 범위에서 속도향상을 이루고자 하였으며, 이를 위해 능동식 현가시스템을 개발하였다. 이 시스템은 부수대차에 장착되어 궤도 위에서 대차의 상하 운동을 능동적으로 제어하는 방법으로 전기적인 Actuator를 사용하고 있다. 이 능동시스템은 TGV-R에 장착하여 350km/h로 시험주행을 실시하였는데, 이 장치를 장착하지 않고 300km/h로 주행했을 때 승차감과 장착 후에 350km/h로 주행 시의 승차감이 일치하는 것으로 알려져 있다.

Ⓒ 제동력의 향상 : 속도향상에 따른 감속거리를 동일하게 유지하기 위해 제동력의 향상이 필요하였으며, 이를 위해 기존의 마찰제동과 전기제동에 추가로 와전류제동을 채택하였다. 이 제동장치는 기존의 TGV에 설치하여 350km/h로 시험주행을 실시한 결과, 3분 운행간격에서 열적인 부하 등에 의한 선로에 이상이 발생하지 않는 성능을 발휘하는 것으로 증명이 되었다. 이 장치는 첫 번째와 마지막 대차에만 장착하였다.

Ⓓ 동력 관절대차 : 동력이 분산되어 있으므로 객차 하부에도 전동기가 설치되는데, 이로 인하여 객실에 진동을 증가시킬 우려가 있어 견인전동기와 차체사이에 Silent Block을 채택하여 진동을 줄이도록 하였다. 또한, 관절대차에 전동기를 부착하면 전동기 냉각을 위한 강제 공기냉각에 어려움이 있는데, 이를 전동기 자체에서의 강제 냉각시스템을 적용하도록 하고 선로에서 들어오는 먼지를 제거하기 위해 소용돌이를 이용하는 방법 등이 적용되어 졌다.

Ⓔ 차체 : 차체는 알루미늄을 사용하여 철제 TGV와 비교하면 2톤 정도의 무게를 경감시켰다. 또한, 전두부의 충격에너지는 TGV- D와 동일한 6MJ을 흡수하도록 하였다. 개발된 AGV 시제열차는 유레일 테스트(Eurail Test)사에 의해 2002년 아래 사항을

중심으로 고속선과 기존선에서 시험이 이루어졌으며, 이 AGV 시제열차를 기반으로 스페인의 고속 철도에서도 최고운행속도 350km/h인 고속열차가 탄생하였다.

[AGV와 TGV의 기술사양 비교표]

항목	TGV-PSE	TGV-A	TGV-Duplex	AGV-10	AGV-9
차량 수	10	10	10	10	9
열차길이(m)	200	238	200	200	180
차체 재질	Steel	Steel	알미늄 압출재	알미늄 압출재	알미늄 압출재
동력대차 수	6	4	4	6	6
부수대차 수	7	11	9	5	4
열차하중(톤)	418	484	380	383	330
최대축하중(톤)	17	17	17	17	17
좌석수	368	485	545	411	359
추진장치 (전력반도체)	Thyristor	GTO	Thyristor	IGBT	IGBT
견인전동기	직류전동기	동기전동기	동기전동기	유도전동기	유도전동기
출력(MW)	6.8	8.8	8.8	7.2	7.6
다전원	DC 1.5kV AC 25kV	DC 1.5kV AC 25kV	DC 1.5kV AC 25kV	DC 1.5, 3kV AC 15, 25kV	DC 1.5, 3kV AC 15, 25kV
최고속도(km/h)	270	300	300	330	350
중량당출력 (kW/Ton)	16.3	18.2	23.2	18.8	23.0
좌석수당 중량 (ton/Seat)	1.1	1.0	0.70	0.93	0.92
좌석수당 출력 (kW/Seat)	18.5	18.1	16.2	17.5	21.2

ⓕ 시험항목
  ㉠ 열차의 동적 안정성(Dynamic Comport of the Train-set)
  ㉡ 중간 동력 대차의 특성
  ㉢ 양 끝단 부수대차 특성
  ㉣ 추진장치의 냉각공기 흐름 특성
  ㉤ 음향 특성(실내의 소음 및 진동 특성)
  ㉥ 지붕에 장착된 저항 제동기 특성
  ㉦ 집전장치(Euro-pantograph) 특성
  ㉧ 객실내의 공기 유동 특성
⑧ 유로스타(Euro-star)

유로스타(Euro-star)는 영국 런던의 세인트 팬크러스(St Pancras) 역과 프랑스 파리의 북역(Gare du Nord), 벨기에 브뤼셀의 미디 역(Bruxelles Midi)을 최고속도 300km/h로 잇는 국제 고속철도로서 런던-파리, 런던-브뤼셀간을 38편성이 운행하고 있으며 런던-파리간에 약 3시간이 소요된다.

열차는 유로 터널(채널 터널)을 지나 도버 해협을 횡단하고 프랑스와 벨기에 부분은 고속 노선을 사용한다. 유로터널이 개통한 해와 같은 해인 1994년 11월 14일에 개통했다.

TGV를 기본으로 프랑스·영국·벨기에 3국이 공동 개발한 차량으로 3개국 직통 운전을 위해 고안되어 있다.

영국 국내에서는 궤도 문제(제3궤조방식) 때문에 속도를 낼 수가 없었지만, 2003년에 영국 내의 고속신선인 CTRL(Channel Tunnel Rail Link)이 부분 개통되어 런던에서 파리·브뤼셀까지의 소요 시간을 단축시켰다.

런던에서 유로스타가 발착하는 곳은 워털루 역이었지만, 2007년 초순 CTRL 전 구간 개통 후에는 세인트 팬크러스(St Pancras)역이 되었다. 이에 따라 런던-파리간의 소요시간은 최단 2시간 15분으로 단축되었으며, 프랑스 본토 부분에 전용선을 신설하면 소요시간은 더욱더 짧아질 것으로 예상된다.

차량의 외관과 노선도는 아래 사진과 같으며 주요 차량의 정보는 다음과 같다.

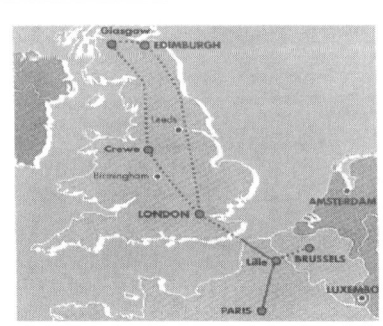

[유로스타 차량외관 및 노선도]

Ⓐ 차량 정보
　㉠ 편성 : 동력차 2량, 객차 18량
　㉡ 승차인원 : 794명(1등석 : 210명, 2등석 : 584명)
　㉢ Motor Bogies : 6 Set
　㉣ Trailer Bogies : 18 Set
　㉤ 견인전동기 : 12 Set(동기전동기)

ⓑ 총중량 : 793 ton
　ⒷPower Source : 교류·직류 겸용(3전원)
　　　㉠ 750 Volt DC(영국구간)
　　　㉡ 3,000 Volt DC(벨기에 구간)
　　　㉢ 25,000 Volt- 50Hz AC(프랑스 구간 및 해저터널)
　ⒸMaximum Power : 12,500 kW
　Ⓓ운행속도
　　　㉠ 300km/h(프랑스 구간)
　　　㉡ 160km/h(해저터널)
　　　㉢ 140km/h(영국 구간)
　　　㉣ 200km/h(벨기에 구간)
　Ⓔ궤 간 : 3개국 모두 표준궤간(1435㎜) 사용
⑨ 벨기에선

TGV 벨기에 선은 Y자형으로 되어 있으며, Y자형의 뿌리부분은 프랑스의 릴 남쪽 프래땡의 삼각선으로부터 동쪽으로 약 12km 떨어진 프랑스와 벨기에의 국경에서 프랑스 북유럽선과 접속하는 지점에 있다. 프래땡의 삼각선의 3변은 각각 3개의 수송루트를 형성하고 있는데 각각 파리 ↔ 릴 유럽/깔레/유로터널, 파리 ↔ 브뤼셀, 브뤼셀 ↔ 릴 유럽/깔레/유로터널이다.

프랑스 국경을 넘으면 파리 북유럽 선은 TGV벨기에 선이 된다.

다) 프랑스의 고속전철 개발 노력

앞으로도 고속철도망을 계속 확충할 계획이며, 확충된 고속철도노선에 투입될 새로운 열차는 기존 시스템을 바탕으로 첨단기술을 접목시켜서 개량 발전시킬 예정이다.

또한, 기존에 운행되고 있는 열차는 승객들의 요구에 부응할 수 있도록 개선하여 운행속도를 향상시킬 뿐만 아니라, 실내설비와 인터넷, 사무 공간 제공 및 DVD 설치 등의 노력을 기울일 것이다.

바. 스페인

1) AVE(Alta Velocidad Espanola)

스페인의 고속철도인 AVE는 북쪽의 마드리드와 남쪽의 세비야를 코르도바를 거쳐서 연결하는 길이 471km의 선로로서 1992년에 완성되었다.

기존의 스페인 철도의 궤간은 1,668㎜이므로 스페인에서 다른 나라로 열차가 갈 경우에는 국경의 역에서 대차를 교환할 수 있도록 차량이 만들어져 있지만 교환을 위해서는 20분 이상이나 걸리고 차량도 특별한 보수가 필요한 실정이었다.

그래서, 스페인의 고속철도는 유럽의 고속철도망과 연결한다고 하는 장기적인 구상으로 1,435㎜의 표준 궤간을 채택하였으며 마드리드 ↔ 세비야간의 소요시간은 2시간 45~55분 정도이다.

스페인 고속철도에서 한 가지 재미있는 것은, 바르셀로나 ↔ 발렌시아간 220km 구간의 선로에는 기존의 1,688㎜ 선로를 사용하여 마드리드 ↔ 세비야간의 AVE 차량과 똑같으나 대차만 광궤에 맞는 차량을 붙인 광궤용 차량을 운행한다는 점이다.

이 구간은 17개의 터널을 포함한 험준한 구간으로써 TGV PSE Line과 연결될 예정으로 그 노선도와 차량의 외관은 아래 사진과 같다.

 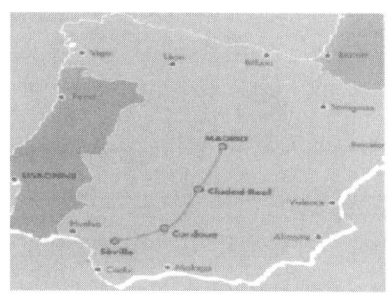

[스페인 AVE 차량외관 및 노선도]

2) 차량특성

① 편성 : 동력차 2량, 객차 8량

② 승차인원 : 329명(1등석 : 116명, 2등석 : 213명)

③ Motor Bogies : 4 Set

④ Trailer Bogies : 9 Set

⑤ 견인전동기 : 8 Set(동기전동기)

⑥ 총중량 : 421 ton

⑦ 전체 길이 : 200 meter

⑧ Power Source : 교류·직류 겸용(2전원)

  Ⓐ 직류 3,000 Volt

  Ⓑ 교류 25,000 Volt 50 Hz

⑨ Maximum Power : 8,800 kW

⑩ 운행속도 : 300km/h

2.2 동유럽 지역

가. 개요

인구는 약 2억명 정도이고 고려대상 국가는 약 16개국 정도이다.

1인 당 평균 GDP는 약 7.5천(EUR)로 정도이고, 정치적으로는 비교적 안정적이며, 경제성장율은 약 6~8%로 높은 편이다.

전체 노선길이는 약 88.6천km 정도이며, 철도기술 수준은 중간 정도이고, 철도인프라 현황을 보면 노선밀도가 체코는 12km, 폴란드 8km, 터키는 1km로서 지역 및 인구밀집도 등에 따라 철도인프라 현황 차이가 크다.

또한, 철도시스템이 매우 낡은 상태로서, 이를 개선하려면 대대적인 개량이 필요하지만 비교적 높은 기술수준을 갖추고 있으므로, 향후 투자가 증대되면 한정된 지역에서는 현저한 기술발전도 예상이 된다.

철도는 도로·항공운송에 비해 여객 및 화물 모두 침체되어 있으나, 채광물 운송수단으로의 수요는 지속적으로 증가하는 추세이다.

또한, 공산권 붕괴 후 많은 서유럽 및 북미 회사들이 동유럽에 진출하여 현재 생산품들을 서유럽으로 역수출하고 있는 상황이지만 향후 이러한 동유럽회사들이 사업목표를 내수시장으로 전환할 가능성이 있어 철도산업의 발전 가능성은 아주 높다.

나. 인프라 및 전철화

범 유럽 수송로나 유럽수송 네트워크(TEN-T)에 투자가 집중되고 있으나, 개발되는 속도는 느린 편이며 터키만이 고속철도수송에 장기적인 투자를 계속하고 있다. 지하철 네트워크가 가장 큰 성장을 하고 있는 추세로서, 바르샤바, 프라하, 부다페스트, 이스탄불 등 많은 지역이 개량사업을 고려 중이며, 폴란드도 산업지구에 경전철 사업 검토하고 있으나 자금 확보 측면에서 어려움을 겪고 있다. 또한, 틸팅열차가 운행할 수 있도록 하는 기존선의 개량은 검토 중이지만 고속철도 건설은 재정적 문제로 인해 곤란을 겪고 있으며, 체코만이 2020년경부터 약 700km 구간의 고속철도 건설을 계획 중에 있다.

경전철은 EU가입국가에 대한 판매 가능성이 높아서, 서유럽 제작사에게는 시장전망이 매우 밝으며 노후 차량에 대한 수요는 현재의 조달 능력 이상이지만 재정이 부족하여 어려움을 겪고 있는 실정이다.

다. 각 국가별 현황

1) 폴란드

1990년대 초반 바르샤바~Katowice간의 철도개량사업(250km/h)이 계획되었으나, 재원부족으로 인해 아직 추진되지 못하고 있으며, 중장기적인관점에서 바르샤바~비엔나 간의 철도건설은 조기에 시작되리라 예상된다.

2) 체코 공화국

서유럽의 고속철도노선에 연결될 수 있는 Nuremberg~프라하 간의 노선 건설을 우선 계획 중이다.

3) 슬로베니아

알스톰사가 Triesta~Zagreb 간 고속철도 건설을 제안하였으나, 가까운 시일 내에 실현가능성은 낮아 보인다.

4) 세르비아 몬테네그로

세르비아 철도청은 유럽고속철도 네트워크에 연결될 수 있는 세르비아·몬테네그로 선의 건설계획을 제안하였으며, 이 노선은 최대 속도 120~160km/h의 범 유럽 철도에 연결되는 것이므로, 200km/h를 초과하는 고속열차가 운행할 수 있을 정도로 건설될 필요는 없을 것으로 생각된다.

5) 터키

약 10억 유로 규모에 달하는 비용으로 Afyon~Izmar 간의 고속철도 건설을 추진 중에 있는 것으로 알려져 있다.

6) 헝가리

물류 통로를 정비하기 위해 국가 교통인프라 개발 전략에 적극적으로 나서고 있어서 앞으로 철도인프라, 교통인프라 투자가 헝가리의 경제성장을 이끌 것으로 예상하고 있다.

교통인프라 시장은 약 14억 달러 규모로, 헝가리 GDP의 1% 정도이며, 이중에서 도로·교각이 58%, 철도가 약 30%로 4억3000만 달러 규모이고, 공항이 0.2%, 항만·수상도로가 약 12% 정도로서 철도인프라 시장은 다른 도로건설 등의 교통인프라 보다 성장 폭은 두드러질 것으로 예상된다.

철도인프라 프로젝트의 주요 재원은 민자보다도, EU펀드, 유럽부흥은행, 유럽투자은행(EIB) 등을 이용하고 있다. 그 예로서 헝가리의 7,700km의 철도노선 중에서 35%가 유럽횡단철도망인 점을 이용하여 EIB에서 범 유럽 차원의 내부시장 창출을 위한 통합교통망인 유럽횡단철도망(TEN(Trans European Netowrk)-T)의 철도 재건축에 2억 3000만 유로의 융자를 지원할 계획을 가지고 있어 이를 이용할 예정이다.

이러한 헝가리 철도 인프라의 투자 주요내용을 보면, 유럽횡단 철도망의 개선과 각 도시에 각종 수송기관을 통합한 교통통합센터(Intermodal Center) 설립 및 교외 철도선 및 대도시 철도 교통시스템 개선 등이다.

2016년 6월 2일 헝가리 국가개발부소관 교통부차관 배체이 졸트(Becsey Zsolt)는 EU 지원을 통해 앞으로 몇 년간 헝가리 철도교통시스템 개선에 노력할 것이라고 밝힌 바도 있다. 또한, 헝가리 교통인프라 투자에 속도를 내고자, 현재 6~7년이 걸리는 교통시스템 투자사업 승인과정 기간을 2~3년으로 줄이는 노력도 하고 있다.

중국은 2013년 12월, 중국, 헝가리, 세르비아는 부다페스트(헝가리 수도)와 베오그라드(세르비아) 사이의 400km에 달하는 구간에 31억 달러를 중국개발은행이 펀딩하고 중국 국영기업이 철도를 운영하는 형태로 고속철도 건설에 대한 합의안에 서명하는 등 헝가리 철도인프라 시장 진출을 위해 적극적인 노력을 경주하고 있다.

7) 구 유고연방

세르비아, 크로아티아, 슬로베니아, 마케도니아, 몬테네그로, 보스니아-헤르체고비나의 6개 공화국과 보이보디나, 코소보 2개의 세르비아 자치주로 구성되어 있는 구 유고 연방은 크로아티아 항만 터미널 및 철도연결 프로젝트 등 수에즈운하를 통해 들어오는 아시아지역의 물품이 지중해 동북쪽과 연결된 아드리아 해를 통해 유럽내륙으로 직접 운송할 경우, 시간이나 비용 면에서 서유럽 및 동부 발칸지역 주요항구에 비해 경쟁력이 높을 것으로 판단하고 자국을 해상 운송의 허브로 키우려는 목적으로 항만 인프라 확장을 위해 노력하고 있으며, 이들 항구에서 중동부 유럽의 철도까지 연결하는 배후시설이 항만확장 및 타당성 확보에 가장 중요한 요소로 판단하고, 이러한 철도건설 프로젝트 추진을 위한 노력을 강화하고 있는 상황이다.

2.3. 북미 지역

가. 개요

인구는 약 3억 3천만 명이며 1인당 GDP는 약 30,000(EUR) 정도로 높으며, 정치, 경제적으로 안정된 지역으로서, 철도 총길이는 326,300km이고, 철도의 기술력은 중상급으로 신뢰도 및 비용의 효율성을 기술력보다 중요시 하는 경향이 있다.

장거리 여객 운송은 국영기업이 운영하며, 이 여객철도 운송은 자동차 및 항공 운송 발달로 침체된 것과 반대로, 대규모의 민간업체들에 의해 전국적인 서비스를 제공하는 형태로 운영되고 있는 화물운송은 중요한 역할을 담당하며 지속적인 증가 추세를 보이고 있으며, 캐나다와 멕시코국경까지 운영하는 7개의 Class 1 회사들이 경쟁 중이며, 도로정체의 해결 및 친환경적 교통수단으로서 철도투자를 증대해 가는 추세이다.

전통적으로 GM, EMD사 등 기관차 제조업이 강세를 보이는 곳이다.

전철화 미비로 시장규모는 매우 적으며, 통근열차시스템의 개량에 투자가 집중될 예정이고 뉴욕인근노선 및 국경횡단 노선 등을 개량 중에 있다.

또한, 기존 전철화 노선은 상당한 부분이 노화되어 보수 및 연장이 필요하며 전철 및 경전철 사업이 크지는 않지만 일정규모로 추진되고 있다.

경전철 사업을 보면, 북쪽은 대부분의 신규 개발프로젝트와 업그레이드 프로젝트가 완성되어 수요가 적고 남/중앙아메리카의 LRV 시장도 매우 작다.

나. 미국

1) 아셀라 익스프레스(Acela Express : Acela라고도 함)

암트랙이 워싱턴 D.C부터 보스턴까지 운영하는 곡선궤도에서 열차를 기울게 해 속도를 유지할 수 있게 한 고속 틸팅열차로서 북미에서 운행하는 유일한 고속철도이며, 북동지역의 수송량을 적절히 감당하고 있다.

전 구간이 기본적으로 복선 구간으로 되어 있으며, 속도는 선로 상태나 신호에 따라 120km/h에서 최고는 메사추세츠 및 로드아일랜드 주 일부 구간에서 241km/h로 운전하고 있지만 아직 평균속도는 다른 고속철도에 비해 현저히 느린 편이다.

이러한 한계점에도 불구하고 국제유가 상승에 의한 항공료상승, 인근지역의 만성적인 교통정체, 그리고 강화된 공항보안검색은 아셀라 익스프레스의 경쟁력을 상승시키고 있으며, 암트랙의 Northeast Corridor(동북간선) 구간에서 운행한다.

평일에는 워싱턴-뉴욕 시 구간에는 1시간에 한빈 씩 운행하며, 보스턴-워싱턴 구간에는 1시간 혹은 2시간에 한번 씩 운행된다. 이 중에는 워싱턴 DC-뉴욕(펜 역)-보스턴 역만 정차하는 열차가 일 1회 편성되어 있으며, 주말 및 크리스마스와 같은 기간에는 감축 운행하고 있고, 워싱턴 DC에서 보스턴까지 약 6시간 36분이 소요된다.

또한, 전 열차가 기본적으로 2×2 배열로 되어 있는 비즈니스석과 2×1 배열이며 운임은 비즈니스석보다 1.5배 정도 비싼 1등석(퍼스트석)으로만 좌석이 편성되어 있고 6호차에는 별도의 스낵 바가 편성되어 있다.

아셀라 익스프레스의 차량은 봄바르디어 사에서 개발하여 2000년에 최초로 데뷔하였고, 선두부는 한국의 KTX와 동일하게 동력차 형태로 되어 있으나, 동력 객차가 없이 동력차가 동력객차 역할을 하고 있다. 객실은 8량이 기본적으로 1개 편성이다.

2) 로스앤젤레스~샌프란시스코간 총 1287km 고속철도 착공

중국, 일본, 한국 등 많은 나라들의 수주 전쟁터가 된 사업이다.

2008년 주민투표를 통해 사업을 확정하고 2016년 센트럴밸리에서 착공하였으나, 사업비 증가로 소송에 휘말리며 지지부진한 실정이다.

한국의 철도시설공단이 기술자문에 참여하기도 하였으며, 슈왈제네거 주지사가 한국에서 KTX를 시승하며 한국의 기술력을 인정한 사례이기도 하다.

2.4. 중남미 지역

가. 개요

인구는 약 5억6천만 명 정도이며, 1인당 GDP는 약 6,000(EUR) 정도로, 미국의 1/10 정도이며, 높은 인구증가율과 도시화가 상대적으로 취약한 경제력을 보완 해 주고 있다. 정치, 경제적으로의 안정성은 50% 정도이고 브라질과 멕시코가 지역 인구의 1/2, 경제력의 2/3 차지하고 있다. 철도 총길이는 108,100km이고, 철도의 기술력은 중하급 정도이나 그 차이가 심하고 몇몇 국가는 교통인프라가 미약하며, 노후화가 극심한 상태이어서, 경제발전이 된다면 인프라 구축이 필요해질 것이라는 점에서는 향후 사업전망이 좋은 지역이기도 하지만, 최근 교통정책이 도로와 항공수송에 편중되어 있고 철도에 대한 관심 또한 낮은 까닭에 철도산업은 대외수출이 증가하고 있는 원자재의 수송에서 중요한 역할을 할 것으로 기대된다.

극심한 자금부족으로 운영재산 및 시스템이 열악하고 화물운송은 민영화되어 북미철도회사들의 영향력이 커지고 있고, 여객운송은 재정적 문제로 인해 국영기업이 시장을 지배하고 있으며, 도심 및 지역철도운송은 친환경 및 교통정체 해소 수단으로 논의는 되고 있으나 투자재원의 확보가 더 시급한 실정이다.

미국 생산업체들이 노동비 절감을 위해 현지공장 설립하고 있으며, 자체 철도 관련 생산기술의 부재로 항상 철도기술은 수입에 의존하고 있다.

나. 인프라 및 전철화

Transandina(아르헨티나/칠레), Tranordestina(브라질), 리오 데 자네이루~ 상파울로 간 고속철도 등 대규모 사업이 진행 중에 있으며, 부분적이기는 하지 만 유지보수사업이 국가로부터 민간영역으로 이전되고 있는 과정이다.

기존노선에 대한 다양한 신규 및 개량사업이 원자재의 적재 장소에서 항만사이의 수송루트를 개선하는 방향으로 추진되고 있으며, 지하철 및 경전철노선의 지속적인 개량(부에노스 아이리스, 리오 데 자네이루, 멕시코시티 등)이 많이 이루어지고 있다.

이러한 지하철, 경전철 사업은 주로 글로벌 기업이 지역 내의 공급자를 포함하는 Turn-Key 방식으로 시공되어지고 있다.

다. 브라질

국토가 방대하여 중요 경제도시간의 연결에 대한 필요성이 증대되고 있으며, 잠재적인 고속철도 사용 인구는 이러한 대도시권에 집중되어 있다.

고속철도는 1997~1999년 독일계 컨설팅 회사가 Rio De Janeiro~Sao Paulo 430km 구간에 대한 잠재성 조사 시행하고 한 동안 한국기업도 참여를 위해 컨소시움을 구성하여 현지에 파견하기도 하였으나, 아직도 확정된 것은 없으며, 중국도 참여를 위해 적극적으로 노력하고 있다.

이러한 브라질 대도시 간은 WOR방식의 고속철도뿐 아니라 자기부상기술 역시 도입을 검토하고 있기도 하다.

2.5 아시아 지역

가. 개요

중국·인도·일본 한국 등의 주요 국가가 위치하고 있으며, 34억 명이라는 거대한 인구 수와 높은 경제성장으로 인해 가장 주목받는 시장이기도 하다.

도시화 비율은 낮으나, 실제 도시인구는 급격하게 증가하고 있는 추세이다.

1인당 GDP는 약 4,000~5,000(EUR) 정도이며 국가신용도는 대체적으로 안정적이다. 철도의 총길이는 220,800km이고, 철도의 기술력은 선진국과 후진국이 공존하고 있는 형태이다. 화물, 여객운송 모든 분야에서 교통수단으로서 철도의 중요성이 강조되고 있으며, 중국에서는 2020년까지 약 15,000km에 이르는 고속철도 선설이 추진할 계획으로 사업을 진행하고 있다.

일본 외에는 대체로 국영회사 및 국가기관이 철도 운영을 담당하고 있으며, 특히 중국과 인도 등의 국가는 외국사업자들의 허가 이외에 기술면허, 사업기획·설계 등에서도 철도청이 지배적 역할 수행하면서 기술이전이나 합작회사 설립 등을 통해 자체 기술력 향상을 꾀하고 있어 가까운 장래에 중국 인도의 공급자들이 세계시장에 진출하여 낮은 노임이나 단가로 타 국가들과 경쟁하게 될 것으로 예상된다. 또한 인도는 철도청의 자회사들이 시장에서 자유롭게 철도산업을 운영하고 있는 점이 가장 큰 특징이다.

나. 인프라 및 전철화

2007~2011년 사이에 가장 높은 성장률 보인 지역으로서, 고속철도노선은 향후 5년간 거의 두 배로 확대될 것이며, 지하철 노선도 약 2/3 정도 증가될 것이다.

인도, 중국 등에서 대규모 개량사업을 진행 중에 있으며, 중국, 한국, 대만 등에서의 고속철도 등 중요사업이 많이 완공되고 일부는 아직 추진 중이다.

지자체 등이 신규 및 개량사업에 대한 책임자인 경우 타당성 인식 및 사업추진 과정이 다소 오래 걸리는 경향이 있다.

 기존선에 대한 신규전철화 사업도 지속적으로 증가하는 추세이며, 중국정부가 약 1,000km 구간의 전철화에 대한 의욕적인 계획을 가지고 있고, 인도정부도 궤도 사업과 연계하여 대규모 사업 구상 중에 있다.

 중국과 일본은 자국 내의 전기기술 산업이 효율적으로 구비되어 있으며, 글로벌 기업들은 주로 고속철도 시스템 및 도시지역 운송네트워크 영역에서 활동을 하고 있다.

 경전철 시스템이 대중교통 수단에서 주요한 수단은 아니다. 그래서 백만이 넘는 거주자가 살고 있는 130개 아시아의 도시 대부분이 여전히 도시 내부에 열차시스템을 갖고 있지 않다. 특히 일본과 홍콩, 인도와 북한이 가장 큰 시장으로 부상하고 있으며, 대부분의 나라에서 LRT 시스템 건설계획을 갖고 있지만, 아직 활발히 추진되고 있지는 않다.

다. 각 국가별 현황

1) 일본

가) 신칸센(新幹線 : 신간선) 개요

 신칸센(일본어 : 新幹線)은 세계 최초로 개통한 일본의 고속 철도노선 및 이를 이용해 운영하는 열차와 철도 시스템을 가리킨다. 한자를 그대로 읽어 신간선(新幹線)이라고 부르기도 한다.

 최초의 신칸센은 1964년 10월 1일에 개통한 도카이도(東海道) 신칸센이다.

 당시에는 일본 국유철도공사(국철)가 운영하였으나, 현재는 민영화되어 일본 JR그룹에서 운영하고 있다.

 신칸센의 노선에는 도카이도 신칸센을 비롯하여, 산요 신칸센, 도호쿠 신칸센, 조에쓰 신칸센, 규슈 신칸센, 호쿠리쿠 신칸센(나가노 신칸센으로도 불린다), 2016년 홋카이도 신간선 등이 개통되어 현재 운행 중이며. 넓은 범위에서 미니 신칸센을 포함하기도 한다.

 이 외에도 현재 공사 중인 노선이나 예산 편성을 기다리는 노선들도 있으며 전체의 노선도는 아래 그림과 같다.

 일본은 "신간선"을 브랜드화 하여 세계 고속철도시장의 18%를 점유하고 프랑스에 이어 고속철도 강국 2위의 면모를 과시하고 있다

 또한, 일본은 2027년 자기부상 방식의 초고속 리니어 신간센을 개통할 예정으로 연구개발을 추진 중에 있다.

 그리고, 외국기업의 인수합병을 통한 경쟁력 강화하기 위해 히다치는 2,600억엔을 투자하여 이탈리아 국방항공분야의 대기업인 판에마니카의 철도차량 신호분야를 인수하여 철도분야 매출을 4,100억엔으로 늘렸으며, 파나소닉은 영국철도 시스템회사인 AD콤스를 약 100억

엔에 인수하였다.

세계시장 특히 동남아시아의 철도건설 시장 개척에 국가적 차원에서의 자금지원과 정부의 유대 관계 등을 총 동원하여 총력을 경주하고 있기도 하다. 그 실례를 들어보면,

① 일본기업 3개사 연합으로 방콕도시철도 "레드라인" 건설공사 수주하였다.(총연장 40km, 수주 총액 1,200억엔, 착공 후 4년에 영업개시를 목표)
② 태국의 남부 방콕과 북부 치앙마이를 잇는 총연장 670km의 고속철도건설에 일본 신간선 방식을 채택하기로 결정
③ 2016년 3월과 4월에는 인도네시아 자카르타 도시고속철도 프로젝트에 각각 250억엔, 130억엔 규모의 철도공사와 운영개발권을 수주
④ 베트남 호치민 지하철 1호선 고가 토목공사 및 11개역 차량기지의 건설권리 획득
⑤ 인도 서부 몸바이와 아흐메다바드 간 고속철도 건설에 신간선방식의 채택이 유력함(총 공사비 약 1조 1,200억엔 정도 예상)
⑥ 필립핀 마닐라 철도사업에 2,400억엔의 차관 제공 계획 중

또한, 유럽 및 미국시장 개척에 대한 노력을 살펴보면,

① 외국회사 합병 등을 통한 진출노력
② 영국에 철도차량을 대규모로 공급하여 영향력을 높이고 있음
③ 미국 텍사스 고속철도에 일본 신간센 방식을 채택키로 결정(2021년 개통을 목표로 250마일 구간을 90분에 운행, 2026년까지 연간 400만명 이용 전망)

신칸센의 차량은 대한민국의 경부고속철도 차량으로도 입찰하였다. 그러나 당시 신칸센 시스템은 300km/h 이상이라는 조건에도 부합하지 않았을 뿐만 아니라, 기술 이전에도 소극적이어서 1차 탈락한 바 있다.

이후 타이완에서는 이 방식이 채택되어 신칸센 최초 해외진출사례가 되었다. 일본의 전국 신칸센 철도정비법 제2조는 신칸센을 "주된 구역을 200km/h 이상의 속도로 주행할 수 있는 간선철도"라고 정의하고 있다.

1970년에 제정된 일본의 전국 신간선 정비법에 의하면 신간선 철도는 대부분 구간을 200km/h 이상의 고속으로 달리면서, 궤간은 1,435㎜이면서 일반 공중이 사용하는 길(도로)과 평면에서 교차하지 않아야 한다는 세 가지 조건을 만족하도록 되어 있다.

이 정의에 의하면 일본의 신간선은 엄격한 의미에서 풀 규격인 5개의 노선, 미니 신간선 2개 노선인 총 7개 노선에다 하카타남선, 가라와유자와선 등이 있다고 할 수 있다.

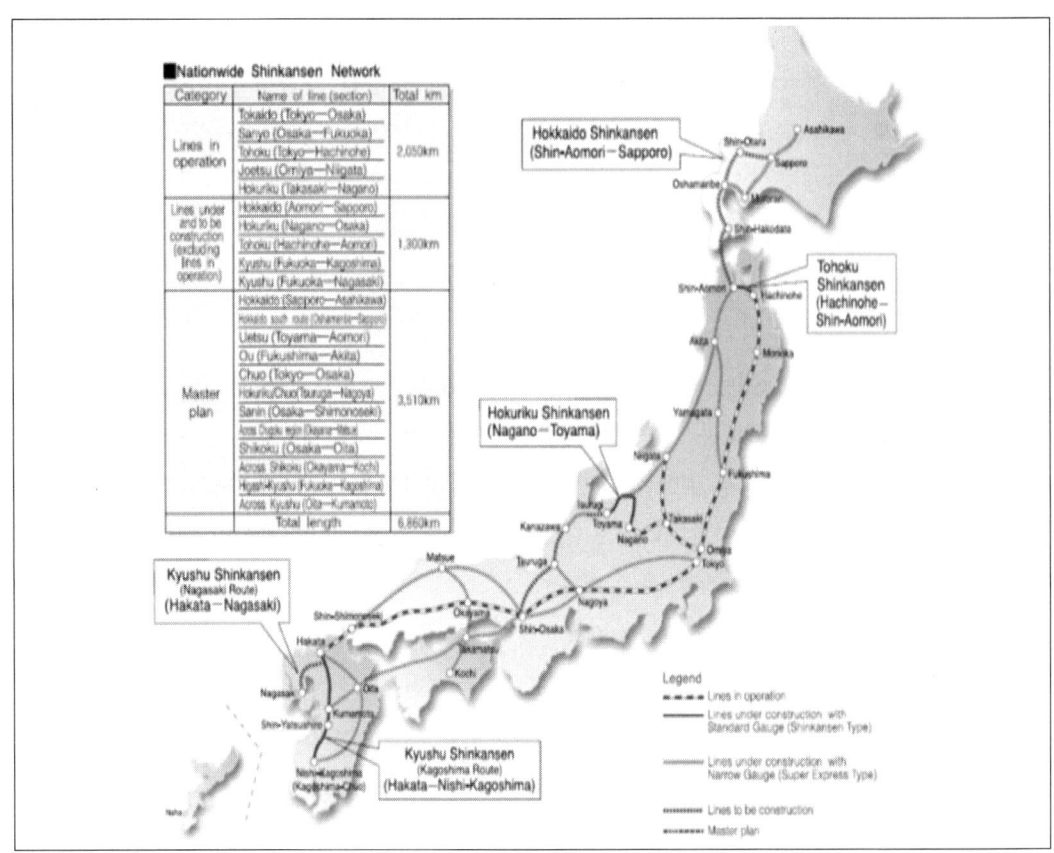

[일본의 신칸센 노선도]

① 풀 규격 노선 : 토카이도, 산요, 도호쿠, 죠에쓰, 호쿠리쿠 신간선(일명 나가노 신간선) 등 5개 노선
② 미니신간선 : 궤간이 1,067㎜) 협궤인 노선에 선로 한 가닥을 더 놓아 협궤용 차량과 표준궤도(궤간 1,435㎜)용 차량이 모두 이용할 수 있게 하여 신간선과의 직결운행이 가능(이처럼 개량된 재래선에서 운행하는 표준궤도용 열차는 신간선에 들어와 운행이 가능하지만 신간선 전용 차량은 건축한계가 좁은 재래선에 들어갈 수가 없다)하게 한 것을 소위 미니 신간선이라고 하며, 모리오 ↔ 아키타 간의 아키타 신간선, 후쿠시마 ↔ 야마가타 간 신간선도 속도가 시속 130km로 제한되어 있고 건널목도 있지만 신간선에 직결운행이 가능하기 때문에 신간선의 범주에 넣고 있으며 하카타남선이라고 하여 하카타 ↔ 하카타남 간 8.5km도 원래는 산요신간선의 하카타역과 하카타 종합차량사무소의 차고를 연결하는 회송열차용 노선이었지만 회송 시에 태워달라는 부근 주민들의 요구를 받아들여 영업운전을 시작한 것으로 이 미니 신간선에 포함되어 있다.

또한, 가라유자와선(정식으로는 죠에쓰선의 일부인데 에치코유자와 ↔ 가라유자와 간

1.8km)이라 하여 원래 조에쓰 신간선의 보수기지와 에치코유자와 역간을 연결하는 선이었지만 이 보수기지를 스키장으로 만들면 어떻겠냐는 라고 하는 한 보수요원의 아이디어를 받아들여 보수기지를 리프트승강장과 클럽하우스 및 신간선 역으로 개조하고 뒷산은 스키장으로 개발하여 스키시즌에는 도쿄에서 직통열차가 오고 가게 한 것이다.

신칸센은 구조 및 역할 면에서 재래식 철도와는 차이를 보이며, 법적으로도 일반철도부설법 외에 추가적으로 신칸센특별법을 제정함으로써 일반철도와는 다른 취급을 받고 있다.

신칸센의 건설은 독립 행정법인인 철도건설운수시설정비지원기구(철도 운수기구)가 실시하며, 그 비용은 국가 및 철도가 통과하는 지역의 지방자단체가 부담하고, 운영은 여객철도회사(JR그룹)가 전부 맡고 있다.

이처럼 구체적으로 JR이 운영을 전담한다는 명시된 법적 조항이 없음에도 불구하고 JR그룹이 계속 신칸센의 운영을 맡고 있는 이유는 다음과 같다.

① 신칸센 운영에는 막대한 자금이 필요하며, 이를 부담할 수 있는 곳은 이미 국철의 업무를 담당하고 있는 JR그룹 뿐이다.
② 기존 국철은 도카이도 신칸센, 산요 신칸센, 도호쿠 신칸센, 조에쓰신칸센 등을 운영해 온 경력이 있으며, 이 운영권이 민영화 과정에서 JR그룹 내 각 회사에 배분되었기 때문에, 운영 노하우를 알고 있는 인원이 JR그룹 내에만 존재한다.

나) 신칸센의 노선

1964년 도카이도 신칸센이 성공적으로 운행된 이후, 각지에서 신칸센의 건설 요구가 빗발치자, 1973년 전국 신칸센 철도정비법을 제정하면서, 제안된 노선을 정비 신칸센과 기본계획 선으로 나누어 정비 신칸센의 다섯 개 노선(도호쿠 신칸센, 홋카이도 신칸센, 호쿠리쿠 신칸센, 규슈신칸센, 나가사키 루트, 규슈 신칸센 가고시마 루트)을 우선적으로 건설하기로 결정하였다.

신칸센의 건설에는 대규모의 재정이 필요하기 때문에 일본의 경제 사정에 따라 지연되는 경우가 많았고, 결과적으로 아직까지 정비신칸센 선의 많은 부분이 건설 중이다. 따라서 기본계획 선은 사기업인 JR 도카이가 독자 추진하고 있는 쥬오 신칸센을 제외하면 거의 계획이 진행되지 않고 있다.

재정 부담을 줄이면서 신칸센 서비스를 제공하기 위해 두 노선의 미니신칸센이 운행되고 있으며, 프리게이지 트레인(FGT)으로 운행되는 신칸센 노선을 건설하기로 하였다.

현재 운행 중인 노선에 대해 보다 상세히 정리해 보면 아래와 같다.

① 도카이도(東海道) 신칸센

　도카이 여객철도(JR)가 영업을 하는 구간으로 도쿄도 지요다 구에 있는 도쿄 역에서 오오사카 부 오오사카 시에 있는 신오오사카 역까지를 연결하는 복선으로 영업상의 노선거리는 552.6km(실제거리는 515.4km)이다. 궤간은 1435㎜의 표준궤이고, 역은 17개소이며 전압은 교류 25kV, 60Hz이며 운행차량은 300계, 500계, 700계, N700계, 923계이다.

　1959년 4월 20일 건설 공사를 시작하여 1964년 10월 1일 도쿄 역에서부터 신오사카 역까지 개통 먼저 개통하였으며, 1974년 12월11일에는 점검 위하여 오전 중에는 모든 구간을 운전 휴지하기도 하였다. 1969년 4월 25일 미시마 역, 1988년 3월 13일 신후지 역, 과 가케가와 역, 미카와안죠 역이, 2003년 10월 1일 시나가와 역이 개업하였다.

② 산요(山陽) 신칸센

　일본 오사카부 오사카시 요도가와구에 있는 신오사카역과 후쿠오카현 후쿠오카시 하카타구에 있는 하카타역을 잇는 신칸센 노선이다.

　서일본 여객철도(JR 서일본)가 운영하며, 대부분의 열차가 도카이도 신칸센과 직결 운행하므로 '도카이도·산요 신칸센'이라고 부르기도 하며, 1972년 3월 15일에 신오사카 역~오카야마 역간이, 1975년 3월 10일에는 오카야마 역~하카타 역간이 개통되었다.

　개업 이후 일본국유철도(국철)이 운영하였으나, 1987년의 국철 분할민영화에 따라 이후의 운영은 JR 서일본이 이어받고 있다.

　차량 운영관계로 이 구간은 JR 서일본 소속차량 이외에도 도카이도 신칸센 직통 열차(일부 열차 제외)를 중심으로 도카이 여객철도(JR도카이) 소속 차량도 운행되고 있다.

　JR 발족 시에 당시 운수성에 제출된 사업기본계획이나 국토교통성이 수한 철도요람에서는 신오사카~하카타 간을 산요신칸센으로 삼았지만, 국철 시대에 제정된 선로명칭에서는 병행하는 기존선(재래선)의 확장으로 취급되어 신오오사카~신코베 간은 도카이도 본선, 신코베~고쿠라 간은 산요 본선, 고쿠라~하카타 간은 가고시마 본선이라고 되어 있었다.

　도카이도 신칸센에 비해 선형이 좋기 때문에 고속 운전이 가능하며, 산요신칸센 내(히메지~하카타)에서는 500계 '노조미'(のぞみ)가 최고 속도 300km/h 운전을 실시하고 있다.

　이 '노조미' 대부분은 도카이도 신칸센을 경유하여 도쿄 역까지 직결운행되고 있으며, 2003년 10월 1일의 운행시각표 개정 이후에는, 오카야마 서쪽 역에서의 도쿄 행은 전부 '노조미'로 되어 있다. 그리고 신오사카~하카타 간은 JR 서일본 소속의 700계 7000번대의 '히카리 레일스타'(ひかりレールスター)가 운행되고 있다. 이곳은 최대한 커브를 줄였기 때문에 직선 구간이 많으며, 따라서 도카이도 신칸센 보다 터널이 많다. 영업노선 거리는 644.0km(실제 거리 : 553.7km)이며, 신이와쿠니~도쿠야마 간을 통과할 때 운임·요금 계산

에 사용되는 간토쿠 선 경유의 영업 거리는 622.3km, 운임 계산 시의 거리는 626.7km이다.

궤간은 1435㎜인 표준궤를 사용하고 있으며 역 수는 19개소, 전압은 전 구간이 교류 25kV·60Hz이고, 신호 보안장치는 ATC-1, 차내 신호식(CS-ATC)를 사용하고 있다.

차량은 100계, 300계, 500계, 700계, N700계가 사용되며 923계는 시험용으로 사용되고 있다.

③ 아키타 신칸센

후쿠시마에서 야마가타까지의 재래선 1,067㎜ 궤간을 1,435㎜로 넓혀서 7량 편성의 400계 차량을 투입하여 쯔바사("날개"라는 뜻)라는 열차를 운행하고 있다.

1997년에 완성된 모리오카 ↔ 아키다 간을 미니 신간선으로서 6량 편성의 E3차량을 사용한 고마치("아름다움"이라는 뜻) 열차가 운행된다.

모리오카에서 200계 차량이나 E2계 차량인 야마비코 열차에 연결되어 도쿄까지 직결 운행되고, 2002년 12월 도호쿠신칸센 연장개통에 따라 하야테호와도 연결되었다.

아키타에서 도쿄까지 가장 빠른 열차의 운행시간은 3시간 49분이고 E2+E3 편성열차의 최고속도는 275km/h이다.

④ 야마가타 신칸센

후쿠시마에서 야마가타까지의 재래선 1,067㎜ 궤간을 1,435㎜로 넓혀 7량 편성의 400계 차량을 투입하여 쯔바사("날개"라는 뜻)열차를 운행하고 있으며, 이 열차는 후쿠시마에서 200계나 E4계 차량인 야마비코 열차에 연결되어 도쿄까지 연장해 운행되고 있다.

아키타 미니신간선과 마찬가지로 재래선의 궤간은 표준 궤간인 1,435㎜로 개량하였으나 건축한계는 재래선의 건축한계 그대로인 미니 신간선이기 때문에 400계 차량의 차량한계는 재래선 차량과 같아 다른 신간선 차량보다는 폭이 좁아서 400계 차량의 쯔바사 열차가 도호쿠 신간선구간에 들어가면 역 홈에서 스텝을 펴서 승객들이 안정하게 승강할 수 있도록 하고 있다. 물론 풀 사이즈 신간선용 차량은 건축한계가 좁은 야마가타선이나 아키타신간선 등 미니신간선 구간에는 진입할 수 없다.

⑤ 그 외 건설 중이거나 기본 계획에 포함된 미니신간선 노선
  Ⓐ 홋카이도 신칸센
  Ⓑ 홋카이도 미나미마와리 신칸센
  Ⓒ 오우 신칸센
  Ⓓ 쥬오 신칸센
  Ⓔ 호쿠리쿠 쥬쿄 신칸센
  Ⓕ 산인 신칸센
  Ⓖ 시코쿠 신칸센

Ⓗ 시코쿠 횡단 신칸센
Ⓘ 히가시 규슈 신칸센
Ⓙ 규슈 횡단 신칸센
Ⓚ 쥬고쿠 횡단 신칸센

다) 신칸센의 차량

　　1964년 도카이도 신칸센에서 0계 차량이 최초로 운행된 이후, 현재까지 0계, 100계, 200계, 300계, 400계, 500계, 700계, N700계와 같이 다양한 형식의 차량이 모두 표준궤, 동력분산식으로 개발되어 운용되고 있으며 각 차량별 최고 속도는 아래 표와 같고 외관은 아래 사진과 같다.

series	0	100	200	300	400	500	700	E1	E2	E3	E4
Max.Speed (kph)	200	220	240	270	240	300	285	240	275	275	240

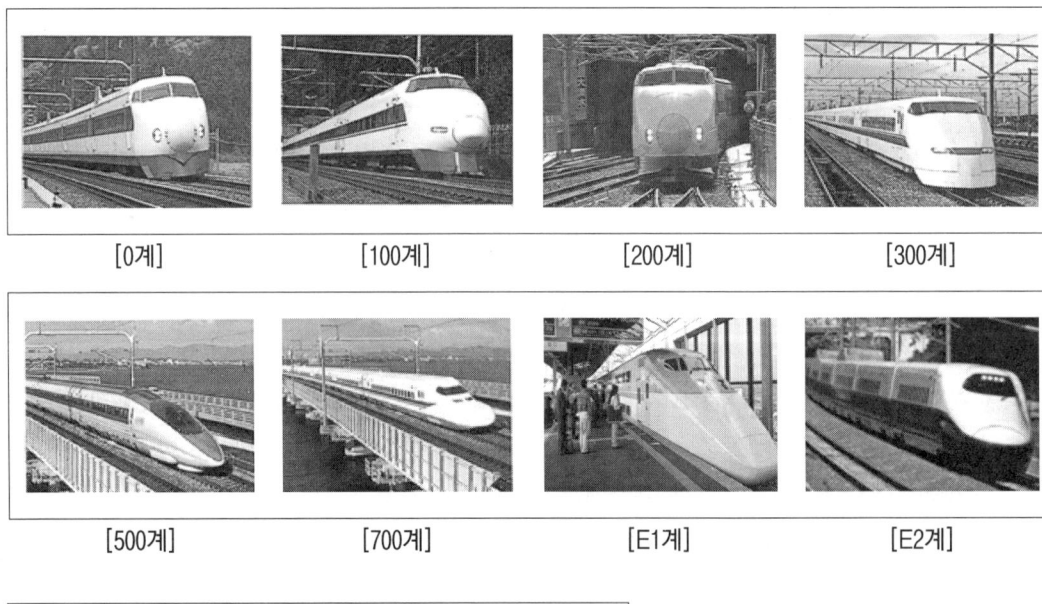

[0계]　　[100계]　　[200계]　　[300계]

[500계]　　[700계]　　[E1계]　　[E2계]

[E3계]　　[E4계]

각 차량별로 특징을 살펴보면 다음과 같다.

① E1계

JR동일본의 신칸센 차량으로. 1994년 7월 15일에 영업운전을 개시했으며, "MAX : Multi Amenity Express"라는 애칭을 가지고 있다. 시운전 시에는 이 애칭이 정해지지 않았었기 때문에 잠정적으로 "DDS : Double Decker Shinkansen"과 형식 명칭인 'E1'의 스티커가 붙어 있었다.

당초에는 600계로 명명할 예정이었지만, JR동일본이 신칸센 차량의 차량 번호 부여방법을 변경했기 때문에, JR동일본의 동(East)의 앞 글자를 따서 E1계라고 자칭하게 되었으며 600계는 존재하지 않는 형식이 되어 버렸다.

통근·통학 수송을 시작하는 신칸센의 수요 증가에 대응할 수 있도록 속도보다는 대량 수송 (1편성 당 1,235명)에 중점을 둔 설계가 이루어져서 모든 차량이 2층 차량이며, 자유석으로 사용되는 차량인 도쿄역 방향 14호차 2층의 시트배열은 3+3 형식이 되었고, 이 때문에 리클라이닝 기능과 팔걸이가 제거되었다. 그리고, 통상 차량의 바닥 밑에 탑재하는 주행기기를 바닥 위에 탑재했으며 차체는 마일드 스틸로 만들어 졌다. 편성은 6M6T로 통상의 신칸센 차량과 비교하면 동력차의 비율이 낮기 때문에, 모터는 410kW 3상 유도전동기를 탑재했다.

모터를 제어하는 방식은 JR동일본의 신칸센 전동차 중에서는 첫 번째가 된 가변전압 가변주파수제어(VVVF)이다.

제어장치의 빈도체 소지로는 GTO(Gate Turn-Off Thyristor)가 채용되었다.

그리고, 토호쿠 신칸센에서는 중간 정차역에서 분할 및 병합을 실시하는 신재 직통열차 (新在直通列車)등이 증가하여, 12량 고정편성인 E1계는 점차 차량의 운용상에 있어서 문제점이 드러나면서 12량의 6편성 즉 72량을 끝으로 제조가 중지되었다.

이를 발전시킨 형태의 E4계가 등장한 후, 토호쿠 신칸센에서는 MAX가 E1계로부터 8량 편성인 E4계로 전환되어서, E1계는 현재 죠에츠 신칸센에서만 운용되고 있으며 이 때문에 죠에츠 신칸센에서는 속칭 "노인정"이라 불러도 좋을 만큼 노후 차량이 많아지게 되었다.

E1계는 주행 시 소음이 커서 터널 구간이 많아서 선로 주변에 영향이 적은 노선에서 운용하고 있기 때문이기도 하다.

2003년 11월 28일에는 내 외장을 다시 한 차량이 등장했다.

도장은 E2계, E4계와 같이 흰색과 파란색의 두 색을 중심으로 경계선에 핑크색의 띠가 있는 형태로 변경되었으며 로고에도 따오기의 일러스트가 추가되었다. 그리고, 전에는 붙여져 있던 자유석 차량 2층 부분의 3인 좌석 중 한가운데의 좌석이 E4계와 같은 좌석으로 교환되는 형태로 2004년에 모든 편성의 리뉴얼 공사가 완료되었다.

전체 차량이 2층인 마일드스틸제 차체의 E1계는, JR 동일본의 신칸센 차량 중에서 1량당의 중량·편성중량이 가장 무거운 차량이기도 하다.

그 외의 주요 제원을 보면 다음과 같다.

Ⓐ 전기 방식 : 교류 25,000V, 60Hz
Ⓑ 제어 방식 : VVVF 인버터 제어(GTO)
Ⓒ 기동가속도 : (상용최대) 2.69km/h/s
Ⓓ 영업 최고 속도 : 240km/h
Ⓔ 전동기 출력 : 410kW
Ⓕ 편성 출력 : 9,840kW
Ⓖ 편성 정원 : 1,235명
Ⓗ 크기(L×W×H) : 26,050(25,000)㎜×3,380㎜×4,485㎜
Ⓘ 편성 중량 : 692.3(t)
Ⓙ 구동 장치 : 3상 유도전동기
Ⓚ 제동 방식 : 회생제동 병용 전기지령식 공기제동
Ⓛ 보안 장치 : ATC-2형

② E2계

1997년 개업한 나가노 신칸센 '아사마' 및 아키타 신칸센 '코마치'를 병행 연결하는 토호쿠 신칸센 '야마비코' 등급용으로서 개발되어서, 1997년 3월 22일 영업운전을 개시하였으며, 같은 해 10월 1일, 나가노 신칸센 개업에 맞추어 '아사마'로의 영업 운전을 개시했다.

2002년에는, 도호쿠 신칸센의 하치노헤 연장에 대비하여 하치노헤의 급구배에 대응한 1000번 대를 배차하였다.

1000번 대의 경우에는 죠에츠, 호쿠리쿠, 도호쿠 신칸센의 기존 구간 보다 지형이 험하고 기후도 안 좋은 도호쿠지방 북부에 대비, 와이퍼를 2개로 늘렸고, 기존 200계, E1계, E4계에서만 사용하던 일반석 3+2 좌석을 채택함으로써, 더욱 많은 사람들이 탈 수 있게 만들기 위해 복도가 조금 좁아진 형태로 미니신칸센의 기준에 맞게 설계되었다.

1995년 제조 초기부터 JR 동일본의 신칸센 표준형 차량으로서 자리매김하고 있어서 200계 차량의 교체용으로도 생각하고 생산되었다.

1998년 12월부터 죠에츠 신칸센에서의 정기 운용도 있었지만, 2004년 3월 13일의 운전시각표 개정으로 타카사키 이북(以北)의 노선 연장은 사라졌으며, 2008년 9월부터는 하치노헤 발착의 "하야테"· 모리오카 발착의 "야마비코" "아사마"의 모든 열차와 센다이 발착의 "야마비코" 및 "나스노"의 극히 일부에 사용되고 있다.

신칸센의 경우 선두 차량이나 팬터그래프 탑재 차량의 진동이 심하고, 특히 터널 내에서의 상하 열차의 교행이나 궤도에 변형이 생기고 있는 곳 등에서는, 승객에게 공포감을 줄 만큼 강력한 진동이 생기는 경우가 있기 때문에 이러한 진동을 경감시키기 위해, 또한, 슬라브 궤도가 원래 변형되기 어려운 구조지만, 노후화 등으로 일단 변형이 생겼을 경우에는 보정하는 것이 곤란하고, 수리비 또한 막대하기 때문에 안전한계에 이를 때까지 보수공사를 실시할 수 없어서 이에 대한 대책으로서 E2계 1000번 대에서는 양 선두차와 그린차에 풀액티브 서스펜션을 탑재하였으며, 이것은 고속철도 차량으로서는 세계최초이다.

③ E3계

1997년에 개업한 아키타 신칸센용 초기차량(1997년 3월 22일 영업운전 개시)와 1999년에 야마가타 신칸센 신쇼역 연장운행에 대비한 차량인 1000번대(1999년 12월 4일 영업운전 개시), 그리고 신칸센 400계 대차용인 2000번 대의 3종류가 있다.

차량의 제작은 가와사키 중공업과 도큐 차량에서 함께 했으나, 2002년 이후부터는 "코마치"용은 가와사키 중공업이 "츠바사"용은 도큐 차량에서 제조되고 있다.

2005년 기준 R편성(R1-R26)이 26편성(156량)이고, L편성(L51-L53)이 3편성이었으며, 차량 디자인, 객실 디자인, 차량 로고 디자인은 GK 공업 디자인이 담당했다.

아키타 신칸센의 "코마치"용으로, 처음에는 5량 편성으로 등장하였으며, 1998년에는 증결 부수차량 E328형 차량이 등장하여 6량 편성이 되었다.

최고속도는 재래선 구간이 130km/h, 신칸센 구간은 275km/h이다.

"코마치"용으로 만들었지만, E2계와의 병렬연결 편성하여 모리오카발착의 "하야테"와 센다이 발착의 "완행 야마비코" 및 "나스노"로서도 사용되었으며, 이 중에서 "하야테"와의 병렬 연결편성은 오미야 이후 센다이까지 무정차로 운행하여 인기가 매우 높다.

R과 L편성에 대해 상세히 살펴보면 다음과 같다.

Ⓐ 시제차량 R1 편성

1995년 제조한 양산 이전에 제작한 차량으로 시험 차량(S8)으로도 운행되었으며 선두차의 형상이 크게 다르다. 초기에는 팬터그래프가 링크식이었지만, 현재는 싱글암식으로 교체되었고, 전조등은 운전실 상부에 있으며 이것은 현재도 변함이 없다. 남자용 화장실의 변기 방향이 비스듬하게 설치되어 있어 양산차량에 비해 약간 좁고 자동 연결 장치가 격납되고 있는 선두부의 노즈가 열렸을 때의 모습이 다르다. DS-ATC가 탑재되어 있고 아키타 신칸센 차량보유(秋田新幹線 車両保有)의 소유로 되어 있다.

Ⓑ R2~R16 편성

1997년 개업 시의 대량 생산차량으로 처음에는 5량 편성이었으며. R1에서 전조등 위치가 운전실 상부에서 하부로 바뀌어, 형상 및 선두부 형상이 변경되었으며 1998년에 6량 편성으로 바뀌었다. DS-ATC가 탑재되어 있고. 아키타 신칸센 차량보유의 소유이다.

ⓒ R17 편성

1998년 생산된 차량으로 이후부터는 처음부터 6량 편성으로 제작되었으며 운전실 전면에 와이퍼가 2개 설치되어 있다. DS-ATC가 탑재되어 있고 JR동일본이 소유하고 있다.

ⓓ R18~26 편성

2002년~2005년에 생산된 차량으로 연결면 외부 휘장의 재질이 우레탄에서 합성고무로 변경되었으며, 좌석이 리클라이닝 기능이 추가되어졌고, VVVF 인버터 제어장치의 반도체 소자가 GTO에서 IGBT로 변경되었다. DS-ATC가 탑재되어 있으며. JR동일본의 소유로 되어 있다.

ⓔ 1000번대

츠바사 야마가타 신간선 "츠바사"용으로, 모두 7량 편성이다. 최고속도는 재래선 구간에서는 130km/h이지만, 신칸센 구간에서는 400계와 같은 240km/h이다. 야마가타 차량센터에 배치되어 400계와 공통으로 운용되고 있다. DS-ATC가 탑재되어 있고 모두 JR동일본이 소유하고 있다.

ⓕ L51, L52 편성

1999년 야마가타 신간선 개업 당시에 제작된 차량으로 차체 하부와 와이퍼는 R17 편성과 같으며, 이외에 외장·내장 등이 약간 다르다.

ⓖ L53 편성

2005년 제작된 차량으로 VVVF 인버터 제어장치의 소자가 IGBT로 변경되어 있으며 문이 열릴 때 경고음을 내는 장치인 도어차임도 설치되어 있다.

ⓗ 2000번대

"츠바사"의 400계를 대신하기 위해 2008년부터 제조된 야마가타 신칸센의 "츠바사"용으로 8량 편성으로 운행하고 있다. 최고속도는 재래선 구간에서는 130km/h이지만, 신칸센 구간에서 400계와 같은 240km/h이다. E4계와 병렬연결하며 모두 JR동일본 소유이다.

④ E4계

200계의 계속적인 교체와 E1계 도입 후에도 계속 증가하는 신칸센의 수요에 대응하기 위해 1997년부터 제조되었다.

모두가 2층 차량으로 "MAX 야비마코, 토키"라는 애칭이 있다.

정원확보를 목적으로 도쿄방향 3량의 좌석은 3+3열 형태의 배치가 되어 있으며 지정석으로서 사용되었던 적이 있지만, 기본은 자유석으로만 사용되고 있다.

차체의 색은, 흰색과 파랑의 투톤이며 사이에는 경계선으로 황색 띠가 들어가며 400계와 200계랑 병렬 연결할 수 있는 연결 장치가 모든 차량에 배치되어 있다.

다만, 200계와의 연결은 2004년 3월 13일의 다이어 개정을 이후로 폐지되어 조에쓰 신칸센에서는 연결운행을 하지 않고 있으며, 도호쿠 신칸센만 400계와 연결하여 후쿠시마까지 운행하고, E4계는 센다이로 분리되어 가고 400계만 야마가타신칸센을 통해 신죠까지 운행한다. 최고속도는 240km/h이며, 8량 편성 기준의 정원은 817명이다.

2편성을 중련하면 16량의 정원이 1,634명으로, 고속철도 차량으로서는 세계 최대급이다. 일부 차량은 호쿠리쿠 신칸센(나가노 신칸센)의 구배나 50Hz/60Hz의 상이한 주파수에 대응한 것도 있으며, 모든 차량이 디지털 ATC이다. 엘리베이터가 설치되어, 바구니를 이용하던 E1계와 달리 카트를 통한 차내 판매도 가능하게 되었다.

E4계에서는 대개 E1계처럼 차량의 바닥면 아래에 탑재하는 주행기기를 차량 바닥면 윗쪽에 배치된 형태를 취하고 있다.

제어방식은 E1계와 같은 VVVF 제어 방식이지만, 제어소자가 GTO에서 IGBT(Insulated Gate Bipolar Transistor)로 발전되었다.

"MAX"는 기본 MT비가 1:1(E1계는 6M6T, E4계는 4M4T)이기 때문에 대출력 모터를 사용하고 있지만, E1계에서 410kW이었던 정격출력이 E4계에서는 420kW로 향상되었다.

차체는 마일드 스틸제 차체였던 E1계와는 달리 알루미늄 합금 압출형 재질로 변경되었고, 터널 미기압파 현상 및 고속주행 시의 소음에 대비하여 선두차량은 E1계가 9.4m, E4계는 11.5m로서 E1계보다 전두부가 긴 형태로 변경되었다.

이처럼 노즈를 길게 해 버리는 바람에 전두부 형상이 아주 우스운 모양이 되어서 속칭 "하마"라고 부르기도 한다.

표지등으로는 HID 램프를 사용하고 있으며, P1에서 P99까지의 편성이 있으며, 2008년 이후 도호쿠 신칸센의 센다이 이남(단 임시편성의 경우는 모리오카까지)에서의 "MAX 야비마코"와 조에쓰 신칸센의 "MAX 토키", "티나가와"로서 운용되어지고 있다.

이와 같은 종류의 차량 중에서 동일본 여객철도(JR 동일본)이 운영하고 있는 철도 차량은 다음과 같다

① 신칸센 : 200계－400계－E1계－E2계－E3계－E4계
② 통근형 및 근교형 : 103계－107계－113계－E127계－201계－205계－209계－211계－215계－E217계－E231계－E233계－E331계－415계－E501계－E531계－701계－719계－E721계
③ 급행 및 특급형 : 251계－253계－255계－E257계－485계－E351계－651계－E653계－

　　　　E655계-E751계
　④ 객차 : 24계-E26계
　⑤ 시험용, 검측용 : 키야E193계-E491계-쿠모야743형-901계-E991계-키야E991형
　　　-E993계

라) 신칸센의 명칭
　① 신칸센
　　신칸센은 기존의 간선열차와 비교하여 '새로운 간선(新幹線)'이라는 의미를 가지고 있는 명칭으로, 도카이도 신칸센은 기존 노선인 도카이도 혼센의 연장노선으로서 건설되었기 때문에 이런 명칭을 갖게 되었다.
　　일본 이외의 국가에는 Bullet Train(탄환열차), Super Express(초특급 열차) 또는 Shinkansen(신칸센)이라는 이름으로 널리 알려져 있다.
　　또한 Shinkansen Bullet Train(신칸센 탄환열차)라고 부르는 경우도 있다. 1964년 도카이도 신칸선이 처음 운영을 시작하였을 때는 New Tokaido Line(신 도카이도선)이라는 명칭으로 부르기도 했다(지금도 요코하마시가 운영하는 지하철에서는 차내 전광판 표시에 이 명칭을 사용하고 있다).
　　역 내 안내판 등에는 노선명으로는 Shinkansen을 사용하며, 열차명으로는 NOZOMI Superexpress 또는 Superexpress 등의 명칭을 사용하고 있으며, 이는 JR그룹에서 기존 특급열차를 가리킬 때 Limited Express라는 명칭을 사용하기 때문에, 이보다 한 단계 상위 등급의 열차 즉 초특급이라는 뜻으로 Super라는 단어를 사용하는 것으로 보인다.
　　차내 방송의 경우에는 "Welcome to Shinkansen. This is the NOZOMI super express..." 와 같은 식으로 이루어지고 있다.
　② 노조미 열차
　　1992년에 16량 편성과 신간선 300계 차량을 이용하여 도쿄 ↔ 신오오사카 간을 최고속도 270km/h로 운행을 시작하였고 이듬해인 1993년에는 하카다까지 연장되었다.
　　1997년 3월부터는 신오오사카 ↔ 하카다 구간을 500계 차량을 이용하여 최고속도 300km/h운행을 시작하였으며, 특히 히로시마 ↔ 고쿠라 간의 구간에서는 세계 최고 평균 속도 261.8km/h로 달려 1998년 기네스북에 오르기도 하였다.
　　일본 신간선의 간판열차인 이 열차의 노조미라는 이름은 원래 1934년에 운행이 시작된 부산 ↔ 봉천 간의 국제열차 이름이었는데 신간선에서 다시 사용한 열차 이름으로 일본어로는 "희망"이라는 뜻이다.
　③ 히카리 열차
　　1964년 도카이도 신간선의 개통과 더불어 "초특급" 개념의 열차로서 0계 차량으로 최

고속도 210km/h의 영업운전을 시작해 2002년에는 최고속도가 도카이도 구간은 275km/h, 산요 구간에서는 285km/h로 운행되고 있으며, 노조미 열차가 300계, 500계, 700계 차량을 사용하는데 반해서 히카리는 초기에는 0계, 100계, 300계의 차량을 사용하여 운행하였으나, 현재는 700계와 JR 서일본의 레일스타가 운행되고 있다. 히카리라는 열차이름 역시 부산 ↔ 봉천 간의 급행열차의 이름이었으며 이를 신간선에서 다시 사용한 것으로서 일본어로는 "빛"이라는 뜻이다.

마) 신칸센과 관련된 주요 기술

신칸센 철도는 대부분의 구간을 200km/h 이상의 속도로 운행하기 때문에 기존 철도와는 다른 기술이 사용되었다. 또한, 속도뿐만이 아니라 승차감 및 안전성 면에서도 300계부터 700계까지는 승차감이 나쁜 재질을 사용하였으나, 그 후 수준 높은 기술을 도입하여 당시 세계 여러 국가에서 그 가치를 인정받기도 하였다.

① 선로 및 궤도설비

선로는 미니 신칸센 제외하고는 기존 노선과는 별도로 신규 제작된 아래와 같은 기준의 선로시설을 사용하였다.

Ⓐ 궤간은 표준궤(1,435㎜)를 사용한다.

Ⓑ 커브 시 곡률반경을 크게 하여 최대한 직선노선을 확보한다.

이 곡률반경은 도카이도 신칸센이 2,500m(제한속도 255km/h, 단 N700 계열의 경우 270km/h)이고, 산요 신칸센 및 그 이후에 부설된 노선은 최고속도인 300km/h를 유지하면서 통과할 수 있도록 4,000m 이상을 기준으로 하고 있다. 단, 도카이도 신칸센의 도쿄~신 요코하마 구간 및 도호쿠 신칸센의 도쿄~오오미야 구간과 같은 도심구간, 또는 모든 열차가 정차하는 주요 역 근처 노선의 경우에는 예외도 있으며. 아타미역이나 도쿠야마역과 같은 곳 역시 지형 또는 부근 토지의 용도와 같은 이유로 인해 부득이하게 급커브가 존재하는 구간도 있다.

Ⓒ 사고방지를 위해 다음과 같은 설비 설계기준을 도입하였다.

㉠ 미니 신칸센은 제외한 전 노선을 자동차 충돌사고를 방지하기 위해 철길건널목은 일체 설계하지 않고 입체교차형으로 설계 하였으며, 미니 신칸센으로 운영하는 기존 노선의 경우도 건널목 수를 줄임과 동시에 보안설비를 강화하였다.

㉡ 선로 내에 일반인이 들어올 수 없도록 설계하였다.

㉢ 열차 운행방해와 같은 행위에 대해서는 법률적으로도 '신칸센특별법'을 통해 강력한 처벌을 하도록 규정하였다.

2) 중국

가) 개요

중국은 Beijing~Tianjin, Hefei~Wuhan, Wuhan~Guangzhou, Shinjazhung~Taiyuan 등의 고속철도 사업을 추진하면서 세계 철도의 강국으로 자리매김해 가고 있다.

2015년 말 기준으로 철도 총 영업거리 121,000km이며 그 중 고속철도가 19,000km 이상 (약 16%)이며, 이는 세계 고속철도 영업거리의 60% 이상을 차지하는 거리이다

차량도 새로운 열차 "운해도"를 도입하면서 총 운행 열차 수가 3,142대로 증가하면서 아래에 열거한 예와 같이 세계 철도시장 수주의 강자로 등장하고 있다

① 이란의 테헤란~마슈하드 간 철도프로젝트 수주를 시작으로 미국, 러시아, 말레이시아, 상가포르, 인도네시아 등의 고속철도 시장에서 두각을 나타내고 있다.

② 아프리카 잠비아의 388.8km철도 사업을 6,000만$에 수주

③ 중국철도의 1,2위 기업인 中國南車와 中國北車가 2015년 말 합병을 결정하여 매출 합계 34조 1000억원의 대형 회사로 탈바꿈 하였다

또한, 국내 고속철도망 구축 사업으로 2020년까지 전국을 동서 남북으로 잇는 "4종4횡" 철도망 구축계획을 발표하고 2015년 대비 2016년은 20% 증가한 7,081억 위안(약 136조원)을 투입하는 등 지속적으로 프로젝트를 추진 중에 있다.

해외사업 진출의 한 예로서 말레이시아 동해안철도(ECRL) 건설 사업을 들 수 있다

중국은 건설에 참여하기 위해 중국 수출입은행에서 7년을 무이자로 거치하고 20년 이상으로 상환하는 조건으로 550억 링깃(약 137억 달러)의 연성차관을 제공키로 합의하고 이를 이용하여 이 프로젝트의 EPC 계약을 수주하면서, 전체 프로젝트의 설계에서부터 기자재 조달까지 맡게 됨으로써 향후 말레이시아 철도시장에 중국기업들의 진출이 본격화될 것으로 전망된다.

이 말레이시아 동해안철도 프로젝트노선 및 주요 내용을 보면,

① 노선

수도 쿠알라룸푸르와 수도권을 포함하는 슬랑오르주를 거쳐 우리나라의 강원도와 비슷한 빠항(Pahang)주와 함경남도에 해당하는 동해안 북부의 클란딴(Kelantan)주를 연결하는 주요 노선으로서 암반지대가 많은 Titiwangsa 산악지대를 관통해야 하므로 많은 터널과 교량의 건설이 요구되어 1km당 8,870만 링깃(약 2,200만 달러) 수준의 사업비가 소요되는 것으로 추정하고 있다.

600km 전체 구간 중에서 1단계로 수도권인 끌랑밸리 지역에서 동부해안 거점도시인 꽌딴까지 노선을 건설할 예정이며, 2단계로 꽌딴에서 동북부 중간거점 도시인 꾸알라 뜨렝가누까지, 마지막 3단계로 꾸알라뜨렝가누에서 동해안 북부의 거점도시인 꼬따바루를

거쳐 종착역인 뚬빳까지 공사를 마무리 할 예정이다.

2017년 예산 안에서 드러난 동해안철도(ECRL)의 건설 예정 인 역을 보면 끌랑항, ITT(Integrated Transport Terminal), Gombak, Bentong, Mentakab, Kuantan, Kemaman, Kerteh, Kuala Terengganu, Kota Baru, Tumpat 등이며, 그 노선도는 아래 그림과 같다.

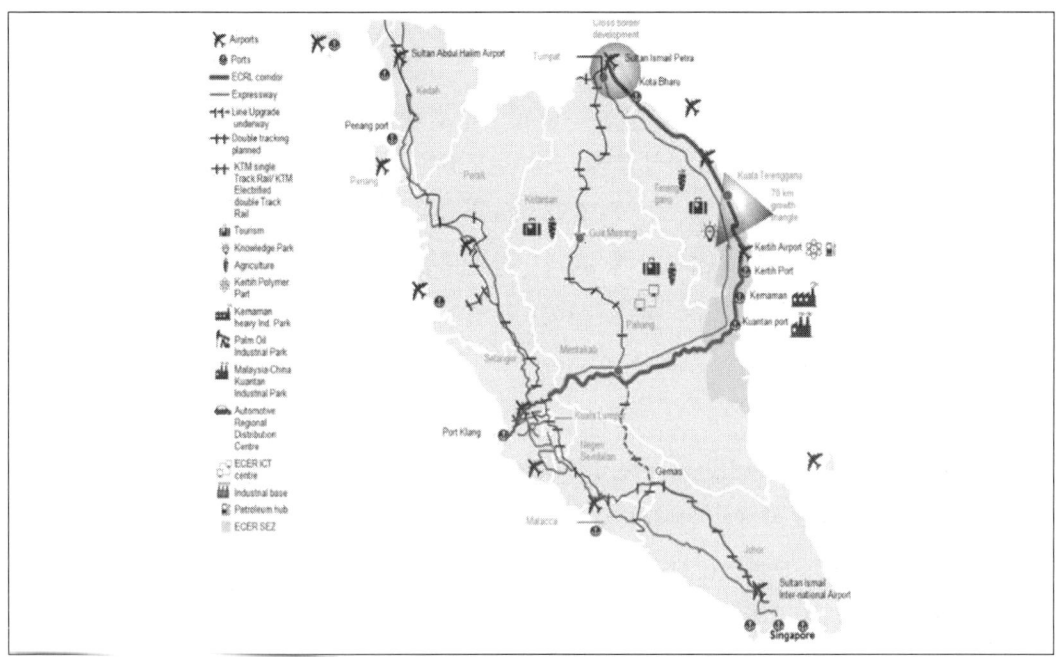

[말레이지아 동해안철도 프로젝트 노선도]

② 주요 내용

중국은 말레이시아 철도시장 진출의 교두보를 구축하기 위해 2015년 Batu Gajah 지역에 중국의 첫번째 해외 '철도 장비 제조창'을 건설하였으며, 중국의 동남아 철도제조기지로 불리는 China CSR Malaysia Rail Transit Equipment Company를 설립하여 2015년 7월부터 운영하기 시작하여 말레이시아를 동남아에서 철도장비를 제조하는 첫 번째 국가로 만들어 주었으며, 향후 5년간 말레이시아 에서만 EMU와 전차의 수요가 1,000량에 달할 것이며, 수리가 필요한 수량만 해도 2,000량에 달할 것으로 예측하고, 1년 매출액이 1억 달러 수준에 이를 것으로 예상하고 있다.

이를 지원하기 위해 말레이시아인 160여 명의 직원을 채용하여 기술이전도 하고 있다

또한, 중국에서 철도건설이 붐을 일으킴에 따라, 중국철도는 자금조달을 위해 자산을 출자하여 철도 지주회사를 설립하고, 민간에 주식을 공모하여 상장할 계획이며, 이를 위해 아래와 같은 2가지 방안이 검토되고 있다.

Ⓐ 경호선과 관계된 3개 철도국(북경철도국, 상해철도국, 제남철도국)이 공동으로 지주회사를 설립하여 자산을 출자하는 방안
　　Ⓑ 기관투자자들을 초청하여 3개 철도국과 공동으로 투자체를 조직하여 철도부가 다수 지분을 보유하고, 연금기금, 지방정부, 보험사 등이 나머지 지분을 보유(외국투자기관의 참여 가능여부는 알 수 없음)하는 방안

나) 고속철도망 확충

현재 중국의 고속철도망은 35개 노선, 총 연장 11,000km에 달하며, 향후 총 연장 13,000km에 달하는 200km/h 이상급의 고속 철도망을 구축하여 운영할 계획이다.

이 중에서 다음과 같은 5개 노선은 350km/h급 고속철도이다.

① 남－북 노선(3개) : 북경－상해, 북경－광주(홍콩), 북경－하얼빈(대련)
② 동－서 노선(2개) : 서주－난주, 상해－곤명

다) 경호고속철도(京沪高铁)

① 개요

　　2008년 4월 18일 베이징 따싱에서 원쟈바오 총리가 베이징－상하이 고속철도(이하 "경호고속철도")의 본격적인 건설이 시작되었다고 선포하였으나, 건기(乾期)에만 공사가 가능한 교량 부분이 무려 1,061km로, 총 노선의 80.5%를 차지할 정도로 많아 2005년부터 부분적으로 공사를 진행해 왔다.

　　중국의 국내는 물론 세계적으로도 그 유례를 찾아보기 힘들 정도의 대규모 건설 프로젝트로서, 철도 부문의 발전과 함께 중국의 양대 경제권 통합이라는 측면에서 중국의 경제발전에 크게 기여할 것으로 예상되어 공사규모 뿐만 아니라 경제적인 의의도 매우 큰 것으로 평가되었으며, 기술부문에 있어서도 70% 이상을 독자기술로 건설하겠다는 의지를 가지고 건설하였다.

② 건설계획의 주요 내용

　Ⓐ 건설 규모

　　총 투자액은 2,209.4억 위안, 총 노선 길이는 1,318km로서 투자액으로는 중국 최대, 건설 규모로는 세계 최대의 대규모 건설 프로젝트인 경호고속철도는 베이징, 텐진, 상하이 3개 직할시와 허베이성, 산둥성, 안후이성, 장쑤성의 네 개 성을 가로로 지나면서 인구가 100만이 넘는 대도시 11개를 경유하게 되며, 베이징 남역, 텐진 서역, 지난 서역, 난징(南京) 남역, 상하이 홍챠오역 등 총 24개의 정차역이 건설되었으며 그 노선도는 아래 그림과 같다.

[경호고속철도 노선도]

  2008년 4월 전국 40개 지역에서 동시 착공하여 2011년 6월 30일 3시에 정식으로 운영을 개시하였다.
  경호고속철도의 설계속도는 350km/h이며, 초기 운행 속도는 300km/h로서 그동안 특급기차로 12시간 걸리던 베이징－상하이 구간을 5시간에 운행할 수 있게 되었다.

Ⓑ 건설 관련 주요 일지
  ㉠ 1990년 12월 : 철도부에서 <경호고속철도 노선방안 구상보고> 완성
  ㉡ 1997년 4월 : 철도부가 국가계획위원회에 <경호고속 철도 건설 프로젝트 건의서>를 제출
  ㉢ 2006년 1월 23일 : 국무원 상무회의에서 <경호고속철도 프로젝트 건의서>가 통과되면서 경호고속철도 건설이 정식으로 입안됨
  ㉣ 2007년 12월 27일 : 경호고속철도주식회사 설립
  ㉤ 2008년 4월 18일 : 경호고속철도 전면 착공

Ⓒ 기타
  경호고속철도는 자기부상식과 고속레일 방식을 두고 8년간 지속된 논쟁 끝에 자기 부상식에 비해 투자비가 적고, 기존 노선과의 시너지효과를 기대할 수 있으며, 1964년 일본 신칸센이후 고속철도를 도입한 국가들 모두 고속레일 방식을 채택했으며, 자기부상기술을 독점하고 있는 독일의 고속철도 ICE 역시 고속레일 방식으로 운행되고 있다는 이유에서 고속레일방식으로 건설하기로 결정되었으며, 차량은 CHR Ⅱ호,Ⅲ호를 70% 이상 자체 기술로 생산하도록 하였다.

Ⓓ 기대 효과
  ㉠ 경호고속철도 건설 이후에는 여객과 화물이 별도 노선에서 운행되므로 경제 효율이

크게 높아질 것으로 기대

ⓛ 경호고속철도가 경유하는 지역은 중국 국토의 6.5%, 인구의 25%, GDP의 40%를 차지하는 중국 경제발전의 핵심지역으로, 여객 및 화물의 운수수요가 빠르게 확대되고 있어 100년 이상 된 기존의 경호선으로는 이와 같은 새로운 여객 및 화물 운수수요를 충족시킬 수 없어 새로 건설되는 경호고속 철도가 필요함.

※ 2007년 기준으로 할 경우 경호선의 여객 밀집도는 4,782만 명/km, 화물 밀집도는 6,277만 톤/km으로 각각 중국 철도 평균 밀집도의 5.2배, 2.1배에 달하는 것으로 나타남.

ⓒ 경호고속철도 완공 이후 기존의 경호선이 화물전용 노선으로, 경호고속 철도가 여객전용 노선으로 이용되면 경호고속철도의 연간 수송 여객은 1억 6,000만 명에 달할 것으로 예상됨

Ⓔ 건설자금 확보

경호고속철도의 건설과 관련된 자금조달 및 시공, 건설 후의 경영, 향후 대출상환 등의 업무를 책임지고 시행할 경호 고속철도주식회사가 총 투자액의 절반 이상을 차지하는 자본금이 1,150억 위안으로 2007년 12월 27일 설립되었다. 이 자본금은 고속철도가 경유하는 3개 직할시와 4개 성을 비롯하여, 평안보험, 중국 사회보장기금, 철도부에서 공동으로 출자하였으며, 3개 직할시와 4개성의 경우 토지를 주식으로 전환하는 방식으로 20.4%를 출자하고, 7개 보험회사가 160억 위안으로 약 14%, 철도부에서는 647억 위안을 투자하여 거의 절반 정도를 투자하였고, 부족 된 1,000억 위안의 건설자금은 은행대출을 통해 조달하기로 결정하였다.

Ⓕ 차량의 국산화 계획

경호고속도로 건설은 대규모 공정이니만큼 적지 않은 관련 업체들이 참가하였으며, 고속철도의 핵심 기술인 엔지니어링, 전력공급, 통신신호, 동력차체, 운영시스템, 승객서비스 관련설비 등 6개 중에서 동력차체는 가장 핵심적인 설비로 그 규모가 약 660억 위안에 달해 총 설비구입 예산 1,000억 위안 중 가장 큰 비중을 차지함으로 모든 동력차체는 국내기업에서 제조하고 하고 외국기업은 중국기업과의 합작을 통해서 30%내에서 수주가 가능하도록 계약하였다.

Ⓖ 고속철도 기술

중국 철도부문에서는 총 6차례의 기술향상을 통해 이미 300/350km/h의 고속철도 기술을 보유하고 있다고 알려져 있으며, 2005년 9월 철도부의 지도하에 北車集團, 남차집단을 중심으로 하는 중국 국내기업과 일본, 프랑스, 독일, 캐나다 등 세계 주요고속철도 생산기업들이 200km/h의 열차 생산을 공동 연구하여 중국고속열차 독자 브랜드인 CRH(China

Railway High-speed)로서 300km/h의 CHR 화합 2호와 350km/h의 화합 3호를 개발하였다. 그래서 남차집단의 칭다오 쓰팡(四方)공장과 북차집단의 탕산(唐山)공장에서 각각 CHR2호와 CHR3호에 대한 대량생산을 시작하였다

이 두 종류 차량이 베이징-톈진간 고속철도에서 운행되었으며, 경호고속철도에서는 이들의 개조형을 사용하였다.

또한, 과학기술부와 철도부는 공동으로 350km/h 이상의 고속열차 생산을 촉진하고 지적재산권 확보에 노력을 기울이고 있다.

라) 경심철도여객전용선(요녕)

① 반영(반금~영구)철도 여객전용선

2008년 12월 27일 사업제안서 비준 후, 불과 4개월 만에 타당성 연구 보고 및 기초설계가 모두 상부기관에 보고되어 검토되었으며, 철도부와 요녕성의 금주시, 반금시, 안산시에서 공동으로 건설하고 있다.

개통 후 2020년 여객수송량(편도) 1806명으로 166회 열차를 운행할 예정으로 주요 사업 내용은 아래와 같다.

㉠ 총연장 : 약 89.422km
㉡ 사업비 : 약 115억 위안 추정(약 2조 3천억원)
㉢ 설계속도 : 350km/h
㉣ 주요 경유지 : 금주, 반금, 안산
㉤ 기타사항 : 복선, 전철화 철도

② 경심(북경~심양)철도 여객전용선

하다선에 이은 심양 제2의 여객전용선으로 2009년 철도부와 요녕성 정부간 조인식 체결하였다.

주요 사업내용은 아래와 같다.

㉠ 총연장 : 약 687km
㉡ 사업비 : 약 900억 위안 추정(약 18조원)
㉢ 설계속도 : 350km/h
㉣ 주요 경유지 : 북경, 승덕, 조양, 부신, 신민, 심양북역 등
㉤ 운행시간 : 2시간 18분(현재보다 1시간 반 단축)
㉥ 운행방식 : 북경~심양간 직통열차와 중간역 정차 열차 등 다양한 방식 도입

③ 심단(심양~단동)철도 여객전용선

도심지 통과구간 없이 기존의 심단철도(일반철도) 동측에서 산악지대를 통과하여 바로

단동역까지 진입하는 선로로서 거리 단축, 도심지 소음문제 해결과 심양~단동 간을 1시간 생활권으로 조성이 가능하다는 등의 효과가 있으며 주요 사업 내용은 아래와 같다.

　㉠ 총연장 : 208.676km
　㉡ 사업비 : 약 228억 위안 추정(약 5조원)
　㉢ 설계속도 : 350km/h
　㉣ 주요 경유지 : 심양, 본계, 보서, 단동 등
　㉤ 운행시간 : 약 49분(현재 3시간 정도 소요)

마) 경진(북경~천진) 고속철도
　① 북경 남역

　　건축면적은 32만㎡이고 2층은 대합실, 1층은 플랫폼, 지하 1층은 환승장, 지하 2층은 향후 지하철 4호선, 지하 3층은 향후 지하철 14호선과 연결되도록 만든 총 5층 건물이다.

　② 일반현황
　　Ⓐ 총 연장 : 북경(北京)~천진(天津)간 115km
　　Ⓑ 운행횟수 : 1일 140회 운행 중 경진선 118회(북경-청도 12회, 북경-제남 8회, 북경-상해 2회)
　　Ⓒ 운행속도 : 330km/h이상(설계속도 350km/h)
　　Ⓓ 북경 소재 4개 역사 역할 상이
　　　㉠ 북경역 : 동북행 열차
　　　㉡ 북경 북역 : 서북행·동북행 열차
　　　㉢ 북경 남역 : 경진선, 경호선 등
　　　㉣ 북경 서역 : 서남행·화남행·성도행·광주행 등
　　Ⓔ 사업비 : 123.4억 위안(약 1조 7,280억원)
　　Ⓕ 최소곡선반경: 7,000m(난코스 구간: 5,500m)
　　Ⓖ 최급구배: 20‰(최소 12‰)
　　Ⓗ 궤도중심 간격 : 5m
　　Ⓘ 신호 : CTCS-2
　　Ⓙ 운행시간 : 북경(北京)~천진(天津)간 32분
　　Ⓚ 궤도 : 역사 출입구간만 자갈궤도, 기타 운행구간은 콘크리트궤도(독일 Slab식) 부설

　③ 천진역
　　Ⓐ 건축면적 : 19만㎡(고가 역사 대합실 면적 2만㎡)
　　Ⓑ 구조특징 : 구역사와 신역사를 연결하여 활용
　　Ⓒ 2008년 8월 1일 경진선 개통일자에 맞춰 운영 개시. 현재 이용승객의 60%는 일반열

차 이용승객, 경진선 이용승객은 40% 정도이다.
　　Ⓓ 기존의 천진역 앞 승객이용 도로와 차량주행 도로를 모두 지하(버스도 광장 아래 지하공간으로 주행)로 옮기고 광장으로 활용
　　Ⓔ 역사 내에서 버스 · 기차 · 지하철 · 택시 간 환승 가능

바) 장곤(장사~곤명)여객전용선

　호남성, 귀주성, 운남성을 경유하는 총연장 1,175km로서 설계 속도 350km/h로 약 700억 위안 정도의 사업비가 소요되었다.

　역사는 약 50km 간격으로 출발역인 신장사역, 귀양북역, 곤명남역의 3개소와 22개 중간역을 합쳐 전 구간에 25개역이 설치되어 있으며 운행시간은 37시간이상 소요되던 것이 직통열차로 222분 정도 소요된다.

사) 중국~키르기즈스탄~우즈베키스탄 횡단노선

　중국철도부에서 타당성조사를 시행한 결과 아래 표와 같은 신선을 건설하면 900km에 달하는 현 노선을 이용할 때보다 화물 및 여객운송 시간을 7~8일 단축시킬 수 있으며 연간 화물 운송량도 현재 428만 톤에서 5년 내 540만 톤, 10년 내 1,000만 톤으로 증가할 것으로 조사되었다.

구분	총 연장	토목공사	교 량	터 널	건설비용	1km당 건설비용	건설기간
내용	268.4km	9490만m³	95개 / 23,326m	48개 / 48,966m	13억5천만 US$	391만 US$	5~6년

이 구간에 적용할 주요 기술적 특징을 보면 아래 표와 같다

구 분	내 용	구 분	내 용
구 배 율	20‰	엔 진	DF4D(중국제)
운행속도 (계획)	80km/h	최대견인량	2,000톤 / 3,000톤
최소곡선반경 (혼잡지역)	800m (400m)	인입구간	650m / 850m
견인장치	디젤견인 (장기적으로 전철화)	차단시스템	반자동시스템

3) 대만

　타이완고속철도(台灣高速鐵路<台湾高速铁路,TáiwānGāosùTiělù, 대만고속철로)의 노선도와 차량 외관은 아래 그림과 같다.

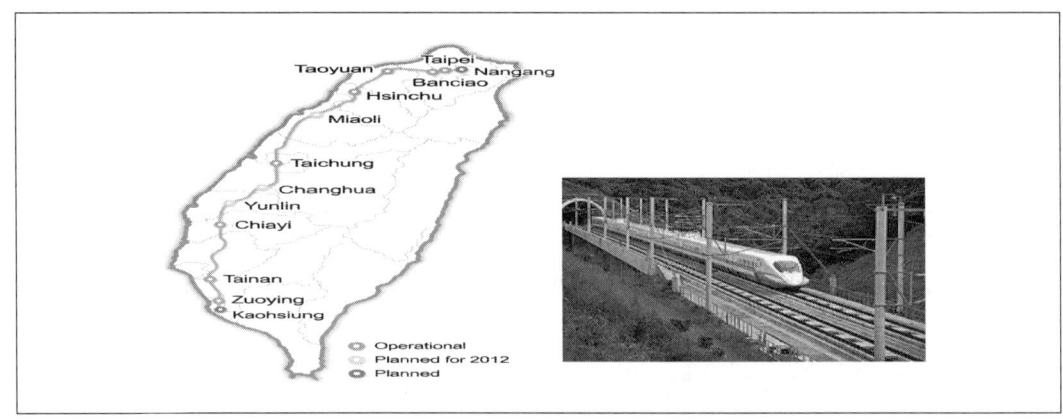

[대만고속철도의 노선도 및 차량]

    이 타이완고속철도는 대만의 타이베이 시와 가오슝 시를 연결하는 철도 노선으로 시험 운행 중 두 차례 탈선 사고 등으로 인해 안전상의 문제가 제기되어 '07년 1월 5일에야 개통하였으며 유럽 고속 철도의 기술과 일본 신칸센의 기술이 병합되어 건설되었다.

    타이베이 시~가오슝 시 약 345.2km를 궤간은 1435㎜의 표준궤간을 교류 25kV, 60Hz 방식을 사용하였으며, 13개의 역을 설치하여 기존에 약 4시간 소요되었던 것을 90분 정도에 운행이 가능하도록 고속화하였다.

    가오슝을 제외한 12개 역은 아래 표와 같다.

역명	중국어 역명	영어 역명	역간거리	영업거리	소재지	
(난강)	(南港)	(Nangang)	(0.0)	(−3.270)	타이베이 시	난강 구
타이베이	台北	Taipei	5.904	5.904		중산 구
반차오	板橋	Banciao	7.216	13.120	타이베이 현	반차오 시
타오위안	桃園	Taoyuan	29.165	42.285	타오위안 현	중리 시
신주	新竹	Hsinchu	29.894	72.179	신주 현	주베이 시
(먀오리)	(苗栗)	(Miaoli)	(32.686)	(104.865)	먀오리 현	허우룽 진
타이중	台中	Taichung	60.868	165.733	타이중 현	우리 향
(장화)	(彰化)	(Changhua)	(28.153)	(193.886)	장화 현	톈중 진
(윈린)	(雲林)	(Yunlin)	(24.594)	(218.480)	윈린 현	후웨이 진
자이	嘉義	Chiayi	33.104	251.584	자이 현	타이바오 시
타이난	台南	Tainan	62.276	313.860	타이난 현	귀런 향
쥐잉	左營	Zuoying	31.328	345.188	가오슝 시	쥐잉 구

4) 인도

철도시설 낙후와 투자부족으로 어려움을 겪고 있으나, 철도 시장은 아래 표에서 보듯이 연평균 13.4% 정도 지속적으로 성장하고 있다.

구 분	총수익	탑승객수익	화물물동량	정류장 수	철도길이
1951년	5,900만$	2,200만$	7,300만ton	5,976개	59,315km
2015년	264억1천만$	71억3천만$	11억ton	7,172개	89,919km

인도철도는 러시아, 일본과 철도기술협정을 맺고 해외협력을 강화하고 있는 추세로 인도 몸바이와 아흐메다바드간 총연장 350km의 고속철도 사업(120억$ 상당)도 일본의 자금지원을 받아 건설하고 있다.

인도철도부에서는 2016년 2월 철도 수송력확대와 인프라 현대화를 위한 약 1,350억$의 아래와 같은 5개년 투자계획을 발표하였다.

① 수용인원 : 2,100만명에서 3,000만명으로 증대

② 철도길이 : 11만 4,000km에서 13만 8,000km로 증대

③ 화물수송량 : 10억톤에서 15억톤으로 증강

또한, 위에서 설명한 Bombay~Ahmedabad간 외에도 Chennai~Bangalore, Bangalore~ Hyderabad, Dhanbad~Howrath 구간에도 고속철도의 도입을 검토하고 있으며, 일본이 유럽계 업체보다 다소 우위를 차지하고 적극석으로 건설에 침여히기 위해 노력하고 있다.

5) 태국

2005년 중순 BKK~Khorat 간 타당성 조사를 완료하고, 총예산 약 22억 유로 규모로 아래와 같은 2개의 안을 가지고 추진 중이다.

① 제1안 : Makkasan~NBIA~Nongchok~Banna~Pakchong~ Nakhon Ratchasima(233km)

② 제2안 : Makkasan~NBIA~Chachoengsao~"NewCity(near Banna)~Pakchong~Nakhon Ratchasima(247km)

6) 말레이시아

말레이시아~싱가포르 간 고속철도 프로젝트 건설을 위해 두 국가 간의 상호협약이 체결되어 있으며, 중국철도공사는 550억 링깃의 연성 차관을 제공하고 수주 경쟁의 우위를 확보하기 위해 20억$ 규모의 중국철도공사 지역센터를 설치하겠다고 발표하고 있으며, 일본과 한국도 사업 참여를 위해 싱가포르 정부와의 협의 등 여러 방면에서 수주 노력을 기우리고 있다

7) 베트남

전기철도가 도시철도 및 대도시 대중교통의 대안으로 부상하면서 산업화 및 도시화로 인해

서 도시 교통 수요가 폭발적으로 증가하기 시작한 2000년대 중반부터 계속 심화되고 있는 대도시 교통난을 완화하기 위한 수단으로 도시철도 건설이 대두되기 시작했다.

이러한 도시철도 건설 계획안은 유럽, 일본의 ODA자금을 기반으로 점차 현실화되고 있다. 이 지역 도시철도 건설계획은 2016년 3월에 발표된 "2050년 전망, 2030년까지의 수도 하노이 교통개발계획 결정문(Decision 519/QD-TTg)"에 따르면, 하노이시 당국이 구상하고 있는 도시철도 노선은 아래 표와 같이 총 8개로서 이 중 2A호선과 3호선 일부구간(Nhon-하노이역) 시범노선은 완공되어 운용 중에 있다.

노선명	형태	구간	노선거리(km)	역사 수	차량기지
1호선	고가철도	Ngoc Hoi — Duong Xa	약 36	23	2
2호선	고가철도·지하철도	Noi Bai — Hoang Quoc Viet	약 42	32	2
2A호선	고가철도	Cat Linh — Ha Dong	약 14	12	1
3호선	고가철도·지하철도	Troi — Hoang Mai	약 26	26	1
4호선	고가철도·지하철도	Me Linh — Lien Ha	약 54	41	2
5호선	고가철도·지하철도	Duong Van Cao — Hoa Lac	약 39	17	2
6호선	고가철도	Noi Bai — Ngoc Hoi	약 43	29	2
7호선	고가철도·지하철도	Me Linh — Duong Noi	약 28	23	1
8호선	고가철도·지하철도	Son Dong — Duong Xa	약 37	26	2

또한, 도심과 인근 위성도시를 연결하기 위해 3개 노선(2, 2A, 3호선) 연장 등과 도시철도 운용의 효율성 제고를 위해 Lien Ha-An Khang 간 11km, Mai Dinh-Phu Luong 간 22km, Nam Hong-Dai Thinh 간 11km의 모노레일 구축도 계획하고 있다.

호찌민 지역의 경우, 2013년 4월 「2020년 후 전망, 2020년까지의 호찌민시 교통운수개발계획 조정 승인 결정문(Decision 568/QD-TTg)」에 따르면, 호찌민 시내 중심부와 주요 지점을 연결하는 아래 표와 같은 8개 노선의 도시철도 건설을 계획하고 있다.

노선명	구간	노선거리	차량기지
1호선	Ben Thanh-Suoi Tien	19.7	1
2호선	Tay Bac-Thu Thiem	48.0	1
3A호선	Ben Thanh-Tan Kien역	19.8	1
3B호선	Cong Hoa 6거리-Hiep Binh Phuoc	12.1	1
4호선	Thanh Xuan-Hiep Phuoc 도시지구	36.2	2
4B호선	Gia Dinh공원역- Lang Cha Ca역	5.2	—
5호선	Can Giuoc터미널-Sai Gon교	26.0	1
6호선	Ba Queo-Phu Lam	5.6	—

2.6 아프리카/중동 지역

가. 개요

11억 명 정도가 살고 있으며, 1인당 GDP는 약 2,400(EUR) 정도이지만 지역 간 불균형이 심하며 심각한 빈곤 및 정치적 불안정한 것이 특징이다.

경제상황은 어려운 상태에서 정체되어 있어서, 인프라 산업의 발전이 어려운 상태이다. 철도의 총길이는 99,100km이며, 대부분이 유럽, 아시아로부터의 수입에 의존하고 있고, 모든 철도의 차량 및 노선네트워크가 노후화되어 있으며, 전철화 되지 않은 구간이 대부분이다.

튀니지, 이란, 이라크, 사우디아라비아, UAE 등은 대도시 인프라나 화물운송노선 개량에 투자하려는 계획을 가지고 있기도 하다.

모로코와 이란은 고속철도를 검토 중이며. 이스라엘은 여객 및 화물운송을 위한 개량사업을 진행 중에 있고, 사우디아라비아, 리비아, 앙골라, 모잠비크, 나미비아의 경우도 경제중심 지역~항만 및 대륙 간의 화물 운송을 위한 주요노선으로의 연결 사업을 진행 중에 있다.

남아프리카공화국은 요하네스버그~Pretoria간의 여객운송선을 통하여 적자해소에 노력하고 있으며, 특히 Comazar사가 지역 내 많은 철도사업을 담당하고 있다, 그리고 이스라엘의 약 300km 구간 전철화, 이란~바그다드, 이란~아제르바이잔, Jubail~Jeddah선, 리비아 동서선 등을 포함한 기존선의 전철화 및 개량 관련사업 부터 시장의 확대가 예상되지만, 많은 사업들이 오랜 공사기간을 거칠 것으로 예상되며, 시설개량에 따른 신호 및 통신장비 등의 현대화 시장도 상장될 것으로 예상되어진다.

나. 각 국가별 현황

1) 모로코

30년 동안 철도시스템 발전계획을 수립하여 여러 개량 방안들이 제시되었으나, 아직까지 건설 활동은 계획 단계에도 미치지 못하고 있는 실정으로, 아프리카 국가의 특성상 사업추진은 장기적으로 추진될 것으로 보인다.

2) 알제리아

Algeroise 지역 철도 개발 공사(Phase 2), Boumedfaa-Djelfa(270km)간 철도 신선 공사, Touggourt-Hassi Messaoud(180km)간 철도 신선공사, Mohammadia-Yellel(31km)간 철도 신선공사, BBA-Setif(71km)간 철도 신선 공사 등 많은 사업 들을 추진하기 위한 프로젝트들이 계획단계에 있으나 역시 장기간이 소요될 것으로 예상된다.

2.7 CIS(Commonwealth of Independent States : 독립국가연합 : 구소련12개국) 지역

가. 개요

인구는 2억8천만 명 정도로 그 중 거의 절반이 러시아에 살고 있으며, 1인당 GDP는 약 5,700(EUR) 정도이고, 평균 7%의 높은 경제 성장률을 가지고 있으며 에너지 보유국이 많은 관계로 철도산업의 전망은 좋은 지역이다.

철도의 총길이는 148,700km이며, 철도산업은 러시아 철도산업이 주도적 역할을 하고 있고 교통의 중추적인 역할을 하면서 도로보다 급격하게 개량되고 있다.

원자재 수송의 중요성으로 인해 철도의 화물운송 적합성이 높으며, RZD(러시아 철도청)이 지배적인 자리를 차지하고 있어서 RZD가 독점적 고객의 지위(RZD가 제2주주)를 가지고 강력한 민간철도산업 형성하고 있는 중이다.

또한, 2006년 이후 철도산업이 주요산업으로 분류됨에 따라, 외국인 투자자들의 비중이 최대 25%까지 늘어나고 있는 실정이다

RZD사가 기존노선의 확장 및 개량(Neryngri~ jakutsk선, Sachalin선, TSR,Baikal~Amur선, Greater Moscow선)에 투자할 예정이며, 모스크바~상트페테르부르그 간 고속철도도 계획 중에 있다.

러시아와 카프카스 산맥 인근 국가들은 아시아지역과 서유럽을 연결하는 노선통합을 목표로 철도 투자를 계획하고 있으며, 모스크바, 카잔 등에서 지하철 노선의 연장도 시행되고 있다.

이처럼 CIS내 전철화 규모는 아시아의 두 배 정도이며, 모든 전철화 사업들은 개량선과 연결되어 있는 상태이므로 기존선과 지하철이 전철화사업의 주된 시장이며, 아르메니아~이란, 중국~유럽(카자흐스탄 경유), 모스크바~우크라이나, Kiev~Charkow 등 주요 신규 사업도 지속적으로 늘어나는 추세이다.

나. 각 국가별 현황

1) 카자흐스탄

Uzeni(카자흐스탄)-Bereket(투르크메니스탄)-Gorgan(이란) 간 철도건설 프로젝트의 일환으로 카자흐스탄 내 구간(150km)은 2012년 완공되었으며, 이 구간의 철도의 화물 운송량은 10mil톤이며 총 건설비용은 620mil 달러로 예상되고 있으며(카자흐스탄(150km)-150mil달러, 투르크메니스탄(470km)-470mil 달러, 이란(70km)-56mi 달러로 추정), 이 구간이 완공되면 이 철도로 Aktau(카자흐스탄)에서 Tegeran(이란)까지 하루가 걸릴 것으로 예상하고 있다.

2) 러시아

러시아철도의 2016년 성장률은 2.9%로서 유망분야로 떠오르고 있다.

이 지역에서 러시아의 철도분야 투자규모가 가장 크며 2020년까지 계속해 증가할 것으로 예상된다.

또한, 모스크바를 기점으로 연결되는 모든 고속철도 건설프로젝트에 투입한 비용이 대략 700억$ 이상이라고 추정되고 있으며, 모스크바~카잔 고속철도 역시 2021년 완공예정으로 월드컵에 사용하기 위해 건설을 추진 중이다.

2.8 호주/태평양 연안 지역

가. 개요

인구는 3천5백만 명 정도이며, 1인당 GDP는 약 17,000(EUR) 정도로 정치적으로 안정되어 있는 경제 선진국이다. 그리고, 인구밀도는 매우 낮으며, 대부분의 인구가 도시에 밀집되어 있는 형태이다.

철도의 총길이는 42,000km이며, 철도의 기술수준은 미국과 비슷한 정도이다.

도로교통이 주를 이루고 있으며. 철도는 주로 대도시 교외지역 운송이나 장거리 화물운송에서 이용되고 있는 정도이고, 정부가 교외지역 철도개량을 위하여 지속적인 투자를 하고 있으나 적자가 지속적으로 증대하고 있는 추세이다.

호주는 글로벌 기업들과 합동으로 내수용 상품을 생산하는 자국 업체들을 가지고 있으며, 철도 네트워크 및 경전철시스템은 성장해 가고 있는 추세이고, 고속철도 및 지하철노선은 거의 없다

나. 호주

호주의 고속철도는 Speed-rail Group(알스톰사가 중심이 된 컨소시엄 업체)이 고속철도 건설을 제안하였으나, 2000년 12월 정부가 공식적으로 캔버러~시드니 간(270km) 고속철도 건설 계획을 철회하고, 그 이후 현재까지도 고속철도 건설에 대한 논의는 진행되지 않고 있는 실정이다.